基坑工程实例 **10**

《基坑工程实例》编辑委员会　组织编写

龚晓南　宋二祥　郭红仙　徐　明　李连祥　主　编

U0291662

中国建筑工业出版社

图书在版编目（CIP）数据

基坑工程实例. 10 /《基坑工程实例》编辑委员会
组织编写；龚晓南等主编. -- 北京：中国建筑工业出
版社，2024. 11. -- ISBN 978-7-112-30480-6

Ⅰ. TU46

中国国家版本馆 CIP 数据核字第 2024QC5180 号

本书收集国内近期完成的 35 个基坑工程实例，遍及众多城市。主要按基坑支护形式分类，有墙撑、桩撑、桩锚等，此外还包括 2 个采用装配式支撑、3 个采用主动控制技术和 5 个有加固和应急处理的实例。每个基坑工程实例包括：工程简介及特点、地质条件、周边环境、平面及剖面图、简要实测资料和点评等。

本书资料翔实，技术先进，图文并茂。可供地基基础和基坑工程设计、施工技术人员及大专院校相关专业师生阅读。

责任编辑：辛海丽
文字编辑：王　磊
责任校对：张　颖

基坑工程实例 10

《基坑工程实例》编辑委员会　组织编写
龚晓南　宋二祥　郭红仙　徐　明　李连祥　主　编
*
中国建筑工业出版社出版、发行（北京海淀三里河路 9 号）
各地新华书店、建筑书店经销
国排高科（北京）信息技术有限公司制版
三河市富华印刷包装有限公司
*
开本：787 毫米×1092 毫米　1/16　印张：23½　字数：587 千字
2024 年 10 月第一版　　2024 年 10 月第一次印刷
定价：**88.00** 元
ISBN 978-7-112-30480-6
（43793）

《基坑工程实例10》编辑委员会

前　言

由于基坑工程的特殊性，基坑工程案例在基坑工程设计中有较好的参考应用价值，对基坑支护新技术的推广普及有很好的促进作用。我们从 2006 年在上海召开的第四届全国基坑工程研讨会起，组织全国各地专家编写出版《基坑工程实例》系列丛书。至今已出版发行 9 册，其影响越来越大，不少工程师从中得到启发，许多新的基坑支护技术得到推广和普及。今年结合第十三届全国基坑工程研讨会（济南，2024）出版发行《基坑工程实例10》。共录用 35 篇，按照支护方式和技术特点，设置了 8 个专题，包括：墙撑支护 4 篇、桩撑支护 6 篇、其他桩支护 5 篇、土钉支护 2 篇、混合支护 8 篇、装配式支撑 2 篇、主动控制技术 3 篇、加固与应急处理 5 篇。

和前 9 册一样，第 10 册中的每个工程实例也都包括以下 7 个方面的内容：工程简介及特点、工程地质条件（含土层物理力学指标表和 1 个典型工程地质剖面）、基坑周边环境情况（应含建筑物基础简况，如管线、道路情况等）、根据需要附平面图、基坑围护平面图、基坑围护典型剖面图（1~2 个）、简要实测资料和点评。考虑到基坑支护设计的特殊性，《基坑工程实例》并没有要求作者提供详细的计算方法和计算过程，但上述内容要求不能缺少，特别是工程地质条件和基坑周边环境情况这两项。在《基坑工程实例10》出版之际，笔者主要谈谈工程地质条件和基坑周边环境情况对于基坑工程安全的重要性，望得到广大同行指正。

我国幅员广阔，工程地质条件和水文地质条件复杂，各地差异性很大。在沿海地区，大部分基坑位于深厚软土地基中，土体含水量高，抗剪强度低，渗透性差；在中西部地区，分布有湿陷性黄土、膨胀土、冻土等特殊土地基。有的地区地下水位较高，有的则存在高承压水层，这导致地下水控制往往成为基坑工程成败的关键。近年来我国基坑工程界对地下水控制重要性的认识有了较大提高，地下水控制技术在理论分析、设计、施工机械能力和工艺水平等方面都有了长足发展。

在城市化和地下空间工程发展过程中，大量的基坑工程集中在城市繁华市区，周围往往存在有建筑物、地下管线、既有隧道等，环境条件复杂，使得这些基坑工程不仅要保证基坑围护自身的安全，而且要严格控制由基坑开挖引起的周围土体变形，以保证周围建（构）筑物的安全和正常使用。随着对位移控制要求越来越严格，基坑开挖设计正在从传统的稳定控制设计向变形控制设计方向发展。为了有效控制变形，近年来发展了多种变形主动控制技术。根据基坑变形实时状况，通过支撑伺服系统或囊式注浆等变形主动控制技术动态调控基坑围护墙或坑外土体变形，使其处于允许范围内。

基坑围护体系设计要求详细了解场地工程地质和水文地质条件，了解土层形成年代和成因，掌握土的工程性质；详细掌握基坑周围环境条件，包括道路、地下管线分布、周围建筑物以及基础情况；待建建筑物地下室结构和基础情况。根据上述情况，结合工程经验，进行综合分析，确定是按稳定控制设计还是按变形控制设计。根据综合分析，合理选用基坑围护形式，确定地下水控制方法。在设计计算分析中合理选用土压力值，强调定性分析和定量分析相结合，抓住主要矛盾。在计算分析的基础上进行工程判断，在工程判断时强调综合判断，在此基础上完成基坑围护体系设计。

基坑工程施工前，应熟悉围护体系图纸、周边环境，分析各种不利工况，掌握开挖及支护设置的方式、形式及周围环境保护的要求。重视施工参数与地层条件的匹配，根据土层特点选取合适的施工机械和施工工艺，必要时配以合理辅助措施，确保施工质量满足设计要求。基坑围护结构体系施工要重视多种施工内容之间的合理衔接，在时间、空间上合理安排，重视连贯性与整体性。工程经验表明，施工参数合理、现场条件合适、施工连贯、一气呵成的围护体系往往施工质量稳定，缺陷和问题较少。同时，要及时检测与控制施工质量。施工阶段及时检测施工质量有利于尽早发现问题并补救，调整后期施工参数，加强监控措施，防止整个围护体系质量问题，施工过程的质量控制很重要。

基坑工程中不确定性因素较多，人们对坚持信息化施工的认识不断提高。坚持信息化施工可以及时排除隐患，减少工程失效概率，确保工程安全、顺利进行。这也是《基坑工程实例》要求提供简要实测资料的一个考虑。坚持信息化施工首先要做好基坑监测工作，目前基坑监测技术已从原来的单一参数人工现场监测，发展为现在的多参数远程监测。通过监测随时掌握基坑工程性状，实现信息化施工。通过监测及时掌握施工中的围护结构的应力和变形、周围土体的位移、地下水位的变化和周围环境的其他变化情况，并根据现场实际情况，科学、合理地调整施工计划，实现信息化施工；通过监测及时发现施工过程中可能发生的各种工程事故的前兆，这有利于及时采取措施消除隐患，确保基坑工程安全；通过监测随时掌握基坑工程施工对周围环境的影响，为控制不良影响的发展、及时采取对策提供了可能，也确保了在基坑施工过程中邻近建（构）筑物、地下管线的安全。

随着我国城市化和地下空间利用的发展，基坑工程近年来有了快速的发展。考虑到深大基坑工程越来越多，遇到复杂工程地质和水文地质条件的基坑工程越来越多，地处复杂周边环境条件的基坑工程越来越多，人们对基坑工程设计和施工的要求也越来越高。挑战和机遇并存，社会发展的需要为基坑工程理论和实践的进一步发展提供了强大的推动力，可以相信基坑工程技术将会得到进一步的发展和提高。

在谈论工程地质条件和基坑周边环境对基坑工程安全影响的同时，下述几方面的工作仍然要给予充分重视。

（1）进一步提高基坑工程设计队伍的素质，提高基坑工程设计水平；（2）坚持信息化施工；（3）提高基坑工程地下水控制水平；（4）加强基坑工程监测工作；（5）加强基坑工程施工环境效应及对策研究，提高环境保护水平；（6）发展按变形控制设计理论；（7）发展新型基坑围护体系和围护新技术；（8）加强基坑工程基础理论研究。

这几方面在《基坑工程实例6》的前言中有详细论述，这里不再展开。

龚晓南

2024 年 8 月

目　录

专题四　土钉支护

专题五　混合支护

专题六　装配式支撑

专题七　主动控制技术

专题八　加固与应急处理

专题一 墙撑支护

上海龙阳路交通枢纽中片区04街坊商业办公项目双对角基坑工程

陈思奇[1] 何 荣[2] 李隽毅[1] 冯翠霞[1] 易 礼[1,3]

（1. 上海申元岩土工程有限公司，上海 200011；2. 上海浦东开发（集团）有限公司，上海 201204；3. 上海建筑设计研究院有限公司，上海 200041）

一、工程简介及特点

1. 工程概况

龙阳路交通枢纽中片区 04 街坊商业办公项目位于上海市浦东新区龙阳路地铁站东南侧，项目地上拟建 1 栋超高层及 5 栋高层办公楼及商业裙房，并设置 4 层地下室（局部设夹层）。总建筑面积约 540080m²，地下建筑面积约 220174m²，基坑面积约 54260m²，普遍开挖深度为 22.2～22.6m，塔楼核心筒开挖深度达 26.5～29.8m，局部塔楼电梯集水井基础埋深达 30.55m。作为浦东新区重大建设项目，龙阳路交通枢纽整体建成后将成为上海市中心城区唯一的 6 线轨交超级 TOD 枢纽工程，并助力龙阳片区打造世界一流的交通枢纽综合体。图 1 为基坑周边环境图。

2. 项目特点及难点

1）基坑体量巨大且环境复杂

项目北侧依次为地铁 16 号线、磁悬浮线、2 号线、7 号线及规划机场联络线，西邻 18 号线，南侧紧邻 220kV 电力隧道，整体基坑规模巨大，总取土量约 127 万 m³，作为上海市中心城区罕见的超大规模深基坑，在切实保障基坑安全的同时严格控制其对周边环境的影响。故而对于单次开挖的基坑规模及跨度边长均需加以限制，因此结合高层塔楼的进度需求，采用对角十字交叉方式进行基坑分区，分两阶段完成地下室的建设。

2）水文地质条件复杂，承压水⑦、⑨连通

项目浅层存在大量的杂填土、明暗浜，同时深层存在相互连通的⑦、⑨层承压水，理论上难以将其隔断，而塔楼核心筒区域已完全揭露承压含水层，需对承压水进行巨幅的降压工作，以防止基坑发生突涌风险。待基坑开挖至基底，坑内承压水位最大降深需达到−31.8m，因此对基坑的坑内降水及坑外水位控制都有着严苛的要求。

3）双对角基坑交叉施工，工况复杂

项目工期紧、任务重，为满足重大工程的进度节点要求，需根据双对角基坑分区进行对角同步、两侧交叉施工的总体部署。于先行施工的两组基坑在拆撑回筑的起始阶段，共墙对侧后施工的两组基坑便需要同步施作向下开挖。交叉施工过程中将出现异常复杂多变的开挖工况，进而导致基坑的荷载计算、围护结构设计与常规超深基坑存在较大差异。

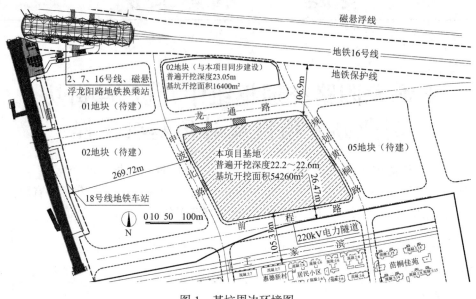

图 1　基坑周边环境图

二、工程地质条件

依据岩土工程勘察资料表明：拟建场工程影响深度范围内的地层均属第四纪全新世～中更新世长江三角洲滨海平原型沉积土层，主要由黏性土、粉性土及砂土构成。按地基土层的成因类型、空间分布及土性特征，最大勘探深度为120m，勘探深度范围内的土层自上而下分为 11 个主要层次，基坑影响范围内有关的土层物理力学设计参数见表 1。

土层物理力学性质综合成果表　　　　　　　　表 1

层号	土层名称	重度γ（kN/m³）	孔隙比e	含水率w（%）	比贯入阻力P_s（MPa）	压缩模量$E_{s(0.1-0.2)}$（MPa）	渗透系数k（cm/s）	固结快剪（峰值）黏聚力c（kPa）	固结快剪（峰值）内摩擦角φ（°）
②	灰黄色粉质黏土	18.7	0.868	30.5	0.61	4.67	5.0×10^{-6}	21	19.0
③	灰色淤泥质粉质黏土	17.4	1.218	44.0	0.46	3.01	5.7×10^{-6}	11	19.0
③$_t$	灰色黏质粉土	18.7	0.830	29.1	2.67	8.96	8.7×10^{-5}	6	30.5
④	灰色淤泥质黏土	16.5	1.421	48.9	0.61	2.04	2.5×10^{-6}	11	19.0
⑤	灰色黏土	17.7	1.117	39.3	1.09	3.24	2.8×10^{-6}	11	13.5
⑥	暗绿～草黄色粉质黏土	19.4	0.716	24.5	2.77	6.12	2.1×10^{-6}	47	19.5
⑦$_{1-1}$	草黄色黏质粉土	18.7	0.835	29.4	4.57	9.06	2.2×10^{-4}	7	32.5
⑦$_{1-2}$	草黄～灰黄砂质粉土	18.8	0.815	28.7	8.73	9.42	2.8×10^{-4}	5	33.0
⑦$_{2-1}$	草黄～灰黄粉砂	18.9	0.783	27.7	13.34	9.74	4.2×10^{-4}	3	35.0

续表

层号	土层名称	重度γ（kN/m³）	孔隙比e	含水率w（%）	比贯入阻力P_s（MPa）	压缩模量$E_{s(0.1-0.2)}$（MPa）	渗透系数k（cm/s）	固结快剪（峰值）	
								黏聚力c（kPa）	内摩擦角φ（°）
⑦$_{2-2}$	灰黄～灰色粉砂	18.9	0.783	27.6	24.71	9.86	4.6×10^{-4}	3	35.0
⑧	灰色粉质黏土与砂质粉土互层	18.7	0.859	30.2	5.65	5.73	4.4×10^{-4}	19	21.5
⑨$_1$	灰色细砂	19.0	0.746	26.4	25.95	9.87	—	3	35.5
⑨$_2$	灰色细砂	18.9	0.785	28.0	—	9.87	—	3	35.0

本场地存在潜水及承压水两种类型。

1. 潜水

潜水的主要补给来源为大气降水，并受邻区地表、地下水的影响，常年水位变化较小。根据钻孔实测资料，地下水位稳定埋深在 0.5～0.7m 之间，设计计算按地下水位相对不利的 0.5m 埋深予以考虑。

2. 承压水

本项目场地⑦、⑨层属于承压含水层，第⑦和第⑨层之间分布的第⑧层灰色粉质黏土与砂质粉土互层亦为承压含水层，根据抽水试验测得⑦、⑨层具有明显的连通性。上海常年水头埋深为 3～12m，承压水实测初始水头埋深为 4.66m。⑦层承压含水层最浅埋深为 27.1m，项目普遍区域开挖至第四道支撑标高时已无法满足承压水抗突涌稳定性要求，并且在开挖塔楼区域时坑底已揭露承压含水层，需对其进行针对性的降压处理。

典型工程地质剖面见图 2。

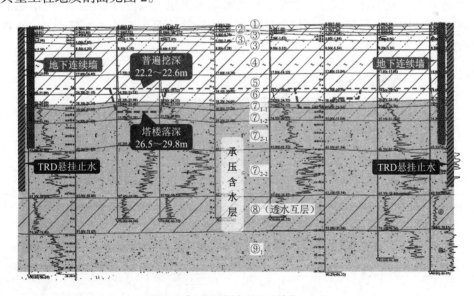

图 2　典型地质剖面图（单位：m）

三、基坑周边环境情况

项目周边环境较复杂，基坑南侧距离用地红线约 5m，红线以南为前程路，距离基坑约

26.5m 为直径 4.2m 的 220kV 前程路电力隧道,该隧道为本项目的重点保护对象之一。距基坑南侧约 73m 为王家浜河道,河道以南为现状居民小区。基坑北侧为 80m 为与本项目同步建设的龙阳路交通枢纽 02 街坊,距离本项目基坑约 107m 为地铁 16 号线保护区间,向北依次为 16 号线、磁悬浮线、地铁 2 号线、地铁 7 号线及规划机场联络线。虽轨道交通距离基坑较远,但前期抽水试验显示,在本项目基坑所需的安全水头条件下,若不对承压水予以有效阻隔及回灌,承压水的沉降影响范围将超过 800m 之远。因此仍需重点考虑抽降承压水对地铁隧道可能产生的影响。同时由于地层承压水⑦、⑨层连通,地下连续墙无法有效予以隔断,因此需采取针对性的超长悬挂止水及抽灌一体化设计对坑外承压水位加以控制。基坑西侧距离用地红线 5m,红线以外为申波北路,距离本项目约 270m 为地铁 18 号线龙阳路地铁车站,与北侧相同,同样需严格控制该区域的地下水位。基坑东侧距红线 5m,红线外为待建黄桐路,暂为空地。

由于本项目以双对角基坑分区两两同步实施,同步实施的双基坑对顶点相连,先后交叉实施的基坑两侧共墙相连,因此还需考虑四个分区基坑之间的相互影响。结合上海市《基坑工程技术标准》DG/TJ 08-61—2018 的相关规定,本项目基坑安全等级为一级,周边环境保护等级按照二级控制,并对基坑南侧前程路电力隧道的围护结构及南侧近轨交区域的止水帷幕予以适当加强,同时考虑抽降承压水及基坑变形对周边环境的叠加影响。

四、基坑围护平面图

1. 基坑围护结构平面布置图

本工程总体设计方案为:地下连续墙(复合墙)结合五道钢筋混凝土水平支撑。地下连续墙内侧采用三轴搅拌桩作为槽壁加固,地墙外侧采用 TRD 工法作为槽壁加固的同时,通过对其适当加长兼作悬挂式止水帷幕,坑内被动区采用三轴搅拌桩加固,坑中坑采用高压旋喷桩封底。局部临边超高层塔楼深坑内额外增设钻孔灌注桩及一道钢支撑。外侧主要的围护结构平面布置如图 3 所示。

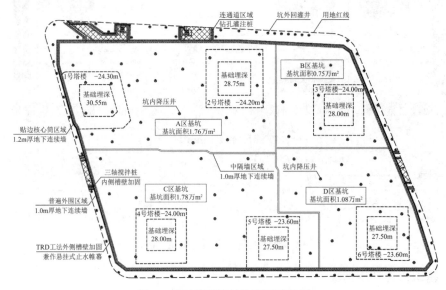

图 3 分区及围护结构平面示意图

2. 对角双基坑平面分区

鉴于本项目体量巨大，基坑与南侧相邻的 220kV 电力隧道平行的长边跨度达 290m，垂直方向的短边跨度近 200m，对于该深度和规模的基坑，其风险及变形控制无疑是巨大的挑战。基坑分区一方面需要控制基坑的单坑规模及基坑边长，另一方面需要考虑项目整体的工期统筹安排。因此最终的分区设计结合了工程进度需要，将基坑分为 4 个分区，两两同步施工。其中 A 区基坑面积约 17600m²，B 区约 7500m²，C 区约 17800m²，D 区约 10800m² 及外部连通道区域，将平行于电力隧道的单基坑最大长边控制在 190m 内，基坑最大短边长度控制在约 100m，大幅度减小了单体基坑规模。总体平面工况以 A、D 区同步施工，并在 A、D 分区拆撑回筑阶段同步进行 B、C 分区的开挖。

3. 支撑体系

基坑采用五道 C40 钢筋混凝土支撑，并采用"角撑 + 对称 + 边桁架"的布置形式，于第一道支撑设置施工栈桥（图 4 中阴影部分），首道支撑平面如图 4 所示。各支撑截面如表 2 所示。

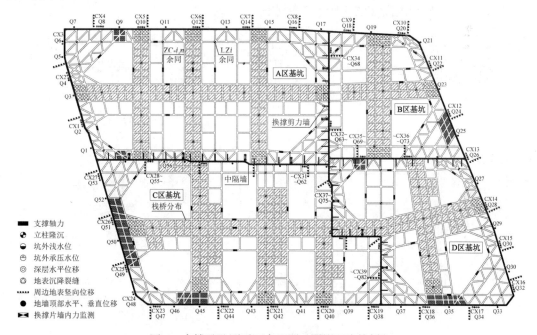

图 4　支撑及监测平面布置图（阴影区为栈桥）

支撑尺寸表（mm）　　　　　　　　　　　　　　　　　　　　表 2

支撑分项	支撑强度	围檩	主撑	连杆
第一道支撑	C35	(1000～1200)×800	900×800	800×800
第二/五道支撑	C40	1400×900	1100×900	900×800
第三/四道支撑	C40	1500×900	1200×900	900×900

确保出土及地下室回筑的施工效率。立柱均为 Q355 角钢格构柱，下方设置 ϕ850 钻孔灌注桩，并根据不同区域的荷载分别采用 180mm×16mm、180mm×18mm、200mm×20mm 等多种角钢格构柱，立柱桩长度为 33～50m 不等，立柱桩采用混凝土强度等级为水下 C30。

4. 抽灌一体化平面设计

抽水试验数据显示，⑦层承压水群井抽水试验的单井出水量为 9.2～16.6m³/h，同时结合生产性试抽水发现：由于承压水无法隔断，若不实施抽灌一体化部署，坑外承压水位最低水位将达到−21.64m，影响范围深远并可能对周边 5 条轨交线路造成严重影响。故而有必要在悬挂止水的前提下进行抽灌一体化设计。TRD 悬挂止水帷幕普遍深度为 53m，局部东侧及西侧距离保护对象较远区域按照 51m 设计，坑内疏干井按照约 200m²/口布置，坑内降压井按照约 500m²/口布置。同时为避免疏干井滤头进入⑦层承压水层，减少浅层疏干与深层降压的相互影响，疏干井与降压井分别独立设置，疏干井设计深度为 25m，降压井普遍深度为 41～44m，并在塔楼电梯集水井区域设置少量 46～50m 的备用降压井。坑外回灌井于南北侧保护要求相对较高的区域按照平均每延米约 10m/口布置，东西侧保护要求相对较低区域按照 15m/口布置，回灌井长度为 48m，降压井及坑外承压水回灌井布置如图 3 所示。

五、基坑围护典型剖面图

1. 围护结构典型剖面如图 5 所示，具体信息如下：

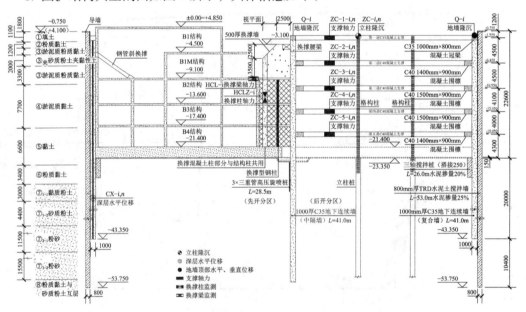

图 5　围护结构结构剖面图（尺寸单位：mm，标高单位：m）

（1）基坑普遍挖深为 22.2～22.6m，采用 1.0m 厚地下连续墙（水下 C35），地墙长度为 41.0m，插入比为 1：0.88。地下连续墙内侧采用 φ850@600 三轴水泥土搅拌桩作为槽壁加固，有效长度 26.0m，水泥掺量为 20%。地下连续墙外侧采用 800mm 厚 TRD 水泥土搅拌墙作为槽壁加固的同时兼作悬挂止水帷幕，有效长度为 51.0～53.0m，水泥掺量为 25%。

（2）中隔墙区域的基坑挖深为 22.7m，采用 1.0m 厚地下连续墙（水下 C35），有效长度为 41.0m，插入比为 1：0.88。本项目商业 B1 层高为 9.1m，B1 层楼板面距地面高差达 8.35m。针对该情况，通常中隔墙换撑的设计方法为通过斜换撑及先施工分区的结构顶板作为后施工分区的墙背支座。为实现提前交叉施工，按照弹性地基梁考量荷载响应，并基于荷载-结构分析方法，于 A、D 分区的 B1 区域设置 500mm 厚的临时换撑剪力墙，墙体平均间距约为 8.3m，并于 B4～B2 设置临时竖向换撑柱。其主要用于抵抗 B、C 分区各道支撑及中隔墙所传递的荷载，同时根据计算结果对 B1 结构的梁板水平传力带进行了适当加强。

2. 双对角基坑交叉施工工况剖面

通过于 A、D 分区设置由临时剪力墙、柱组成的换撑体系，B、C 分区开挖相比常规基坑提前 4～5 个工况，项目实施工况总表如表 3 所示，其中所涉及的交叉施工工况 6～11 断面如图 6 所示。

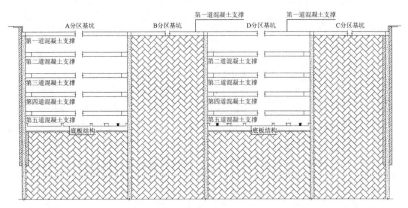

(a) 工况 6：断面示意图

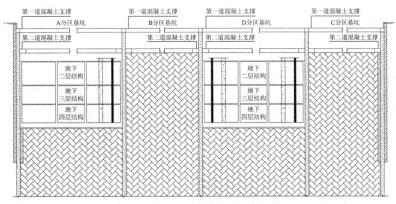

(b) 工况 7：断面示意图

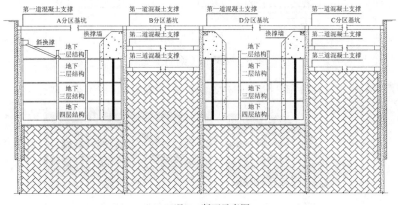

(c) 工况 8：断面示意图

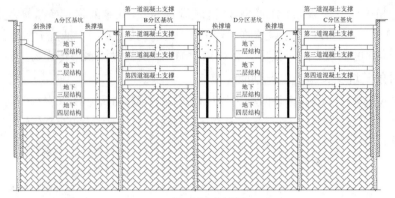

(d) 工况 9：断面示意图

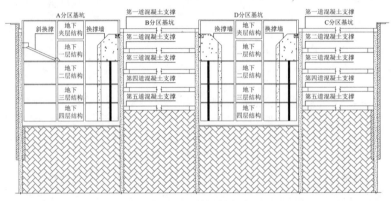

(e) 工况 10：断面示意图

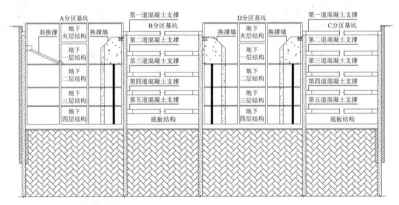

(f) 工况 11：断面示意图

图 6　交叉施工剖面工况图

其中工况 10 的交叉施工设计模型及对应的施工阶段实景如图 7 所示。

图 7　分区交叉施工模型及实景图（工况 10）

六、实测资料

1. 施工情况简介

项目自 2022 年 11 月完成首道支撑并于 2024 年 6 月完成项目的地下结构施工，基坑各阶段所对应的主要工况及施工周期如表 3 所示，主要的重要施工节点实景如图 8～图 10 所示。

图 8 A、D 分区施工基底实景图（工况 6）

图 9 B、C 分区底板施工实景图（工况 11）

图 10 中隔墙区域换撑剪力墙实景图

施工工况及周期时间表　　　　表3

工况	实施内容	周期（年/月）
1	A、D区施工完成首道支撑并开挖二层土方	2022/11～2022/12
2	A、D区施工完成二道支撑并开挖三层土方	2022/12～2023/1
3	A、D区施工完成三道支撑并开挖四层土方	2023/1～2023/2
4	A、D区施工完成四道支撑并开挖五层土方	2023/2～2023/3
5	A、D区施工完成五道支撑并开挖六层土方	2023/3～2023/4
6	A、D区分层开挖并完成底板B、C区完成首道支撑	2023/4～2023/5
7	A、D区拆除三道支撑并回筑B2结构；B、C区开挖二层土方并完成第二道撑	2023/5～2023/8
8	A、D区拆除二道支撑并完成换撑墙；B、C区开挖三层土方并完成第三道撑	2023/8～2023/9
9	A、D区施工完成B1M夹层及斜换撑；B、C区开挖四层土方并完成第四道撑	2023/9～2023/10
10	A、D区拆除首道支撑并施工B1结构；B、C区开挖五层土方并完成第五道撑	2023/10～2023/11
11	A、D区完成地下室至±0.00；B、C区开挖六层土方并施工底板	2023/11～2024/1
12	A、D区施工地上结构；B、C区回筑地下室至±0.00，并拆除中隔墙	2024/1～2024/6

2. 监测数据

为尽可能地提前预警可能存在的基坑风险并保护周边环境，对基坑围护结构全工况下的受力及变形情况进行跟踪。针对支护结构、临近周边道路管线沉降及地下水位等进行了全面而详细的监测，其中设置了部分点位包括：地下连续墙深层水平位移（测斜）$CX\text{-}i$（$i = 1 \sim 39$）；地下连续墙顶部竖向位移$Q\text{-}i$（$i = 1 \sim 82$）；立柱竖向位移$LZ\text{-}n, i$（$n, i = 1 \sim 85$）；支撑轴力$ZC\text{-}i, n$（$i, n = 1 \sim 5, 1 \sim 52$）、换撑结构柱轴力$HCZ\text{-}i$（$i = 1 \sim 14$）；换撑结构梁轴力$HCL\text{-}i$（$i = 1 \sim 14$），部分监测点位布置如图4所示。

1）地墙水平及竖向位移实测分析

图11为各分区外侧地墙及中隔墙在各个工况下的变形侧斜曲线。规模较大的A、C分区，外侧地下连续墙的普遍形变相对较大，最大深层水平位移 77.8～111.7mm，而规模较小的B、D分区的形变相对较小，普遍深层水平位移 62.8～87.8mm。各区域基坑变形均呈"纺锤状"且最大变形随着基坑开挖始终处于最后一道支撑及基底范围。中隔墙平均位移峰值约 77.0mm，在后开B、C分区施工阶段逐步回弹缩减，并且在开挖面以上的部分变形回缩得相对更加明显。项目最大侧向变形位置出现在C区的CX23区域，可以看出在各分区的挖深、地层及围护设计基本相同的前提下，各区平均变形却不尽相同，基坑变形随基坑规模增大而明显增加，呈现出了不同程度的空间效应。

图12为全过程阶段地墙（含中隔墙）隆起的时程曲线图，地墙的墙顶竖向位移呈现为：外侧地墙平均隆起约为 21.3mm（$0.094\%H$，H为开挖深度，余同），最大隆起为26.8mm，地墙隆起随着基坑开挖逐渐增大，并在底板浇筑完成后接近平稳，而中隔墙在相邻的B、C 分区开挖时发生进一步隆起，并呈叠加态势。最终的累计平均隆起约为 45.3mm（$0.20\%H$），最大隆起为60.3mm。

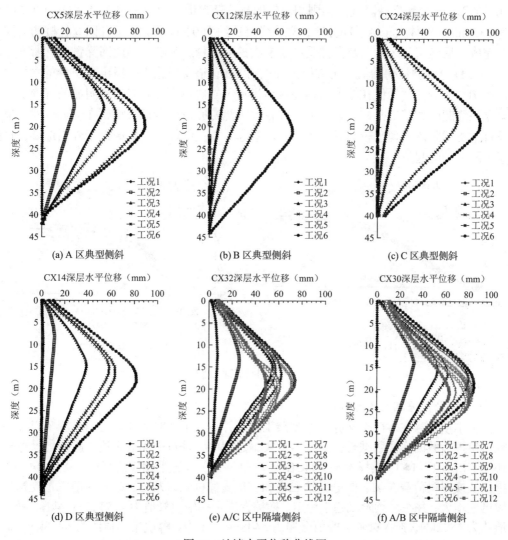

图 11　地墙水平位移曲线图

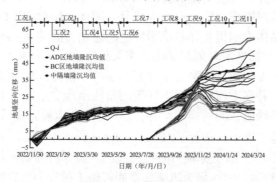

图 12　地墙隆沉曲线图

2）立柱隆沉实测分析

根据立柱隆沉LZ-i,n（$n,i=1\sim85$），各阶段的立柱竖向位移如图 13 所示。率先施工的 A、D 分区立柱隆起较为接近，平均立柱隆起量为 45.3mm，立柱隆沉比约 0.19%H。较晚施工的 B、C 分区立柱隆起差异则相对较明显，隆起量为 36.0～67.2mm，平均立柱隆起量为 53.8mm，整体大于 A、D 分区，立柱隆沉比约为 0.24%H。由于各区立柱桩均为同期施工完成，后施工分区地层及立柱受到了多次的应力释放影响，因此回弹量也有所增加。同时，A、D 分区立柱初始值定于首批土开挖前，在首道支撑施工阶段出现了少量立柱的沉降，而 B、C 分区初始值在首道支撑完成后进行了二次标定，并未出现明显的沉降阶段。所有立柱隆起随着基坑开挖逐渐增大，并在底板浇筑完成后接近平稳，在临近拆除二道支撑及首道支撑阶段出现了较明显的第二阶段隆起。立柱的隆起量普遍大于外围地墙，且接近于中隔墙的隆起量。

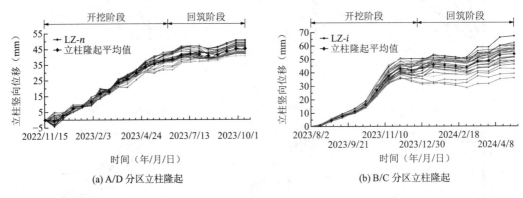

(a) A/D 分区立柱隆起   (b) B/C 分区立柱隆起

图 13　立柱隆沉曲线图

3）支撑及换撑轴力实测分析

由于本项目存在多区交叉施工的复杂工况，并设置了临时换撑剪力墙。鉴于以往基坑工程对换撑荷载的实测数据较少，本项目实施过程中，针对中隔墙临边一跨内的换撑柱轴力 HCZ-i（$i=1～14$）、换撑梁轴力 HCL-i（$i=1～14$）设置了相应监测点。由图 14 可知，换撑柱及换撑梁荷载在 A、D 分区第二道和首道支撑拆除以及 B、C 分区前三道支撑施工阶段迅速增大，并在后续阶段趋于稳定。换撑混凝土柱轴力峰值为 4279～5104kN，峰值平均值约为 4822kN；换撑梁轴力峰值普遍为 5448～7191kN，峰值平均值约为 6483kN，结合换撑剪力墙的宽度，换撑剪力墙实测换算倾覆力矩为 18135～26472kN·m。由于换撑除梁结构以外，结构板刚度对换撑的作用也较为显著。因此，结合 B、C 分区第一及第二道支撑的轴力分布，换撑结构梁承担相邻基坑所传递的总轴力的约 43.9%，结构楼板承担更多部分的水平荷载。监测数据显示对角双基坑在交叉施工过程中隔墙产生了较大的倾覆荷载，因此设置足够强度及刚度的换撑体系是十分有必要的。换撑柱轴力待 B、C 分区开挖至第二道支撑后趋于平稳，并在主体结构向上回筑的阶段出现少量的增加。换撑梁轴力及柱在首道支撑拆除阶段达到峰值，同时换撑梁并在 B1 结构及顶板完成后逐步降低。

项目在基坑的 5 道支撑中，布置了 ZC-n,i（$n,i=1～5,1～52$）。图 15、图 16 为两个阶段的对角基坑模型及各区 5 道支撑轴力时曲线图。经分析可知，各道支撑在其下方紧邻的 1～2 层土方开挖过程轴力增加最为迅速，在底板施工过程中出现微弱减小，并在拆撑的过程中剩余支撑轴力呈现少量增加。总体而言，第三、四道支撑的平均轴力相对较大，第一、二、五道支撑平均轴力相对略小，位于同一道支撑不同部位的支撑轴力也不完全相同。由于 B、C 分区首道支撑施工时处于 A、D 分区开挖期间，致使其首道支撑提前受到了 A、D 分区开挖的影响并参与荷载传递，因此 B、C 区首道支撑的荷载略大于常规其他类似项目。

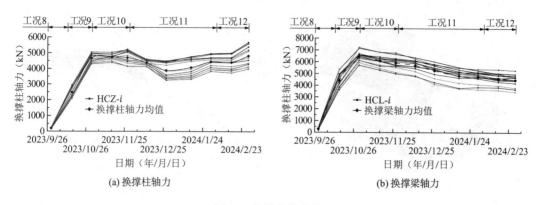

图 14　换撑荷载曲线图

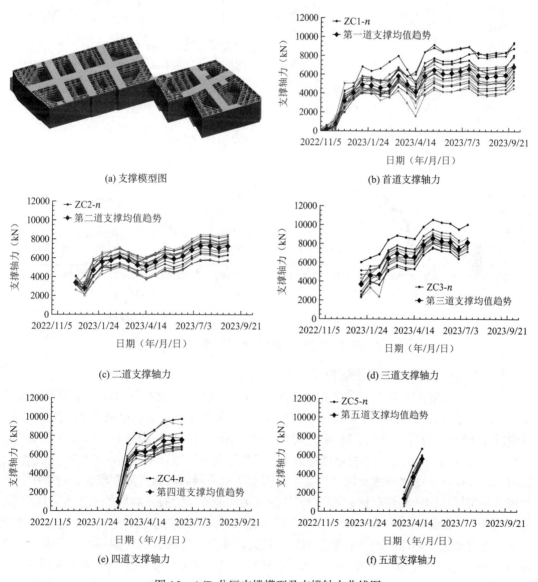

图 15　A/D 分区支撑模型及支撑轴力曲线图

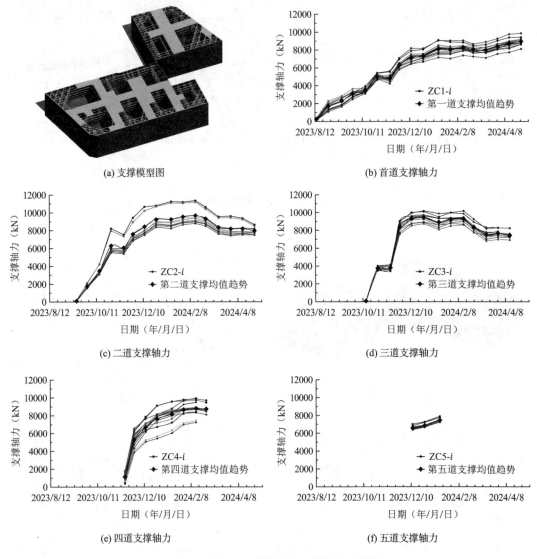

(a) 支撑模型图

(b) 首道支撑轴力

(c) 二道支撑轴力

(d) 三道支撑轴力

(e) 四道支撑轴力

(f) 五道支撑轴力

图16 B/C 分区支撑模型及支撑轴力曲线图

4）周边环境及地下水影响实测

周边地表沉降的差异也较为明显，西侧的临时道路作为工地主要出入口，受到重车的反复碾压，累计最大沉降达 146.09mm（DB24），其余侧非主要出土道路侧沉降约 60.2mm（DB13），南侧电力隧道最大沉降累计实测为 16.3mm（DL11）。周边最大沉降普遍发生在 (0.5~1.0)H 范围。施工过程中根据周边地下水位监测数据，结合不同工况的生产性试抽水，实时动态地指导承压水降压及回灌作业。考虑承压水头降幅巨大且周期较长，过程中适当加密了基坑周边的回灌井布置，并于基坑开挖至第四道支撑阶段开启坑外承压水常压回灌，每口回灌井回灌量平均为 2~3m³/h。在末层土方及超高层塔楼深坑开挖阶段，监测发现周边水位下降明显，随即组织开启加压回灌，最大加压约 60kPa，加压期间每口回灌井回灌量为 7~8m³/h。但在加压回灌一定时间后发现地墙沿边侧壁出现一定程度的涌水现象，因此在深坑垫层浇筑后立即停止了加压回灌，并恢复常压回灌。同时在底板浇筑阶段统筹设置水平施工缝，对于落深超过 5m 的区域均集中力量提前浇筑。待最深坑浇筑完成后，立即回升坑内承压水头，大幅缩短最深承压水位的控制时间。将塔楼核心筒−31.8m 的水头维持时间缩短至仅 12d。其他深坑−28.5m 的水头维持时间缩短至不超过 7d。同时集中力量分块开挖，分块施工底板，并结合底板的浇筑情况，分块回升各区域承压井控制水头，确保各分块开始开挖至底板完成不超过 28d。大底板水位控制累计时长控制在 50d 以内，最大限度地减小基坑抽降承压水对周边环境的影响。16 号线地铁所在位置实测水头最大降深约 2.4m，并在底板浇筑完成后逐步将水位抬升至原始标高。最终确保了周边地铁线路及道路、管线的正常运行。

七、点评

本项目基坑开挖总面积约 54260m²，基坑开挖深度 22.2～29.8m，整体基坑规模巨大，基坑环境复杂。对于该类软土地区超大规模深基坑，须充分考虑软土地基的时空效应，严格控制单次开发基坑规模。因此基坑的统筹设计至关重要，需综合考虑土建成本、财务成本、各超高层进度节点、主体结构分布等确定总体开发思路，进行针对性的基坑分区，该项目的成功实施可为今后类似工程提供有益参考：

（1）对于该类超大规模超深基坑工程，需要特别重视基坑工程的时空效应，除做到有序的土方开挖及限时支撑等措施外，还需要控制水环境影响的时间效应。对于超高层塔楼电梯集水坑等落深区，可在深度上设置横向施工缝，集中力量分层浇筑，分阶段控制承压水位埋深，最大限度地减少最低承压水位的控制时间。缩短周边地层水位变化的土体固结时间，同样对控制周边环境的影响有着显著的作用。

（2）空间效应方面，对于超大规模深基坑，采用双对角基坑分区方法，可大幅缩减基坑外围临边一次性开挖的最大边长，控制基坑规模，减小基坑变形。从各分区的地墙测斜与支护结构隆起可以发现，基坑面积越大，围护结构的测斜及隆起均更加显著。

（3）根据本项目经验，对于该类直接揭露承压水且止水帷幕无法隔断的基坑工程，坑外承压水位的影响范围可达数百米。需在确保基坑突涌安全的前提下，重点考虑抽降承压水对周边环境的影响。建议悬挂止水帷幕长度深于降压井滤管底不小于 10m，同时于基坑外侧设置相应的承压水回灌井、观测井，并根据坑内外水位监测情况采取针对性的常压回灌或加压回灌，并合理控制回灌压力。

（4）工期方面，项目基于空间框架结合荷载-结构或地层-结构分析方法，在有效分析计算换撑荷载的前提下，于先开分区设置临时剪力墙、柱、斜撑等相结合的具备足够强度及刚度的换撑体系，实现了多区相邻基坑的交叉施工。本项目共计取土约 127 万 m³，自开挖至全部地下室完成，累计用时约 20 个月，大幅短于同类型软土地区超大规模深基坑工程。

上海轨道交通网络运营指挥调度大楼项目基坑工程

刘若彪[1,2]　徐中华[1,2]　王卫东[1,2]

（1. 华东建筑设计研究院有限公司上海地下空间与工程设计研究院，上海　200002；

2. 上海基坑工程环境安全控制工程技术研究中心，上海　200002）

一、工程简介及特点

1. 基坑概况

本工程拟建场地基坑位于桂林路以东，吴中路以南，柳州路以西的申通集团园区内。主体是 1 幢地下 3 层、地上 9 层的综合办公大楼，为钢筋混凝土框架结构，采用桩筏基础，工程桩采用钻孔灌注桩。基坑总面积约 6053m²，基坑延长米 345m，本工程普遍区域基坑开挖深度为 18.3m，局部承台位置挖深 18.7～19m，局部降板区域开挖深度为 19.7m。

2. 环境概况

本工程基坑周边多幢建筑和市政道路下管线均位于一倍开挖深度范围内，西侧道路下大直径管线、基坑周边几栋采用天然地基的建筑以及蒲汇塘停车列检库为本工程基坑实施阶段的重点保护对象。

3. 项目特点

本项目基坑面积较大，挖深较深，土层条件较软弱，周边邻近申通集团和太平洋保险的多幢多层建筑以及市政道路下的大直径市政管线，环境条件极为复杂和敏感，基坑支护设计时需要考虑采用针对性措施，确保基坑自身及周边环境的安全和稳定。

二、工程地质条件

1. 工程地质概况

本工程建筑场地属滨海平原地貌类型，地质条件为上海地区较为典型的软土地层，开挖面范围以淤泥与淤泥质土层为主，土性软弱，具有含水率高、压缩性高、易流变、易开挖扰动等特点。场地缺失上海地区第⑥、⑦层土层。第⑧₂层和⑨层处于密实状态，标贯击数大于 40。

各土层工程特性指标如表 1 所示，地质展开图如图 1 所示。

2. 水文地质概况

场地地下水有潜水和（微）承压水。潜水赋存于浅部地层中，水位受降雨、潮汛、地表水及地面蒸发的影响有所变化，稳定水位埋深为 1.37～1.80m，平均稳定水位埋深为 1.63m。深部第⑤₃₋₂层为微承压含水层，第⑧₂、⑨、⑨ₜ层为承压含水层，微承压水水位埋深在 3.0～11.0m，承压水位埋深在 3.0～12.0m。经验算，本工程（微）承压水抗突涌稳定性均满足规范要求，深部承压含水层对本基坑工程没有影响。

各土层工程特性指标一览表　　　　　　　　　　　表1

层序	层名	重度γ（kN/m³）	孔隙比e	含水率w（%）	固结快剪 黏聚力c（kPa）	固结快剪 内摩擦角φ（°）	侧压力系数K_0	渗透系数k（cm/s）	标准贯入N（击）
②₁	褐黄~灰黄色粉质黏土	18.4	0.927	32.3	18	19.5	0.44	3.0×10^{-6}	—
②₃	灰黄~灰色黏质粉土	18.6	0.835	28.4	5	24.4	0.40	1.0×10^{-4}	3.5
③	灰色淤泥质粉质黏土	17.6	1.161	41.8	12	19.0	0.49	4.0×10^{-6}	—
④	灰色淤泥质黏土	16.7	1.432	51.0	10	11.5	0.58	4.0×10^{-7}	—
⑤₁₋₁	灰色黏土	17.5	1.147	39.7	13	12.5	0.52	5.0×10^{-7}	—
⑤₁₋₂	灰色粉质黏土	18	1.010	34.8	14	19.0	0.47	5.0×10^{-6}	—
⑤₃₋₁	灰色粉质黏土	18	0.983	33.9	15	20.0	0.46	8.0×10^{-6}	—
⑤₃₋₂	灰色黏质粉土夹粉质黏土	18.3	0.902	30.6	6	31.0	0.39	2.0×10^{-4}	19.4
⑧₂	灰色粉砂与粉质黏土互层	18.3	0.802	27.3	18	19.5	—	—	43.2
⑨	灰色粉砂	18.9	0.751	25.7	5	24.4	—	—	58.1
⑨ₜ	灰色黏质粉土	18.7	0.793	26.5	12	19.0	—	—	17

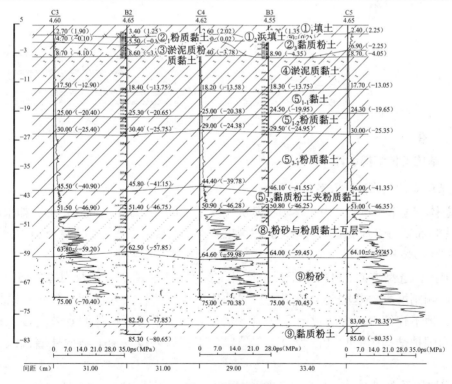

图1　地质展开图

三、基坑周边环境情况

本工程基坑北侧为中国太平洋保险公司，由多栋多层建筑组成，其中 3 号楼（3

层）和配电间为砖混结构，连廊为钢结构，其余为框架结构；建筑物与围护体最近距离 13m，内部管线离围护体最近 4.9m。基坑西侧为桂林路，道路下大量市政管线搬迁后将邻近本工程基坑，管线与围护体最近距离 4.4m。基坑南侧为申通地铁技术中心（6层）、职工食堂（1层）及蒲汇塘停车列检库（1层），均为框架结构，与围护体最近距离 4.8m；申通集团内部管线与围护体最近距离 2m。基坑东侧为申通集团办公楼，为框架结构，采用桩筏基础；内部管线与围护体最近距离 2.9m。基坑周边环境总平面图如图 2 所示。

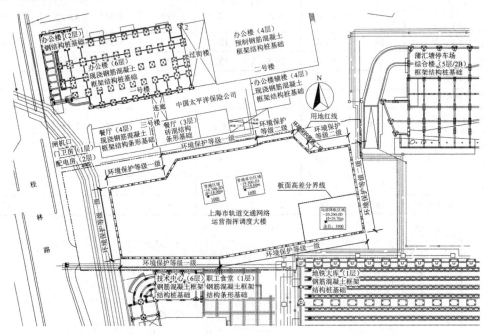

图 2　基坑周边环境平面图

四、基坑支护结构设计

1. 基坑支护总体设计方案

从总体方案选型角度，由于本工程基坑大致呈 50m×120m 的狭长矩形，如采用逆作法其出土口布置将受基坑尺寸影响，同时考虑到本工程目前主体设计进度将制约逆作法设计进度进而影响开工时间，因而考虑采用传统的顺作法方案。

从围护体选型方面，根据本工程基坑开挖深度、土层地质条件及周边环境条件，适宜采用抗侧刚度大、基坑变形控制能力强的地下连续墙作为基坑挡土和止水结构，与此同时，地下连续墙考虑通过与主体地下结构内部水平梁板构件的有效连接，地下连续墙作为围护结构的同时又作为地下室外墙，不再另外设置地下结构外墙，即"两墙合一"。

从支撑体系选型方面，本工程考虑采用刚度较大的钢筋混凝土水平支撑体系。为提高挖土便利性并为便于流水施工，支撑考虑采用对撑、角撑结合边桁架的布置形式。支撑竖向设置的道数根据围护结构内力变形和稳定性计算情况确定，经验算，为确保基坑变形满足环境保护等级的要求，考虑设置四道钢筋混凝土水平支撑。

综上，本工程基坑围护设计方案为：整体顺作法＋"两墙合一"地下连续墙＋四道钢筋混凝土水平支撑。

2. 基坑围护结构设计

"两墙合一"地下连续墙作为一种集挡土、止水、防渗和地下室结构外墙于一体的围护结构形式具有十分显著的技术和经济效果，在国内外大量的深基础工程中得到了应用，随着工程实践的积累，"两墙合一"的设计方法、施工工艺以及防渗漏措施等方面都有了进一步的发展和完善。

本工程普遍区域在地墙内侧设置通长的内衬砖墙，即在地下连续墙内侧一定距离处砌筑一道砖衬墙。砖衬墙内壁要作防潮处理，且与地下连续墙之间在每一楼面处设置导流沟，各层导流沟用竖管连通，使用阶段如局部地墙有细微渗漏时，可通过导流沟和竖管引至积水坑排出，以保证地下室的永久干燥。对于基坑北侧贴边汽车坡道及大面积楼板缺失区域和基坑西侧邻近规划地铁侧，考虑在地墙内侧设置钢筋混凝土内衬墙，地下连续墙和钢筋混凝土内衬墙中间设置防水水泥基等相关止水措施。

本工程基坑周边普遍区域地下连续墙厚度为 1000mm，基坑东北侧邻近太平洋保险二号楼区域为满足退让红线 3m 的退界要求，该区域地下连续墙厚度为 800mm。地下连续墙混凝土强度等级为 C35（水下混凝土提高一级）。基坑北、西侧围护结构剖面图如图 3、图 4 所示。基坑各侧地下连续墙详细信息如下：

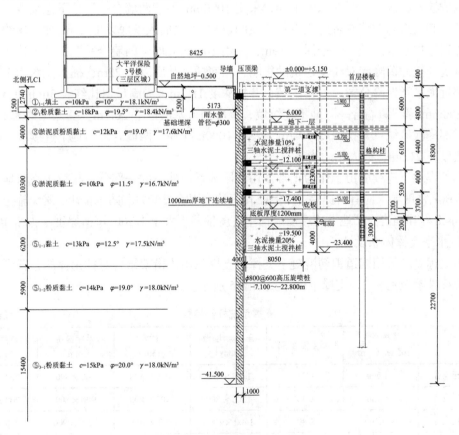

图 3　基坑北侧围护结构剖面图

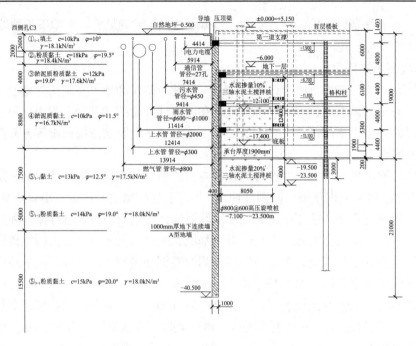

图 4　基坑西侧围护结构剖面图

西侧桂林路区域：开挖深度 19m，采用 1000mm 厚"两墙合一"地下连续墙，为控制基坑开挖卸荷隆起对该侧坑外大直径管线的影响，墙底插入基底以下 21m，插入比约为 1.1。

邻近保护建筑区域：开挖深度 19m，采用 1000mm 厚"两墙合一"的地下连续墙，为控制基坑开挖卸荷隆起对浅基建筑的影响，墙底插入基底以下 22m，插入比约为 1.2。

邻近太平洋保险公司二号楼区域：开挖深度 18.3m，为满足退让红线 3m 的退界要求，采用 800mm 厚"两墙合一"地下连续墙，墙底插入基底以下 20.7m，插入比约为 1.05。

局部降板区域：开挖深度 19.7m，采用 1000mm 厚"两墙合一"地下连续墙，墙底插入基底以下 21.5m，插入比约为 1.1。

本工程地下连续墙由于作为正常使用阶段地下室外墙的一部分，相较于临时地下连续墙，其施工精度要求应有所提高，以保证其正常使用阶段受力和防水需求，避免施工过程中侵界。本工程"两墙合一"地下连续墙成槽垂直度偏差不大于 1/300，沉渣厚度不大于 100mm。

3. 水平支撑体系设计

本工程基坑采用四道钢筋混凝土支撑，支撑采用边桁架结合对撑角撑的布置形式。支撑系统杆件参数见表 2。支撑平面布置如图 5 所示。

支撑系统杆件参数　　　　　　　　表 2

项目	支撑系统中心标高（m）	混凝土强度等级	压顶梁/围檩（mm）	主撑（mm）	八字撑-1（mm）	八字撑-2（mm）
第一道支撑	−1.900	C35	1100×800	1000×800	900×800	700×700
第二道支撑	−6.700	C40	1200×800	1100×800	900×800	700×700
第三道支撑	−11.100	C40	1400×1000	1200×1000	1000×900	900×900
第四道支撑	−15.100	C40	1400×900	1200×900	1000×900	900×900

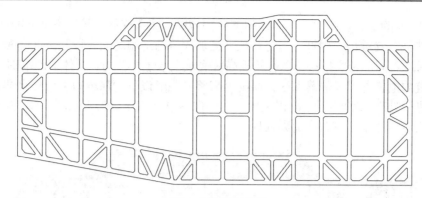

图 5　支撑平面布置

4. 竖向支承设计

土方开挖期间需要设置竖向构件来承受水平支撑的竖向力，本工程中采用临时钢立柱及柱下钻孔灌注桩作为水平支撑系统的竖向支承构件。临时钢立柱采用由等边角钢和缀板焊接而成的角钢格构柱，钢立柱插入作为立柱桩的钻孔灌注桩中不少于 3m。

支撑立柱桩设计时将结合主体工程桩桩位的布置，尽量利用工程桩作为立柱桩，其余另外加打，无法利用工程桩的位置增打钻孔灌注桩作为立柱桩，桩身混凝土设计强度等级为 C30（水下混凝土提高一级）。

钢立柱及立柱桩平面布置如图 6 所示，本方案竖向支承系统相关信息详见表 3。

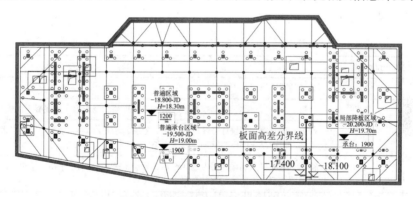

图 6　钢立柱及立柱桩平面布置图

竖向支承系统相关信息　　　　　　　　　　　　　　　　　　　　表 3

立柱编号	图例符号	桩径	桩长（m）	桩数	钢材牌号	钢立柱规格
ZCLZ1	⊕	$\phi800$	37	26	Q345B	4∟160×16
ZCLZ2	⊕	$\phi800$	37	2	Q345B	4∟160×16
ZCLZ3	▢	$\phi800$	45	3	Q345B	4∟180×18
ZCLZ4	⊕	$\phi800$	45	1	Q345B	4∟180×18
ZCLZ5	■	$\phi800$	47	13	Q345B	4∟160×16

5. 地基加固设计

被动区土体加固采用 $\phi850@600$ 三轴水泥土搅拌桩进行加固，搅拌桩呈格栅布置，坑底以上水泥掺量 10%，坑底以下水泥掺量 20%，普遍区域土体加固范围为第二道支撑底至坑底以下 4.0m 的位置，降板区域土体加固范围为第二道支撑底至坑底以下 6.0m 的位置，水泥土搅拌桩布置避让工程桩。同时在被动区加固体与地墙之间应设置ϕ800@600 高压旋喷桩，确保二者间的密实搭接，以有效提高坑底被动区土体抗力。具体加固范围详见图 7。

对于坑内电梯井等局部落深区，原则上高差 1.2m 以下的深坑拟采用降水结合坑内放坡的方式进行处理；对高差 1.2m 以上的坑内落深区进行高压旋喷桩加固处理，同时对落深区底部采用压密注浆进行封底加固处理。

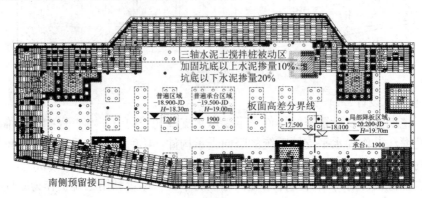

图 7 被动区及深坑加固平面布置图

五、现场施工

1. 施工工况（表 4）

施工工况　　　　　　　　　　　　　　　　　　　　　　表 4

工况	历时（d）	施工内容
工况 1	105	施工地下连续墙和工程桩
工况 2	50	分层、分块、对称、平衡挖至第一道支撑底标高，浇筑第一道混凝土围檩与混凝土支撑
工况 3	12	待第一道支撑达到设计强度的80%后，分层、分块、对称、平衡挖至第二道支撑底标高，浇筑第二道混凝土围檩与钢筋混凝土支撑
工况 4	16	待第二道支撑达到设计强度的80%后，分层、分块、对称、平衡挖至第三道支撑底标高，浇筑第三道混凝土围檩与钢筋混凝土支撑
工况 5	16	待第三道支撑达到设计强度的80%后，分层、分块、对称、平衡挖至第四道支撑底标高，浇筑第四道混凝土围檩与钢筋混凝土支撑
工况 6	10	分层开挖至坑底
工况 7	24	浇筑 200mm 厚混凝土垫层及基础底板，并养护
工况 8	30	待基础底板达到设计强度的80%，拆除第四道支撑，浇筑地下二层结构梁板
工况 9	44	拆除第三道支撑，拆除第二道支撑，浇筑地下一层结构梁板
工况 10	44	拆除第一道支撑，浇筑地下室首层结构

2. 土方开挖

基坑内部挖土遵循分区、分层、分块对称的原则开挖，每层开挖至指定高程及时浇筑钢筋混凝土支撑，开挖至基底标高处及时浇筑混凝土垫层和基础底板。

前三皮土方开挖如图 8 中左图所示，按照字母顺序依次开挖；第四皮土方开挖如图 8 中右图所示，按照数字顺序流水施工；第五皮土方从东往西分四块依次开挖。

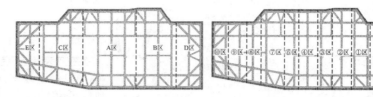

图 8   土方开挖顺序示意图

现场施工实景如图 9 所示。

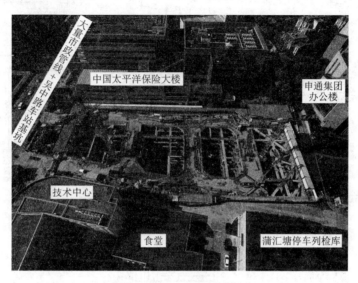

图 9   基坑工程施工实景

六、现场监测

1. 监测内容及测点布置

该基坑面积和开挖深度均很大；周边高层建筑、地下管线众多，环境保护要求严格；土的工程性质差，不确定性因素多。为确保基坑工程安全顺利完成，采用了信息化施工，对基坑的施工全过程进行了监测，以达到有效地指导施工现场、优化施工、安全施工和避免事故发生的目的。基坑的监测内容如表 5 所示。各测点或侧孔的位置如图 10、图 11 所示。

基坑监测内容   表 5

序号	监测项目	侧孔或测点编号
1	地下连续墙水平位移	P1～P23
2	地下连续墙墙顶沉降	Q1～Q23
3	支撑立柱桩桩顶沉降	L1～L11
4	钢筋混凝土支撑轴力	ZCi-1～ZCi-9（$i = 1～4$）
5	坑外地下水位	SW1～SW9
6	周围管线沉降	S1～S19；Y1～Y18；W1～W11；D6～D18；X1～X18；R1～R12
7	管线水平位移	D6～D13；S2～S7；Y1～Y5
8	周边建筑物沉降	F1～F93
9	周边建筑物倾斜增量	QX1～QX12
10	基坑周围地表沉降	DB1～DB20；DB1-j～DB4-j（$j = 1～5$）

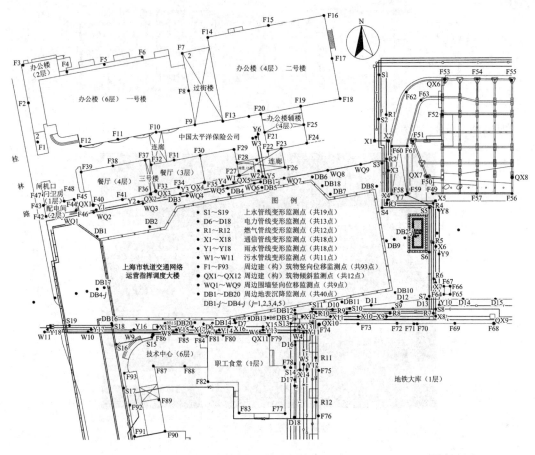

图 10 基坑周边环境监测点平面布置图

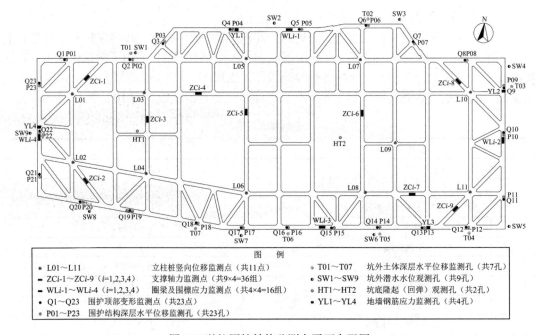

图 例

• L01～L11	立柱桩竖向位移监测点（共11点）	• T01～T07 坑外土体深层水平位移监测孔（共7孔）
— ZCi-1～ZCi-9（i=1,2,3,4）	支撑轴力监测点（共9×4=36组）	• SW1～SW9 坑外潜水水位观测孔（共9孔）
• WLi-1～WLi-4（i=1,2,3,4）	圈梁及围檩应力监测点（共4×4=16组）	• HT1～HT2 坑底隆起（回弹）观测孔（共2孔）
• Q1～Q23	围护顶部变形监测点（共23点）	• YL1～YL4 地墙钢筋应力监测孔（共4孔）
• P01～P23	围护结构深层水平位移监测孔（共23孔）	

图 11 基坑围护结构监测点平面布置图

2. 地下连续墙的侧向位移

图 12 是地下连续墙在各个工况下的侧向位移。各测点侧移量随开挖深度的增加而增加，发生最大侧向位移的位置逐渐下移，且均位于开挖面附近。本工程中各个测点的最大侧向位移值为 98.7mm，位于测孔 P5 的 20m 深度处，为 $0.49\%H_e$。P1 的最大侧向位移只有 41.2mm，为 $0.21\%H_e$，变形最小。各测点侧向位移空间分布情况如图 13 所示，跨中测点侧移比角点处侧移大，体现出基坑变形的空间效应。各测点发生最大侧移位置的平均深度为 $1.06H_e$。

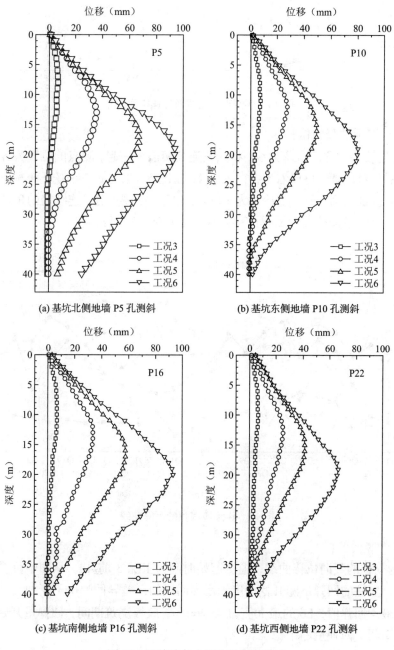

图 12　连续墙各个测孔的侧向位移

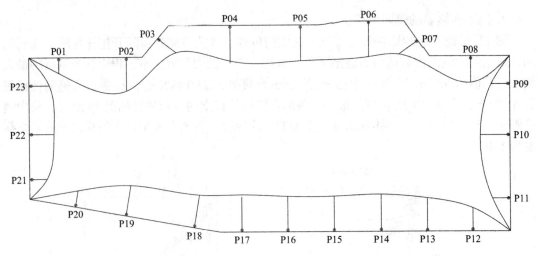

图 13 各测点地墙侧向位移空间分布

3. 连续墙墙顶的竖向位移

图 14 为连续墙墙顶的沉降曲线,将四侧连续墙连在一起,测点的位置为各个测点在该侧连续墙上的相对位置。可以看出,在工况 4、工况 5、工况 6 三个挖土工况下,土体回弹使得连续墙全部被抬高。最大上抬量为 10mm,位于 Q2 测点处。连续墙的角点处的回弹较跨中处要小,反映了连续墙的回弹位移也有比较明显的空间效应。

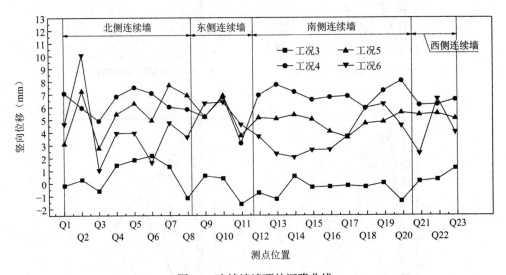

图 14 连续墙墙顶的沉降曲线

4. 立柱的竖向位移

图 15 为立柱的竖向位移曲线,监测起始时间为工况 3 前 4d。从图中可看出,由于基坑开挖卸荷,立柱的回弹量随开挖深度的增加而增加,差异回弹也不断加大,并在工况 6 结束时达到最大回弹值,L6 的最大值为 45.26mm;底板浇筑期间,回弹量开始减少;地下室结构施工期间,回弹量趋于稳定。

从空间来看,位于基坑中部的立柱回弹量较基坑周边和角点的立柱大。

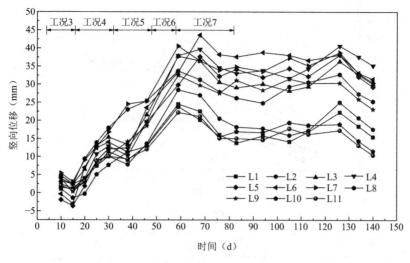

图 15　立柱的竖向位移

5. 支撑轴力

图 16 为各道支撑随时间的变化情况，于工况 3 之前 4d（2017 年 2 月 10 日）开始监测。各道支撑在该道支撑浇筑之后的第一次土方开挖期间轴力增长很快，之后增长幅度明显减缓，底板浇筑之后，轴力基本趋于稳定。临近支撑拆除时，各支撑轴力会有一定增加。

对第一道支撑而言，在第二次挖土时，支撑轴力增加很快；在第三、四、五次挖土时，支撑的轴力有所增长，但增长减缓；浇筑底板以后，支撑轴力基本趋于平稳。第一道支撑中 ZC1-4 轴力最大，最大值为 7309kN。

对第二道支撑而言，第三次挖土使得各支撑轴力增长很快，第四、五次挖土时各支撑轴力增长减缓，浇筑底板后支撑轴力基本趋于平稳。第二道支撑中 ZC2-3 轴力最大，最大值达到 10322kN；而 ZC1-9 轴力最小。

对第三道支撑而言，第四次挖土时轴力增加很快，第五次挖土时各支撑轴力增长减缓，底板浇筑以后轴力趋于平稳。第三道支撑中 ZC3-5 轴力最大，最大值为 14096kN。

对第四道支撑而言，第五次挖土时轴力增加很快，底板浇筑以后轴力趋于平稳；其中 ZC4-5 轴力最大，最大值为 13279kN。

总体而言，第三道支撑的轴力最大，第四道支撑次之，第一道支撑最小。

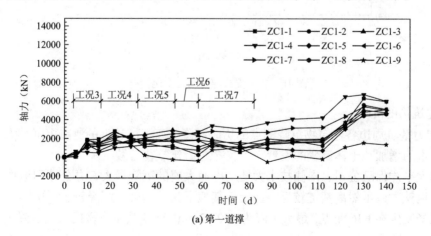

(a) 第一道撑

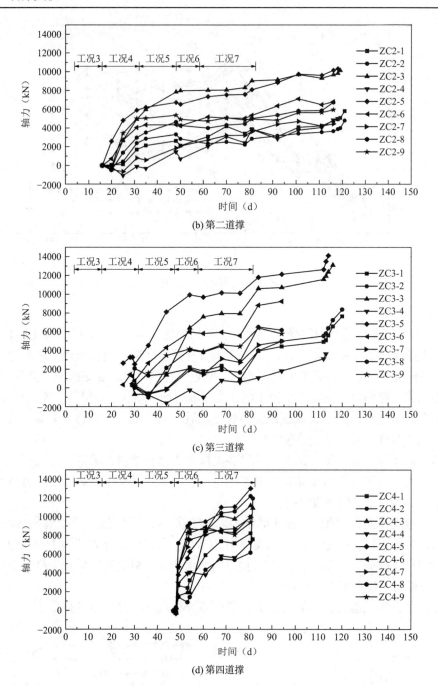

(b) 第二道撑

(c) 第三道撑

(d) 第四道撑

图 16 各道支撑随时间的变化情况

6. 建筑物的沉降

图 17 为基坑周边各建筑物沉降测点的历时沉降。离基坑越近的测点沉降越大。由于坑内结构自重的增加和土体流变的发展，工况 7 之后建筑物持续沉降。

中国太平洋保险公司、南侧技术大楼、申通大厦的沉降最大，办公楼和地铁大库的沉降很小。地铁大库虽然离基坑较近，但由于其地下为桩基础，沉降较小。中国太平洋保险的最大沉降发生在 F36 测点，最大沉降为 132.72mm；南侧技术大楼的最大沉降发生在 F80

测点，最大沉降为 122.10mm；申通大厦的最大沉降发生在 F58 测点，最大沉降为 62.89mm。

中国太平洋保险公司、南侧技术大楼、申通大厦差异沉降较大。申通大厦是以灌注桩为基础的框架结构，抵抗沉降变形的能力较好；距基坑较近的中国太平洋保险公司砖混结构的餐厅、北侧钢连廊等由于自身结构特性，抗不均匀变形能力较弱，部分房屋在勘察阶段已有明显损坏现象，对于相邻基坑施工产生的不均匀变形更为敏感。其中，F33、F32 测点间倾斜量最大，为 1/263。

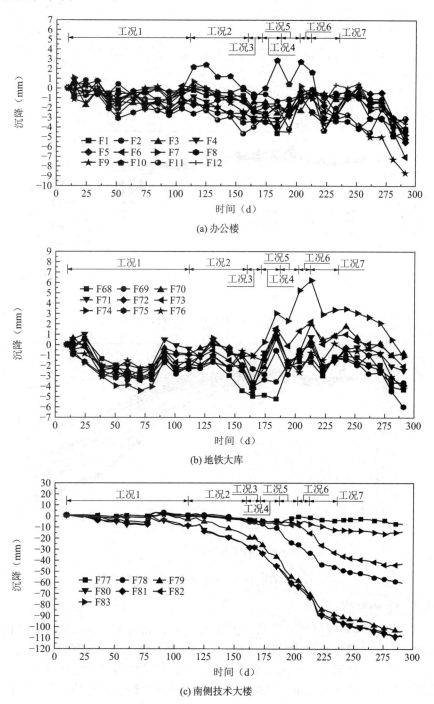

(a) 办公楼

(b) 地铁大库

(c) 南侧技术大楼

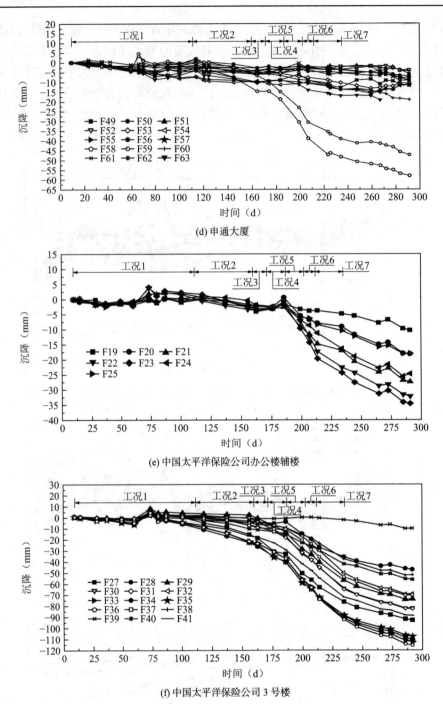

(d) 申通大厦

(e) 中国太平洋保险公司办公楼辅楼

(f) 中国太平洋保险公司3号楼

图17 基坑周边各建筑物沉降测点的历时沉降

7. 周边建筑物倾斜

图18为周边建筑物倾斜增量情况。QX4测点在150d左右（第二层土层开挖）时倾斜增量迅速增大，其余测点倾斜增量趋于平缓。QX4测点位于中国太平洋保险公司三号楼，距离基坑非常近。整体来看，中国太平洋保险公司三号楼倾斜增量变化最大。

勘察报告显示，基坑开挖前，基坑北侧建筑物有向北倾斜的趋势；基坑开挖后，建筑物南侧测点沉降较大。

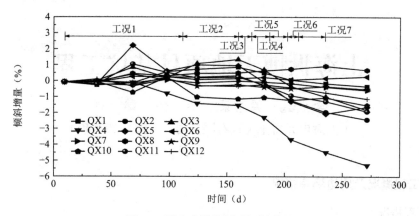

图18　周边建筑物历时倾斜增量

8. 地表竖向位移

图19为地表历时沉降情况。随施工阶段的推移，各测点的沉降量逐步增加，发生最大沉降的位置随开挖逐渐向坑外发展。三侧墙后地表监测点所得最大沉降值分别为47.53mm，40.76mm，83.53mm；各测点δ_{vm}介于$(0.5\sim2)\delta_{hm}$之间，均值为$0.64\delta_{hm}$。

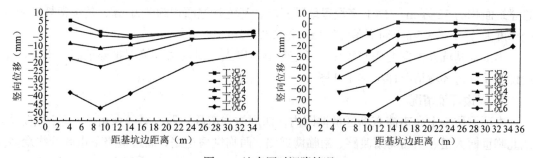

图19　地表历时沉降情况

七、点评

上海市轨道交通网络运营指挥调度大楼项目基坑开挖深度深，基坑面积大，基坑周边环境极为复杂，基坑西侧桂林路下大直径市政管线、北侧中国太平洋保险公司3号楼（1～4层）、南侧申通地铁职工食堂（1层）及蒲汇塘停车列检库（1层）均为本工程基坑实施阶段的重点保护对象。根据基坑的开挖深度、场地的工程地质和水文地质条件、周边环境等条件，结合上海地区有成熟设计与施工经验的类似基坑围护工程案例，本工程基坑采用了传统的整坑顺作法方案，基坑周边围护体采用"两墙合一"地下连续墙，坑内竖向设置四道钢筋混凝土支撑，支撑采用常规的对撑、角撑结合边桁架的平面布置形式。基坑开挖过程中，对基坑自身围护结构以及周边环境进行了全面以及全过程的监测。监测结果显示，基坑及周边环境的变形和内力指标均在可控范围内，保障了基坑安全顺利实施的同时也保护了基坑周边环境，取得了良好的经济效益和工程效益。该工程的设计和实施可作为同类基坑工程的参考。

上海世博天地项目基坑工程

李成巍　梁志荣　李　伟　魏　祥

（上海申元岩土工程有限公司，上海　200040）

一、工程概况及周边环境情况

1. 工程概况

上海世博天地项目基坑工程位于上海市浦东新区世博园区内，世博大道以南、世博馆路以东、博成路以北、周家渡路以西，是世博版块标志性滨江城市综合体，与周边的总部经济、会展演艺、文化休闲功能紧密接轨。

项目总计由 7 栋建筑组成，由 2 栋高端酒店、2 栋 26 层甲级写字楼，2 栋 6 层的企业总部，外加一栋约 4 万 m^2 的购物中心，办公总体量约 10.5 万 m^2。总占地面积约 4.78 万 m^2，总建筑面积约 32 万 m^2。地下室设置地下三层，基坑开挖面积约 4 万 m^2，基坑常规区域开挖深度为 17.5～18.5m，局部落深区域开挖深度 22m。

本工程基坑开挖深度普遍较深，开挖影响范围大，对周边环境保护要求高。本工程基地位置及周边环境情况详见图 1 和图 2。

2. 周边环境情况

本项目位于上海市浦东新区世博园内，四周均为市政道路，紧邻保留的一轴四馆。场地北临世博大道、东临周家渡路、南临博成路、西临世博馆路，周边道路下市政管线众多。

东侧：基地东侧地下连续墙外边线距离红线 3.0m，红线外侧为周家渡路，周家渡路对面为保留的世博轴。世博轴由地下两层、地面层和高架步道层组成，世博轴工程桩为钻孔灌注桩。本工程基坑围护外边线距离世博轴地下室外墙最近约 36.4m，距离世博轴地上结构外墙最近约 58.9m。基坑围护设计与施工需做好保护措施，并应加强与有关部门的沟通协调，加强监测，确保管线和道路的安全。

北侧：基地北侧地下连续墙外边线距离红线 3.0m，红线外侧为世博大道。世博大道北侧为世博中心。世博中心地下一层，钻孔灌注桩基础，地上两层，局部夹层为 5 层，屋面平均高度 40m。本工程基坑围护外边线距离世博中心地下室外墙最近约 73.5m。世博大道下有较多的地下管线。基坑围护设计与施工需做好保护措施，并应加强与有关部门的沟通协调，加强监测，确保管线和道路的安全。

西侧：基地西侧地下连续墙外边线距离红线 5.0m，红线外侧为世博馆路。世博馆路对面为央企总部基地建筑群，地下三层。世博馆路下有较多的地下管线。基坑围护设计与施工需做好保护措施，并应加强与有关部门的沟通协调，加强监测，确保管线和道路的安全。

南侧：基地南侧地下连续墙外边线距离红线 3.0m，红线外侧为博成路，博成路对面为上海世博展览馆（原主题馆）。博成路下靠近本场地侧有共同沟，距离围护外边线约 3.0m，上部覆土厚度 2.2m，高度 3.8m，宽度 3.3m，300 厚钢筋混凝土板结构。博成路下有较多的地下管线。基坑围护设计与施工需做好保护措施，并应加强与有关部门的沟通协调，加强监测，确保管线和道路的安全。

综上所述，基地四周市政道路及其地下管线是本工程重点保护对象，邻近保留建筑也需在基坑围护设计与施工中加强保护。

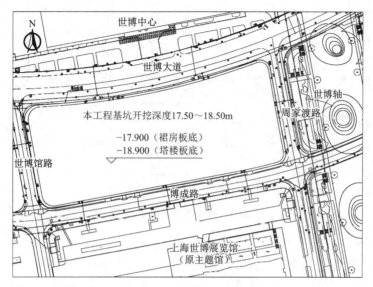

图 1　本工程基地周边环境图

图 2　本工程基地俯瞰图（东侧一区地下室已完成、西侧二区基坑开挖到底）

二、工程地质及水文地质条件概况

1. 岩土层分布规律

本场地属滨海平原地貌类型。据勘察揭示，拟建场地 90.41m 深度范围内的地基土属第四纪上更新世 Q3 至全新世 Q4 沉积物，主要由饱和黏性土、粉性土及砂土组成。场地位于古河道沉积区，缺失第⑥层暗绿色硬土层和第⑦层砂土层，沉积有厚层状的第⑤$_2$ 层粉（砂）性土层，第⑤$_2$ 层土质不均，可分出若干亚层，第⑤$_2$ 层以下为第⑨层。典型地质剖面示意如图 3 所示。

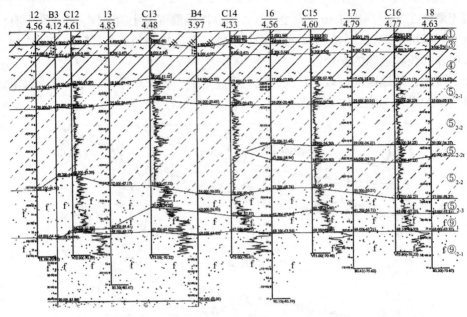

图3 典型地质剖面示意

2. 浅层潜水

拟建场地浅部土层中的地下水属于潜水类型，潜水的主要补给来源为大气降水，水位埋深随季节变化而变化，一般为 0.3～1.5m。本次勘察期间测得钻孔中地下水埋深为 1.20～2.40m，相应绝对高程为 1.52～3.53m。设计按年平均地下水位埋深在 0.5m 考虑。

3. 微承压水及承压水

经勘察，拟建场地浅部分布有厚层的⑤₂层粉（砂）性土层，该土层赋存的地下水水量较丰富且具有一定的承压性，属微承压水含水层。拟建场地内分布有第⑨层砂土层，该土层赋存地下水水量丰富，为上海地区第Ⅱ承压含水层。本工程场地第⑤₂层微承压水含水层与上海地区常规的第Ⅱ承压水含水层第⑨层贯通，无法隔断。第⑤₂层层顶最浅埋深约16.3m，第⑨层层顶最浅埋深约57.2m。本工程基坑开挖深度较深，常规裙房区域和主楼区域开挖面都已进入第⑤₂层，抗（微）承压水稳定性均不能满足规范要求，必须设置降压井进行降压。

4. 场地的工程地质条件及基坑围护设计参数如表 1 所示。

土层物理力学性质综合成果表   表 1

土层	层厚h（m）	重度γ（kN/m³）	黏聚力c（kPa）	内摩擦角φ（°）	渗透系数k建议值（cm/s）	孔隙比e	含水率w（%）	压缩模量$E_{s(0.1-0.2)}$（MPa）	比贯入阻力P_s（MPa）
①杂填土	3.08	—	—	—	—	—	—	—	—
②粉质黏土	1.53	18.4	19	17	3×10^{-5}	0.922	32.1	4.40	0.65
③淤泥质粉质黏土	3.97	17.6	10	16	2×10^{-5}	1.140	40.4	3.17	0.76
④淤泥质黏土	9.50	16.8	13	10	5×10^{-6}	1.372	48.3	2.37	0.65
⑤₂-1 砂质粉土夹粉质黏土	8.65	18.3	4	21	5×10^{-4}	0.914	31.8	7.25	4.73

土层	层厚h（m）	重度γ（kN/m³）	黏聚力c（kPa）	内摩擦角φ（°）	渗透系数k建议值（cm/s）	孔隙比e	含水率w（%）	压缩模量$E_{s(0.1-0.2)}$（MPa）	比贯入阻力P_s（MPa）
⑤$_{2-2}$ 黏质粉土夹粉质黏土	17.23	18.3	8	19	8×10^{-5}	0.906	31.2	6.03	3.33

5. 现场抽水试验

为了确保有效控制地下水以及尽量减小降水对周边环境的不利影响，需要准确分析本工程场地的水文地质特征、掌握水文地质参数、观察和掌握抽水引起的承压水的水位变化特征、抽水对环境的影响等，因此现场进行了抽水试验。根据该地区水文地质条件，现场抽水试验进行了非稳定流的单井抽水试验、群井抽水试验，共布置了 4 口抽水井和 3 口观测井，66 个沉降监测点。

本次抽水试验的含水层较厚，布井设计时使用了非完整井，因此水文参数计算采用定流量、非完整井、非稳定流的承压含水层 Moench 方法。经过参数反分析，得到了⑤$_{2-2}$层承压水含水层的主要水文力学参数如下：承压水水位埋深 7.26～7.36m，渗透系数 0.65m/d，贮水率 2.79×10⁻³m⁻¹，流量 7.45～7.92m³/h，影响半径 158.5m。

三、基坑围护设计方案

1. 工程特点及技术难点

本项目基坑工程的主要技术难点有两方面：

（1）本项目基坑开挖面积约 4.4 万 m²，常规区域开挖深度为 17.5～18.5m，属于软土地区超深超大基坑。场地周边环境复杂，南侧紧邻用地红线分布有地下共同沟，四周市政管线和建筑密集，对基坑变形控制要求非常严格。因此，基坑设计和施工中，必须采取可靠技术措施，减少土体开挖引起的基坑支护结构和周边土体位移，保证周边环境对象的安全。

（2）本项目临近黄浦江，场地内分布有深厚的粉砂粉土层，渗透系数大，且地下水具有承压性。基坑开挖过程中，需要抽降承压水。如何采取合理的承压水控制措施，在确保基坑抗突涌稳定性满足要求的前提下，尽可能地减少大范围抽降承压水对周边环境的不利影响，同时节约承压水控制措施的费用，是本项目基坑设计面临的关键技术难题。

2. 总体方案选型

软土地区深大基坑工程中，由于土体大面积卸荷引起的周边土体变形和环境影响范围较大，因此，根据时空效应原理，采用"大坑化小坑"的分坑设计施工方案，减少基坑单次开挖面积，来降低基坑开挖引起的环境影响，是深大基坑工程变形控制的重要手段。

本项目基坑总体方案采取分区设计施工，结合地上建筑（A、B、C、D 四栋塔楼）的位置，将基坑一分为二，一区基坑开挖面积约 2.6 万 m²，二区基坑开挖面积约 1.8 万 m²。先开挖一区基坑，待一区地下结构回筑完成后，再开挖二区基坑。基坑分区平面布置图见图 4。

结合上海地区深大基坑工程的设计施工经验，本项目基坑支护结构采用 1000mm 厚度地下连续墙两墙

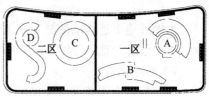

图 4 基坑分区平面布置图

合一的形式，坑内竖向设置四道钢筋混凝土水平内支撑，分区中隔墙采用直径 1000mm 的钻孔灌注桩。其中地下连续墙两侧采用三轴水泥土搅拌桩作为槽壁加固，中隔墙钻孔灌注桩两侧采用三轴水泥土搅拌桩作为止水帷幕。

3. 基坑围护结构设计

本工程常规开挖区域基坑开挖深度 17.20m，设计采用 1000mm 厚地下连续墙两墙合一，地墙两侧采用 φ850@600 三轴水泥搅拌桩作为槽壁加固，桩底标高−22.900m，水泥掺量 20%。为减小基坑降承压水对周边环境的影响，加大周边地下水补给的渗流路径，设计对地下连续墙进行了加深，地墙底标高−42.400m。基坑支护结构剖面图见图 5。

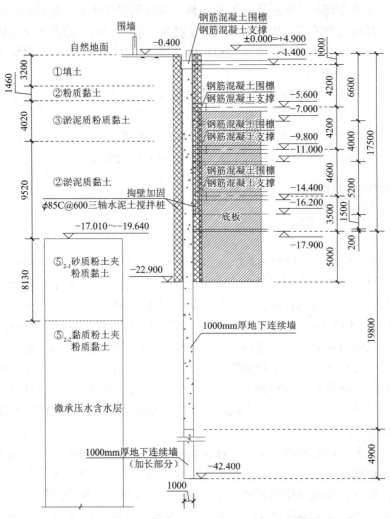

图 5　基坑支护结构剖面图

为保证地下连续墙的施工质量，确保满足基坑开挖阶段和永久使用阶段的正常使用要求，本次设计对地下连续墙施工的关键技术要求如下：

1）槽段接头

本工程地下连续墙接头采用柔性锁口管接头。锁口管接头是地下连续墙中最常用的接头形式，锁口管在地下连续墙混凝土浇筑时作为侧模，可防止混凝土的绕流，同时在槽段端头形成半圆形面，增加了槽壁接缝位置地下水的渗流路径。锁口管接头构造简单，施工适应性较强，止水效果可以满足常规工程的需求。

2）止水措施

本次设计采用的两墙合一方案，地下连续墙既作为围护结构，又同时作为地下室结构外墙，除受力要求外，对其止水性能的要求也很高。

地下连续墙混凝土抗渗要求应根据主体建筑、结构设计要求及相关规范确定，抗渗等级为P10。

地下连续墙槽段连接位置设置扶壁柱，有利于提高地下室的抗渗能力。地下连续墙与底板连接位置通过预留焊接止水钢板的槽钢和基础底板施工时设置倒滤层和橡胶止水带、预留压浆管等措施有效地控制地下水的渗漏。

3）墙底注浆

地下连续墙绑扎钢筋笼时预留两根注浆管，地下连续墙的墙身混凝土浇筑完毕并完成初凝以后，通过低压慢速的渗透注浆，对墙底沉渣进行填充处理，提高地下连续墙的墙身竖向承载力，减少与主体结构的不均匀沉降。

4）与主体结构相关的设计

本次设计建议采用两墙合一形式的地下连续墙，兼作地下室结构外墙，地下连续墙内侧设置扶壁梁、柱或内衬墙，保证地下连续墙的稳定性。地下连续墙内侧设置内隔墙，在内隔墙与地下连续墙之间设置排水沟等排水措施。

4. 支撑及立柱系统

基坑竖向设置了四道钢筋混凝土内支撑，支撑混凝土强度C30。根据周边环境的重要性，内支撑采用对撑结合角撑的形式，辅以边桁架。钢筋混凝土支撑刚度大、整体性好，根据基坑周边保护对象的重要性，可以采取较为灵活的布置方式，提高支撑布置的针对性，更好地控制基坑围护结构的位移，保护周边环境的安全。各道支撑的截面信息详见表2。第一道支撑平面布置图见图6，第二~四道支撑平面布置图见图7。

水平钢筋混凝土支撑体系截面信息　　　　　　　　　　表2

支撑	围檩（mm×mm）	主撑（mm×mm）	连杆（mm×mm）	中心标高（m）
第一道	1200×900	900×800	700×700	−1.600
第二道	1400×900	1000×900	800×800	−5.800
第三/四道	1500×900	1100×900	800×800	−9.800/−13.700

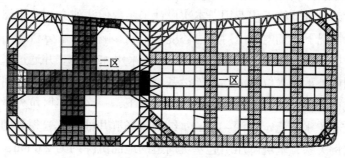

图6　第一道支撑平面布置图

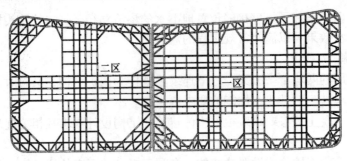

图 7 第二～四道支撑平面布置图

支撑立柱坑底以上采用型钢格构柱，截面为 530mm × 530mm；坑底以下设置立柱桩，立柱桩采用 ϕ900 钻孔灌注桩。型钢格构立柱在穿越底板的范围内需设置止水片。经过与主体设计单位的密切配合，以及对支撑平面布置体系的多次调整、复核，本工程支撑体系的立柱桩与工程桩共用比例达到了 70%，有效地降低了基坑工程造价。

5. 水平施工栈桥

本工程地处市区，基坑开挖面积大，基坑开挖深度深，施工场地狭小，不利于工程的快速进行。建设方对本工程的施工工期要求较高，为确保基坑快速施工，本项目结合第一道钢筋混凝土支撑精心设计了施工栈桥，大大方便了建筑材料的运输，方便泵车混凝土的浇筑和土方的开挖。

因基坑开挖面积大，开挖深度深，如果需要加快施工进度，必须保证能够多点展开工作面，不同工序可以交叉施工。施工栈桥的设计，为多点作业提供了良好的基础，缩短了建材塔吊吊运的工作量，大大提升了现场管理与组织的效率。

6. 承压水控制

本场地分布有深厚的⑤₂层粉（砂）性土层，属微承压水含水层，并且与下部的第⑨层砂土层（上海地区第二承压含水层）直接连通，基坑开挖期间需要抽降承压水。

为了减少坑内降压对坑外承压水的影响，一般需要在基坑周边设置止水帷幕，根据止水帷幕与承压水含水层的关系，可以分为隔断（落底式止水帷幕）和不隔断（悬挂式止水帷幕）两种形式。本项目场地下部存在深厚的承压水含水层，无法采用落底式止水帷幕，只能采用悬挂式止水帷幕，以增加地下水渗流路径达到减小坑外水位降深的目的。

为了合理确定悬挂式止水帷幕的插入深度，在保证坑内降压对周边环境的影响在安全范围以内的同时，尽量节约工程费用，本次设计采用数值法建立了三维渗流模型，对不同止水帷幕深度的情况下，坑内降压对周边环境的不利影响进行了分析。

经过计算分析，本工程的悬挂式止水帷幕长度采用 42m 深，并通过采用坑外回灌的方式，进一步控制坑外承压水位降深。坑外沿基坑周边设置一圈回灌井，间距 20m，回灌井深度 42m。在坑内降压和坑外回灌同步开启的情况下，一区和二区坑外承压水水位最大降深计算值约 4.35m（水位稳定埋深−10m）。结合现场群井抽水试验得到的承压水水位降低与地面沉降的比例关系，基坑降压引起基坑周边的地面沉降约为 2.6mm，可以满足本项目周边环境的保护要求。

四、基坑监测及实施情况

本项目一区基坑于 2013 年 7 月开始挖土，2013 年 12 月完成底板施工，二区基坑于 2021 年 4 月开始挖土，2021 年 9 月完成底板施工。二区基坑监测布点平面图如图 8 所示。

在基坑施工过程中，第三方监测单位对基坑本体和周边环境的变化进行了连续监测。

本项目各个基坑分区的施工工况如下：

工况一：基坑围护结构施工；

工况二：开挖表层土方，施工第一道支撑（一区 2013 年 6 月，二区 2021 年 3 月）；

工况三：开挖第二批土方，施工第二道支撑（一区 2013 年 7 月，二区 2021 年 4 月）；

工况四：开挖第三批土方，施工第三道支撑（一区 2013 年 8 月，二区 2021 年 5 月）；

工况五：开挖第四批土方，施工第四道支撑（一区 2013 年 9 月，二区 2021 年 6 月）；

工况六：开挖第五批土方，施工底板（一区 2013 年 10 月，二区 2021 年 7 月）。

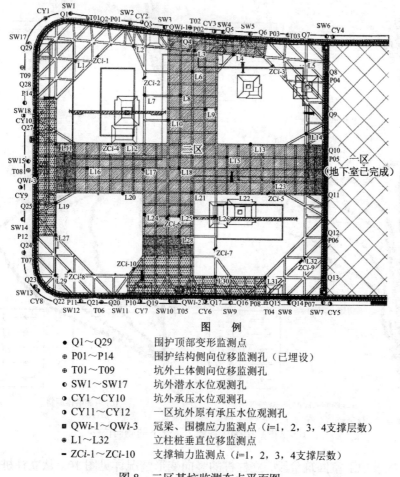

图 例

● Q1～Q29	围护顶部变形监测点
⊕ P01～P14	围护结构侧向位移监测孔（已埋设）
⊕ T01～T09	坑外土体侧向位移监测孔
◉ SW1～SW17	坑外潜水水位观测孔
◑ CY1～CY10	坑外承压水位观测孔
◐ CY11～CY12	一区坑外原有承压水位观测孔
■ QWi-1～QWi-3	冠梁、围檩应力监测点（i=1，2，3，4支撑层数）
⊡ L1～L32	立柱桩垂直位移监测点
— ZCi-1～ZCi-10	支撑轴力监测点（i=1，2，3，4支撑层数）

图 8 二区基坑监测布点平面图

基坑开挖及地下室回筑阶段，各个分区不同工况下的地下连续墙水平变形情况详见

图 9。图 9（a）反映了基坑北侧地下连续墙变形水平，基坑开挖到底时，地墙侧向最大变形为 44.48mm，深度为 13m；图 9（b）反映了基坑南侧地下连续墙变形水平，基坑开挖到底时，地墙侧向最大变形为 37.45mm，深度为 13.5m；图 9（c）反映了基坑西侧地下连续墙变形水平，基坑开挖到底时，地墙侧向最大变形为 39.53mm，深度为 12.5m；图 9（d）反映了基坑东侧地下连续墙变形水平，基坑开挖到底时，地墙侧向最大变形为 55.1mm，深度为 15m。

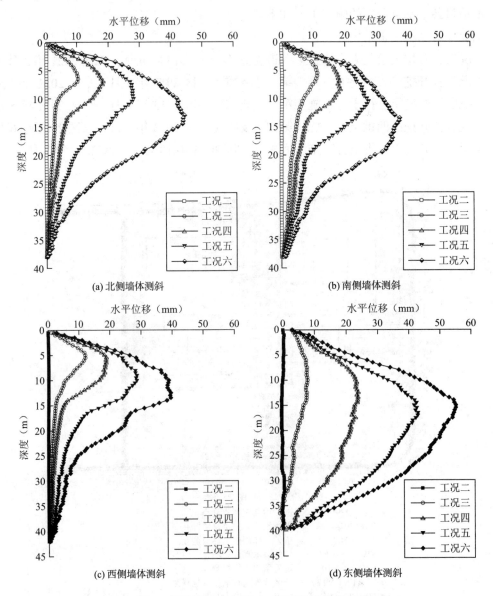

(a) 北侧墙体测斜　　　　　　　　(b) 南侧墙体测斜

(c) 西侧墙体测斜　　　　　　　　(d) 东侧墙体测斜

图 9　围护结构在各施工工况下的侧向位移

　　基坑开挖及地下室回筑阶段，立柱桩的竖向变形情况详见图 10。从立柱桩的监测数据可以看出，基坑开挖过程中，立柱桩整体呈现上抬变形，平均竖向位移约 43mm，最大竖向位移约 66mm。不同立柱桩之间的差异变形最大约 50mm。

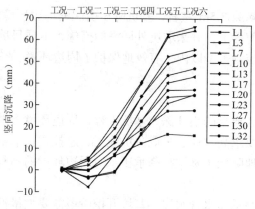

图 10　立柱竖向位移

基坑开挖阶段，引起的南侧共同沟结构竖向位移详见图 11。从图中可以看出，基坑开挖引起的共同沟最大沉降约 12.03mm，平均沉降量约 8.4mm。

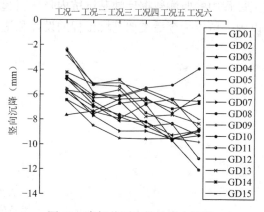

图 11　南侧共同沟结构竖向沉降

基坑开挖阶段，周边地表沉降详见图 12。从图中可以看出，基坑开挖引起的周边地面最大沉降约 30mm。

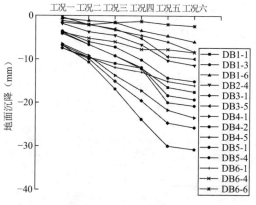

图 12　基坑周边地面沉降

在基坑施工期间，坑内降压井逐步开启，按需降压，在开启基坑周边坑外回灌井以后，坑外承压水水位稳定在降深 3.5m 左右，基坑降压引起的周边环境沉降约 2mm。在采取合理的悬挂式止水帷幕的前提下，并采取坑外回灌的措施，本项目坑内降压对坑外承压水水位的影响在设计的安全控制范围以内，有效地保护了周边环境。

五、小结

本工程属于软土地区典型的临江深大基坑工程，周边环境条件敏感，场地水文地质条件复杂，基坑变形控制要求高。通过采取分坑施工、悬挂式止水帷幕和坑外设置回灌井等一系列技术措施，有效地降低了基坑抽降承压水对周边环境的不利影响，确保了基坑工程的顺利实施。

针对场地内存在深厚承压水含水层，基坑开挖阶段需要大量抽降承压水的情况，通过进行现场抽水试验，获得了承压水含水层的详细水文力学参数，为基坑承压水控制设计分析提供了重要依据。通过数值分析方法建立三维渗流模型，分析预测了不同的悬挂式止水帷幕长度对坑外承压水位的影响，从而结合周边环境的变形控制要求，确定了相对合理的止水帷幕长度。基坑施工过程中的监测数据反映基坑坑内降压引起的坑位水位降深，在数值分析预测的降深范围以内，可以为今后类似基坑工程的设计和施工提供一定的参考。

上海兴亚广场二期项目基坑工程

郝 飞

（上海山南勘测设计有限公司，上海 201206）

一、工程简介及特点

本工程场地位于上海市静安区，地块北侧为永兴路，东侧为上海长途汽车运输公司北区客运站，南侧为虹江路909弄小区住宅，西侧为兴亚广场一期工程，具体如图1所示。本工程拟建2座混凝土框架结构高层建筑，基础形式采用桩基础，下设整体地下两层车库。

本工程具有如下特点：①本工程主体基坑开挖面积为5973m²，南北方向跨度约140m，东西方向跨度约54m；基坑开挖深度11.15m，周边延长米约360m，属于典型的深基坑工程；②基坑周边环境复杂，基坑东侧、北侧和南侧均有学校、居民楼等采用天然基础的重要建筑物，大部分位于一倍基坑开挖深度范围之内，环境保护要求很高；基坑西侧为现状高层商务办公楼，采用桩基础，也具有一定的环境保护要求；③场地浅层分布有较厚的粉性土层，土层渗透性较大，在动水压力作用下易产生流砂、管涌等不利地质作用。

考虑到本工程的开挖深度大、周边环境保护要求很高及浅层分布有较厚粉性土层等工程特点，本次围护设计采用地下连续墙两墙合一（复合墙）的围护形式（环境保护等级一级区域采用1000mm厚地下连续墙，二级区域采用800mm厚地下连续墙），并在地墙内外侧设置三轴搅拌桩槽壁加固兼作止水帷幕。

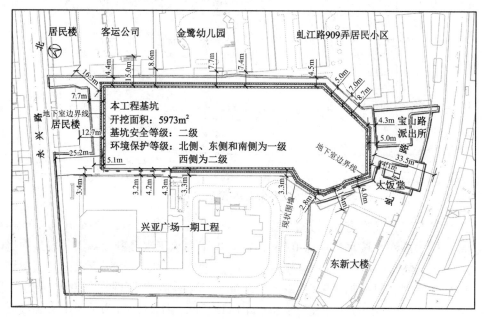

图1　本工程场地平面位置示意图

二、工程地质情况

根据勘察报告本工程场地在勘察深度范围内揭露的地基土为第四纪全新世的沉积层，主要由填土、淤泥质土、黏性土、粉性土、砂性土组成。根据地基土沉积年代、成因类型及物理力学性质差异，将场地勘探深度范围内土层划分为 8 个主要层次及分属不同层次的亚层及次亚层。本次基坑工程围护设计参数及典型地质剖面分别如表 1 和图 2 所示。

围护设计相关参数表   表 1

层号	土层名称	重度γ（kN/m³）	液限w_L（%）	塑限w_P（%）	含水率w（%）	孔隙比e	直剪固快（峰值）		渗透系数k（cm/s）
							黏聚力c（kPa）	内摩擦角φ（°）	
②₁	黏质粉土	18.5	—	—	31.4	0.888	7	28.0	8.0×10^{-5}
②₃₋₁	黏质粉土	18.2	—	—	34.1	0.958	7	27.5	4.0×10^{-5}
②₃₋₂	粉砂	18.7	—	—	29.0	0.819	2	33.0	2.0×10^{-4}
④	淤泥质黏土	16.9	45.7	23.6	48.4	1.371	13	10.5	1.0×10^{-6}
⑤₁₋₁	黏土	17.6	43.1	22.5	39.7	1.143	16	11.5	2.0×10^{-6}
⑤₁₋₂	粉质黏土	17.7	38.2	21.5	36.8	1.067	15	16	4.0×10^{-6}

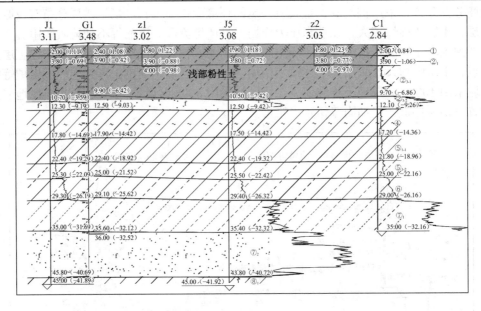

图 2 典型工程地质剖面图

上海地区与工程建设密切相关的地下水主要为第四系地层中的潜水、（微）承压水。其中浅部土层中的潜水按水位埋深 0.5m 考虑。本工程承压水经勘探揭露，场地内第⑦层（含亚层）粉、砂性土属第一承压含水层，第⑨层砂性土属第二承压含水层。拟建场地内⑦₁ 层承压水含水层层顶埋深在 28.9～33.0m。按承压水头埋深 3.0m 考虑，估算 $P_{cz}/P_{wy} = 1.22 > 1.05$（$P_{cz}$ 为基坑底至承压含水层顶板间土压力，P_{wy} 为承压水头高度至承压含水层顶板间的水压力），满足抗突涌稳定性计算。

三、基坑周边环境情况

基坑东侧距离用地红线最近约 4.3m，红线外自北向南依次为客运公司办公楼及其辅楼、金鹭幼儿园和虹江路 909 弄居民小区，其中虹江路 909 弄小区住宅基础形式为浅基础，距离基坑最近约 7.0m。

基坑南侧距离用地红线最近约 4.0m；红线外为现状房屋（宝山路派出所和现状大饭堂），其基础形式均为浅基础，距离基坑最近约 4.1m。

基坑西侧距离用地红线最近约 3.2m；红线外分别为两幢兴亚广场一期建筑（15 号楼和 16 号楼）和东新大楼（17 号楼），距离基坑开挖边线最近分别为 4.1m、16.5m 和 11.5m；一期工程地下室外墙距离本次新建地下室外墙 4.1m，一期工程围护采用搅拌桩重力式坝体，坝体宽 4.2m，坝体内插劲性桩（钻孔灌注桩），间隔 2.5m 布置。

基坑北侧距离用地红线最近约 5.1m；红线外为两幢现状居民楼（13 号楼和 14 号楼），与基坑开挖边线距离分别为 12.7m 和 19.2m。

综上所述，本工程基坑位于市区内繁华街道，基坑周边分布有大量建（构）筑物，均为本次基坑工程的重要保护对象，周边环境保护要求极高。周边环境情况具体如表 2 和图 3 所示。

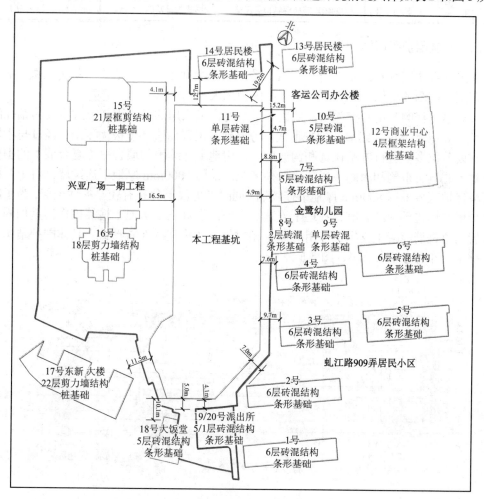

图 3　基坑周边环境示意图

基坑周边建筑信息表   表 2

基坑周边	建筑编号	建筑和基础信息	与基坑位置关系
东侧	1~6 号	虹江路 909 弄居民小区，均为 6 层砖混结构房屋，基础形式为条形基础	7.0m（$s < H$）
	7~9 号	金鹭幼儿园为 5 层砖混结构房屋，基础形式为条形基础；其辅楼为 1 层砖混结构房屋，采用条形基础	4.9m（$s < H$）
	10 号、11 号	客运公司办公楼为 5 层砖混结构房屋，基础形式为条形基础；其辅楼为 1 层砖混结构房屋，采用条形基础	4.7m（$s < H$）
	12 号	商业广场为一幢 4 层框架结构房屋，基础形式采用桩基础	43.2m（$s < 4H$）
南侧	18 号	大饭堂为一幢 3 层混合结构房屋，基础形式不详，设计时按浅基础考虑	10.1m（$s < H$）
	19 号、20 号	宝山路派出所为一幢 5 层砖混结构房屋，基础形式为条形基础；其辅楼为单层钢结构，基础形式不详	4.1m（$s < H$）
西侧	15 号、16 号	兴亚广场一期工程为两幢框架剪力墙结构建筑，基础形式为桩基础	4.1m（$s < H$）
	17 号	东新大楼为一幢 22 层剪力墙结构建筑，基础形式为桩基础	11.5m（$s < 2H$）
北侧	13 号、14 号	为两幢现状砖混结构居民楼，基础形式为桩基础	5.1m（$s < H$）

四、基坑围护平面图

本工程主体基坑开挖面积约 5973m²，普遍开挖深度 11.15m，安全等级为二级，基坑北侧、东侧和南侧环境保护等级为一级，西侧为二级。

针对本工程的基坑开挖深度及周边环境情况，可采用的基坑围护方式主要为钻孔灌注桩 + 止水帷幕和地下连续墙的围护形式。考虑到本工程周边环境极为复杂，经过与主体结构及建设单位多次进行方案比选和沟通后，采用地下连续墙两墙合一（复合墙）的围护形式。对于北侧、东侧和南侧一级环境保护区域，采用 1000mm 厚地下连续墙，对于西侧二级环境保护区域采用 800mm 厚地下连续墙。同时考虑浅层分布有较厚粉性土层，为了减小地墙成槽对周边环境的影响，在地下连续墙内外侧设置三轴水泥土搅拌桩作槽壁加固。坑内设置两道钢筋混凝土支撑，采用对撑 + 角撑结合边桁架的布置形式。具体围护结构平面和支撑平面布置分别如图 4、图 5 所示。

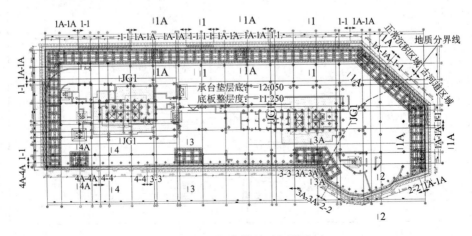

图 4 基坑支护平面布置图

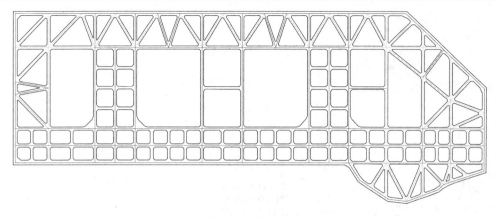

图 5　第一道支撑平面布置图

针对场地内较多分布的地下障碍物，在围护设计时以避让为总体原则，确保地下连续墙及槽壁加固有足够的施工空间。本次围护设计考虑一期工程围护结构施工年代较为久远，加固体强度较大，在本次围护结构施工前对一期工程旧围护桩区域的加固体进行清障处理，回填完成后再进行该区域围护桩（地下连续墙）施工，并在坑外侧设置高压旋喷桩墙缝止水。对应一级保护区域坑内侧设置双轴水泥土搅拌桩裙边加固，加固体深度自第二道支撑底至坑底以下 5m，水泥掺量 13%。对应二级保护区域坑内侧设置双轴水泥土搅拌桩墩式加固，加固体深度为坑底以下 4m，水泥掺量 13%。

五、基坑围护典型剖面图

1. 一级环境保护区域

基坑北侧、东侧和南侧紧邻居民小区、学校等重要建筑物，围护结构采用 1000mm 厚地下连续墙，地墙长度 25.0m。地墙两侧设置三轴水泥土搅拌桩槽壁加固兼作止水帷幕，桩长为 18.0m，其中地墙外侧采用套接一孔施工，地墙内侧采用搭接 250mm 施工，水泥掺量为 20%。坑内设置ϕ700@1000 双轴水泥土搅拌桩裙边加固，加固体深度自第二道支撑底标高至坑底以下 5m，水泥掺量 13%。同时，为确保加固效果，在坑内裙边加固体与地墙槽壁加固体之间采用高压旋喷桩ϕ800@600 填缝处理，具体如图 6 所示。

2. 临近一期工程区域

基坑西侧邻近兴亚广场一期工程 15 号楼，该建筑为一幢建成于 1996 年高层建筑，下设二层整体地下车库，底板埋置深度为 8.6～9.1m。一期工程地下室外墙距离本次新建地下室外墙 4.1m，一期工程围护采用搅拌桩重力式坝体，坝体宽 4.2m，坝体内插劲性桩（钻孔灌注桩），间隔 2.5m 布置。

围护结构采用 800mm 厚地墙，地墙长度 25.0m。考虑到一期工程的旧围护结构年代较为久远，加固体强度较高。因此在设计阶段时考虑进行清障处理，进行压实回填处理后在地墙接缝位置处设置ϕ800@500 高压旋喷桩墙缝止水，旋喷桩长度 18.0m，水泥掺量 25%。坑内设置两道钢筋混凝土支撑，典型剖面如图 7 所示。施工单位根据现场实际土质条件及障碍物分布情况，最终采用了铣槽机的成桩工艺，从而进一步确保该区域的地墙成槽质量。

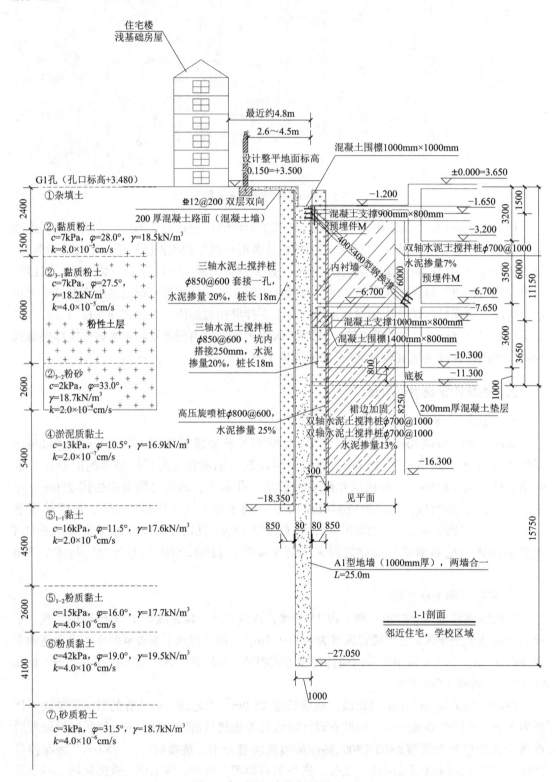

图6 典型基坑支护剖面图（一）

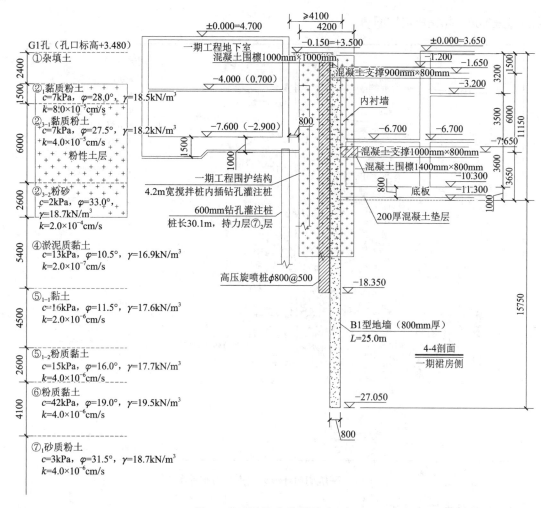

图 7　典型基坑支护剖面（二）

六、简要实测资料

1. 监测点平面布置

本次基坑开挖施工期间对基坑周边环境和支护体系进行了监测，监测项目主要包括：围护墙顶位移、深层水平位移（测斜）、钢筋混凝土支撑轴力、立柱隆沉、坑内外地下水位、地下管线位移、邻近建（构）物位移、坑外地表沉降等。基坑监测从工程桩及基坑支护结构施工开始至地下结构施工完成为止。基坑主要监测点的平面布置如图 8 所示。

本工程于 2022 年春节前完成场地内工程桩施工（本工程主体结构工程桩采用钻孔灌注桩工艺）并进行了基坑东侧部分围护桩（ϕ850@600 三轴水泥土搅拌桩槽壁加固）施工；于 2022 年 6 月 6 日开始进行剩余围护桩施工，2022 年 7 月 28 日完成了全部工程桩、围护桩（墙）及第一道支撑栈桥的施工与养护；2022 年 7 月底开始进行第一道支撑下土方开挖（2022 年 8 月 24 日第二道支撑全部浇筑完成）；2022 年 9 月初进行第二道支撑下土方开挖，并最终于 2022 年 10 月 10 日完成基础底板浇筑；本项目于 2023 年春节前完成地下室施工至±0.00，并完成基坑回填。

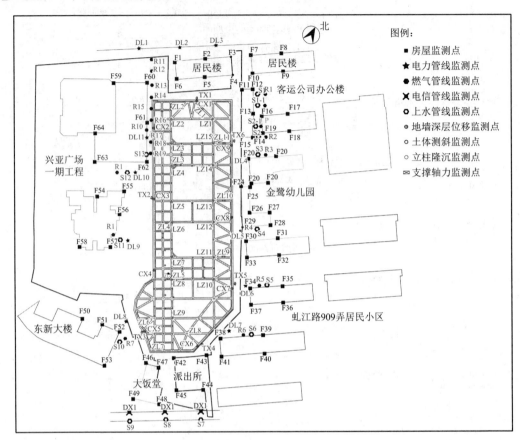

图 8　基坑周边环境监测点平面布置图

2. 监测数据简要分析

根据监测数据情况，本工程基坑最大测斜变形发生在基坑东侧跨中位置（深层水平位移监测点 CX8），最大变形为 55.5mm，与基坑开挖深度的比值为 4.98‰；基坑西侧跨中位置（深层水平位移监测点 CX3）最大测斜变形为 34.4mm，与基坑开挖深度的比值为 3.09‰。具体监测数据结果如图 9 所示。

根据监测结果显示，CX3 与 CX8 均为典型的地下连续墙测斜变形曲线，基坑东侧开挖阶段的测斜变形明显大于基坑西侧。由于基坑东侧分布有较多的浅基础房屋，而基坑西侧为一期工程地下室，外侧土压力为有限空间土压力，因此基坑东侧主动土压力显著大于基坑西侧，造成基坑东侧开挖变形显著大于基坑西侧。

本工程基坑周边有较多的房屋，其中基坑东侧居民小区房屋监测数据较大，本书选取临近基坑侧的三个测点作为代表进行简要分析（分别为 F30、F34 和 F38 三个房屋监测点），具体房屋沉降监测结果如图 10 所示。

根据监测结果，基坑开挖阶段累计最大的房屋沉降为 73.3mm（F30 测点），其中基坑开挖阶段的累计变形为 52.0mm。基坑开挖前由于基坑东侧三轴槽壁加固开槽施工，引起该侧居民楼普遍 2cm 左右的房屋沉降。

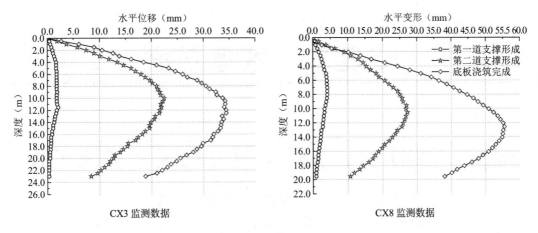

CX3 监测数据　　　　　　　　　　CX8 监测数据

图 9　地下连续墙深层水平位移监测结果

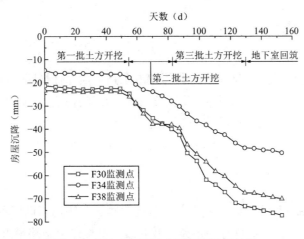

图 10　基坑东侧居民小区沉降监测结果

七、点评

本次基坑工程开挖深度较深，周边环境很复杂，浅部存在较厚的粉性土层等不利地质条件。基坑支护结构采用地下连续墙"两墙合一"结合竖向两道钢筋混凝土支撑的形式，同时地墙两侧设置了三轴水泥土搅拌桩槽壁加固，较好地控制了基坑开挖对周边环境的影响。

基坑及地下室主体结构后续的施工过程中，专业监测单位全程跟踪巡查和检测，基坑周边房屋、地下市政管线的健康状况均良好，该项目最终顺利完成基坑施工。

专题二　桩撑支护

网易上海国际文创科技园（北区）基坑工程

海明雷　张春锋　马宗玉　魏建华　王　勇

（上海勘察设计研究院（集团）股份有限公司，上海　200093）

一、工程简介及特点

1. 工程简介

本项目位于上海市青浦区赵巷镇，北邻盈港东路，西邻佳悦路，南侧、东侧均为规划道路。本工程占地面积约86000m²，主要由2幢60m高的住宅、1幢4层场馆、1幢13层办公楼及多栋3层裙房组成，下设统一2层地下室。

本项目基坑开挖面积约为74200m²，基坑周长约1155m，大面开挖深度10.3～10.5m，属软土深大基坑工程。

2. 周边环境

拟建场地周边环境条件相对较为复杂：基坑西侧、北侧均邻近市政道路，市政道路下分布有雨水、污水、电力、信息等十余条市政管线，基坑距离道路最近约4.7m，距离管线7～30m不等。基坑西侧、南侧存在河道，河道采用浆砌块石挡墙，距离基坑边线约15m。基坑东侧为规划道路，道路晚于本工程施工。

本工程的重点保护对象为：基坑西侧、北侧道路及下方管线、南侧河道驳岸。

场地及周边环境如图1所示。

3. 工程特点

1）基坑规模巨大、工期非常紧张

本工程基坑开挖面积达74200m²，基坑周长约1155m，大面开挖深度10.3～10.5m，为典型的软土深大基坑工程，并且本项目为区重点工程，工期要求非常紧张。

2）基坑周边环境较为复杂

基坑西侧、北侧邻近市政道路，道路上分布有大量管线，基坑施工和开挖需保护好周边管线和道路的安全。同时，基坑西侧及南侧邻近河道，需要采取可靠措施保护驳岸。在基坑开挖过程中应加强监测，以防基坑开挖对其产生不利影响。

3）工程地质条件较复杂

开挖深度范围内分布有深厚的淤泥质土层，变形控制难度大；同时，基坑开挖面下分布有深厚的③₂层微承压含水层，基坑抗突涌稳定性验算不满足要求。

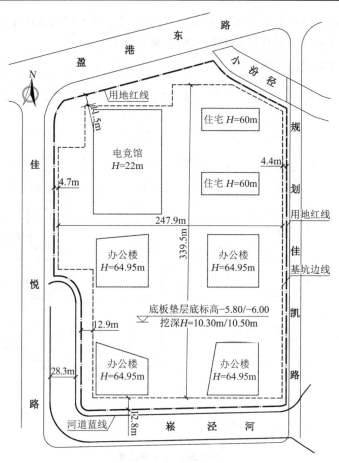

图 1　基坑周边环境总平面图

二、工程地质条件

1. 工程地质条件

拟建场地位于上海市青浦区赵巷镇，属三角洲冲积平原。场地地势总体较为平坦。拟建场地在 100.3m 深度范围内的地基土属第四纪全新世（Q_4）及晚更新世（Q_3）沉积层，主要由饱和黏性土、粉性土及砂土组成，具水平层理。

在基坑开挖深度范围内涉及的土层分别为：①$_1$ 层素填土、①$_2$ 层浜底淤泥、②层粉质黏土、③$_{1-1}$ 层淤泥质粉质黏土、③$_{1-2}$ 层淤泥质粉质黏土夹粉土、③$_2$ 层砂质粉土及⑤$_1$ 层粉质黏土。

对基坑开挖有影响的土层特点分析如下：

（1）①$_1$ 层素填土，土体性质松散，土体自稳能力一般；①$_2$ 层浜底淤泥位于原河道内，厚度 0.4～1.0m，以淤泥为主，该土层对桩基施工和地下室开挖支护均有不利影响，部分基坑边线位于此处，围护施工前应进行清除及换填。

（2）开挖深度范围内分布有深厚的淤泥质土层：③$_{1-1}$ 层、③$_{1-2}$ 层淤泥质土，具有蠕变、触变性，灵敏度高，性质差，强度低，自稳能力差，透水性低，稍受外力作用就会发生扰动、变形，且强度显著下降，在基坑开挖时易出现侧向流土及坑底隆起现象，从而给工程造成不良影响，应引起重视。

（3）基坑开挖面以下分布有深厚的③$_2$层砂质粉土，该土层属微承压含水层，且距离基坑开挖面较近，基坑抗突涌稳定性验算不满足规范要求。

工程典型地质剖面详见图2。

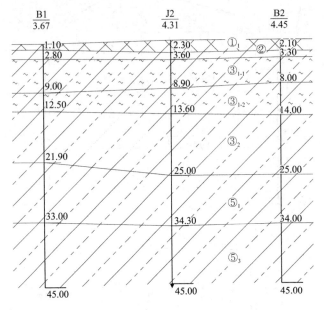

图2　工程典型地质剖面图

本工程基坑围护设计参数详见表1。

表1

基坑围护设计参数表

层号	岩土名称	重度γ（kN/m³）	含水率w（%）	孔隙比e	压缩模量$E_{s(0.1-0.2)}$（MPa）	比贯入阻力P_s（MPa）	固结快剪 黏聚力c（kPa）	固结快剪 内摩擦角φ（°）	渗透系数k（cm/s）
②	粉质黏土	18.7	31.7	0.890	4.65	0.55	20	14.5	9.0×10^{-6}
③$_{1-1}$	淤泥质粉质黏土	17.9	38.3	1.071	3.28	0.42	12	15.0	5.0×10^{-6}
③$_{1-2}$	淤泥质粉质黏土夹粉土	18.2	36.6	1.007	3.98	0.79	10	16.5	3.0×10^{-5}
③$_2$	砂质粉土	18.8	30.5	0.851	9.03	4.30	4	27.0	9.0×10^{-4}
⑤$_1$	粉质黏土	18.2	33.6	0.965	4.45	1.80	13	15.5	2.0×10^{-5}

2. 水文地质条件

本工程有影响的含水层为浅部的潜水、③$_2$层微承压水。

潜水主要赋存于表层土中勘察期间钻孔地下稳定水位埋深0.11～2.20m。设计按地下水位埋深0.50m。

拟建场地第③$_2$层为微承压含水层，实测该层承压水埋深为3.62m，该层层顶最浅埋深约11.75m。根据计算，第③$_2$层砂质粉土抗突涌稳定性系数仅0.69，不满足规范要求。设计采用三轴搅拌桩将③$_2$层砂质粉土层进行隔断，且布置泄压井对该层进行泄压降水。

三、基坑围护方案

1. 常规基坑围护方案

本工程基坑挖深 10.5m，按上海地区常规软土基坑设计方案，需采用钻孔灌注桩结合止水帷幕＋2 道混凝土内支撑体系。同时，由于本工程基坑面积超大，根据上海地区基坑分坑经验及主楼分布情况，本工程基坑需分为 3 个区：其中Ⅰ区与Ⅲ区可同步施工，以满足住宅及南侧 2 栋办公楼的开发进度要求。待Ⅰ区与Ⅲ区出地面后，再进行Ⅱ区施工。具体分区详见图 3。常规内支撑平面布置见图 4（图中阴影区域为栈桥范围）。

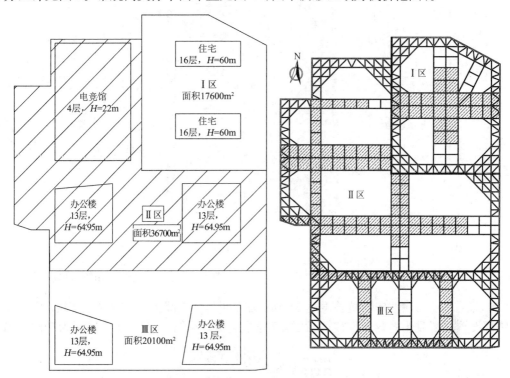

图 3　常规方案基坑分区示意图　　　　图 4　常规方案支撑平面布置示意图

2. 最终实施基坑设计方案

采用上述水平支撑方案，无论是经济性还是施工周期均无法满足建设单位的要求。

近年来，我院自主研发了"自稳式基坑支护结构技术"。该技术是以前撑注浆钢管为特征的围护结构，包括支护排桩（单排桩或双排桩）、前撑注浆钢管、压顶圈梁、坑边配筋垫层等。前撑注浆钢管的一端与排桩顶圈梁连接固定，另外一端以一定角度斜插入坑内，并与支护桩及配筋垫层一起形成抗力系统，共同承担坑外压力。

采用前撑注浆钢管替代水平内支撑，既解决了水平支撑体系体量大、造价高且挖土不便等问题，又解决了超大基坑需分坑施工问题，应用在超大基坑中具有明显的经济性及工期优势。

本项目最终确定采用前撑注浆钢管结合内支撑的组合设计方案：

（1）基坑角部采用单排灌注桩＋2 道混凝土支撑，围护桩采用单排$\phi900@1100$ 的钻孔灌注桩，有效桩长 21m。止水帷幕采用单排 $3\phi850@1200$ 三轴水泥土搅拌桩，有效桩长 27.00m，将第③2层微承压含水层进行隔断处理。两道支撑典型剖面设计见图 5。

（2）基坑除角部外的一般区域采用双排灌注桩＋1 道前撑注浆钢管围护。前排桩采用 φ900@1100 灌注桩，后排桩采用 φ900@3300 灌注桩，双排桩中心间距 4.0m，有效桩长均为 21m，通过混凝土拉梁连为整体。止水帷幕同常规设计。前撑注浆钢管采用 φ377mm×10mm 钢管，钢管长度为 27m，倾斜角度为 45°，平均间距为 3.3m，单根钢管注浆量 6t。钢管端部预留注浆孔，并在外侧设置注浆囊袋，以提高单桩承载力。前撑注浆钢管可与围护排桩同步施工，沉桩到位后立即进行高压注浆，后通过圈梁与围护排桩连成整体。该技术典型围护剖面见图 6。

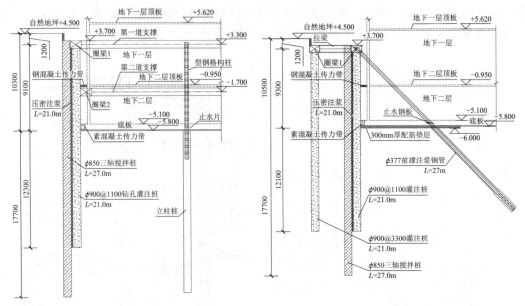

图 5　两道支撑典型围护剖面图　　　　图 6　前撑注浆钢管典型围护剖面图

考虑到本项目南北向基坑长度达 310m，为方便基坑中部出土及混凝土浇筑，设计在基坑中部设置了混凝土对撑兼作栈桥。最终支撑平面布置见图 7（图中阴影区域为栈桥范围）。

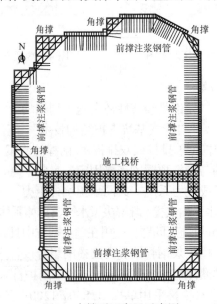

图 7　支撑平面布置示意图

四、基坑实施及监测情况

1. 前撑注浆钢管承载力检测情况

设计要求前撑注浆钢管极限承载力不少于 1200kN，并要求基坑正式开挖前对前撑钢管承载力进行原位检测。检测采用割断钢管、利用围护桩顶圈梁提供的反力进行，现场检测及检测结果曲线如图8、图9所示。

图 8 承载力检测

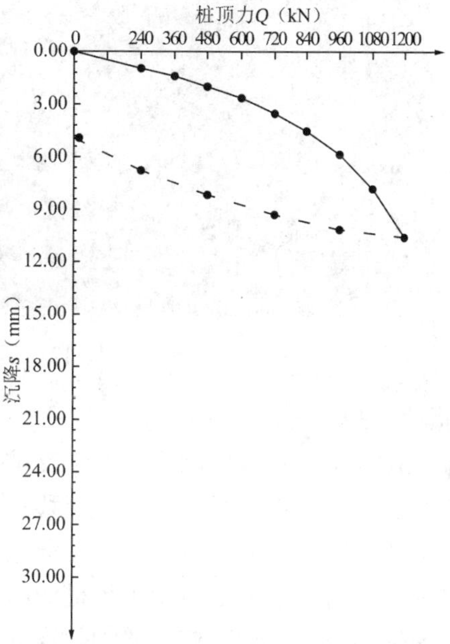

图 9 典型检测Q-s曲线

由以上检测结果可知，前撑注浆钢管加载到 1200kN 时变形仅约 10mm，承载力较设计要求尚有较大富余。

2. 基坑实施情况

本工程 2021 年 6 月至 8 月进行围护桩施工，7 月至 8 月进行前撑钢管及围护桩顶圈梁施工，9 月底正式开挖土方，10 月底第一块底板浇筑完成。至 2022 年 7 月全部出地面（中间经历春节，累计停工 3 个月）。项目高峰期日出土量可达 1.8 万 m³，创同类项目之最。

基坑开挖部分现场见图10～图12。

图 10 前撑注浆钢管施工

图 11 基坑局部开挖到底底板浇筑

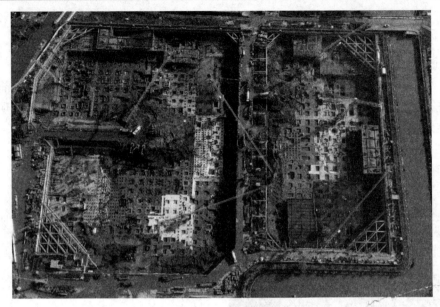

图12 基坑全景航拍

3. 基坑监测情况

在施工过程中，对基坑周边环境、支护体系通过仪器进行了全过程监测，监测主要包含以下内容：①围护结构水平、垂直位移；②围护桩测斜；③坑外地下水位；④注浆钢管轴力；⑤周边道路及地下管线沉降；⑥河道驳岸水平、垂直位移等。

前撑注浆钢管对应剖面典型围护桩测斜曲线见图13、图14。测斜监测数据显示，地下室底板浇筑完成时，围护结构一般测斜变形为5.0~5.5cm，基坑自身安全可控。

施工期间典型前撑注浆钢管轴力测试结果见图15。轴力测试数据显示，土方开挖期间钢管轴力迅速增长，配筋垫层浇筑后轴力逐步稳定在800kN左右，直至底板浇筑完成。

项目实施完成时，基坑周边道路、管线、河道沉降2~3cm，均处于正常范围内，说明基坑施工对周边环境的影响安全可控，前撑注浆钢管桩控制基坑变形能力稳定可靠。

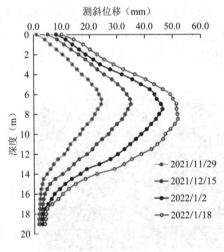

图13 基坑东侧典型测斜曲线

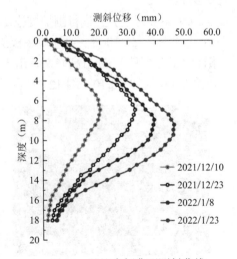

图14 基坑南侧典型测斜曲线

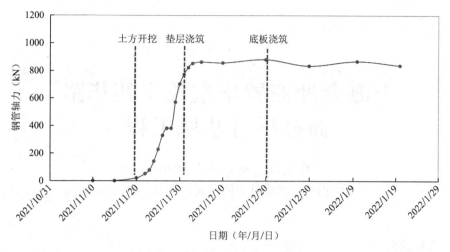

图 15　前撑钢管桩轴力监测时程曲线

五、点评

本工程基坑面积巨大，周边环境及地质条件相对较为复杂。由于建设工期非常紧张，采用常规内支撑方案无法满足要求。最终设计采用了前撑注浆钢管结合内支撑的组合设计方案：在基坑角部采用角撑、在基坑中部设置对撑，其余区域均采用前撑注浆钢管。多种基坑围护结构组合使用，兼顾了基坑安全性、经济性和施工工期。

项目实施情况表明，本基坑采用的围护设计方案可满足基坑自身的稳定性及对周边环境的保护要求。基坑变形和对周边环境的影响在可控范围以内。

经测算，本工程采用前撑注浆钢管方案后，围护造价较常规两道支撑方案节省近 2100 万元，节省比例近 30%，节约施工工期 150d 以上。

本工程的设计经验为今后类似工程提供一个经典的案例。

上海金地商置华东长宁新华路
商办项目基坑工程

戴生良　唐　军　顾承雄

（上海山南勘测设计有限公司，上海　201206）

一、工程简介

金地商置华东长宁新华路商办项目位于上海安西路以东、牛桥浜路以北。

工程总建筑面积23854.6m²，其中地上建筑面积12619.74m²，地下建筑面积11234.86m²。拟建一栋5层商办楼（总高24m），整体设置两层（局部三层）地下室，主体结构采用框架结构，基础采用钻孔灌注桩＋筏板基础。

基坑开挖面积约4951m²，基坑延米周长461m，开挖深度11.4～14.9m。基坑周边环境图如图1所示。

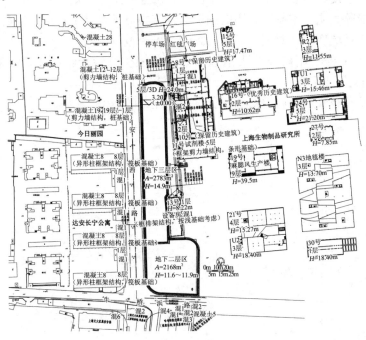

图1　基坑周边环境图

二、地质条件

场地属于滨海平原地貌类型，场地勘探深度范围内土层划分为8个主要层次及分属不同层次的亚层及次亚层，详见表1。

表 1

地层特性表

地质时代	土层号	土层名称	层厚 (m)	层顶标高 (m)	成因类型	颜色	湿度	状态	密实度	压缩性	土层描述
Q₄³	①₁	杂填土	2.02 1.50~3.70	2.76 3.27~2.46	人工	杂色	—	—	—	—	主要由碎混凝土块、砖瓦块、砂石等拆迁垃圾及黏性土构成，夹植物根茎或黑色腐殖质等。土质不均且结构松散
	②	粉质黏土	1.77 0.50~2.20	0.79 1.67~-0.33	滨海~河口	灰黄色	—	可塑	—	中	厚层状，含氧化斑核或条带，稍有光泽，韧性中，干强度中。工程力学性质尚好，土质较均匀，场地局部缺失
Q₄²	③	淤泥质粉质黏土	3.39 3.10~4.00	-1.00 -0.43~-1.24	滨海~浅海	灰色	—	流塑	—	高	薄层状（5~10mm），夹粉土薄层，含有机质，稍有光泽，韧性中，无摇振反应。工程力学性质差，土质不均，干强度中
	④	淤泥质黏土	10.03 8.70~10.80	-4.36 -3.73~-4.85	滨海~浅海	灰色	—	流塑	—	高	鳞片状，偶含贝壳碎屑，有光泽，韧性高，无摇振反应。工程力学性质高，空间分布均匀，土质较均匀
Q₄¹	⑤₁₋₁	黏土	6.86 6.50~7.80	-14.40 -13.34~-15.23	滨海、沼泽	灰色	—	软塑	—	高	细鳞片状，夹黑褐色腐殖物残体，稍有光泽，韧性中，无摇振反应。工程力学性质一般，土质不均，干强度中。空间分布较稳定
	⑤₁₋₂	粉质黏土	9.18 5.60~11.10	-21.26 -20.73~-22.15	滨海、沼泽	灰色	—	软塑	—	中	细鳞片状，夹钙泥团核及腐殖物残体，稍有光泽，韧性中，无摇振反应。工程力学性质好，土质不均，干强度中。空间分布较稳定
	⑤₁₋₂夹	黏质粉土	2.55 0.50~5.00	-28.04 -25.05~-31.15	滨海、沼泽	灰色	饱和	—	稍密	中	厚层状，夹黏性土，干强度低，韧性低，无光泽，摇振反应中等，土质不均，局部分布
	⑤₄	粉质黏土	2.75 1.40~3.10	-31.97 -31.53~-32.45	溺谷	灰绿色	—	可塑	—	中	厚层状，夹粉质碎屑，偶夹黏性土薄层，稍有光泽，韧性中，土质不均。工程力学性质较好，空间分布较稳定
	⑦₁	粉砂	4.65 4.00~5.80	-34.72 -33.20~-35.25	河口~滨海	灰绿色	饱和	—	密实	中	厚层状，以长石、石英为主，含云母碎屑，工程力学性质较好，土质均匀，空间分布较稳定
	⑦₂	粉砂	10.04 8.80~10.60	-39.37 -38.89~-40.43	河口~滨海	灰黄~灰色	饱和	—	密实	中	厚层状，以长石、石英为主，含云母碎屑，含氧化斑浸染，偶有黏性土薄层，工程力学性质好，空间分布尚稳定
Q₃²	⑧₁	粉质黏土	6.21 5.70~7.10	-49.41 -48.79~-50.25	滨海~浅海	灰色	—	可塑	—	中	厚层状，夹有粉砂（土）团块，含有机质，稍有光泽，韧性中，无摇振反应，干强度中。工程力学性质一般，土质均匀，空间分布较稳定
	⑧₂	黏土夹粉砂	未钻穿	-55.41 -54.88~-56.10	滨海~浅海	灰色	饱和	可塑	中密	中	薄层状（1~10cm），夹较多粉砂（土）团块或薄层，光泽差；韧性低，局部摇振反应，工程力学性质较低，土质均匀，空间分布较稳定

典型地质剖面图如图 2 所示，基坑围护设计参数如表 2 所示。

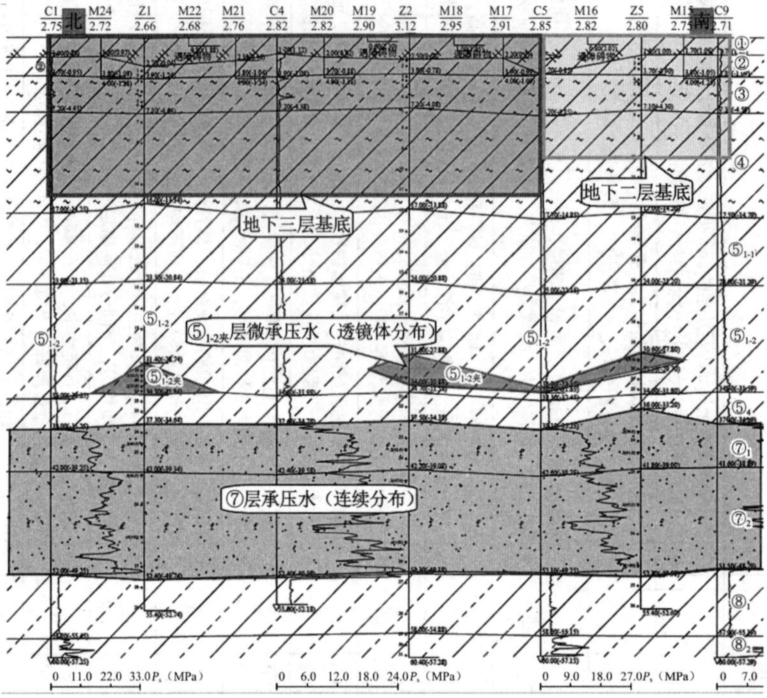

图 2 典型地质剖面图

基坑围护、降水设计所需相关参数表 表 2

层号	土层名称	重度γ（kN/m³）	孔隙比e	压缩模量$E_{s(0.1-0.2)}$（MPa⁻¹）	含水率w（%）	比贯入P_s（MPa）	直剪固块（峰值）黏聚力c（kPa）	内摩擦角φ（°）	渗透系数k（20℃·cm/s）建议值
①₃	填土	18.0	—	—	—	—	—	—	—
②	粉质黏土	18.7	0.86	5.28	29.9	0.64	20	18.0	3.0×10^{-6}
③	淤泥质粉质黏土	17.6	1.12	2.96	40.0	0.52	13	16.5	4.0×10^{-6}
④	淤泥质黏土	16.7	1.45	2.26	51.8	0.54	13	12.0	4.0×10^{-7}
⑤₁₋₁	黏土	17.7	1.11	3.50	39.2	1.01	15	13.0	5.0×10^{-7}
⑤₁₋₂	粉质黏土	18.2	0.97	4.67	33.9	1.61	4	30.0	4.0×10^{-4}
⑤₁₋₂夹	黏质粉土	18.5	0.84	8.44	28.5	3.10	17	19.5	5.0×10^{-6}
⑤₄	粉质黏土	19.5	0.71	7.00	24.9	2.67	9	26.5	2.0×10^{-4}
⑦₁	粉砂	19.0	0.74	12.8	25.3	13.1	3	32.0	1.0×10^{-3}
⑦₂	粉砂	19.0	0.74	15.6	25.6	17.3	2	33.5	1.0×10^{-3}

三、基坑周边环境情况

本工程基坑周边环境较为复杂，根据基坑四周保护对象和相对位置关系确定环境保护等级如下：

基坑东侧主要保护对象为上海生物制品研究所（简称"上生所"）内部海军俱乐部、试剂楼和设备房。邻近建筑大多为混合结构、天然地基，建筑物位于1倍基坑挖深范围内。东侧邻近建筑物区域环境保护等级为一级；东侧邻近待建空地区域环境保护等级为二级。

基坑南侧主要保护对象为牛桥浜路道路管线和道路对面酒店建筑。道路管线主要为给水、雨水管，管线位于基坑1倍挖深范围内；酒店建筑为框架结构、基础形式暂按浅基础考虑，酒店建筑位于基坑1～2倍基坑挖深范围内。南侧环境保护等级为二级。

基坑西侧主要保护对象为安西路道路管线及道路对面住宅建筑。道路管线主要为电力、雨水、信息管，雨水、信息管线位于基坑1倍挖深范围内；今日丽园住宅建筑为剪力墙结构、桩基础，位于基坑1～2倍基坑挖深范围内；达安长宁公寓建筑为异形柱框架结构、筏形基础，位于基坑1～2倍基坑挖深范围内。西侧环境保护等级为二级。

基坑北侧为上生所停车广场，位于1～2倍基坑挖深范围内。北侧环境保护等级为二级。

周边环境概况如表3所示。

周边环境概况表 表3

位置	类型	规格	埋深	距离	环境保护等级
东侧	海军俱乐部	保留历史建筑，建造于1923年，地上1层，局部夹层，房屋为混合结构，按天然地基浅基础考虑，目前作为展览馆使用	—	8.7m	一级
	上生所试剂楼	地上5层，房屋为内框架外剪力墙结构、条形基础	—	3.0m	一级
	上生所设备房	建造于1972年（近年加固改造），地上1层，房屋为框排架结构，按天然地基浅基础考虑	—	3.0m	一级
南侧	牛桥浜路	电线架空 给水管线φ300铸铁 雨水管线φ500混凝土	2.0m	3.2m 3.2m 5.3m	二级
	上海相机厂生产办公楼	建造年代不详，地上5层，建筑为框架结构，按浅基础考虑	—	17.3m	二级
	哈考特凯伦酒店	建造年代不详，地上1～4层，建筑为框架结构（部分轻钢结构），按浅基础考虑	—	15.0m	二级
西侧	安西路	信息管线3φ100	0.8m	3.5m	二级
		雨水管线φ800混凝土	2.5m	9.7m	
		电力管线2φ120	1.0m	15.0m	
北侧	上生所停车广场	—			二级

四、基坑围护设计

1. 基坑特点难点

1）基坑规模大

本工程基坑开挖面积中等，但开挖深度较深，开挖深度多样性：本工程地下室整体地下两层局部地下两层，其中地下三层区域挖深14.95m，地下二层区域挖深11.9m，属于上海地区典型的"深基坑"工程。施工时间较长、工序较多，施工过程中会受到大气降水、施工动载等许多不确定因素的影响。因此，在高地下水位的深厚软土地层中开挖此类"深"

基坑存在一定的风险性。

2）周边环境保护要求高

随着城市建设的延展，基坑工程的控制性因素，开始从基坑围护结构安全性向周边环境的安全性转变，如何确保基坑工程安全的同时保护好周边环境是基坑工程设计需要考虑的关键性问题。本工程基坑东侧紧邻浅基础历史建筑、南西侧紧邻道路管线，保证周边道路管线、既有建筑等环境的安全是本工程围护设计的重中之重。

3）文明施工要求高

本工程位于长宁区，属于上海闹市区，周边有海军俱乐部、上生所试剂楼、上生所设备房、上海相机厂生产办公楼、哈考特凯伦酒店等重要保护建筑，南侧西侧邻近现在道路管线，环境较为特殊，不仅对工程的变形要求较为严格，而且对噪声、扬尘等的要求也较为严格，同时由于人口密集，如何保证工程的安全实施，尽量减小施工过程对周边道路交通正常运营及居民的影响也是一项重要的工程内容。

4）地质条件复杂

本工程场地赋存有较厚的第③和第④层淤泥质黏土层，厚度较厚，工程性质较差。基坑开挖过程中流变、蠕变的现象明显，对基坑边形的控制不利，复杂的地质条件是本基坑工程设计与施工需重点考虑并给予妥善处理的问题之一。

5）承压水控制

基地下赋存有多层（微）承压含水层，坑底位于第④层淤泥质黏土层，地下三层区域局部深坑区域第⑤$_{1-2}$层微承压水有突涌风险。谨慎抽取地下水，减小降低承压水水头对周边环境的影响，"按需降水"是本工程基坑围护需要解决的关键问题。

综上，如何有效、合理地解决本基坑工程面临的以上问题，是本基坑围护设计的关键。

2. 基坑围护设计方案

本工程基坑属深大基坑工程，周边环境保护要求较高，为控制基坑开挖阶段对周边环境产生的不利影响，结合安全经济性，本工程采用大直径钻孔灌注桩 + 三轴水泥土搅拌桩止水帷幕 + 两道/三道凝土水平支撑的围护形式。钻孔灌注桩施工工艺成熟，施工对环境影响较小，可通过改变桩径来调节围护结构刚度，从而控制围护变形，可有效地保护周围环境，已在上海的深基坑工程中大量应用，有着成熟和丰富的设计施工经验。基坑竖向设置两道/三道钢筋混凝土支撑，钢筋混凝土内支撑可发挥其混凝土材料抗压承载力高、变形小、刚度大的特点，对减小围护体水平位移，并保证围护体整体稳定具有重要作用。基坑开挖到坑底后再由下而上顺作地下室结构，并相应拆除支撑系统。

本场地下赋有第⑤$_{1-2夹}$层微承压含水层，基坑开挖至地下三层局部落深坑时该层微承压含水层存在突涌风险，但经详细摸排该层微承压含水层空间分布不稳定，仅在少数勘探孔中揭露，在本场地内呈不成层透镜体形式分布，含水量及补给量较小，对局部深坑开挖影响较小可控，在基坑开挖期间加强第⑤$_{1-2夹}$层微承压水的水头观测，必要时可考虑对第⑤$_{1-2夹}$层透镜体分布区局部布置泄压井进行泄压。

综上所述，本基坑工程采用大直径钻孔灌注桩 + 三轴水泥土搅拌桩止水帷幕 + 三道混凝土水平支撑系统的总体设计方案。

1）围护结构设计

本工程围护结构采用大直径钻孔灌注桩，基坑一般普遍区域采用ϕ1100@1300 钻孔灌注桩，桩长 26.0m（二层）/32.0m（三层），混凝土强度等级为 C35（水下），主筋采用ϕ32 三级钢筋，配备 22 根（二层）/24 根（三层）；临近重要保护建筑区域采用ϕ1200@1400 钻孔灌注桩，桩长 35.0m。灌注桩施工采用旋挖工艺，有效保证大直径钻孔灌注桩的成桩要求与桩身质量，从而确保基坑开挖期间围护结构变形控制在监护要求以内，维护基坑自身及周边环境的安全。地下二层和地下三层区域基坑围护剖面图分别如图 3、图 4 所示。

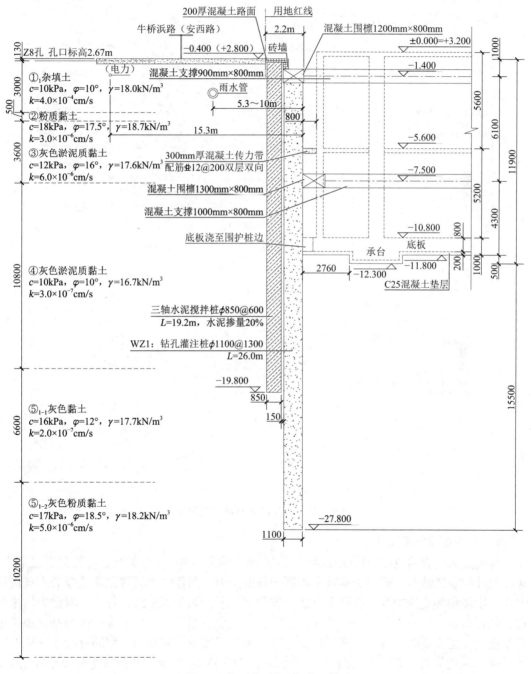

图 3　地下二层区域基坑典型剖面

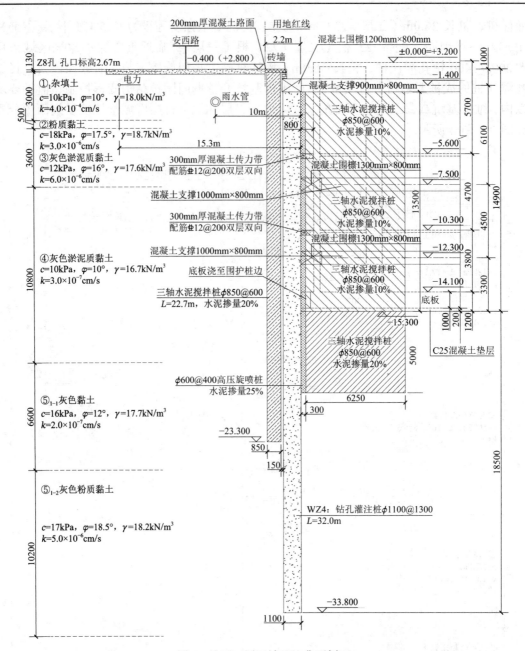

图 4 地下三层区域基坑典型剖面

2）水平支撑体系设计

基坑竖向设置两道/三道钢筋混凝土支撑,支撑采用角撑、边桁架结合对撑的布置形式。通过对撑的设置基本上控制了基坑中部围护体的变形,角部位置通过设置角撑的方式进行解决,增加角部支撑刚度,有利于控制基坑角部变形。该布置形式,各个区域受力均很明确,且相对独立,便于土方分块开挖。同时,第一道支撑的对撑位置又可作为基坑施工过程中挖土、运土用的栈桥,方便了施工,降低了施工技术措施费用。钢筋混凝土支撑及围檩混凝土强度等级为 C30,支撑杆件主筋保护层厚度均为 30mm。支撑体系平面布置如图 5 所示,各道支撑相关信息如表 4 所示。

钢筋混凝土支撑信息表 表4

项目	压顶圈梁（mm）	主撑（mm）	连杆（mm）	支撑中心标高（m）
第一道支撑系统	1200×800	900×800	800×800	−1.400
第二道支撑系统	1300×800	1000×800	800×800	−7.500
第三道支撑系统	1300×800	1000×800	800×800	−12.000

3）竖向支承设计

土方开挖期间需要设置竖向构件来承受水平支撑的竖向力，本工程中采用临时钢立柱及柱下钻孔灌注桩作为水平支撑系统的竖向支承构件。临时钢立柱采用由等边角钢和缀板焊接而成，截面为480mm×480mm，角钢型号为Q345B，钢立柱插入作为立柱桩的钻孔灌注桩中不少于3m。栈桥区域角钢规格为4∟160×16/4∟180×16，临时支撑杆件区域采用4∟140×14。钢立柱在穿越底板的范围内需设置止水片。

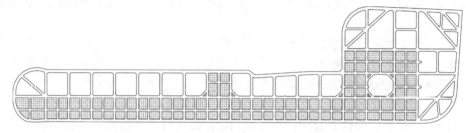

图5 支撑平面布置图

4）地基加固设计

为了减小基坑开挖对周边环境的影响，对受力不佳的基坑阳角及重点保护区域采用坑内裙边加固，地下三层区域呈现长条状，采用坑内抽条加固形式；地下二层区域较为方正，在长边腹部采用坑内墩式加固。坑内加固采用ϕ850@600 三轴水泥土搅拌桩，加固体宽度为6.25m，呈格栅状布置，首道支撑至第二道支撑底三轴加固水泥掺量10%，第二道支撑底以下水泥掺量20%。坑内加固与钻孔灌注桩间采用ϕ600@400 高压旋喷桩进行填缝加固，加固平面布置如图6所示。

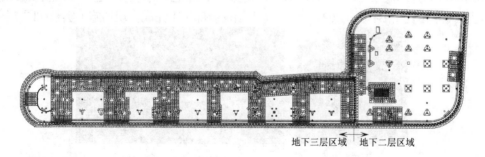

地下三层区域 ⟷ 地下二层区域

图6 加固平面布置图

五、施工

1. 桩基施工

基坑开挖及地下结构施工工况如下：

先施工工程桩（立柱桩），待孔压消散后施工三轴搅拌桩止水帷幕和围护钻孔灌注桩，最后施工坑内墩式加固和局部深坑加固。

2. 基坑施工

基坑开挖及地下结构施工工况如下：

步骤 1：待围护桩达到设计强度后，开挖至第一道支撑顶标高处，开槽施工第一道钢筋混凝土支撑和围檩；

步骤 2：待第一道围檩和支撑达到设计强度后，分层、分块开挖土体至第二道支撑顶标高，开槽施工第二道围檩及水平支撑；

步骤 3：待第二道围檩和支撑达到设计强度后，地下三层区域分层、分块开挖土体至第三道支撑顶标高，开槽施工第三道围檩及水平支撑；地下二层区域结合底板后浇带分区、分块开挖至坑底，并立即浇筑垫层、底板及换撑板带；

步骤 4：待第三道围檩和支撑达到设计强度后，地下三层区域结合底板后浇带分区、分块开挖至坑底，并立即浇筑垫层、底板及换撑板带；

步骤 5：待地下三层区域底板及换撑板带达到设计强度后，视监测情况逐步拆除第三道水平支撑；

步骤 6：施工地下三层结构、地下二层楼板；

步骤 7：待地下三层区域地下二层楼板、地下二层区域底板及对应换撑板带达到设计强度后，视检测情况逐步拆除第二道水平支撑；

步骤 8：施工全部区域地下二层结构、地下一层楼板；

步骤 9：待地下一层楼板及换撑板带达到设计强度后，视检测情况逐步拆除第一道水平支撑；

步骤 10：施工全部区域地下一层结构和顶板，基坑回填。

3. 现场实施情况

本工程于 2020 年 6 月施工围护桩；2020 年 9 月开挖首层土，施工首道混凝土支撑；2020 年 10 月开挖土方至第二道支撑；2020 年 11 月施工第二道支撑，开挖土方至第三道支撑；2020 年 12 月施工第三道支撑；2020 年 12 月底开挖至坑底；2021 年 1 月完成底板及底板换撑浇筑；2021 年 3 月拆除第三道支撑，施工地下室结构至第二道支撑底；2021 年 4 月施工架设钢管斜换撑及换撑传力板带；2021 年 6 月拆除第二道支撑，纯地库区域施工地下结构至顶板，主楼区域施工地下结构至 B1 板；2021 年 8 月地下结构全部施工完成。现场施工实景如图 7 所示。

(a) 基坑俯视图   (b) B1 板施工完成

图 7 基坑工程施工实景

六、现场监测及结果

1. 监测内容

按照上海市《基坑工程技术标准》DG/TJ 08-61—2018，本项目基坑工程安全等级为一级，环境保护等级为二级。基坑周边环境较为复杂，必须在基坑施工过程中进行综合的现场监测，布设的监测系统应能及时、有效、准确地反映施工中围护体及周边环境的动向。图 8 为基坑监测点平面布置图。根据本工程施工的特点、周边环境特点及设计的常规要求，监测主要分两大类内容：

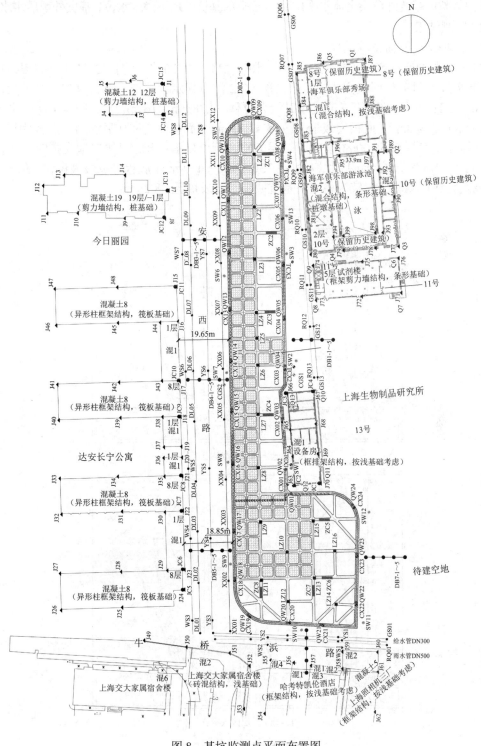

图 8　基坑监测点平面布置图

（1）基坑内部监测，监测内容包括：围护桩桩顶变形（水平位移、竖向位移）、围护桩桩体水平位移（测斜）、支撑轴力、钢立柱隆沉位移。

（2）基坑周边环境监测，监测内容包括：周边道路及建筑的变形及沉降、地下管线变形（沉降、位移）、基坑外深层土体水平位移（测斜）、基坑外地下潜水水位、基坑外承压水水位。

2. 监测结果

1）围护结构侧向位移结果

图 9 为典型区域测斜数据汇总，测斜水平位移从 2020 年 9 月 22 日开始监测，直到2021 年 8 月 8 日基坑回填完成。地下三层 CX2 测点显示：开挖至第二道支撑时最大位移9.24mm（7.1m）；开挖至第三道支撑时最大位移 34.38mm（16.5m）；开挖至坑底时最大位移 39.94mm（14.9m）；底板完成最大位移 41.13mm，底板浇筑完成后测斜变形较为稳定，基坑回填缓慢发展至 55.00mm。地下二层 CX20 测点显示：开挖至第二道支撑时最大位移16.64mm（7.1m）；开挖至坑底时最大位移 30.37mm（11.9m）；底板完成最大位移 33.56mm，底板浇筑完成后测斜变形较为稳定，基坑回填缓慢发展至 48.26mm。

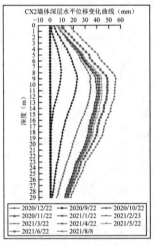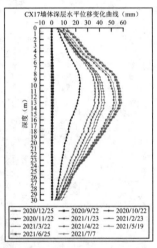

(a) 地下三层区域测点

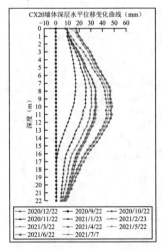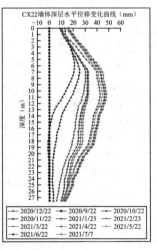

(b) 地下二层区域测点

图 9 测斜监测数据汇总图

2）支撑轴力结果

图 10 表示第一道、第二道和第三道支撑的轴力随时间变化曲线，以 2020 年 9 月首道支撑形成起始点。对于第一道支撑而言，在二、三层土方挖土时，支撑轴力增加很快，之后支撑轴力又趋于平稳在 5300kN；其中 ZC1-7 轴力最大值为 6892kN。对第二道支撑而言，在三、四层土方挖土时，支撑轴力增加很快，底板形成后支撑轴力趋于平稳在 8000kN。其中，ZC2-5 轴力最大，最大值达到 8261kN。对第三道支撑而言，土方挖土至坑底时，支撑轴力增加很快，底板形成后支撑轴力趋于平稳在 8000kN，其中 ZC3-2 轴力最大，最大值达到 8162kN。基本上，每道支撑在其下一、二层土方开挖时，支撑轴力增长较快，其后则逐渐趋于稳定。

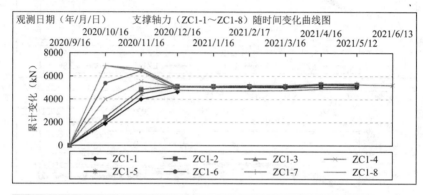

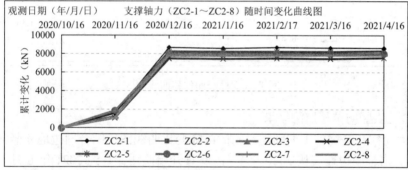

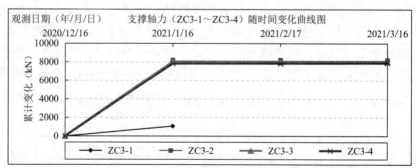

图 10　支撑轴力监测结果

3）立柱竖向位移监测结果

图 11 为立柱在基坑施工期间随时间的沉降变化曲线图，图中曲线的起始时间为基坑土方开挖时间。结合立柱竖向位移变化曲线图可以看出，立柱从 2020 年 9 月 22 日开始监测，

直到支撑拆除完成，监测点停止观测。可以从立柱竖向位移变化量汇总表与变化趋势图看出，在本工程挖土阶段立柱隆起变化速率较快，后期基坑大底板施工完成后，立柱竖向位移监测点相对收敛，至监测结束，立柱竖向位移最大发生在 LZ13 测点处，竖向位移量为 +20.0mm，未达到报警值 30mm。

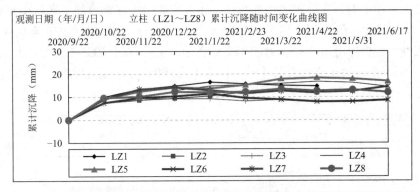

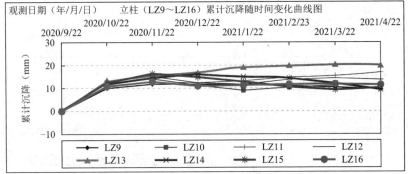

图 11　立柱竖向位移曲线图

4）周边地表竖向位移监测结果

图 12 为立柱在基坑施工期间随时间的沉降变化曲线图，结合周边地表竖向位移变化曲线图可以看出，周边地表从 2020 年 8 月 29 日开始监测，直到 2021 年 8 月 8 日基坑回填完成，监测点停止观测。可以从周边地表竖向位移变化量汇总表与变化趋势图看出，地表竖向位移在整个基坑施工过程中表现为下沉，在本工程挖土阶段地表沉降变化速率较快，后期基坑大底板施工完成后，周边地表竖向位移监测点呈现相对收敛状态。至监测结束，地表累计沉降量最大发生在 DB5-1 测点处，竖向位移量为 −20.3mm，未超过报警值。

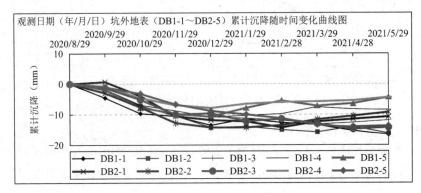

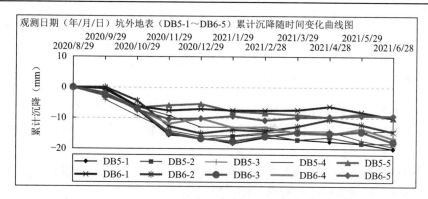

图 12 周边地表竖向位移曲线图

5）邻近建筑物竖向位移结果

图 13 为基坑周边建筑在基坑施工期间随时间的沉降变化曲线，建筑物从 2020 年 3 月 26 日开始监测，至 2021 年 8 月 8 日基坑回填结束。由图可知：①桩基施工期间周边建筑受挤土效应影响，主要呈现隆起状态，其中达安公寓最大隆起达 3.2mm，海军俱乐部最大隆起达 8.2mm；②基坑开挖期间周边建筑主要表现为沉降状态，其中达安公寓最大沉降达 14.0mm，海军俱乐部最大沉降达 50.0mm。

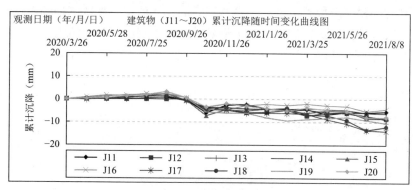

(a) 达安公寓竖向位移曲线

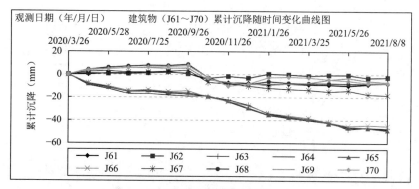

(b) 海军俱乐部竖向位移曲线

图 13 周边建筑竖向位移曲线图

桩基基坑施工期间周边建筑出现较大竖向位移，经分析主要原因如下：①周边建筑建设年代久远，基础形式皆为浅基础形式，易受周边环境影响扰动；②周边建筑距离基坑较近，多处于一倍挖深范围以内；③本工程场地较为局限，施工作业进度缓慢，基坑长时间暴露周边土体产生蠕变效应。

七、点评

金地商置华东长宁新华路商办项目基坑开挖深度深，周边环境复杂，周边以已建建筑和道路管线为主，多数位于一倍基坑开挖范围以内，保护要求较高，针对本工程的特点及难点采取了对应的措施：

（1）围护桩采用旋挖工艺的大直径钻孔灌注桩，可灵活调节灌注桩桩径大小以应对周边不同复杂环境，控制围护体的变形，保护周边环境的安全；

（2）支撑采用水平钢筋混凝土支撑，十字对撑布置，提供了较好的整体刚度，高效传递基坑两侧土压力，减小围护结构变形；

（3）根据周边环境的不同，因地制宜采用裙边、抽条、墩式加固，减少围护变形的同时最大限度地节约造价；

（4）应对零碎分布的⑤$_{1-2夹}$层微承压含水层，设计考虑开挖期间实时观测其水头水位，根据水位进行抽水泄压，避免了大范围降压，节省了止水与降压费用。

基坑开挖过程进行了全过程的监测，监测结果表明，虽然基坑周边环境均产生了一定的变形，但基坑开挖未影响周边已有建筑、管线的正常使用，基坑工程的设计较好地保护了周边环境，取得了较好的经济效益和工程效益。本工程的顺利实施为中心城区、场地紧张、环境复杂条件下深基坑工程的设计及施工，积累了宝贵的工程经验。

上海集成电路设计产业园 5-1 项目基坑工程

陈 涛 戴生良 李忠诚

（上海山南勘测设计有限公司，上海 201206）

一、工程简介及特点

集成电路设计产业园 5-1 项目位于上海市浦东新区张江镇，东至规划二路、南至规划三路、西至盛夏路、北至银冬路。项目总用地面积 29614m²，总建筑面积 208984m²，其中地上建筑面积 136984m²，地下建筑面积 72000m²。项目拟建物主要包括 2 幢 20 层办公楼和多栋多层的商业及配套建筑，整体设置 3 层地下室。

本基坑开挖面积约 24310m²，周长约 634m，基坑普遍开挖深度 14.0～14.4m，塔楼位置开挖深度 15.1m。基坑总平面如图 1 所示。

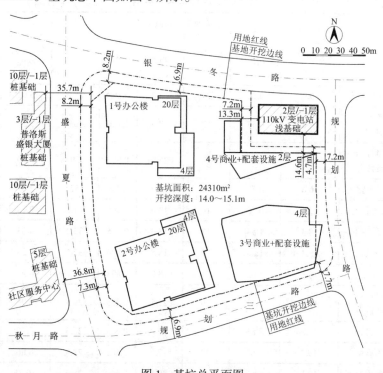

图 1 基坑总平面图

本工程基坑存在"深、近、险"的特点：

（1）基坑开挖深度 14.0～15.1m，开挖面积 24310m²，基坑安全等级为一级，是典型的深、大基坑。

（2）基坑开挖深度范围内主要为深厚的③层、④层淤泥质土，该两层土质软弱，具有高含水量、孔隙比大、抗剪强度低、高压缩性、触变性和流变性等不良工程地质特性，是基坑产生较大变形的主要因素。

（3）基坑东北角紧邻银冬变电站，变电站为天然地基，正位于基坑的阳角位置，该区域环境保护等级一级，变形控制要求高、难度大；基坑西、北两侧紧邻市政道路，道路下管线众多，周边环境保护要求高。

（4）场地存在厚填土、浅层粉性土、古河道、地下障碍物等不良地质条件，同时下伏第⑦层承压含水层存在突涌风险。

综上，本工程基坑深度较深、周边环境保护要求高、存在软弱土层和承压水，是典型的上海软土地区复杂环境和地质条件下的深大基坑工程。

二、工程地质条件

根据勘察报告，拟建场地在勘察深度（最大深度为106m）范围内揭露的地基土均属第四纪沉积物，主要由黏性土、粉性土、砂土组成。拟建场地受古河道切割影响，仅场地西北角有稳定分布的⑥层土，为⑥层分布区，其他区域为⑥层缺失区。

基坑围护设计参数如表1所示，典型工程地质剖面如图2所示。

基坑围护设计相关参数表　　　　　　　　　　　　　　　　表1

层号	土层名称	重度γ（kN/m³）	比贯入阻力P_s（MPa）	直剪固块（峰值）		孔隙比e	含水率w（%）	压缩模量$E_{s(0.1-0.2)}$（MPa）	渗透系数k（20℃·cm/s）
				黏聚力c（kPa）	内摩擦角φ（°）				
②	灰黄色粉质黏土	19.0	0.70	24	17.0	0.808	28.2	5.02	5.0×10^{-6}
③	灰色淤泥质粉质黏土	17.6	0.46	12	17.0	1.130	40.3	3.26	7.0×10^{-6}
③$_t$	灰色黏质粉土夹粉质黏土	18.5	1.19	8	25.0	0.850	29	7.80	5.0×10^{-5}
④	灰色淤泥质黏土	16.6	0.52	11	11.0	1.459	52	2.03	2.0×10^{-6}
⑤$_{1-1}$	灰色粉质黏土	17.5	0.78	16	13.0	1.168	41.3	2.78	1.5×10^{-6}
⑤$_{1-2}$	灰色粉质黏土	18.3	1.54	18	18.0	0.946	33.2	4.63	1.5×10^{-5}
⑤$_{3-1}$	灰色粉质黏土	18.4	1.26	19	18.5	0.926	32.5	4.20	7.0×10^{-6}
⑤$_{3-2}$	灰色粉质黏土	18.5	1.85	20	18.0	0.898	31.5	4.91	8.5×10^{-6}
⑤$_{3-3}$	灰色粉质黏土夹黏质粉土	18.7	2.61	19	21.5	0.855	29.9	5.75	—
⑤$_4$	灰色粉质黏土	19.8	2.86	42	17.0	0.664	23.3	7.20	2.0×10^{-6}
⑥	暗绿色粉质黏土	19.7	2.63	42	17.0	0.683	23.9	6.86	8.0×10^{-7}
⑦$_{1-1}$	草黄色砂质粉土	19.1	6.66	5	30.5	0.740	25.6	10.35	2.0×10^{-4}
⑦$_{1-2}$	灰色粉质黏土	19.2	9.83	4	32.0	0.708	24.3	11.83	4.0×10^{-4}

场地地下水主要为浅部地层中的潜水、第⑤$_{3-3}$层中的微承压水以及第⑦、⑨层中的承压水。浅部潜水年平均水位埋深一般为0.5~0.7m。设计时地下水位埋深建议按不利因素考虑，设计水头埋深为0.5m。

第⑤₃₋₃层粉质黏土夹黏质粉土为微承压含水层，仅在拟建场地东南侧的局部分布，经验算，本工程第⑤₃₋₃层微承压含水层无突涌风险。拟建场地内⑥层分布区第⑦层顶板埋深最浅为 30.50m，⑥层缺失区第⑦层顶板埋深最浅为 36.90m。按年最高水头 3m 计算，⑥层缺失区，第⑦层承压无突涌风险；⑥层分布区局部深坑区域⑦层承压水存在突涌可能。因此本工程，西北角第⑥层缺失区设置⑦层水位观测井兼备用井，观测为主，必要时开启，按需减压。

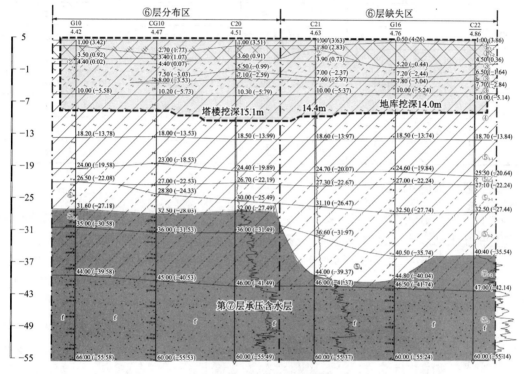

图 2　典型工程地质剖面图

三、基坑周边环境情况

本工程位于上海市浦东新区张江镇，东、南至规划路，西至盛夏路，北至银冬路。

基坑东北角为天然地基的 110kV 银冬变电站，地下一层（电缆层）、地上二层的混凝土框架结构，变电站位于一倍基坑开挖深度范围以内，环境保护等级一级；基坑西侧和北侧市政道路、市政管线位于一倍基坑挖深范围以内，该两侧环境保护等级为二级；其余侧为规划道路，环境保护等级三级。基坑周边道路主要管线分布情况详见表 2。

基坑周边道路主要管线情况　　　　　　　　　　　　　　　　　　　　表 2

邻近道路	管线类型	管径（mm）	材质	埋深（m）	到基坑边线水平距离L（m）	L～H（H为基坑挖深）
西侧 盛夏路	电力	13 孔	塑料	2.79	7.3	0.5H
	电力	13 孔	塑料	2.57	9.4	0.7H
	煤气	200	塑料	2.77	11.0	0.8H
	污水	400	混凝土	2.30	17.3	1.2H
	雨水	1200	混凝土	1.70	21.5	1.5H

续表

邻近道路	管线类型	管径（mm）	材质	埋深（m）	到基坑边线水平距离L（m）	L～H（H为基坑挖深）
西侧 盛夏路	信息	6孔	塑料	2.61	26.8	1.9H
	信息	6孔	塑料	2.58	26.8	1.9H
	配水	300	铸铁	3.28	29.1	2.0H
北侧 银冬路	电通	25孔	缆	0.92	9.5	0.7H
	燃气	200	PE	1.42	11.4	0.8H
	污水	800	PVC	4.48	16.7	1.2H
	雨水	1650	混凝土	2.80	22.0	1.6H
	电通	25孔	缆	1.47	24.8	1.8H
	信息	3孔	缆	1.27	26.2	1.9H
	配水	300	铸铁	1.27	29.6	2.1H

四、基坑围护平面图

综合考虑业主对经济性的高要求，本基坑支护结构采用钻孔灌注桩排桩结合三轴水泥土搅拌桩止水帷幕＋三道钢筋混凝土支撑的形式，采用顺作法整体开挖施工。

环境保护等级一/二/三级区域支护分别采用ϕ1000/1100/1200钻孔灌注桩，三轴水泥土搅拌桩止水帷幕ϕ850@600。坑内被动土体加固结合环境保护要求设置，东北角邻近变电站采用裙边加固，其余侧采用墩式加固。本基坑围护结构平面布置图如图3所示。

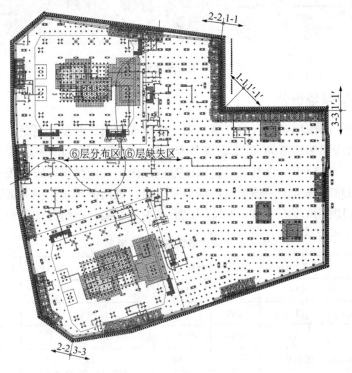

图3　基坑围护平面图

基坑竖向整体设置三道钢筋混凝土支撑，支撑平面布置以对撑、角撑结合边桁架的形式，并结合现场行车路线布置挖土栈桥（图中阴影区域）。第一道支撑平面布置图见图4。基坑支撑截面一览表如表3所示。

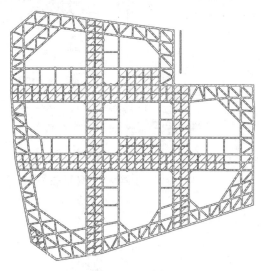

图 4   第一道支撑平面布置图

基坑支撑截面一览表   表 3

支撑	支撑中心标高（m）	混凝土围檩（mm）	混凝土主撑（mm）	混凝土连杆（mm）
第一道	−1.750	1200×800	1000×800	800×800
第二道	−7.250	1400×900	1100×900	800×900
第二道	−11.250	1400×800	1100×800	800×800

五、基坑围护典型剖面图

1）环境保护等级一级区域典型剖面（1-1）如图5所示，剖面简介如下：

（1）围护桩：采用ϕ1200@1400 钻孔灌注桩，桩长 31.0m；

（2）止水帷幕：ϕ850@600 三轴水泥土搅拌桩，套接一孔施工，水泥掺量 20%，桩长 21.5m；

（3）坑内加固：采用ϕ850@600 三轴水泥土搅拌桩进行裙边加固，加固宽度 5.65m；坑底以下强加固厚度 4m，坑底以上强加固至第二道支撑底，水泥掺量 20%，第二道支撑底以上弱加固至第一道支撑底，水泥掺量 10%；

（4）变电站西侧设置一排隔离桩，ϕ650@1000 钻孔灌注桩，桩顶采用冠梁连接。

2）环境保护等级二级区域典型剖面（2-2）如图6所示，剖面简介如下：

（1）围护桩：采用ϕ1100@1300 钻孔灌注桩，桩长 30.5m；

（2）止水帷幕：ϕ850@600 三轴水泥土搅拌桩，套接一孔施工，水泥掺量 20%，桩长 21.5m；

（3）坑内加固：采用ϕ850@600 三轴水泥土搅拌桩进行墩式加固，加固宽度 5.65m；坑底以下强加固厚度 4m，水泥掺量 20%，坑底以上弱加固至第一道支撑底，水泥掺量 10%。

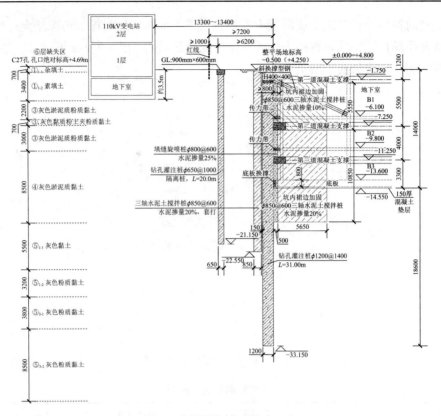

图 5　基坑围护剖面图（1-1）

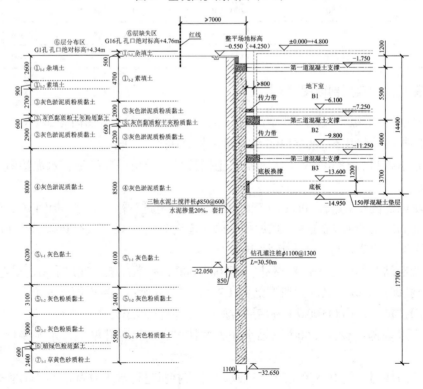

图 6　基坑围护剖面图（2-2）

3）环境保护等级三级区域典型剖面（3-3）如图 7 所示，剖面简介如下：

（1）围护桩：采用φ1000@1200 钻孔灌注桩，桩长 30.0m；

（2）止水帷幕：φ850@600 三轴水泥土搅拌桩，套接一孔施工，水泥掺量 20%，桩长 21.5m；

（3）坑内加固：采用φ850@600 三轴水泥土搅拌桩进行墩式加固，加固宽度 5.65m；坑底以下强加固厚度 4m，水泥掺量 20%，坑底以上弱加固至第一道支撑底，水泥掺量 10%。

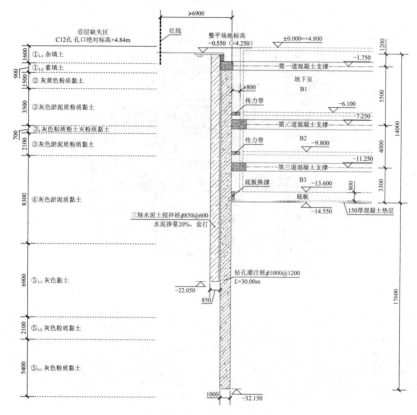

图 7　基坑围护剖面图（3-3）

六、简要实测资料

1. 基坑实施进程

本项目从 2022 年 1 月开始围护结构施工，各工况实施进程如表 4 所示。

基坑实施进程表　表 4

步序	完成日期	施工内容
1	2022 年 9 月 24 日	围护桩及坑内加固施工
2	2022 年 10 月 27 日	首层土方开挖和第一道支撑施工
3	2022 年 11 月 20 日	第二层土方开挖和第二道支撑施工
4	2022 年 12 月 20 日	第三层土方开挖和第三道支撑施工
5	2023 年 3 月 30 日	第四层土方开挖和基础底板浇筑
6	2023 年 8 月 20 日	地下室结构施工

2. 监测数据分析

本基坑施工期间对支护体系和周边环境进行了监测，监测点布置如图 8 所示。本书主要分析基坑开挖至大底板完成阶段的主要监测成果。为便于分析，将基坑开挖分为四个工况阶段：●S1——首层土方开挖及第一道支撑施工；●S2——第二层土方开挖及第二道支撑施工；●S3——第三层土方开挖及第三道支撑施工；●S4——第四层土方开挖及底板施工。

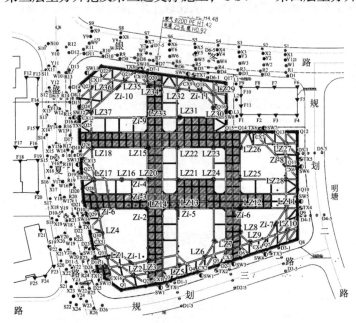

● LZ1～LZ37	立柱沉降监测点	● R1～R26	燃气管线沉降、水平位移监测点
▬ Zi-1～Zi-11	支撑轴力监测点（i表示第i道支撑）	● D1～D26	电力管线沉降、水平位移监测点
● Q1～Q32	围护顶部沉降，水平位移监测点	✕ X1～X24	信息管线沉降、水平位移监测点
⊕ CX1～CX16	围护结构侧向位移监测孔	● Y1～Y24	雨水管线沉降、水平位移监测点
◑ TX1～TX12	坑外土体测斜监测孔	● W1～W23	污水管线沉降、水平位移监测点
◐ SW1～SW16	坑外潜水水位观测孔	⊕ D1-1～D11-5	地面沉降监测点
▼ F1～F25	建筑物沉降监测点	● WQ1～WQ7	变电站围墙监测点
● S1～S22	上水管线沉降、水平位移监测点	■ L1～L3	变电站地表监测点

图 8　基坑监测点布置图

图 9 为土方开挖阶段各施工工况下围护桩侧向位移（测斜）。可见，围护桩沿深度的水平位移随着土方开挖深度增加而增大，各开挖工况下的围护桩最大水平变形均出现在开挖面附近。CX8、CX12 和 CX2 分别为基坑东北角、西侧和南侧典型的围护桩测斜曲线，分别对应环境保护等级一级、二级和三级，测斜最大变形分别为 56.86mm、88.75mm 和 100.63mm，最大变形与基坑挖深（对应挖深分别为 14m、14.4m 和 14.0m）的比值分别为 4.1‰、6.2‰和 7.2‰。监测数据表明通过增加围护桩桩径以提高抗弯刚度，可有效减小基坑的测斜变形，累计最大变形量及最大变形与开挖深度的比值均减小。

图 10 为东北角变电站测点沉降随时间变化曲线。可见从第三层土方开挖开始，变电站的沉降加速发展；至 2023 年春节前变电站南侧基坑筏板的施工完成后，变电站的沉降趋势变缓；底板全部浇筑完成时，变电站沉降已基本稳定，各测点的沉降量为 16.7～73.0mm，局部区域沉降较大。春节期间停工施工效率低，工期延长是变电站沉降较大的一大因素。经专业单位巡查，房屋状态良好，基坑施工未对整体结构及功能造成影响。

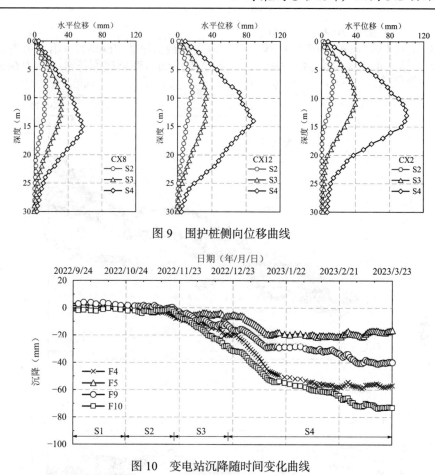

图 9　围护桩侧向位移曲线

图 10　变电站沉降随时间变化曲线

　　图 11 为地面沉降随时间变化曲线，从第三层土方开挖开始，地面沉降加速发展；开挖到底后沉降放缓；至底板浇筑完成，各测点的沉降量为 28.5～67.2mm。值得注意的是，受重车行走影响，西、北两侧（D10-2、D7-2）地面沉降远大于东、南两侧（D5-2、D3-2）。

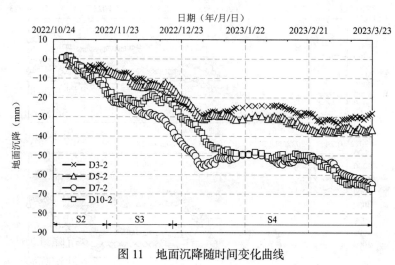

图 11　地面沉降随时间变化曲线

　　图 12 为立柱垂直位移随时间变化曲线，随着基坑开挖的加深，立柱逐渐上抬。至底板

浇筑完成，立柱上抬量 20.4～48.2mm。

图 13 为支撑轴力随时间变化曲线，第一道支撑最大轴力 4646kN，第二道支撑最大轴力 9832kN，第三道支撑最大轴力 6955kN。各道支撑轴力变化速率正常，轴力在设计范围内，未达到报警值。

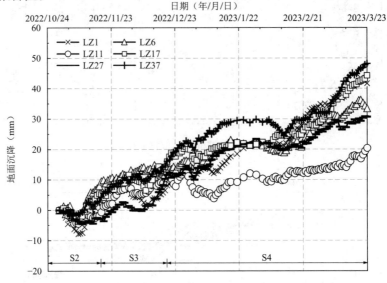

图 12　立柱垂直位移随时间变化曲线

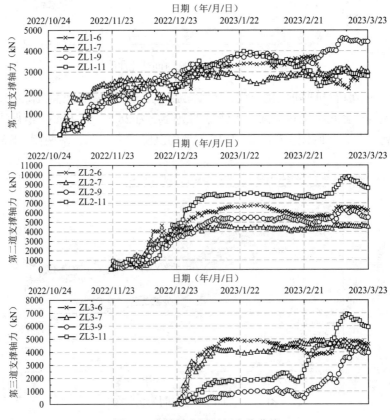

图 13　支撑轴力随时间变化曲线

七、点评

集成电路设计产业园 5-1 项目基坑工程开挖深度较深，周边环境复杂，存在深厚软土层和承压水等不利地质条件。基坑支护结构采用钻孔灌注桩排桩结合三轴水泥土搅拌桩止水帷幕＋三道钢筋混凝土支撑的形式，较好地控制了基坑开挖对周边环境的影响。同时，该项目采用坑内设置承压水观测兼备用井，应以观测为主，根据实际水位情况，遵循动态、按需降压的原则进行，尽量不抽或少抽水，有效控制了承压水突涌风险和减压降水对周边环境的影响。基坑实施过程中，经专业单位全程跟踪巡查和检测，基坑周边房屋结构、地下市政管线的健康状况均良好。基坑工程顺利实施，表明基坑支护选型的合理可靠，达到了缩短工期、节约造价的目的。

杭州地铁某车辆基地基坑工程

于廷新 孙红林 张占荣 张 燕

（中铁第四勘察设计院集团有限公司，湖北武汉 430063）

一、工程简介及特点

1. 工程简介

杭州地铁某车辆基地是浙江省重点项目、亚运会重点配套工程，承担地铁列车的检修、日常保养等任务，基地上盖进行物业综合开发，为地铁开通运营的控制工程。车辆基地采用地面车辆基地＋上盖开发模式，地上 2 栋 18 层，建筑总高度 81.2m，地下 2 层。基坑面积约 25000m²，深度 13～15m，属深大基坑，基坑工程是车辆基地能否如期开通运营的控制性工程。

2. 基坑支护重难点

（1）基坑周边变形敏感建（构）筑物多，与地铁站距离仅 1.5m，与地铁隧道距离仅 3m，地铁变形控制要求极严，仅 5mm。

基坑与地铁接近程度为非常接近，强烈影响区，地铁影响等级为特级，基坑与既有地铁关系复杂程度居国内前列。北侧及东侧紧贴建筑物，周边紧邻燃气、给水、电力、雨水、通信等管线，变形要求极为严格。

（2）基坑地质条件复杂，存在深厚富水砂层、淤泥质土等不良地质，易流砂、管涌，风险高。

地层上部为约 19m 厚粉土粉砂层，下部为约 13m 厚淤泥质黏土，基坑底位于粉砂层。地下水位埋深 0.5m，粉土、粉砂层地下水丰富，易发生流砂、管涌，安全风险高。下部淤泥质黏土抗剪强度低，易坑底隆起，控制基坑变形难度大。根据当地设计及施工经验，常规设计难以满足地铁变形要求。

（3）基坑深度及面积大，形状不规则、受力复杂，存在大量坑中坑，设计难度大。

基坑面积约 25000m²，深度 13～15m，属深大基坑。基坑形状不规则，存在多处阳角，受力复杂，设计难度大。基坑内存在大量坑中坑，占比 41%，深度达 5m，坑中坑开挖及降水对周边地铁影响大。

（4）基坑与北侧、东侧建筑物、南侧地铁站出入口等相邻工程施工界面交叉，工况复杂多变，设计复杂程度高。

三项工程对应三家施工单位，三个工程结构紧密连接，施工工作面相互交叉，协调难度大，工程间施工顺序相互影响，设计计算需进行多种工况综合分析，设计复杂程度高。

（5）为保证地铁按时开通运营，基坑施工工期极紧张，设计方案需满足工期要求。

由于要满足地铁开通运营要求，工期极为紧张，地下室施工工期仅 9 个月，基坑设计方案必须满足工期要求。基坑周边堆放建筑材料空间不足，施工空间狭小，出土困难，施工效率低，难以实现极短的工期目标。

二、工程地质条件

1. 工程地质条件

拟建场地属于第四纪冲海积平原地貌单元。地层自上而下主要为：

①$_2$ 素填土（ml Q$_4$）：灰、灰黄色，松散，主要由粉性土及黏性土组成，含植物根系。层厚 0.20～5.00m，层顶埋深 0.00～1.40m，层顶标高 4.79～7.80m。

②$_1$ 砂质粉土（al-m Q$_4^3$）：灰黄色，稍密为主，湿，含云母碎屑，局部夹粉砂，为中等压缩性土。层厚 0.40～3.90m，层顶埋深 0.20～2.00m，层顶标高 4.13～6.68m。

③$_2$ 砂质粉土（al-m Q$_4^{2+3}$）：灰、灰黄色，稍密，湿，含云母碎屑，为中等压缩性土。层厚 1.2～7.3m，层顶埋深 0.20～6.40m，层顶标高 0.28～5.47m。

③$_5$ 砂质粉土（al-m Q$_4^{2+3}$）：灰色，稍密为主，局部中密，饱和，含云母碎屑，为中等压缩性土。层厚 1.50～5.40m，层顶埋深 5.50～8.80m，层顶标高 −2.91～1.30m。

③$_6$ 粉砂（al-m Q$_4^{2+3}$）：灰、灰绿色，中密为主，局部稍密，饱和，含云母碎屑，夹少量细砂，底部夹薄层黏性土，为中等偏低压缩性土。层厚 3.20～14.70m，层顶埋深 6.80～12.80m，层顶标高 −7.18～−1.20m。

⑥$_1$ 淤泥质黏土（m Q$_4^1$）：灰色，流塑，具鳞片状结构，含有机质、腐殖质，局部夹薄层粉土，个别孔底部见大量壳碎屑，为高压缩性土。层厚 3.30～16.70m，层顶埋深 13.9～25.5m，层顶标高 −19.3～−8.37m，为本场地主要软弱层。

⑧$_1$ 黏土（m Q$_3^{2-2}$）：灰褐色，软塑，含植物残体腐殖物，局部夹粉砂层，为高压缩性土。层厚 1.00～9.40m，层顶埋深 26.00～33.50m，层顶标高 −27.86～−20.54m。

地基土物理力学指标见表 1，基坑地质剖面图如图 1 所示。

地基土物理力学指标表　　　　　　　　　　　　　　　　　表 1

土层名称	天然含水率 w（%）	重度 γ（kN/m³）	孔隙比 e	压缩模量 $E_{s(0.1-0.2)}$（MPa）	直剪固结快剪		渗透系数 k（cm/s）
					黏聚力 c（kPa）	内摩擦角 φ（°）	
①$_1$ 素填土	—	18.0	—	—	2.0	13.0	—
③$_2$ 砂质粉土	25.7	19.1	0.743	13.8	6.0	31.0	2.5×10^{-4}
③$_5$ 砂质粉土	24.4	19.4	0.700	14.2	5.9	32.0	3.6×10^{-4}
③$_6$ 粉砂	22.6	19.6	0.655	14.5	3.4	33.0	—
⑥$_1$ 淤泥质黏土	44.8	18.1	1.288	2.9	15.6	10.4	2.0×10^{-7}
⑧$_1$ 黏土	40.7	18.1	1.187	3.3	18.4	10.2	—

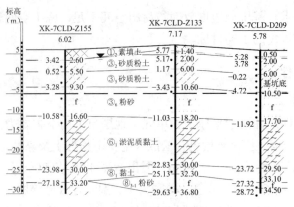

图 1　基坑地质剖面图

2. 水文地质条件

勘探揭露范围内场地地下水类型主要是第四纪松散岩类孔隙潜水和孔隙承压水。

1）孔隙潜水

场地浅层地下水属孔隙性潜水，主要赋存于表层填土、③层砂质粉土、粉砂中，由大气降水径流补给以及地表水的侧向补给，潜水与地表水水力联系较好，潜水水量较大，地下水位随季节变化。勘探期间测得的水位一般为 0.40～3.40m，相应高程 3.49～5.06m，根据区域水文地质资料，浅层地下水水位年变幅为 1.0～2.0m。在③$_2$、③$_5$、③$_6$ 层之间进行潜水抽水试验，渗透系数平均值为 2.14×10^{-4}cm/s。

2）孔隙承压水

根据勘探揭露，场区孔隙承压水主要分布于⑧$_{3-1}$ 层粉砂中，该层承压水水位变化幅度在地表下 3.10～3.44m，相应高程为 2.77～3.11m。

三、基坑周边环境情况

基坑周边变形敏感建（构）筑物多，基坑东南侧距既有地铁隧道仅 3m；南侧紧贴地铁站出入口，距离既有地铁站仅 1.5m；西南侧距既有地铁隧道 15m；北侧及东侧紧贴已建成的建筑物；周边紧邻燃气、给水、电力、通信等管线。本基坑与地铁接近程度为非常接近，强烈影响区，地铁影响等级为特级，地铁变形控制要求极严，仅 5mm，基坑与既有地铁关系复杂程度居国内前列。基坑周边环境图如图 2 所示。

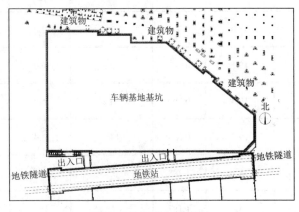

图 2　基坑周边环境图

四、基坑围护平面图

1. 超常规整坑设计

本工程为紧贴地铁隧道、地铁站的富水砂层、软土深大基坑，距地铁隧道仅 3m，距地铁站仅 1.5m，在既有地铁变形仅允许 5mm 的控制标准下，国内常规设计需分为四个小基坑分别先后施工，如图 3 所示，先开挖分坑 1，施工分坑 1 内地下结构；而后开挖分坑 2、分坑 4，施工其中地下结构；最后开挖分坑 3，施工分坑 3 内地下结构。分坑施工需设大量分坑围护桩、支撑和立柱，造价和工期大幅增加。

本基坑工期极短，若采用分坑施工，工期大幅增加，无法满足地铁按期开通运营的要求。本基坑采用超常规整坑设计方案，常规设计计算已无法满足要求，采用基于小应变硬化模型的 PLAXIS 3D、MIDAS 等多种三维数值分析，对基坑围护结构和土方开挖等进行循环动态设计，开展安全预评估、变形超前预测、施工实时调整，提出多重针对性地铁保护措施，将地铁变形控制在 5mm 以内，减少大量分坑围护桩、支撑和立柱，大大节约工期及造价，实现安全和经济双赢。整坑设计三维数值分析模型如图 4 所示，基坑施工完成后基坑东南角地铁隧道水平位移云图如图 5 所示。

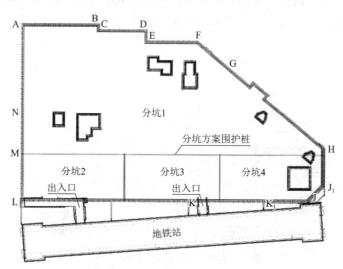

图 3　整坑设计方案与分坑设计方案比选

图 4　整坑设计三维数值分析模型

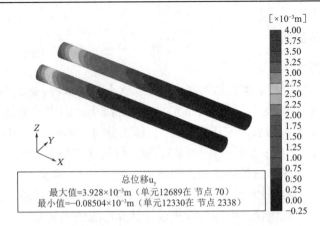

图 5 基坑施工完成后地铁隧道水平位移云图

综合考虑基坑施工工序、时空效应，基于三维数值分析设计内支撑、施工栈桥、土方开挖分区和顺序、换撑分区和顺序。基坑采用ϕ1000@1200mm 钻孔灌注桩＋两道混凝土内支撑支护方案，上部设置混凝土挡墙。经过圆环撑、不同形式的对撑角撑等多种内支撑设计方案比选、三维数值模拟，采用相对独立的对撑、角撑、边桁架等形式，便于基坑分区开挖、不同步拆换撑。东南侧临地铁隧道处基坑设置施工栈桥，既增加支撑刚度，又兼作本工程和相邻工程的施工通道。西侧结合支撑设置施工栈桥，提高施工效率。基坑支撑及栈桥平面布置图见图 6，基坑现场如图 7 所示。

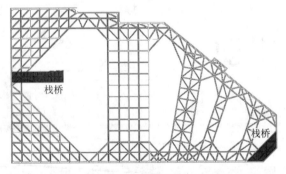

图 6 基坑支撑及栈桥平面布置图

图 7 基坑现场

对坑底深度达 5m 的众多坑中坑（图 8），采用多排三轴搅拌桩形成水泥土重力式墙支护，减小了坑中坑对整个基坑支护的影响及地铁变形。邻地铁侧减小地下室外墙与围护桩之间肥槽宽度，并采用素混凝土回填，有效控制了逆工序的隧道变形。

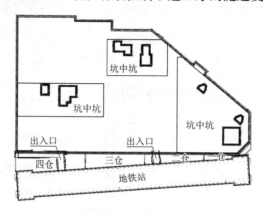

图 8　坑外分仓降水回灌平面示意及坑中坑图

通过土方开挖、换撑分区及工序的三维数值模拟，采取先东侧、再中部、最后西侧，先北侧、再中部、最后南侧，邻地铁侧土体最后开挖、跳挖的分区分块分段施工工序，统筹安排基坑架撑、换撑、拆撑顺序，支撑拆除采取绳锯静力切割，减少了基坑暴露跨度和时间，成功解决了紧贴地铁毫米级微变形控制的难题。

2. 地下水处理

采用多样化止封水、坑内降水、坑外分仓联动降水及回灌，多措并举，确保紧贴地铁变形满足要求。临地铁隧道处基坑采用双排ϕ850@600 三轴搅拌桩止水，其他侧基坑分别采用单排ϕ850@600 三轴搅拌桩止水，防止渗流破坏、流土流砂。基坑设置管井进行降水，降低地下水水位至基坑底以下 1m。在紧贴地铁的富水砂层基坑易产生渗漏水的条件下，利用 MJS 工法桩（全方位高压喷射工法）、三轴搅拌桩和高压旋喷桩将地铁站及地铁隧道分成一仓、二仓、三仓、四仓，在坑内降水的同时，对坑外分仓降水、分仓回灌井回灌的流量控制、开启顺序进行详细设计，实现既减小基坑渗漏水，又控制地铁变形的效果，坑外分仓降水回灌平面图见图 8。

3. 复杂边界全工况包络型设计

统筹考虑北侧、东侧建筑物及南侧地铁站出入口同时施工的影响，根据三个工程不同施工先后顺序，进行多工况计算分析、包络设计。本工程北侧及东侧建筑物、南侧地铁出入口三个工程结构紧密连接，根据三个工程同时施工、先后施工等组成的多种施工工况分别进行围护结构计算，基坑围护桩、止水帷幕、支撑、立柱等设计采用包络设计，避免了三个工程桩基、基坑等施工冲突、止水帷幕破坏、发生安全风险、产生废弃工程。

为解决施工空间狭小、出土困难、施工界面重叠、无堆放建筑材料空间等问题，设计综合考虑支撑及栈桥布设，为本基坑及相邻工程设置多处施工栈桥、盖板，其立柱桩大部分利用工程桩，大幅提高了施工效率，保证了三个工程同时施工，节约了投资和工期。

五、基坑围护典型剖面图

基坑采用ϕ1000@1200mm 钻孔灌注桩 + 两道混凝土内支撑支护，钻孔桩后设置

ϕ850@600 三轴搅拌桩止水，基坑两道支撑中心标高为-2.6m、-7.6m，紧邻地铁处基坑围护剖面图见图 9，非地铁侧基坑支护剖面图见图 10。

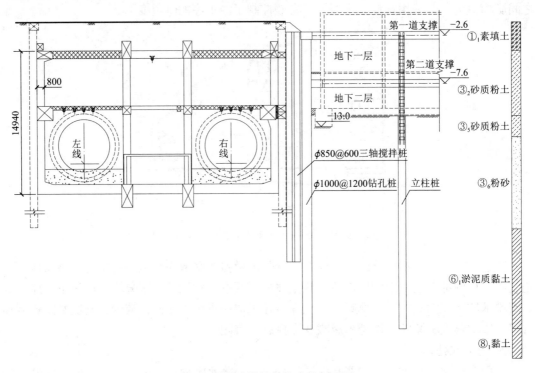

图 9　紧邻地铁处基坑支护剖面图

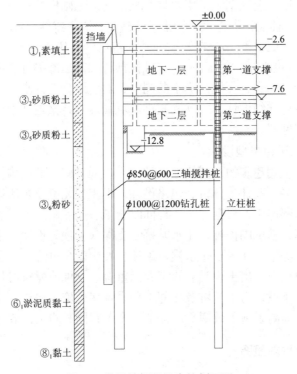

图 10　非地铁侧基坑支护剖面图

六、简要实测资料

基坑施工过程中进行了基坑监测及地铁专项监测，包括：围护桩顶水平、竖向位移监测；围护桩深层水平位移监测；支撑轴力监测；地表竖向位移监测；地下水位监测；立柱沉降监测；地铁站及其他建筑物水平和竖向位移监测；管线水平和竖向位移监测；地铁隧道水平、竖向位移及收敛变形监测。基坑施工顺利，无安全报警，节约了施工工期。基坑施工完成后基坑东南角、紧贴地铁站及地铁隧道处基坑围护桩深层水平位移曲线如图11所示，由图可见，围护桩深层水平位移最大值为18.7mm。此处围护桩、地铁隧道、地铁站的三维数值分析与现场监测结果对比见表2，由表2可见两者基本一致，地铁隧道最大位移3.6mm，地铁站最大位移4.3mm，满足地铁变形5mm的控制标准，达到设计预期效果。

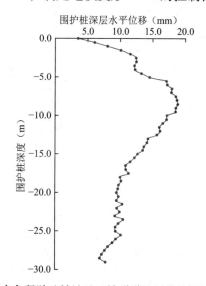

图 11　基坑东南角紧贴地铁站及地铁隧道处围护桩深层水平位移曲线

基坑及地铁变形三维数值分析与监测结果对比表
（基坑东南角紧贴地铁站及地铁隧道处）　　　　　　　　　表 2

项目	基坑围护桩最大水平位移（mm）	地铁隧道最大水平位移（mm）	地铁隧道最大沉降（mm）	地铁站最大水平位移（mm）	地铁站最大沉降（mm）
三维数值分析结果	18.1	3.9	2.3	4.6	2.8
现场监测结果	18.7	3.6	3.4	4.3	3.6

七、点评

（1）不同于国内近接地铁的基坑常规分坑设计，本工程采用超常规整坑设计方案，选用基于小应变硬化模型的多种三维数值分析对基坑围护桩、内支撑、施工栈桥、土方开挖分区和顺序、换撑分区和顺序进行循环动态设计，进行基坑安全预评估、变形超前预测、施工实时调整，提出多重针对性地铁保护措施，将地铁变形控制在5mm以内，大大节约了工期及造价。

（2）在紧贴地铁的富水砂层基坑易产生渗漏水的条件下，采用MJS工法桩（全方位高压喷射工法）、三轴搅拌桩和高压旋喷桩将地铁站及地铁隧道分成一仓、二仓、三仓、四仓，对分仓坑外降水、分仓回灌井回灌等流量控制、开启顺序进行详细设计，实现既减小基坑渗漏水，又控制地铁变形的效果。

（3）针对复杂边界条件采用全工况包络型设计，统筹考虑北侧、东侧建筑物及南侧地铁站出入口同时施工的影响，根据三个工程不同施工顺序，进行多工况计算分析、包络设计，保证了三个工程的施工质量、工期及安全。

福州华润万象城二期基坑工程

赵剑豪[1,2]　黄伟达[1,2]　李志伟[1,2]　刘　鹭[1,2]
俞　伟[1,2]　朱建辉[1,2]　陈振建[1,2]　方家强[1,2]

（1. 福建省建筑科学研究院有限责任公司，福建福州　350108；2. 福建省建研工程顾问有限公司，福建福州　350108）

一、工程简介及特点

福州华润万象城二期项目，其用地面积 36626.6m²，建筑面积约 248020m²，其中地上面积约 152240m²，地下面积 95780m²。根据项目施工标段划分，本项目划分为二期和四期进行施工，其中场地东北侧 2 栋 SOHO 高层为二期标段，设三层地下室；场地西侧 MIXC 商业楼和 1 栋 TA 办公塔楼（总高度约 150m）范围为四期标段，设四层地下室。

该工程±0.00 为罗零 7.40m，地面标高为−0.40m（罗零 7.00m），二期标段开挖至−15.90m，开挖深度按 15.50m 考虑（主楼区域开挖深度 16.20m），周长约 420m；四期标段三层地下室区域开挖至−15.30m，开挖深度按 14.90m 考虑（塔楼开挖深度 16.40m），四层地下室开挖至−19.10m，基坑开挖深度按 18.70m 考虑，周长约 760m。该基坑外围总周长约为 1010m，为一级深、大软土基坑。本项目现状图、施工现场图如图 1、图 2 所示。

图 1　现状图　　　　　　　　　图 2　施工现场图

该基坑工程设计条件极为复杂，从场地工程地质及水文地质条件、周边环境等方面来看，具有以下特点：

（1）基坑规模及开挖深度大：基坑平面尺寸大，东西向尺寸达 300m，南北向尺寸达 220m，基坑总长度约 1010m，且形状不规则，平面形状呈"手枪"形；同时开挖深度大，三层地下室区域开挖深度达 15.50m，四层地下室区域开挖深度达 18.70m，该基坑开挖规模在福州市区位于前列。

（2）场地地质条件差，基坑变形控制难度大：基坑开挖影响范围内分布③淤泥层、⑤淤泥质土层等软弱土层，其含水量高、强度低、压缩性大、厚度大，且位于基坑开挖段及嵌

95

固段，对基坑变形控制提出更高要求。

（3）基坑周边环境条件极为复杂：东南侧为已建融信澜郡小区（设两层地下室，管桩基础），小区已建成并投入使用，二者共用用地红线，二者地下室外边线距离仅约 10m，无放坡条件，且融信澜郡场地标高比本场地高约 1.5m；西侧为城市主干道路工业路，道路车流量巨大，道路下埋设各类管线。以上建筑物、道路均在 2 倍基坑开挖深度范围内，对基坑变形极为敏感。

（4）周边场地狭小、放坡条件非常紧张：地下室外边线距用地红线仅为 5.0m，放坡空间非常有限，同时要预留施工便道的范围，故基坑四周均需进行垂直支护、垂直开挖。

（5）基坑开挖深度变化大：东侧 SOHO/TA 楼区域和南侧商业区域设三层地下室，西北部区域设四层地下室，地下室交界处高差约 3.8m，且位于软土区域，基坑支护应结合总体支撑布置，并确保四层地下室区域支护的安全；此外，塔楼区域的开挖深度又比裙楼深 0.6～1.5m，且临近基坑开挖边线，需采取有效措施确保基坑安全。

（6）施工工期紧，分期施工难度大：因工期要求，地下室需分块施工，其中东侧 SOHO 范围即二期标段需先行施工，剩余范围为四期标段后施工，支护体系需考虑分期工况，并相应进行支撑体系布置。

二、工程地质条件

该基坑开挖影响范围内地层主要为①杂填土/填石（混凝土块）、②粉质黏土、③淤泥、④粉质黏土、⑤淤泥质土、⑥粉（砂）质黏土、⑦残积砂质黏性土、⑧全风化花岗岩、⑨土状强风化花岗岩等，典型剖面如图 3 所示。

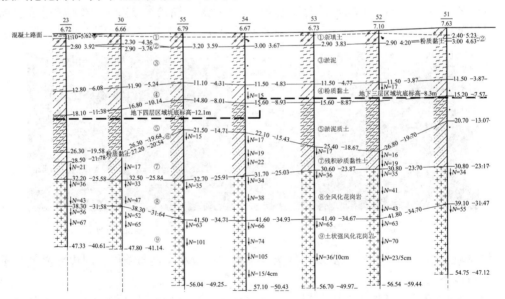

图 3　典型地质剖面

本次勘察手段采取以钻探为主，对场地地基土进行原位测试（包括标准贯入试验、动力触探试验、剪切波速测试、抽水试验），取岩石样、土样（原状样和扰动样）和地下水样，进行岩、土室内土工试验和水质分析、土腐蚀性分析。

土层的力学指标如表 1 所示。

基坑支护范围内岩土体物理力学指标　　　　表1

岩土层及编号	物理力学指标							
	重度γ（kN/m³）	抗剪强度（固结快剪）		渗透系数 k_v（cm/s）	天然孔隙比e	天然含水率 w（%）	液性指数 I_L	塑性指数 I_P（%）
		黏聚力（kPa）	内摩擦角φ（°）					
①杂填土/填石（混凝土块）	18.5	10	15	2.3×10^{-3}	—	—	—	—
②粉质黏土	18.7	24.1	17.8	5.9×10^{-8}	1.028	37.940	0.585	13.274
③淤泥	15.9	5.4	10.9	6.1×10^{-8}	1.800	66.334	1.489	22.502
④粉质黏土	19.1	23.7	18.1	6.0×10^{-7}	0.844	30.583	0.373	13.506
⑤淤泥质土	17.2	8.2	12.7	6.4×10^{-8}	1.365	50.456	1.242	18.009
⑥粉（砂）质黏土	19.9	21.8	19.2	5.8×10^{-8}	0.736	26.396	0.292	0.736
⑦残积砂质黏性土	18.8	10.4	23.3	4.8×10^{-5}	0.925	33.582	0.479	0.925
⑧全风化花岗岩	19.5	18	27	2.8×10^{-4}	—	—	—	—
⑧₁全风化花岗斑岩					—	—	—	—

注：—代表勘察报告未提供。

三、周边环境及复杂程度

该工程场地东南侧为已建融信澜郡高层住宅，南侧为规划路和一期用地，西侧为已建大庆河和工业路，北侧为已建洪山园路。基坑总平面布置图如图4所示。

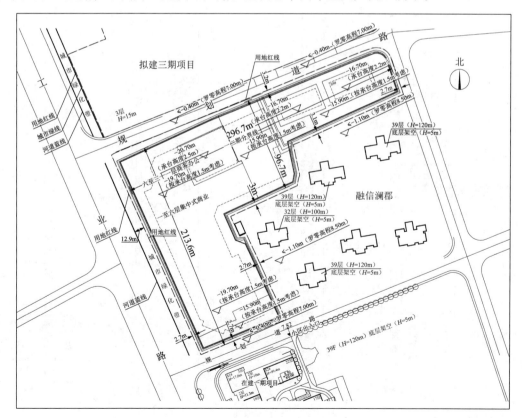

图4　基坑总平面布置图

其中，东南侧为已建融信澜郡小区设两层地下室，采用管桩基础，小区已建成并投入使用，二者共用用地红线，二者地下室外边线距离仅约 10m，无放坡条件，且融信澜郡场地标高比本场地高约 1.5m；西侧为城市主干道路工业路，道路车流量巨大，道路下埋设各类管线。以上建筑物、道路均在 2 倍基坑开挖深度范围内，对基坑变形极为敏感。

四、基坑支护方案

根据场地工程地质及水文地质条件、周边环境条件，该工程基坑支护分为两期实施，采用了灌注桩＋钢筋混凝土内支撑支护方式，具体如下：

（1）二期标段（即东侧 SOHO 范围，设三层地下室）：基坑开挖深度约 15.50m（塔楼范围为 16.20m），除与南侧融信澜郡交界处采用ϕ1200 灌注桩外，其余区域采用ϕ1000 灌注桩＋2 道钢筋混凝土内支撑，桩间采用ϕ600 高压旋喷桩止水，如图 5（a）所示。

（2）四期标段（即西侧商业，含 150m 高 TA 楼，设三层/四层地下室）：地下室三层区域基坑开挖深度约为 14.90m（TA 塔楼范围为 16.40m），采用ϕ1000/1200 灌注桩＋2 道钢筋混凝土内支撑；地下室四层区域基坑开挖深度约为 18.70m，采用ϕ1200 灌注桩＋3 道钢筋混凝土内支撑，其中邻近融信澜郡区域增设高压旋喷桩进行被动区加固，以控制基坑侧壁变形。三/四层交界处采用ϕ800 灌注桩＋1 道钢筋混凝土内支撑作为支护结构，如图 5（b）所示。

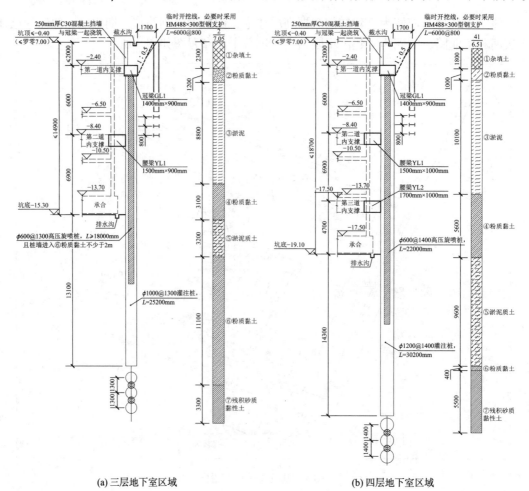

(a) 三层地下室区域　　　　　　　　　(b) 四层地下室区域

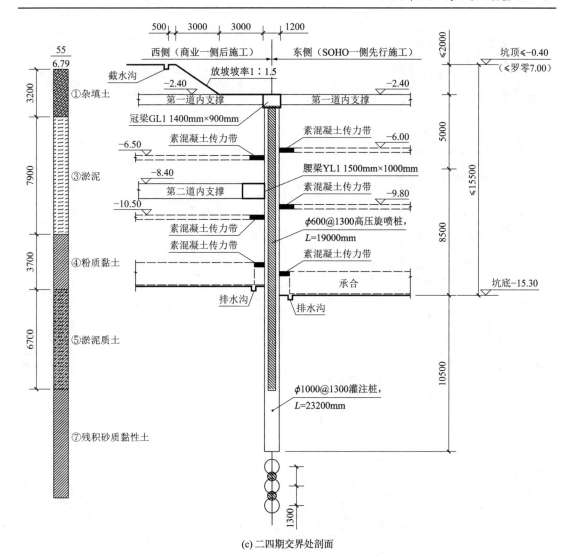

(c) 二四期交界处剖面

图5 典型支护剖面

（3）二、四期交界处：基坑开挖深度约15.50m，采用φ1000灌注桩进行分隔，两侧分别设置独立腰梁和内支撑，二期施工完毕后地下室顶紧至灌注桩边，在四期施工时分阶段拆除四期的内支撑，然后破除灌注桩，如图5（c）所示。

（4）支撑体系布置：结合基坑平面形状、主体结构布置及周边环境控制要求，支撑体系采用以对撑为主、角撑和边桁架为辅的支撑体系，受力简单明确，易于分阶段同时结合施工通道布置在南侧和北侧分别设置钢栈桥，有效地提高出土效率（图6和图7）。

（5）立柱系统：钢筋混凝土内支撑道数为2～3道，采用角钢格构柱下承灌注桩作为竖向承载体系。

（6）地下水控制：鉴于东侧二期SOHO范围内⑦残积砂质黏性土层埋深较浅，在基坑内布设疏干井降水，同时在灌注桩之间设置高压旋喷桩进行止水、止泥；其余四期标段的⑦残积砂质黏性土埋藏较深且分布不连续，在桩间设置高压旋喷桩止水后，采用集水明排进行降排水。

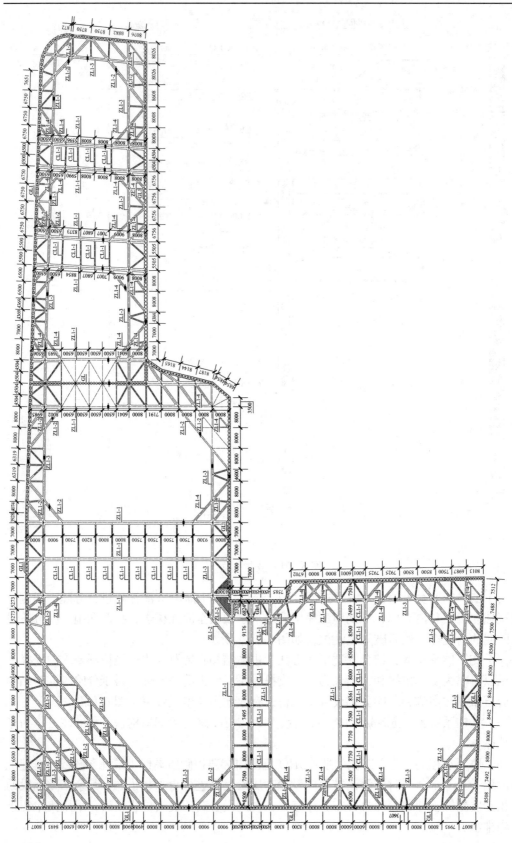

(a) 基坑第一道支撑平面布置图

100

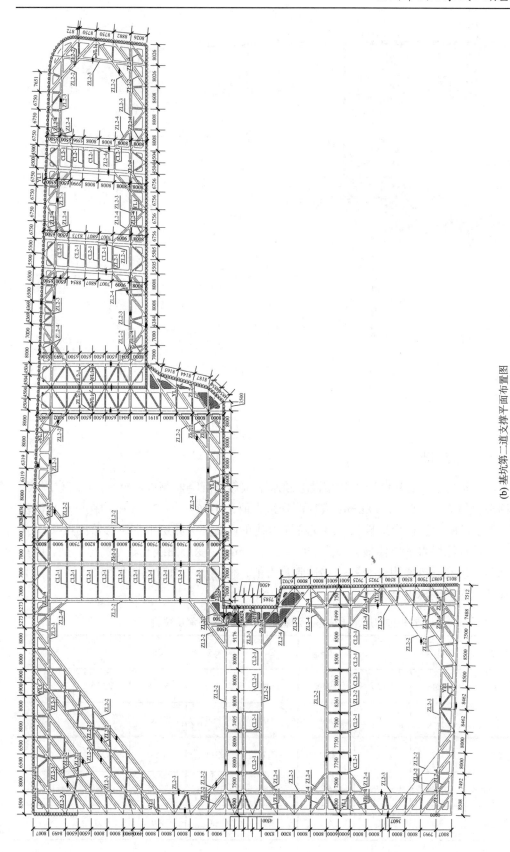

(b) 基坑第二道支撑平面布置图

图 6 基坑第一、二道支撑平面布置图

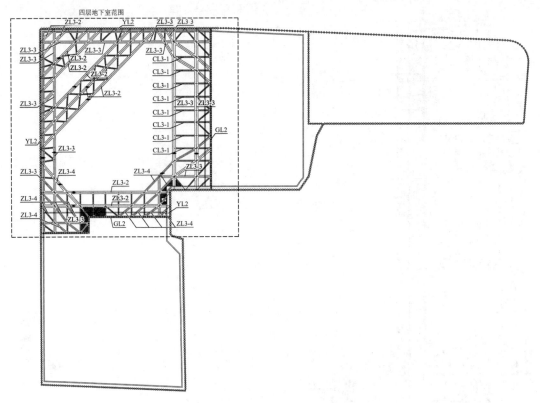

图 7　第三道支撑平面布置图

五、基坑变形情况

在基坑变形方面，沿基坑周边共布设坡顶水平位移及沉降监测点共计 33 个，其中坡顶水平位移最大值为 17.95～22.48mm，坡顶沉降最大值为 14.64～19.21mm，均在设计允许范围值内。为了了解围护桩变形性状，沿基坑周边共布置支护桩深层水平位移监测点共计 16 个，其中支护桩深层水平位移最大值为 29.48～39.98mm，变形曲线基本呈"弓"型，即在基坑中部至基坑底开挖面附近水平位移达到最大值，监测点平面布置图如图 8 所示，最大水平位移值所对应的深度详见表 2。

支护桩深层水平位移（测斜）最大值及所在深度位置　　　　表 2

测点编号	C1	C2	C3	C4	C5	C6	C7	C8
最大位移（mm）	29.48	32.26	39.98	33.94	39.46	36.58	39.75	37.92
所在深度（m）	6.0	5.0	8.0	9.0	11.0	10.0	8.0	7.0
测点编号	C9	C10	C11	C12	C13	C14	C15	C16
最大位移（mm）	33.94	36.76	36.85	39.84	39.69	39.85	37.80	31.77
所在深度（m）	9.0	8.0	6.0	3.0	8.0	8.0	1.0	7.0

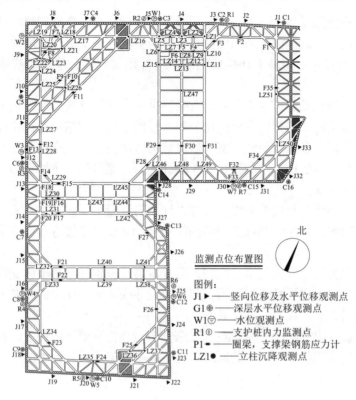

图 8　监测点平面布置图

在支撑体系变形及内力方面，支撑立柱沉降监测共 51 个点，总体呈现上浮趋势，累计沉降为 2.71～−28.98mm（负值表示上浮），但均在设计允许值（30mm）范围内。支撑梁钢筋应力均表现为全断面受压，其中第一道支撑梁应力最大变化量−84.60～−160.47MPa，第二道支撑梁应力最大变化量−54.32～−119.42MPa，第三道支撑梁应力最大变化量−37.53～−78.02MPa，均在设计允许强度范围内。

在周边环境保护方面，周边建筑累计沉降为 0.60～1.04mm，均在设计允许值（20mm）范围内；建筑物各倾斜率监测点的倾斜量为 8～78mm，对应倾斜率为 0.09%～0.88%，倾斜率变化量为 0.02%～−0.02%，倾斜变化在设计及规范允许范围内。同时，在基坑开挖及地下室施工期间，周边道路及管线的累计沉降 11.66～16.28mm，也均满足设计要求。

六、点评

本工程设三～四层地下室，最大开挖深度达 18.70m，基坑开挖影响范围内分布有深厚的淤泥、淤泥质土，且周边紧靠建筑物、道路和市政管线，设计条件极为复杂，属于一级深大软土基坑，是福州典型软土地基深基坑支护的成功案例。

经总结分析，本工程基坑支护主要有以下技术特色：

（1）该工程为福州市区内大型商业地下空间开发的成功案例，周边环境极其苛刻，施工组织庞大、复杂，且 SOHO 部分提前施工，考虑到各个施工工况，在保证安全前提下攻克了分期支护与施工、支撑不平衡受力、支撑平面及标高协调布置、换撑及拆撑、临时施工通道布设等多个技术难点。

（2）该基坑开挖深度达 15～18m，采用灌注桩进行支护，高压旋喷桩进行止水，并结合地下室层数设置 2～3 道混凝土内支撑有效控制基坑侧壁变形和稳定性，又确保了周边建构筑物、管线的安全。与地下连续墙相比，造价相对较低，节省了基坑的工程投资约1000 万元。

（3）结合分期施工及开挖深度差异，有效解决多个相邻基坑或地下室之间相互影响的技术难题，先行施工的二期标段主体结构与四期标段基坑支护结构存在相互影响，且基坑东南侧紧靠融信澜郡的已建两层地下室，通过被动区加固、加强支撑刚度等技术措施加以解决。同时，三层与四层地下室间存在约 3.80m 高差，通过坑中坑增设第三道混凝土支撑的方式确保深坑开挖安全。

（4）根据基坑形状及跨度等条件，合理设计钢筋混凝土支撑，主要采用对撑和角撑形式，受力简单、明确，既保证基坑支护结构的安全，又避开主楼等建设单位需先行施工的部分。

（5）针对场地施工工作面狭小的问题，通过在第 1 道钢筋混凝土内支撑南、北两侧局部设置混凝土板作为与钢栈桥连接通道，解决交通导改和施工便道的难题，在满足现场施工场地需求的同时，有效提高了出土效率。

通过分期建设，按时保证了 SOHO 完工售楼节点，也有效地保证了商业区域地下结构的顺利施工，最终在确保基坑安全的同时，也有效地保障了周边环境的安全。

成都地铁 5 号线省人民医院站基坑工程

陈必光[1] 刘兴华[1] 刘 博[1] 刘 猛[1] 吴梦龙[1] 康景文[1,2]

（1. 北京中岩大地科技股份有限公司，北京 101104；2. 中国建筑西南勘察设计研究院有限公司，四川成都 610052）

一、工程简介及特点

成都地铁正处于快速发展时期，其相应的车站深基坑工程规模大、环境复杂，施工难度高。因此，对深基坑支护技术方面的要求也在不断提升。尤其是面对复杂的地质条件与严格的环境要求，更需要选出适宜的深基坑支护结构以达到施工安全可靠、经济指标合理的要求。

成都地铁某车站为交叉换乘站，轨面埋深−10.05m，车站主体右线总长190m，宽22.66m，基坑深10.25～13.62m。车站基坑面积较大，各区段形状有所差异，位于周围边建筑物密集、地下管线复杂、交通繁忙的城市中心地区。

针对成都地区特殊砂卵石地层，通过对几种常见的深基坑支护结构形式的主要特点和适用条件进行对比分析，选择采用钻孔灌注桩＋高压旋喷桩和内支撑（混凝土支撑＋钢管支撑）的支护结构。车站总平面见图1。

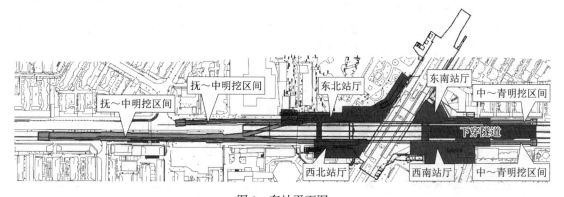

图 1 车站平面图

二、工程地质和水文地质条件

1. 场地工程地质及水文地质条件

（1）第四系全新统人工填土（Q_4^{ml}）：①$_1$杂填土：由沥青、混凝土、部分碎石及少量黏性土构成，层厚0.60～5.70m，层底深度0.60～5.70m；①$_2$素填土：稍湿，主要为夹杂有少量卵石、碎石的黏性土，层厚1.10～1.90m，层顶深度0.60～3.00m，层底深度2.00～4.60m。

（2）第四系全新统冲洪积层（Q_4^{al+pl}）：②$_2$粉质黏土：具有可塑性，含有少量粉粒，以黏粒为主，场地内都有分布。据室内试验，天然密度平均值为1.97g/cm³；天然含水率平均值为 25.9%；天然孔隙比平均值为 0.755；液性指数平均值为 0.42；塑性指数平均值为 14.6；压缩系数平均值为 0.29MPa^{-1}，属中压缩性土；压缩模量平均值为 6.20MPa，层厚 0.50～2.90m，层底深度 2.5m～5.20m；②$_{3-1}$黏质粉土：土体较密实，场地内均有分布，其天然密度 2.01g/cm³；天然含水率平均值为 23.6%；天然孔隙比 0.651；液性指数平均值为 0.33；塑性指数平均值为 9.2；压缩系数$a_{0.1～0.2} = 0.23$MPa^{-1}，属中压缩性土；压缩模量 4.01～7.08MPa，层厚 0.40～1.50m，层顶深度 1.20～3.20m，层底深度 2.50～5.20m；②$_4$细砂：较潮湿，长石和石英为主要成分，其次是云母，局部地区夹杂有少量卵石，层厚 0.4～3.20m，层顶深度 2.20～35.80m，层底深度 2.80～38.10m；②$_5$中砂：松散，湿～饱和，主要成分为长石、石英，次为云母，局部夹个别卵石，呈透镜体状分布于卵石层中，标贯实测击数平均值 11.0 击/30cm，层厚 0.40～2.50m，层底深度 5.90～35.70m；②$_9$卵石：卵石的主要成分为岩浆岩和变质岩，卵石总体含量为 60%～70%，粒径主要以 2～15cm 为主，极少部分的粒径大于20cm，最大粒径可达到30cm，漂石含量2%～5%；②$_{9-1}$松散卵石：卵石含量为50.4%～54.4%，粒径为 2～5cm，层厚 1.00～8.90m，层底深度 4.20～13.50m；②$_{9-2}$稍密卵石：卵石占 55.2%～59.4%，粒径一般在 2～8cm 之间，主要成分为石英砂岩、砂岩、花岗岩和灰岩等，层厚 1.50～11.10m，层底深度 5.60～33.60m；②$_{9-3}$中密卵石：主要为浅灰色和褐灰色，卵石的粒径为 2～15cm，含有部分漂石；卵石原岩为石英砂岩、花岗岩，粒径大于 20mm 的颗粒含量为 61.8%～68.4%，粒径为 2～20mm 的含量为 8.3%～16.5%，层厚 1.00～19.30m，层底深度 8.50～36.00m；②$_{9-4}$密实卵石：含有部分石英质砂岩及花岗岩，卵石含量大于 70%，粒径为 2～20cm，含有少量漂石，粒径大于 20mm 的颗粒含量为 70.8%～82.5%，粒径为 2～20mm 的含量为 3.6%～5.7%，层顶深度 2.40～38.10m，揭示最大厚度 24.80m。

（3）白垩系上统灌口组（K$_{2g}$）：泥岩顶板起伏较大，层顶深度 36.00～41.60m，⑤$_2$强风化泥岩：水平节理较发育，岩芯大多呈碎块状，少量呈短柱状，含水率平均值为 10.19%；天然密度平均值为 2.16g/cm³，岩体基本质量等级为Ⅴ级；⑤$_3$中等风化泥岩，含水率平均值 5.99%；天然密度平均值为 2.35g/cm³；天然单轴抗压强度 3.14～4.64MPa，饱和单轴抗压强度 1.85～2.51MPa，岩体基本质量等级为Ⅴ级。

典型地质剖面示意如图 2 所示。

土层结构	土层名称	土层厚度
	第四系全新统人工填土（Q$_4^{ml}$）	0.4～2.1m
	第四系系上更新统冲洪积层（Q$_4^{al+pl}$）粉质黏土	1.4～4.6m
	黏质粉土	0.4～2.5m
	细砂	0.5～2.7m
	卵石土	以下

图 2　车站中部地质剖面图

2. 水文地质条件

车站地下水主要有上层滞水、第四系砂卵石层间的孔隙潜水，其中孔隙潜水对工程的影响较大。上层滞水主要分布在黏性土层上面的填土层当中，其补给源主要为大气降水和周边居民生活用水，水量变化较大且不稳定；卵石成层状分布中含有大量孔隙潜水，且水位高、含水量大，其补给源主要为区域地表水以及大气降水。地下水埋深受季节及周边工程降水影响。综合考虑确定场地地下水水位埋深 5.3～6.5m，渗透系数为 22m/d。

三、基坑周边环境条件

车站西北侧某酒店，东南侧为某联大医院，西南侧为某 100m 高层大厦和某医院。车站临近两条已运营线既有车站，虽既有车站前期已预留部分接口条件，但已预留条件无法满足最新设计方案要求，需对既有车站部分侧墙结构进行改造形成新的接口条件。车站被既有下穿隧道分为东西两个部分，将 5 个过轨结构东西连通，包含 3 个过街通道以及 2 个过轨风道，其中南端 2 个过轨结构与下穿隧道改造同步施工；北端 2 个过轨结构分别采用明挖和暗挖法施工，南侧斜下穿已运行线车站的过轨通道采用暗挖法施工。周边环境条件如图 3 所示。

图 3　区间右线东西区段基坑现场图

四、基坑围护平面图

（1）车站为全明挖法施工，遵循"分层分段开挖，先撑（锁）后挖，严禁超挖"的原则进行分区段开挖，每次开挖深度不超过 3m。

（2）基坑标准段围护桩采用钻孔灌注桩，密排布置。为防止地表水流入基坑内部，采用高压旋喷桩止水，排桩与钢筋网之间应确保连接可靠。

标准段基坑支护布置平面见图 4。

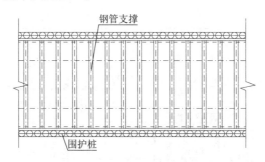

图 4　基坑支护平面布置图

五、基坑围护典型剖面图

根据深基坑安全的要求和地层特征，采用排桩＋内支撑支护结构。与地下连续墙支护方式相比，这种支护方式不仅深度适宜、造价较低，而且强度较高，根据以往类似的工程经验能够有效地控制结构的变形。

车站为全明挖法施工，排桩＋混合支撑，冠梁处的钢筋混凝土支撑为第一道支撑，第

二、三道支撑采用钢支撑。

基坑标准段围护桩采用钻孔灌注桩,密排布置,东北侧厅东南端部分由于围护桩深度较浅,由于受施工环境影响,该部分围护桩采用人工挖孔的方式进行施工。标准段桩直径为1.2m,桩间距1.4m,桩长18m。为防止地表水流入基坑内部,采用高压旋喷桩止水,排桩与钢筋网之间应确保连接可靠。

车站基坑降水采用外包降水,将降水井布置在围护结构外侧,形成降水帷幕,共设32口降水井,将水位降到基坑底部以下,保证基坑施工的安全。

标准段支护结构剖面见图5,钢支撑结构见图6。

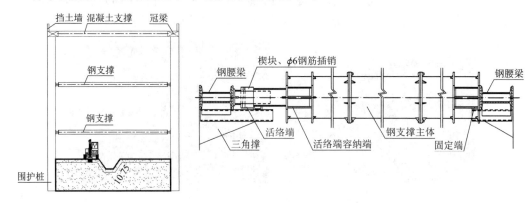

图5 基坑支护结构剖面图　　　　　　图6 钢支撑结构图

六、实施情况与变形实测

深基坑在开挖过程中,随着基坑的开挖,坑内大量土体移走,外部土压力使围护结构产生一定的变形;同时,由于基坑开挖对周边的土体造成扰动,围护结构在不同深度处所受到的力也不同。因此,在基坑开挖过程中监测围护结构、地面位移和支撑内力并进行及时的反馈,防止基坑因变形而发生危险,保证基坑以及周边建(构)筑物等的安全。基坑测点布置见图7。

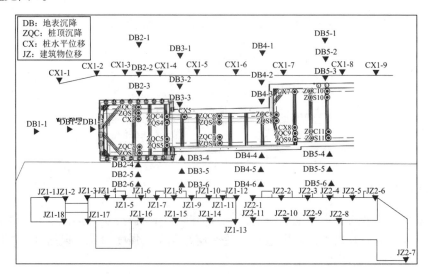

图7 测点布置图

1. 地表沉降

限于篇幅，选取 26 个监测点的数据进行分析，观测周期为 100d。各时间节点依次为：基坑开挖、冠梁施工完成、浇筑第一道混凝土支撑、架设第二道钢支撑。各测点在对应日期的沉降变化值见图 8。

地表沉降的原因主要：①因基坑土体的开挖，造成了周边土体的侧向压力减小，周边土体随之发生水平方向的移动因而形成地表沉降；②基坑外降排水使得基坑周边土体产生固结而造成一定的沉降；③围护结构发生漏水、漏砂等现象，使得基坑外的水土流失从而产生部分沉降。以其中数值波动最大的监测点 DB3-4 为例，从监测开始，数值变化量均在 0.2mm/d 以内，之后其值出现较大波动，变化量增加至 2.23mm/d，随后，沉降值变化较小，变化量均保持在 0.2mm/d 的范围以内，已经达到稳定值；其余监测点也呈现出相同的规律。最终各监测点均未超《建筑基坑工程监测技术标准》GB 50497—2019 规定和设计要求的报警值 10mm。

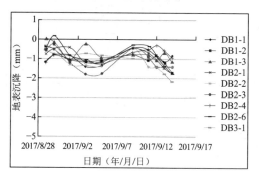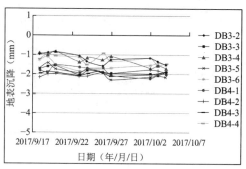

图 8　地面沉降值变化图

2. 桩顶沉降

选取了 10 个监测点的数据进行分析，观测周期 120d，各时间节点依次为基坑开挖、冠梁施工完成、浇筑第一道混凝土支撑、架设第二道钢支撑。具有代表性的测点 ZQC2、ZQC4、ZQC7 桩顶沉降见图 9。由图 9 可知，第一道撑完成后沉降变化量较大，总体呈现不均匀的变化规律（波动较大），最大的变化速率为 0.31mm/d，沉降量的最大变化值为 1.21mm，主要是因为基坑开挖初期土体较松散，开挖所造成的扰动较大以及其附近井点降水；第二道支撑完成后沉降量逐渐减小，沉降量的最大变化值为 0.37mm，并逐步趋于稳定，沉降量的最大变化值仅为 0.19mm；到开挖后期，地基土出现固结沉降，沉降量达到一定值过后便趋于稳定。各监测点均未超过《基坑建筑工程监测技术标准》GB 50497—2019 规定和设计要求的报警值 10mm。

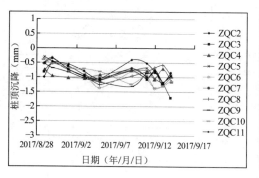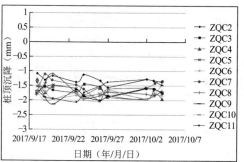

图 9　桩顶沉降值变化图

3. 桩体水平位移

选取 3 个监测点的数据进行分析不同开挖深度时桩体各个部位所产生的水平位移，观测阶段为基坑开始开挖到开挖至底部。浇筑结构底板后桩体深度水平位移见图 10。

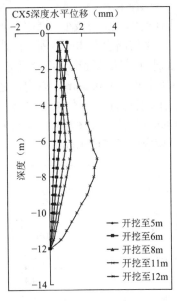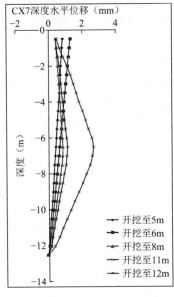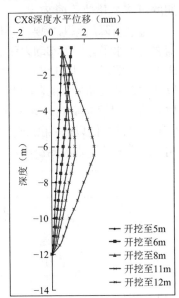

图 10　桩体水平位移

当基坑开挖至 5m 处，即进入第二层开挖时，由于安装了第一道钢筋混凝土支撑，所以桩体的位移值逐渐变小；两道钢支撑分别为地面以下 5m 和 10m 处，由于钢支撑的作用，最大位移均出现在 6.5m 处，CX5 处的位移最大值为 3.0mm 左右，CX7 处的位移最大值为 2.8mm 左右，CX8 处的位移最大值为 2.6mm 左右。由于设置三道支撑以及坑底部位土体的支撑作用，所以两道钢支撑和坑底以及桩顶所在位置处的水平位移很小，接近于零。各个监测数据中，最大的位移值仅为 3.0mm，离设计要求的报警值 30mm 有一定差距。各监测点的位移值均未超过《基坑建筑工程监测技术标准》GB 50497—2019 规定和设计要求的报警值。

4. 钢支撑轴力

选取 14 个监测点的数据进行分析，观测周期 30d，时间节点为基坑开挖、冠梁施工完成、浇筑第一道混凝土支撑、架设第二道钢支撑。典型部位钢支撑轴力的变化见图 11。

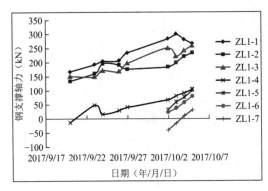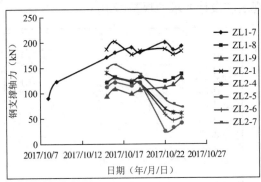

图 11　钢支撑轴力变化图

通过对基坑第 1 道、2 道钢支撑轴力的监测结构可见，随着基坑开挖直至车站混凝土底板浇筑过程中，第二道支撑和第三道支撑的轴力值变化呈现出一定的规律，第二道支撑的轴力值逐渐增大且在不断发生波动，在最大值 297.35kN 过后，开始安装第三道支撑时，轴力值开始减小，降为 157.68kN；随着土体的开挖，钢支撑轴力呈现出缓慢增大的趋势，最大值为 191.17kN，随后又出现了逐渐减小，最后呈现稳定的趋势。各监测点均未超过设计要求的报警值 1236kN，表明基坑安全可靠。

七、经验总结

通过车站深基坑支护方案优选分析和实时监测，得出了以下结论：

（1）通过对周边水文地质、工程地质、交通环境和工程造价等条件的综合考虑，提出了钻孔灌注桩＋高压旋喷桩止水＋内支撑（一道钢筋混凝土撑、二道钢管撑）的支护形式比较合理。

（2）通过对各个监测项目监测数据的对比、分析，各监测点的变化值均未超过《基坑建筑工程监测技术标准》GB 50497—2019 规定和设计要求的报警值，且离报警值尚有一定的空间，表明基坑施工安全可靠。

（3）在实施过程中，监测结果发现出"水"对于基坑形态影响很大，止水帷幕渗水、降雨以及周边管线漏水等情况均会对基坑支护结构的变形和地面城建产生影响，因此在基坑的施工过程中，应妥善处理好"水"因素产生的不利作用，以实现工程的安全使用。

（4）地铁车站深基坑工程是一个复杂的系统工程，存在许多不确定因素，在随开挖、时间、空间等的变化，基坑支护结构的应力、应变也随之发生改变。因此，现场监测对基坑工程的施工至关重要，且应及时地反馈以指导现场施工。

专题三　其他桩支护

北京清华大学北体育馆桩锚支护基坑工程

徐溪晨[1]　张　肖[1]　李文奇[2]　李　峰[2]　孟令军[1]　杨海勇[1]

（1. 清华大学基建规划处，北京　100084；2. 明达海洋工程有限公司，北京　100077）

一、工程简介及特点

清华大学北体育馆项目位于清华大学校内东北部，南临至善路，东临明德路，北侧为景观绿地，西侧为游泳馆。地形起伏较大（为绿地景观建设堆填所致），地面标高为 44.63～49.38m。

本项目总面建筑积约为 3.8 万 m²，地上二层（局部四层），地下二层（局部三层）。基坑周长约 450m，基坑面积约 12000m²，深度为 12.4～15.65m，基坑安全等级为二级。基坑支护主要采用土钉挡土墙 + 桩锚支护和桩锚支护的方式，设有 2～3 道锚杆。

二、工程地质条件

1. 场地工程地质与水文地质条件

1）场地工程地质条件

场地地貌位置属永定河冲洪积扇的中上部，地基土层上部为人工填土层，其下为新近沉积土层、一般第四纪沉积土层。各土层的工程地质特征描述如下：

杂填土①：杂色，稍湿，稍密。由砖块、灰渣、碎石等建筑垃圾组成，表层为混凝土地面。本层厚度为 2.70～9.50m，层底标高 37.16～45.56m。

粉质黏土素填土①₁：灰黄色，很湿，可塑，局部硬塑，含少量砖屑、灰渣，夹粉细砂、黏质粉土、黏土素填土薄层或透镜体。本层厚度为 1.00～8.60m。

杂填土①₂：黑灰色，稍湿，松散。成分以木屑为主、混含灰渣、炭屑和黏性土。本层厚度为 1.20～2.80m。

粉质黏土②：褐黄～灰褐色，很湿，可塑，含云母片、氧化铁条纹。夹黏质粉薄层或透镜体。本层厚度为 1.00～4.30m，层底标高为 36.62～42.16m。

黏质粉土-砂质粉土②₁：黄褐～褐黄色，湿，密实，含云母片、氧化铁条纹。局部夹粉砂、细砂薄层或透镜体。本层厚度为 0.50～2.00m。

黏质粉土-砂质粉土③：褐黄～黄褐色，湿，密实。含云母片、氧化铁条纹。本层厚度为 1.70～6.60m，层底标高 33.11～39.06m。

粉细砂③₁：很湿，稍密～中密。本层厚度为 0.30～2.40m。

粉质黏土③₂：黄褐～褐黄色，湿～很湿，可塑～硬塑，含云母片、氧化铁条纹。本层厚度为 0.70～4.30m。

黏土③₃：褐黄色，很湿，可塑，含氧化铁条纹。本层厚度为 0.50～1.30m。

黏质粉土-砂质粉土④：褐黄～黄褐色，湿，密实。含云母片、氧化铁条纹。本层厚度为 1.00～5.10m，层底标高 29.27～35.56m。

粉质黏土④₁：黄褐～褐黄色，湿～很湿，可塑～硬塑，含云母片、氧化铁条纹。本层厚度为 0.40～2.00m。

黏土-重粉质黏土④₂：褐黄色，很湿，可塑～硬塑，含氧化铁条纹。本层厚度为 0.50～1.20m。

粉质黏土⑤：黄褐～褐黄色，很湿，可塑～硬塑，含云母片、氧化铁条纹。本层厚度为 1.40～6.10m，层底标高 25.21～31.36m。

黏土-重粉质黏土⑤₁：褐黄色，很湿，可塑，含氧化铁条纹。本层厚度为 0.50～5.00m。

黏质粉土-砂质粉土⑤₂：褐黄～黄褐色，湿，密实。含云母片、氧化铁条纹。本层厚度为 0.40～0.80m。

圆砾⑥：杂色，饱和，中密～密实。一般粒径 5～20mm，最大粒径 70mm，磨圆度较好，主要成分为岩浆岩和沉积岩，充填 30%～40%细中砂和粗砂，局部夹卵石薄层或透镜体。本层厚度为 4.40～7.00m，层底标高 18.57～25.06m。

细中砂⑥₁：灰黄色，饱和，中密～密实。本层厚度为 0.80～1.70m。

粉质黏土⑦：黄褐～褐黄色，很湿，可塑，含云母片、氧化铁条纹。本层揭露厚度为 2.00～5.50m，层底标高低于 14.65m。

黏土⑦₁：褐黄色，很湿，可塑～硬塑，含氧化铁条纹。本层厚度为 0.50m。

黏质粉土⑦₂：褐黄～黄褐色，湿，密实。含云母片、氧化铁条纹。本层揭露厚度为 1.50m。

2）场地水文地质条件

本场地揭露地下水其二层：第一层地下水类型为上层滞水，其稳定水位埋深为 4.10～4.70m，水位标高为 40.86～41.14m；第二层地下水类型为承压水，其稳定水位埋深为 17.50～17.80m，水位标高为 27.46～28.04m。

3）基坑支护物理力学性质参数（表 1）

场地土层主要力学参数　　　　　　　　　　　　　表 1

土层编号	土层名称	w（%）	γ（kN/m³）	e	I_P	I_L	E_s $P_0\sim P_{0+100}$（MPa）	E_s $P_0\sim P_{0+200}$（MPa）	c（kPa）	φ（°）
①	杂填土	—	18	—	—	—	—	—	0	15
①₁	粉质黏土素填土	21.5	20.5	0.61	10.9	0.43	6.18	7.45	10	10
①₂	杂填土	—	15	—	—	—	—	—	0	5

土层编号	土层名称	w（%）	γ（kN/m³）	e	I_P	I_L	E_s $P_0\sim P_{0+100}$（MPa）	E_s $P_0\sim P_{0+200}$（MPa）	c（kPa）	φ（°）
②	粉质黏土	21.9	20.7	0.6	10.9	0.41	7.87	9.27	21.1	19.4
②₁	黏质粉土、砂质粉土	22.7	20.3	0.21	7.7	0.32	9.23	10.53	12	20
③	黏质粉土、砂质粉土	20.4	20.5	0.59	8.3	0.34	11.47	13.24	13	24.1
③₁	粉细砂	—	19	—	—	—	16		0	25
③₂	粉质黏土	21.7	20.1	0.64	11.3	0.37	9.85	10.96	25.3	17.4
③₃	黏土	31.7	19.3	0.88	21.8	0.31	9.12	9.56	28	8
④	黏质粉土、砂质粉土	21.3	20.3	0.62	7.9	0.33	13.71	15.37	15.6	24.4
④₁	粉质黏土	22.2	20.1	0.65	11.1	0.39	10.55	11.69	27.8	19.2
④₂	粉土、重粉质黏土	27	20	0.75	17.5	0.36	12.62	13.52	34	17.9
⑤	粉质黏土	21.9	20.6	0.61	11.6	0.36	13.18	14.59	22	21.6
⑤₁	黏土、重粉质黏土	27.4	19.7	0.79	17.8	0.35	11.21	12.28	33	14.9
⑤₂	黏质粉土、砂质粉土	22.1	20.3	0.63	17.8	0.35	18.73	19.79	18	26.8
⑥	圆砾	—	20.5	—	—	—	45		0	35
⑥₁	细中砂	—	20	—	—	—	25		0	30
⑦	粉质黏土	22.6	20.5	0.63	17.8	0.35	14.92	16.62	—	—
⑦₁	黏土	25.2	20.4	0.69	18.2	0.24	7.46	9.04	—	—
⑦₂	粉质黏土	23	20.3	0.63	7.7	0.35	21.26	22.84	—	—

注：w—天然含水率，γ—天然重度，e—天然孔隙比，I_P—塑性指数，I_L—液性指数，E_s—压缩模量，c—黏聚力，φ—内摩擦角（c，φ采用直剪试验方法）。

2. 典型工程地质剖面

典型工程地质剖面见图1。

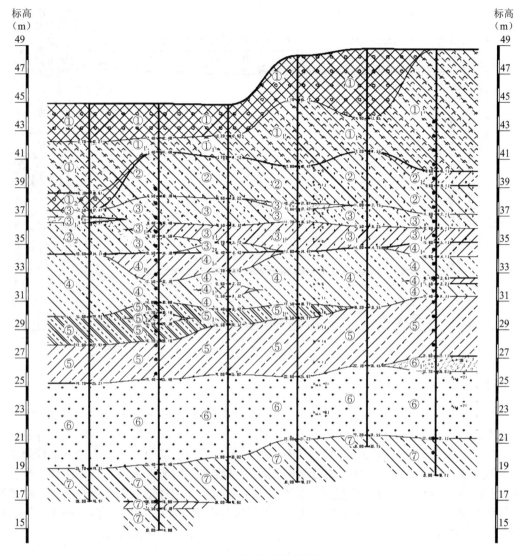

图 1　典型地质剖面图

三、基坑周边环境情况

场地及周边环境如图 2 所示，基坑周边环境条件较复杂：

（1）场地东侧：地下管线较多，邻近一南北走向的暖气管沟，距结构外皮约 4.5m，并向东偏移，逐步远离基坑。

（2）场地西侧：基坑西侧为游泳馆，两建筑物同结构外皮相距为 9.85m，游泳馆基础埋深为−7.50m，局部集水坑段基础底面埋深为−8.50m，基础类型为柱下桩基础。两建筑物间有一条导改后地下管线，距建筑物结构外皮距离为 5.5m。

（3）基坑南侧为篮球场、绿化园林带，地下管线相距结构外皮 10～20m。

（4）场地西北角：地下管线较多，距结构外皮 2.8～4.06m，管线埋深 1.5m 左右。

（5）场地北侧：有换热站，其基础底面标高为−5.5m，距结构外皮约 1.87m。且地下管线较多，东段有地下管线，埋深约 1.68m，距结构外皮为 2.6m、4.18m。

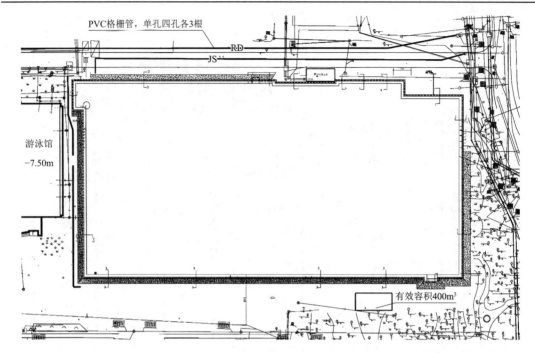

图 2　基坑围护结构平面图及周边环境图

四、基坑围护平面图

本场地基坑东段设计深度为 12.40m，西段设计深度为 14.85m，局部集水坑段加深 2.8m。在场地条件允许的情况下，基坑支护主要采用土钉挡土墙 + 桩锚支护；当场地条件不允许时，采用桩锚支护。因基坑西北角处设有设备吊装口，吊装口西南角无法进行锚杆施工，故局部边坡支护采用角撑结构。对于影响基坑与基础施工的地下水为上层滞水含水层，采用止水帷幕 + 渗水井进行水位控制。旋喷桩以上桩间土采用挂钢筋网片进行喷护，喷护厚度不小于 80mm。基坑坡顶有安全围挡、排水明沟等措施。基坑围护结构平面图见图 2，止水帷幕布置图见图 3。

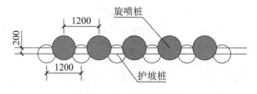

图 3　止水帷幕布置图

五、基坑围护典型剖面图

根据基坑深度、基坑周边场地环境条件、边坡支护结构分为 9 个剖面段。

1. 基坑西侧围护典型剖面图

基坑西侧临近游泳馆，基坑开挖深度为 12.50～15.65m，采用土钉墙 + 锚杆支护结构，设置 2 道或 3 道锚杆。采用 2 道土钉，入射角度为 10°，坡面布置 $\phi6.5mm@200mm \times 200mm$ 钢筋网，喷射混凝土强度等级为 C20，厚度大于 80mm。护坡桩为 $\phi600@1200$ 钢筋混凝土灌注桩，桩顶标高 −5.10m，冠梁尺寸 0.8m × 0.6m，强度等级为 C30。基坑西侧典型支护结构剖面图见图4，本项目基坑西侧支护见图5。

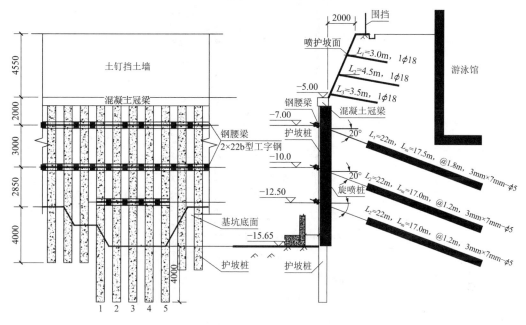

图4　基坑西侧典型支护结构剖面图

图5　本项目基坑西侧支护

基坑西侧游泳馆地基采用了混凝土灌注桩，桩径为800～1200mm。本项目基坑支护设计需要根据游泳馆桩位布置图进行调整，以便避开其基础桩，护坡桩有控制点位进行布置。基坑西侧第一层锚杆分布图见图6，第一层锚杆标高−7m，长度为23m，锚杆倾角为20°，采用一桩一锚布置；第二层锚杆标高−10m，长度为22m，锚杆倾角为20°，采用一桩一锚分布。施工过程中，部分锚杆为避开基础桩，孔位靠近左或右侧护坡桩，且按水平方向调整角度。当锚杆施工中遇到基础桩时，应停止施工，并注浆封孔，重新调整移位施工。

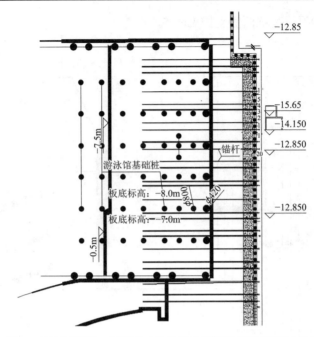

图 6　基坑西侧第一层锚杆（黑色实心圆圈为游泳馆基础桩）

2. 基坑北侧围护典型剖面图

基坑北侧中间位置，受换热站及地下管线影响，采用桩锚支护结构，见图 7 和图 8。基坑底面标高为−13.15m，设计深度为 12.70m。桩顶标高为−0.45m，桩径 600mm，桩间距 1200mm，设计桩长为 16.10m。

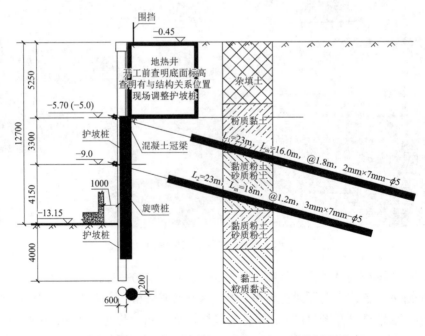

图 7　基坑北侧靠近地热井泵房典型支护结构剖面图

针对地热井泵房部位，第一层锚杆标高调整至−5.50m，其他地段为−5.0m。第一层锚杆为三桩二锚，第二层锚杆为一桩一锚。在护坡桩施工前再次确认地热井泵房与结构关系，以此调整护坡桩位置，锚杆布置时避开地热井。此外，对于已经进入基坑内的生活热水管线，提前策划，在管道下方冠梁设置固定钢托架，同时给外露管道增加保温，确保基坑施工阶段管线的正常运行。

图8 基坑北侧基坑支护

六、简要实测资料

本工程进行桩顶（坡顶）水平位移监测、沉降监测、周边地表沉降监测、锚杆内力监测、地下水位监测、周边建筑物监测、周边管线监测及巡视监测。

水平位移、竖向沉降观测点布设在土钉墙散水、护坡桩冠梁之上，位移监测点水平间距20m左右。锚索轴力监测点应在锚索张拉锁定时固定在锚索的端部。基坑周边地表竖向位移监测点布置在基坑上口2m以外，监测点与支护结构垂直。游泳馆沉降监测点设置在外墙体上，与墙外散水面高度为1.5m。

基坑支护监测点布置平面图见图9。共设28个桩顶（坡顶）水平位移及竖向沉降监测点；21组锚索轴力监测点；71个周边地表沉降监测点，6个周边建筑物沉降监测点，11个周边管线沉降监测点，13个深层水平位移监测点，10个地下水位监测点。

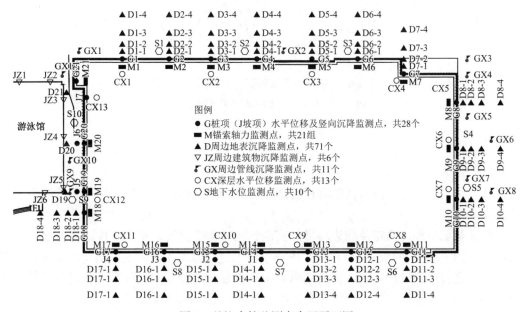

图9 基坑支护监测点布置平面图

119

本项目自 2019 年 4 月 15 日开始，2020 年 12 月 17 日结束，历时约 20 个月，共监测 91 期数据（基坑支护使用超过一年进行二次专家论证）。最后一期时，竖向位移累计变形最大的点为 G9 点，最大变形量为−13.80mm；水平位移累计变形最大的点为 G7 点，最大变形量为−14.0mm；周边地表累计变形最大的点为 D10-1 点，最大变形量为−29.13m；周边建筑物累计变形最大的点为 JZ04 点，最大变形量为−3.95mm；周边管线累计变形最大的点为 GX6 点，最大变形量为−12.21mm；深层水平位移累计变形最大的点为 CX5 点，最大变形量为 24.79mm；地下水位累计变形最大的点为 S5 点，最大变形量为−486.50mm。

在施工过程中无超出监测预警值的测项，且监测后期折线图趋于平稳状态，基坑处于安全可控状态。部分基坑水平位移、周边地表沉降、周边建筑物沉降累计监测值见图 10。其中，各期时间如下：第 1 期，2019 年 4 月 15 日；第 11 期，2019 年 5 月 25 日；第 21 期，2019 年 6 月 14 日；第 31 期，2019 年 7 月 4 日；第 41 期，2019 年 8 月 13 日；第 51 期，2019 年 10 月 12 日；第 61 期，2019 年 12 月 11 日；第 71 期，2020 年 3 月 23 日；第 81 期，2020 年 6 月 1 日；第 91 期，2020 年 10 月 18 日。

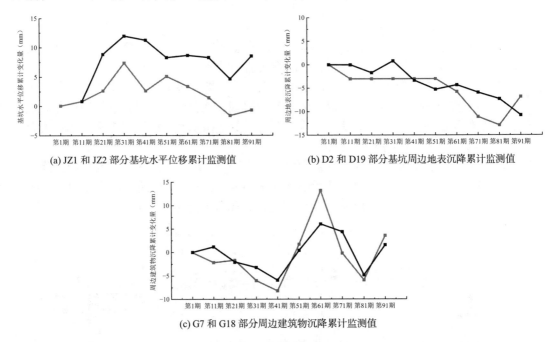

(a) JZ1 和 JZ2 部分基坑水平位移累计监测值　　(b) D2 和 D19 部分基坑周边地表沉降累计监测值

(c) G7 和 G18 部分周边建筑物沉降累计监测值

图 10　基坑监测数据

七、点评

本基坑位于高校校园内，西侧靠近游泳馆、北侧靠近地热井泵房，周边管线较多，变形控制要求较高。

为保证基坑工程的稳定及周边环境的安全，同时考虑投资成本经济性，本基坑工程主要采用土钉挡土墙＋桩锚支护结构，在场地条件不允许时采用桩锚支护结构。本项目对基坑工程施工进行了全过程监测，监测结果表明本工程的围护结构设计是合理且有效的，基坑周边建（构）筑物正常使用功能未受影响、地下市政管线状况良好。

本基坑的设计和实施可供同类基坑工程参考。

青岛齐鲁医院二期多级微型桩支护基坑工程

张启军 [1,2]　林西伟 [1]　王金龙 [1]　刘永鑫 [3]　巩世林 [3]　李连祥 [4]

（1. 青岛业高建设工程有限公司，山东青岛　266100；2. 青岛慧睿科技有限公司，山东青岛　266000；3. 西北综合勘察设计研究院，陕西西安　710003；4. 山东大学土建与水利学院，山东济南　250061）

一、工程简介及特点

本工程位于山东省青岛市市北区合肥路，总用地面积 39926.5m²。地下规划为 3 层，地下建筑面积 134200m²，其中包括两个共计 65100m² 的独立立体停车库。项目土方约为 16 万 m³，强风化岩约为 47 万 m³，微风化岩约 31 万 m³，基坑周长约 800m，基坑深度 15～50m，是目前青岛市最深的基坑。

同类基坑常规支护方法主要有放坡结合土钉墙或桩（大直径灌注桩）锚支护，放坡结合土钉墙方法要占用外部大量空间，要付出大量土石方挖运机械台班，现场要有较大空间存放渣土，或直接外运弃置；回填土的质量要求较高，设计要求的压实度问题往往达不到要求，造成后期运行方面存在安全隐患。桩锚支护方法的围护桩遇岩层施工困难，速度慢，成本很高，噪声、振动及泥浆或粉尘污染严重。

对于地层稳定性较好的土岩深基坑，可以采用土岩双元深基坑柔性结构设计，城区深基坑往往由于场地受限，无法放坡，一般都采用直立开挖的方案：一是基坑深度 12m 以内时，可采用一层（级）微型桩结合锚杆支护，或大直径灌注桩的桩锚支护；二是上部土体侧壁桩锚、下部岩体微型桩的吊脚桩支护方法。锚杆一般 1.5～2.5m 一层，设置混凝土腰梁或双拼型钢腰梁。顶部若有永久边坡，可以与临时支护采用一体化设计，降低施工难度，减少资源浪费，降低成本。

锚杆腰梁现有技术都是采用现浇钢筋混凝土或双拼型钢腰梁，采用现浇钢筋混凝土结构及工艺存在如下问题：①由于一般为异形梁、截面小、要穿锚杆等原因，支设模板难度大，易松动造成模板整体不稳造成质量问题，生产效率低；②支模使用木材量较大，浪费自然资源；③每层锚杆要预应力张拉后才能开挖下一层，每层现浇钢筋混凝土梁板施工及强度上升的时间均较长，工期长；④钢筋制作安装、支设模板需要大量工人，成本较高。双拼型钢腰梁主要为双拼槽钢或工字钢结构的腰梁，存在如下问题：①使用钢材量大，浪费矿产资源；②焊接量大，需要专业焊工现场操作；③重量大，需要吊装机械及大量人工配合；④成本高。

在深基坑工程实践中，技术人员经过反复应用摸索，在本项目中采用了多级微型桩支护技术。多级微型桩支护技术是指一种利用多级微型桩、经多次错台形成的，用于支护土岩双元基坑的竖向分级式锚喷支护墙。它针对土体厚度较薄（一般小于5m）采用微型桩锚杆支护；下部岩体稳定（厚度超过10m）直立开挖通过微型桩锚喷防护，充分利用了岩体结构自稳能力，同时对岩体侧壁表面常有裂隙通过锚喷安全处理。顶部需要永久防护的部分，采用格构梁板结构，自下而上顺作法，实现耐久性功能和美观的需求。该支护技术包括多级微型桩、预应力锚杆、单根槽钢组合腰梁、L形岩肩梁，全粘结锚杆、喷射混凝土面层、格构梁板等。

二、工程地质条件

1. 场地工程地质及水文地质条件

场区第四系主要由全新统人工填土、上更新统粉质黏土组成。基岩以燕山晚期粗粒花岗岩为主，场区揭露有后期侵入的煌斑岩及细粒花岗岩岩脉。按青岛市标准地层划分方法，自上而下、地质年代由新到老的层序划分为：第①层素填土，第⑪层粉质黏土，第⑯层花岗岩强风化带，第⑯$_1$花岗岩强风化下亚带，第⑰层花岗岩中风化带，第⑰$_2$层煌斑岩中风化带，第⑱层花岗岩微风化带，第⑱$_2$层细粒花岗岩微风化带，岩土体主要物理力学参数见表1。

岩土层主要物理力学参数表　　　　　　　　　　表1

层号	岩土层名称	地基承载力特征值（kPa）	模量（MPa）	重度（kN/m³）	黏聚力c（kPa）	内摩擦角φ（°）	粘结强度（kPa）
①	填土	—	—	20	0	20	$20/q_s$
⑪	粉质黏土	240	$6.6/E_{s(1-2)}$	19.5	33.7	14.3	$50/q_s$
⑯	花岗岩强风化中亚带	800	$35/E_0$	22	0	40	$300/f_{rbk}$
⑯$_1$	花岗岩强风化下亚带	1200	$45/E_0$	23	0	45	$320/f_{rbk}$
⑰	花岗岩中风化带	1800	$8 \times 10^3/E$	25	0	50	$700/f_{rbk}$
⑱	花岗岩微风化带	6000	$35 \times 10^3/E$	27	0	65	$1400/f_{rbk}$
⑰$_2$	煌斑岩中风化带	1600	$5 \times 10^3/E$	24	0	45	$730/f_{rbk}$
⑱$_3$	细粒花岗岩微风化带	6000	$35 \times 10^3/E$	27	0	65	$1200/f_{rbk}$

场区地下水类型主要为基岩裂隙水，基岩裂隙水主要以层状、带状赋存于基岩风化带、

岩脉旁侧裂隙密集发育带中。测得钻孔内水位埋深 12.8～18.0m，标高 32.9～51.23m。场区地下水主要接受大气降水补给。根据调查资料显示场区内历史最高地下水位出现在场区北侧，约为 54.5m，近 3～5 年最高地下水位 53.2m。

2. 典型工程地质剖面

本项目北侧典型工程地质剖面见图 1。

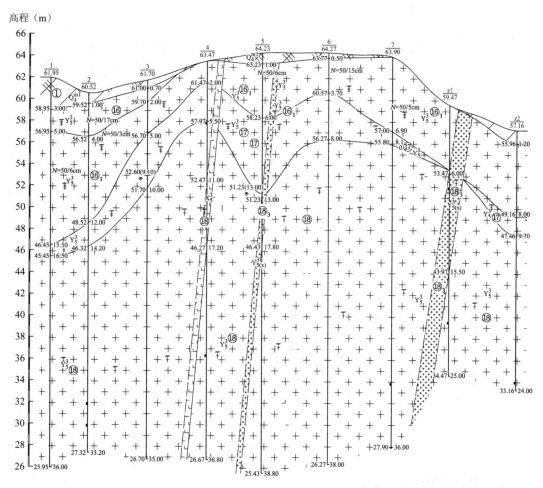

图 1　典型工程地质剖面（水平比例：1∶500，垂直比例：1∶100）

三、基坑周边环境条件

拟建二期地下室外墙东侧紧邻一期消防车道，道路下埋设有雨污水、废水管线；基坑北侧为现状山体无管线埋置；南侧合肥路存在电力雨污水等管线，距基坑最近约 16m；基坑西侧边缘紧靠在建劲松四路人行道，道路已埋设消防、电力及雨污水管线。

四、基坑围护平面图

拟建工程基坑支护设计方案根据总平面布置、基坑周边环境、工程地质条件以及开挖深度，将支护结构划分为 16 个支护单元，详见图 2。其中 13 单元为灌注桩＋微型桩的吊脚桩支护形式，其余单元均为一级至三级微型桩支护形式。

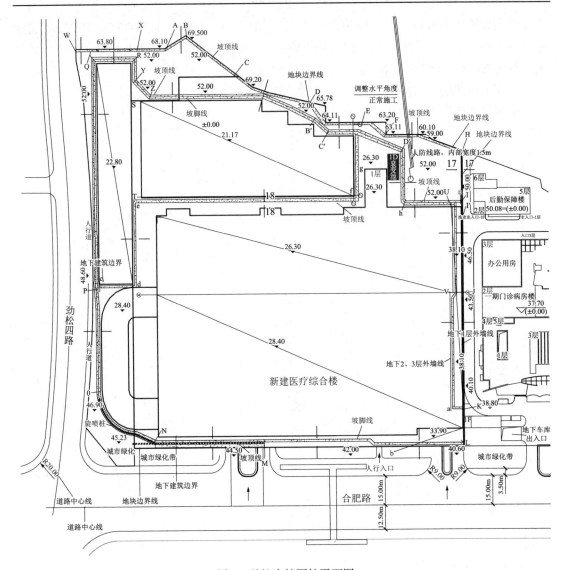

图 2　基坑支护围护平面图

五、基坑围护典型剖面图

本项目 5 单元位于基坑北侧，开挖深度约 50m，采用多级微型桩支护形式，并设两个阶段的结构功能，第一级段为临时支护，第二级段为永久格构板防护。

基坑侧壁竖向设三级微型桩，第一级微型桩深度 20m，第二级微型桩深度 18m，第三级微型桩深度 18m，嵌固深度均为 2.0m，间距均为 1.0m。钻孔直径均为 200mm，微型桩桩芯为钢管 $\phi146mm \times 5mm$，两级岩肩宽度均为 1.3m。锚杆设计第一级微型桩与第二级微型桩范围内均为预应力锚索，第三级微型桩范围内上部五层为预应力锚索，下部四层为全粘结锚杆。锚杆水平间距均为 2.0m，锚杆竖向间距第一级微型桩范围内为 2.0m，第二级和第三级微型桩范围内为 1.5m。临时支护锚杆腰梁设计为单拼 25 号槽钢梁。

第二级段为永久格构梁板，从错台处向上顺作法浇筑。

多级微型桩典型支护剖面见图 3，锚头、腰梁与格构梁板连接节点见图 4。

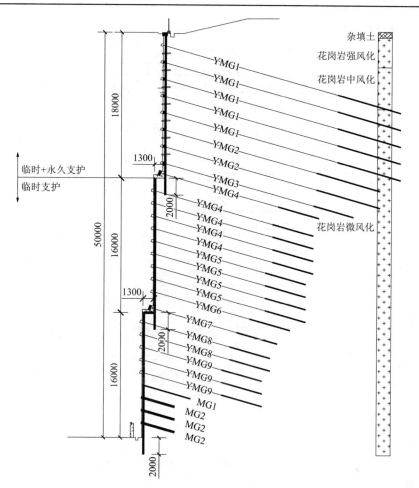

图 3 多级微型桩典型支护剖面图

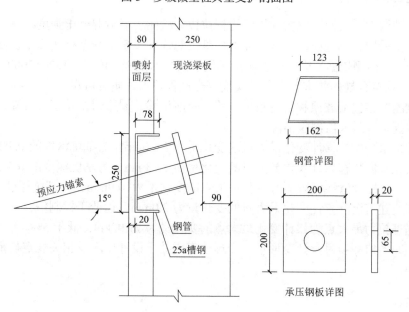

图 4 锚头、腰梁与格构梁板连接节点图

施工工艺流程图见图 5。

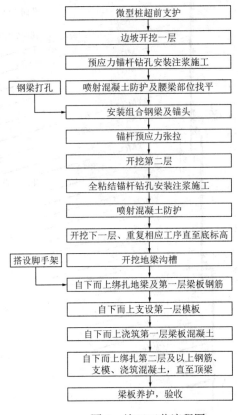

图 5 施工工艺流程图

六、简要实测资料

基坑支护构件质量检测包括常规的锚杆拉拔力检测、喷射混凝土强度检测、厚度检测等，本项目还采用了先进锚杆（索）无损检测仪对锚杆（索）微型桩实施了长度和灌浆密实度无损检测，检测依据《锚杆锚固质量无损检测技术规程》JGJ/T 182—2009，检测长度误差在 5%以内符合规程要求，灌浆密实度符合规程要求，质量可靠。

基坑监测内容包括坡顶和岩肩水平位移、竖向位移，周边道路及管线沉降，锚杆轴力等，监测数据统计最大值部位情况：

（1）坡顶水平位移累计变化最大点的变化量为 15.7mm，为基坑深度的 0.3‰；

（2）坡顶竖向位移累计变化最大点的变化量为 15.3mm，为基坑深度的 0.3‰；

（3）周边道路及管线沉降累计变化最大点的变化量为 10.9mm，为基坑深度的 0.2‰；

（4）周边建筑沉降累计变化最大点的变化量为 2.0mm，远低于控制值；

（5）锚杆拉力最大点为累计变化最大点的变化量为 21.92kN，低于 5%。

监测期间各监测项目累计变形量、变形速率均处于设计要求及相关规定规范预警值及控制值以内。

七、点评

多级微型桩支护技术在本超深土岩基坑中获得成功，结合以往多个多级微型桩工程实践总结，本技术与原有技术和相近技术相比有如下特点：

（1）多阶微型桩岩石锚喷使得深～超深基坑直立开挖得以实现，避免占用外部大量空间，避免动用大量土石方挖运机械台班，不需要现场存放大量回填渣土，减少基槽回填工作量及后续产生的沉降问题。

（2）微型桩施工速度快，节省施工成本；微型桩避免了大直径围护桩大量泥浆污染或大量粉尘的环境污染，避免了长时间研磨岩石的噪声和振动污染，与城市施工要求尽量环保的要求相适应。一般基坑深度 15～30m 可设 2 级微型桩，基坑深度 30～45m 可设 3 级微型桩。

（3）锚杆腰梁采用单拼槽钢梁，重量轻，易于安装，采用可拆卸锚具，使卸锚简单方便，方便钢腰梁的拆卸周转，节约资源，成本低，速度快，节能环保。要注意的是钢腰梁施工一般因为坡面不平，预应力锚杆张拉后变形严重，影响使用。该技术在钢梁安装前采用喷射混凝土找平，杜绝现场坡面不平整造成的质量问题。

（4）采用先自上而下逆作临时支护结构，再自下而上顺做永久格构梁板结构，与现有相似技术（永久梁板逆作法）相比，一方面避免了大量竖向密集搭接钢筋量，另一方面，混凝土自重有利于接缝的密实，振捣操作空间不受限制，因此分层处无明显接缝。工艺简便，安全可靠，工期短，质量可控，表观良好、耐久性好。

（5）传统的永久性锚头结构位于梁板以外还需要封锚的锚固系统，空间小不易振捣，有密实度不高、与梁板结构不好等质量缺陷，表观差。该技术利用锚头结构作为锚固系统，取消了封锚的工序，避免了质量隐患，降低了建设成本。

多级微型桩支护技术适用于地层稳定性相对较好的土岩深基坑，具有施工简单、安全、快速、环保、经济的优点，值得推广使用。

成都某 468m 超高层项目内撑与锚索联合支护基坑工程

贾　鹏[1]　颜光辉[1]　陈必光[2]　刘　博[2]　刘兴华[2]　康景文[1,2]

（1. 中建西南勘察设计研究院有限公司，四川成都　610052；2. 北京中岩大地科技股份有限公司，北京　101104）

一、工程概况

成都某 468m 超高层建筑项目建筑用地面积 24530m²，汇集五星级酒店、企业 CEO 行政公馆、超甲级写字楼、公寓、精品商业、会议中心等多功能的超高层城市综合体。项目由编号分别为 T1、T2、T3 3 栋超高层塔楼和局部地上 3 层的裙房及 4 层地下室组成。

本基坑面积 22134m²，周长约为 633m，基坑安全性等级为一级。本工程的正负零标高为 527.00m，正式施工前对建设场地进行整平，东侧以及南侧部分区域（南侧靠近东侧约一半边长区域）平整后的自然地坪绝对标高为 527.00m。其余区域整平后的自然地坪绝对标高约为 521.50m。基础底板面结构相对标高为−27.20m，T1 塔楼的基础形式为筏板基础，其底板厚 4500mm；T2、T3 的基础形式为筏形基础，其中底板厚 2500mm；裙楼区域底板厚 1500mm。基坑深度见表 1。

基坑各区域的开挖深度　　表 1

区域		底板厚度（mm）	地坪标高（mm）	基底标高（m）	挖深（m）
高地势区域	周边裙楼区域	1500	+0.000	−28.900	28.9
	T3 塔楼区域	2500		−29.900	29.9
普遍地势区域	周边裙楼区域	1500	−5.500	−28.900	23.4
	T1 塔楼区域	4500		−31.900	26.4
	T2、T3 塔楼区域	2500		−29.900	24.4

经过对多种支护方案的分析比较，最终确定该基坑采用分区采用排桩 + 钢筋混凝土内撑 + 预应力锚索联合支护方案。工程鸟瞰和基坑现场见图 1。

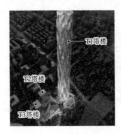

图 1　工程鸟瞰和基坑现场

二、工程地质条件

该工程的场地处于岷江水系Ⅲ级阶地，为山前台地地貌，地形有一定起伏，最大高差为8.68m。

场地岩土主要由第四系全新统人工填土（Q_4^{ml}）、第四系中、下更新统冰水沉积层（Q_{2-1}^{fgl}）和白垩系上统灌口组（K_{2g}）泥岩构成，详细情况见表2。图2为场地南地层剖面图。

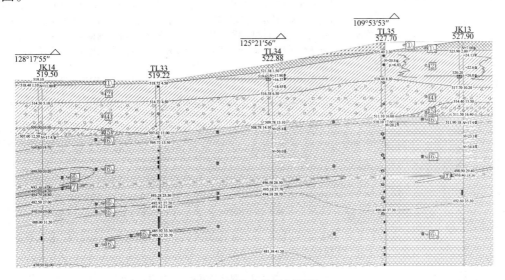

图2　场地南地层剖面图

场地岩土的构成与特征　　　　　　　　　　　　　　　　表2

地质年代	地层编号	岩土名称	野外特征
Q_4^{ml}	①₁	杂填土	杂色，稍湿，多以砖块、混凝土碎石等为主，有黏性土、粉粒混杂，均匀性差，多为欠压密土，结构疏松，具有强度较低、压缩性高，荷载作用下易变形等特点。主要分布于已拆建筑和既有建的基础、地坪等范围。钻探揭露层厚0.30～2.80m
	①₂	素填土	黑褐～黄褐色，稍湿～很湿，多以黏性土、粉粒为主，多呈可塑状，有少量砖屑、砾石混杂。该层位于垃圾清运中心内地段，具有腥臭味。该层场地普遍分布，钻探揭露层0.40～5.50m
Q_{2-1}^{fgl}	②	黏土	褐黄色，硬塑～坚硬，光滑，稍有光泽，无摇振反应。干强度高，韧性高，含铁锰质氧化物及少量钙质结，层底多含砾石、卵石，局部地段无分布。网状裂隙发育，缓倾裂隙也较发育
	③	粉质黏土	灰褐～褐黄色，硬塑～可塑，光滑，稍有光泽，无摇振反应。干强度高，韧性高。含少量铁、锰质、钙质结核。颗粒较细，网状裂隙发育，裂隙面充填灰白色黏土，在场地内局部分布，钻探揭露层厚1.30～4.50m
	④	含卵石粉质黏土	褐黄～黄红色，硬塑～可塑，以黏性土为主，含少量卵石。卵石成分主要为变质岩、岩浆岩；磨圆度较好呈圆形～亚圆形，分选性差，大部卵石呈全～强风化，用手可捏碎。卵石粒径以2～5cm为主，个别粒径最大超20cm，卵石含量15%～40%，卵石与黏性土胶结面偶见灰白色黏土矿物。该层局部夹厚度0.3～1.0m的全风化状紫红色泥岩孤石。该层普遍分布，钻探揭露层厚0.70～12.30m

地质年代	地层编号	岩土名称	野外特征
Q_{2-1}^{fgl}	⑤	卵石	褐黄、肉红、灰白、青灰等色，稍湿～饱和，稍密～中密，卵石成分主要为变质岩、岩浆岩，磨圆度较好，多呈圆形、亚圆形。卵石骨架间被黏性土充填，局部可见少量粉粒、细砂，充填物含量为25%～40%。具有轻微泥质胶结。卵石粒径多为2～8cm，少量卵石粒径可达10cm以上，个别为大于20cm的漂石。该层场地内局部分布，钻探揭露层厚0.30～8.10m
K_{2g}	⑥	泥岩	棕红～紫红色，泥状结构，薄层～巨厚层构造，其矿物成分主要为黏土质矿物，遇水易软化，干燥后具有遇水崩解性，局部夹乳白色碳酸盐类矿物细纹，局部夹0.3～1.0m厚泥质砂岩透镜体。据邻近工程项目的调查，场地内岩层产状约在300°∠11°。根据风化程度可分为全风化泥岩、强风化泥岩、中等风化泥岩、微风化泥岩
	⑥₁	全风化泥岩	棕红色，易钻进，干钻钻孔岩芯大多呈细小碎块～土状，用手可捏成土状，岩芯遇水大部分泥化。岩石结构经仔细观察后可辨。钻探揭露层厚0.30～14.60m
	⑥₂	强风化泥岩	棕红色，风化裂隙很发育～发育，岩体破碎～较破碎，钻孔岩芯呈碎块状、饼状、短柱状、柱状，少量长柱状，易折断或敲碎，用手不易捏碎，敲击声哑，岩石结构清晰可辨。钻探揭露层厚0.30～29.00m
	⑥₃	中等风化泥岩	棕红色，风化裂隙发育～较发育，结构部分破坏，岩体内局部破碎，钻孔岩芯呈饼状、柱状、长柱状，偶见溶蚀性孔洞，洞径一般1～5mm，岩芯用手不易折断，敲击声清脆，刻痕呈灰白色。局部夹薄层强风化和微风化泥岩，矿物成分主要为水云母及泥质物，含少量石膏晶片、石英晶片、方解石晶片、正长石、更长石、微量金属矿物及褐铁矿等。钻探揭露层厚0.30～17.60m
	⑥₄	微风化泥岩	灰白色～紫红色，风化裂隙基本不发育，结构完好基本无破坏，岩体完整，钻孔岩芯多呈柱状、长柱状，岩质较硬，岩芯用手不易折断，敲击声清脆，刻痕呈灰白色。岩芯多见纤维状或针状透明～半透明～白色石膏矿物条带或晶斑，条带厚度1～5mm，一般不超过5cm，石膏条带强度较软，易断裂，可轻易捏碎呈絮状、细小针粒状晶粒，易溶于水；岩芯局部有半透明～灰白色碳酸盐类矿物晶体（方解石）富集，富含该矿物的岩通常岩质偏硬。该层矿物成分主要为水云母及黏土矿物，含少量石膏晶片、石英晶片、方解石晶片、正长石、更长石、微量金属矿物及褐铁矿等。该层局部夹薄层强风化和中等风化泥岩。该层本次未揭穿
	⑦	强风化泥质砂岩	棕红色，风化裂隙很发育～发育，岩体破碎，钻孔岩芯呈碎屑、碎块状，易折断或敲碎，用手可捏碎，敲击声哑，岩石结构清晰可辨。该层以透镜体赋存于泥岩中。本次钻探揭露该层层厚0.40～0.90m

据区域水文地质资料及场地水文地质勘察，场地的地下水类型主要是第四系松散堆积层孔隙性潜水和白垩系泥岩层风化～构造裂隙和孔隙水，水位埋藏较深；其次为上部填土层中的上层滞水。场地内各地下水的类型、埋藏条件及补给、排泄和水位动态特征见表3。基坑设计所需岩土参数见表4。

场地地下水概况　　　　　　　　　　　　　　　　　　表3

地下水类型	含水层	地下水稳定水位标高（m）	地下水的埋藏及水位动态特征
上层滞水	全新统人工填土含水层	515.01～522.38	该类含水层极薄，渗透水量少，无统一稳定的水位面。该类地下水主要受生活污水排放和大气降水补给，水平径流缓慢，以垂直蒸发为主要排泄方式。水位变化受人为活动和降水影响极大

地下水类型	含水层	地下水稳定水位标高（m）	地下水的埋藏及水位动态特征
孔隙性潜水	全新统冰水沉积黏性土卵石含水层	512.94	该类含水层厚度一般3~8m，地下水具有微承压性，属弱含水层。该类地下水主要受地势高的潜水和降水、地表水补给，以侧向径流和越流排泄为主。水位年变幅一般2~3m
风化-构造裂隙孔隙水	白垩系基岩含水层	498.60~499.30	该类含水层厚度较厚，风化基岩层均含有地下水，场地中可以看出地下50m左右范围内，地下水的运移、流动将泥岩中石膏质等可溶盐矿物溶蚀，使溶蚀孔洞与风化-构造裂隙形成地下水补给、径流和储存通道和空间，当深度大于50m，溶蚀孔洞减少，含水也逐渐减少。该层总体来说属不富水层，但由于裂隙发育的不规律性，局部可能存在富水地段，封闭区间裂隙水甚至具有一定的承压性。该类地下水主要受上覆黏性土卵石层的越流、侧向径流补给，以侧向径流排泄为主。水位年变幅一般不超过3m

基坑工程设计所需参数　　　　　　　表4

岩土名称	大然重度γ（kN/m³）	天然状态（直接剪切）		直剪饱和状态（直接剪切）		膨胀力P_e（kPa）	静止侧压力系数K_0	土体与锚固体极限摩阻力标准值q_{sik}（kPa）	水平抗力系数比例系数M（kN/m⁴）	岩土对挡墙基底摩擦系数μ
		黏聚力c（kPa）	内摩擦角φ（°）	黏聚力c（kPa）	内摩擦角φ（°）					
杂填土①₁	18.5	5	8.0	4	6.0	—	—	10	—	—
素填土①₂	19.0	10	10.0	8	8.0	—	—	18	8	—
黏土②	20.0	40	12.0	25	8.5	57.8	0.41	65	55	—
粉质黏土③	19.8	25	15.0	15	9.0	30.0	0.40	55	35	—
含卵石粉质黏土④	20.5	27	16.0	16	10.0	—	—	70	80	—
卵石⑤	22.0	12	36.0	8	32.0	—	—	150	110	—
全风化泥岩⑥₁	1.95	50	15.5	21.5	12.0	—	0.41	100	50	—
强风化泥岩⑥₂	21.5	80	26.0	60	24.0	17.8	—	160	100	0.50
中等风化泥岩⑥₃	23.5	200	33.0	160	30.0	11.1	—	300	100	0.55
微风化泥岩⑥₄	24.5	330	35.0	200	33.0	10.6	—	600	100	0.60
强风化泥质砂岩⑦	21.0	80	28.0	50	25.0	—	—	180	100	0.50

三、基坑周边环境条件

基坑邻近已运营的地铁车站以及市政主干道，其中北侧与地铁相邻，环境条件最为复杂，如图3所示。

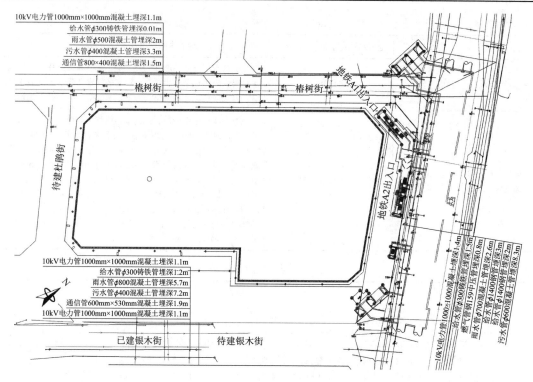

图3 基坑环境总平面图

（1）基坑东侧：市政道路部分已经修建完成，已建段道路边线与地下室外墙最小距离约为50m，待建段道路边线与地下室外墙最小距离约为28m，其地下管线情况见表5。

东侧地下管线概况 表5

类型	规格（mm）	材料	埋深（m）	与基坑距离（m）
10kV电力	1000×1000	混凝土	1.1	51
给水	ϕ300	铸铁	1.2	52
雨水	ϕ800	混凝土	5	57.6
污水	ϕ400	混凝土	7	66.7
通信	660×530	混凝土	1.5	68.6
10kV电力	1000×1000	混凝土	1.1	73.7

（2）基坑南侧：待建道路宽约20m，尚未施工，与地下室外墙最小距离约为5m。

（3）基坑西侧：市政道路宽约20m，其已建段的地下管线情况如表6。道路边线与地下室外墙最小距离约为5m。

西侧地下管线概况 表6

类型	规格（mm）	材料	埋深（m）	与基坑距离（m）
通信	800×400	混凝土	1.5	9.5
污水	ϕ400	混凝土	3.3	12.1
雨水	ϕ500	混凝土	2	15.8

续表

类型	规格（mm）	材料	埋深（m）	与基坑距离（m）
给水	ϕ300	铸铁	0	22.7
10kV 电力	1000×1000	混凝土	1.1	23

（4）基坑北侧：市政主道，道路宽约 50m，双向 8 车道，道路边线与地下室外墙最小距离约为 22m。道路两侧均有密集的供水、雨水、污水、电力和电信等地下管网，管网埋深一般在 0.5～3.0m，管线资料及其与基坑的距离如表 7 所示。地铁通风口的冷却塔与地下室外墙最小距离约为 12m。

北侧地下管线概况 表 7

类型	规格（mm）	材料	埋深（m）	与基坑距离（m）
10kV 电力	1000×1000	混凝土	1.4	21.5
给水	ϕ300	铸铁	1.5	23.8
燃气管中压管	ϕ159	钢	0.8	24.7
雨水	ϕ700	混凝土	2.6	27.1
给水	ϕ1400	钢	3	27.2
给水	ϕ1400	钢	2	27.1
污水	ϕ600	混凝土	8.3	56.7

综合上述情况，由于基坑北侧有地铁车站及其附属结构，同时，北侧与西侧市政道路下分布较多的市政管线，因此，需严格控制基坑的变形，而东侧及南侧的环境条件则较为宽松。

四、基坑围护平面布置

基坑平面图如图 4 所示，基坑围护结构平面布置如图 5 所示，根据基坑周边环境要求，基坑南侧主要采用桩锚支护，北侧基坑则采用内支撑进行支护。

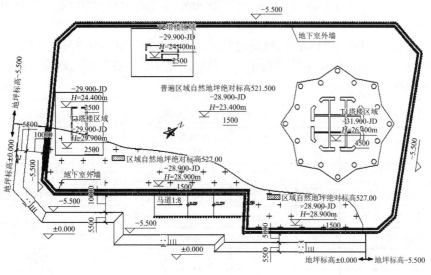

图 4 基坑平面图

133

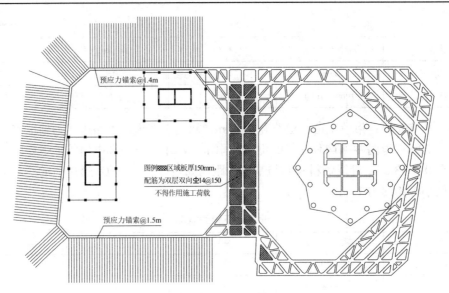

图5　对撑＋圆环＋角撑＋锚索布置平面示意图

五、典型围护结构剖面图

典型内撑锚索支护结构剖面见图6。各段围护桩的参数及数量见表8，钢筋混凝土内支撑设计参数见表9，预应力锚索设计参数见表10。

（1）南侧（东段＋西段）。西段正常地势区域，普遍挖深23.4m，局部区域挖深24.4m，采用ϕ1100@1400灌注桩排桩，嵌固深度为8m。东段为高地势区域，普遍挖深28.9m，局部区域挖深29.9m，采用ϕ1200@1500灌注桩排桩，嵌固深度为10m。

（2）西侧段。为正常地势区域，普遍挖深23.4m，局部区域挖深24.4m，采用ϕ1100@1400灌注桩排桩，嵌固深度为8m。

（3）北侧段。普遍地势区域，挖深23.4m，由于邻近地铁车站，故采用1.2m的较大桩径，间距为1.5m，嵌固深度为10m，进入中风化泥岩层。

（4）东侧段。为高地势区域，普遍挖深28.9m，采用ϕ1200@1500灌注桩排桩，嵌固深度为10m。

（5）马道段。基坑东侧局部区域设置马道，马道东侧设置ϕ900排桩，以抵挡马道卸土后外侧的土压力。为保证锚索的顺利施工，马道东侧围护桩的间距与对应区域主体围护桩相同，为1.5m。

排桩设计参数汇总表　　　　　　　　　　　　　　　　　　　　　表8

桩型	区段	桩径 （m）	桩间距 （m）	桩顶标高 （m）	桩底标高 （m）	桩长 （m）	桩数	备注
WZ1	西侧段	1.1	1.4	−6.15	−36.9	30.75	96	裙楼区域，不邻地铁站
WZ2	西侧段	1.1	1.4	−6.15	−37.9	31.75	31	T2塔楼贴边区域
WZ3	南侧西段	1.1	1.4	−6.15	−36.9	30.75	29	裙楼区域，不邻地铁站
WZ4	南侧西段	1.1	1.4	−6.15	−36.9	30.75	16	裙楼区域，不邻地铁站
WZ5	南侧西段	1.1	1.4	−6.15	−37.9	31.75	16	T3塔楼贴边区域
WZ6	南侧东段	1.2	1.5	−6.15	−39.9	33.75	14	高地势T3塔楼贴边区域

续表

桩型	区段	桩径（m）	桩间距（m）	桩顶标高（m）	桩底标高（m）	桩长（m）	桩数	备注
WZ7	南侧东段	1.2	1.5	−6.15	−38.9	32.75	43	
WZ8	马道段	1.2	1.5	−6.15	−38.9	32.75	27	裙楼区域，不邻地铁站
WZ9	马道段	1.2	1.5	−6.15	−38.9	32.75	18	
WZ10	马道段	1.2	1.5	−14.20	−38.9	24.70	8	马道入口区域
WZ11	东侧段	1.2	1.5	−6.15	−38.9	32.75	54	高地势裙楼区域，不邻地铁站
WZ12	北侧段	1.2	1.5	−6.15	−38.9	32.75	25	裙楼区域，邻地铁站
WZ13	北侧段	1.2	1.5	−6.15	−41.9	35.75	47	T1塔楼区域且邻地铁站
WZ14	马道段	1.2	1.5	−6.15	−17.45	11.30	12	
WZ15	马道段	0.9	1.5	−4.30	−19.75	15.45	9	马道区域
WZ16	马道段	0.9	1.5	−6.15	−22.45	16.30	13	

钢筋混凝土内撑的设计参数 表9

项目	支撑中心标高（m）	冠梁/腰梁（mm）	马道冠梁（mm）	对撑/角撑（mm）	径向杆件（mm）	八字撑（mm）	连杆（mm）	圆环撑（mm）
第一道支撑	−5.85	1300×700	900×700	900×700	800×700	800×700	700×700	1500×900
第二道支撑	−13.85	1400×800	—	1400×800	—	1000×800	800×800	—
第三道支撑	−21.35	1400×800	—	1400×800	—	1000×800	800×800	—

预应力锚索设计参数 表10

区域	围护体	锚索（MS）	锚索角度	钻孔直径（mm）	自由段长度（m）	锚固段长度（m）	锚索束	锁定拉力（kN）
C-C剖面	φ1200@1500灌注桩一道支撑四道锚索	MS1	25°	150	12.5	17.5	4s15.2	460
		MS2	20°	150	10.5	17.5	5s15.2	690
		MS3	15°	150	8	12.5	5s15.2	630
		MS4	15°	150	6.5	9.5	4s15.2	480
D-D剖面	φ1200@1500灌注桩一道支撑四道锚索	MS1	30°	150	11.5	21	5s15.2	520
		MS2	30°	150	9.5	20	6s15.2	710
		MS3	30°	150	7	19.5	6s15.2	780
		MS4	30°	150	5.5	10	4s15.2	510
E-E剖面	φ1200@1500灌注桩一道支撑四道锚索	MS1	25°	150	12	12.5	4s15.2	340
		MS2	20°	150	9.5	10.5	4s15.2	480
		MS3	15°	150	7.5	10	4s15.2	520
		MS4	15°	150	5.5	8.5	4s15.2	440
F-F剖面	φ1200@1500灌注桩一道支撑四道锚索	MS1	25°	150	12.5	13.5	4s15.2	420
		MS2	20°	150	10.5	10	4s15.2	480
		MS3	15°	150	88	10.5	4s15.2	540
		MS4	15°	150	6.5	9.5	4s15.2	500
G-G剖面	φ1200@1500灌注桩浅层卸土放坡一道支撑四道锚索	MS1	20°	150	12.5	9.5	4s15.2	470
		MS2	15°	150	10.5	12	5s15.2	610
		MS3	15°	150	8	12.5	5s15.2	640
		MS4	15°	150	6.5	10	4s15.2	500

续表

区域	围护体	锚索 （MS）	锚索 角度	钻孔直径 （mm）	自由段长度 （m）	锚固段长度 （m）	锚索束	锁定拉力 （kN）
H-H 剖面	φ1200@1500 灌注桩 浅层卸土放坡 一道支撑四道锚索	MS1	20°	150	12	13	4s15.2	420
		MS2	15°	150	9.5	11	5s15.2	560
		MS3	15°	150	7.5	12.5	5s15.2	620
		MS4	15°	150	5.5	9.5	4s15.2	480
K-K 剖面	φ1200@1500 灌注桩 浅层卸土放坡 一道支撑四道锚索	MS1	25°	150	12	15	4s15.2	480
		MS2	20°	150	9.5	13.5	5s15.2	620
		MS3	15°	150	7.5	12	5s15.2	600
		MS4	15°	150	5.5	9	4s15.2	450

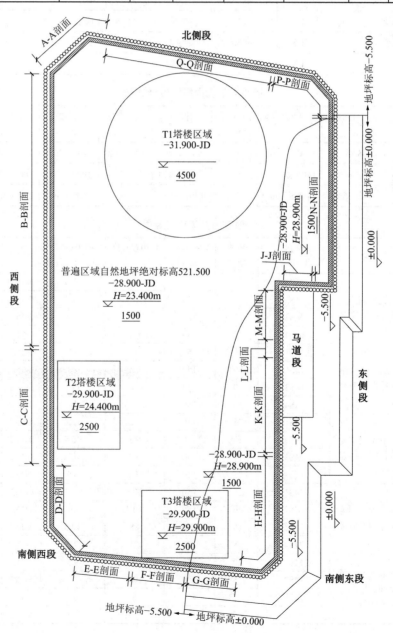

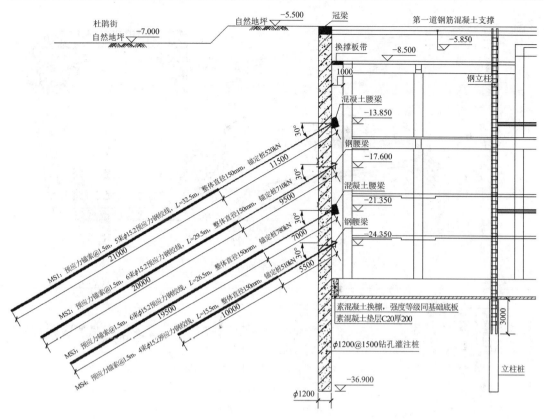

图6　支护桩和预应力锚索布置图

六、监测及实施效果

对 4 个断面进行全程监测，监测点布置平面见图7，典型的监测剖面桩身水平位移和桩身水平位移随时间变化曲线见图8、图9，水平变形监测成果汇总见表11。

1）桩身水平位移

对比分析发现，A-A与P-P断面的水平变形量明显小于N-N与Q-Q断面。分析其原因可发现，一方面，A-A与P-P断面位于基坑转角区域，由于基坑空间效应及角撑的支护，较好地控制了变形，而N-N与Q-Q断面均位于基坑平直段，结构刚度相对较差，故变形较大；另一方面，根据地勘剖面可以看到，N-N、P-P、Q-Q断面的土层的厚度明显厚于A-A断面。综合上述因素，最后出现结A-A < P-P < N-N与Q-Q断面的变形规律。

水平变形量测结果汇总表（mm）　　　　　　　　　　　　　　　　表11

量测截面	第一层开挖	第二层开挖	第三层开挖	最终
A-A	5.86	11.03	24.72	25.44
N-N	11.3	25.4	39.2	44.3
P-P	5.97	13.05	24.3	32.51
Q-Q	6.92	17.95	31.57	42.15

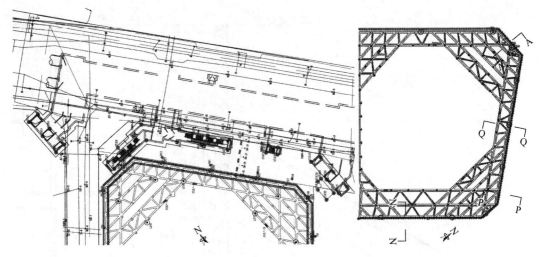

图7　监测点平面布置图

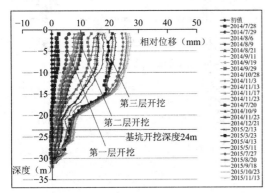

图8　典型断面桩身水平位移

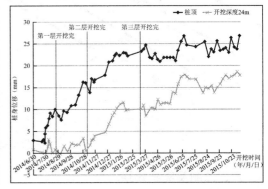

图9　典型断面桩身水平位移随时间变化曲线

（1）第一层开挖后大部分地表位移并不大，其中隆起占多数，最大值为 4.5mm，位于基坑右上侧转角处，地铁 A1 出口位置。最大沉降为 3.4mm，位于基坑右下侧转角外，地铁通风口处。近一半监测点的位移小于 1mm，说明第一层开挖后，除个别位置外，大部分位置位移并不明显。

（2）第二层开挖后，大部分测点的位移有一定增大，也有部分位移在隆起和沉降之间转变，隆起与沉降位移各占一半，最大隆起为 2.8mm，位于基坑右上侧转角处，地铁 A1 出口位置。最大沉降为 4.7mm，位于基坑右下侧转角外，地铁通风口处，第二层开挖后，各监测点位移更为明显。

（3）第三层开挖后，大部分位移同样继续增大，少部分减小，以沉降为主。最大隆起值为 2.3mm，位于基坑右上侧转角处，地铁 A1 出口处。最大沉降为 8.4mm，位于基坑右侧地铁 A2 入口与右下侧地铁通风口处。

监测结果表明：①排桩的最大水平位移多发生在桩顶以下 10m 左右的位置，具有多撑支护结构典型的变形特性。②基坑的变形在开挖后增长速度较快。其中，第一层、第二层开挖后的增长速度更快，这与地层上土下岩的特点相关。③桩身最大水平位移为 44.3mm，该值略大于设计时的计算值，超过了 32mm 的预警值，但小于《建筑基坑工程监测技术标准》GB 50497—2019中50mm及0.4%的要求。从现场情况看，也并未对支护结构及周边环境产生不利影响。④基坑周边的最大沉降约为8.4mm，开挖对周边环境的影响较小。

2）地表沉降

邻近既有车站侧基坑周边地表的沉降的监测结果见表12。

基坑周边地表沉降监测结果（mm）　　表12

编号	第一层开挖	第二层开挖	第三层开挖	编号	第一层开挖	第二层开挖	第三层开挖
DTJC-7	2.4	2.8	1.3	DTJC-22	−1.4	−1.9	−4.8
DTJC-8	−0.6	0.8	−0.6	DTJC-23	1.9	0.5	−0.6
DTJC-9	2	1.9	2.3	DTJC-24	1.8	1	2.1
DTJC-11	4.5	−2.6	−3.4	DTJC-25	0.8	1.3	0.3
DTJC-12	1.8	1	1.2	DTJC-26	0.8	1.5	0.6
DTJC-15	−0.3	−0.5	−2.3	DTJC-27	0.3	0.5	−0.1
DTJC-16	0.1	−0.7	−2.3	DTJC-28	1.3	1.1	0.4
DTJC-17	0.6	0.6	−2	DTJC-29	−0.2	−3.1	−8.4
DTJC-18	1.8	1.9	0	DTJC-30	0	−1.2	−2.9
DTJC-19	−3.4	−4.7	−8.4	DTJC-31	0.1	−1.7	−3.2
DTJC-20	−2	−3	−6.1	DTJC-32	1.5	−2.3	−6
DTJC-21	−3.1	−3.5	−2.7	DTJC-33	−2.6	−3.9	−5.4

整体上看，位移监测结果表明，基坑的施工过程中，支护结构及周边环境均处在良好的状态。

七、经验总结

（1）通过综合考虑基坑的规模、地层情况、周边环境、工期等因素，确定了北侧采用排桩＋3道钢筋混凝土内支撑，南侧采用排桩＋1道钢筋混凝土内支撑＋4道预应力锚索的支护方案。在广泛总结分析国内大型基坑钢筋混凝土内支撑形式的基础上，综合考虑主体结构的位置、施工的便利性等因素，确定了桁架对撑＋角撑＋环形支撑＋边撑的内支撑形式，可使T1、T2、T3塔楼全部处在内撑中间的空位，便于施工。此外，两个区域可同时支护、开挖，也可各自独立地支护、开挖，在保证基坑安全的前提下，大大加快了地下部分的施工进度。此外，确定了排桩、钢筋混凝土内支撑、预应力锚索、竖向支撑的设计参数。

（2）钢筋混凝土内撑的施工与基坑的开挖密切配合，分区、分段制作，并通过加入早强剂以快速提高混凝土强度，最终达到使内撑受力合理，并能及时、有效发挥支撑作用的目的。同时，对钢立柱的制作及其与支护桩的连接采取了严格的标准和工艺控制要求，确保了其与钢筋混凝土内撑形成安全、可靠、有效的内支撑系统。

（3）建立"纵向分段、竖向分层、中间拉槽、土堤反压、边挖边支"的基坑开挖原则，将基坑的土方开挖分为4个阶段，对各个阶段开挖顺序进行了合理的规划。同时，对开挖机械的数量进行了计算和优化。通过上述措施，提高了开挖的效率，满足了工期的要求，并降低了施工开挖的成本。

广元市某卵漂石场地旋喷加筋桩支护基坑工程

刘　康[1]　刘兴华[2]　陈必光[2]　刘　猛[2]　吴梦龙[2]　康景文[2,3]

（1. 上海交通大学船舶海洋与建筑工程学院，上海　200240；2. 北京中岩大地科技股份有限公司，北京　101104；3. 中国建筑西南勘察设计研究院有限公司，四川成都　610052）

一、工程简介及特点

工程位于四川省某市新区。基坑深度为 8.15～9.05m，基坑重要性等级为一级。基坑支护北侧与东面部分采用自然放坡，西面与南面部分采用多排高压旋喷加筋排桩。采用高压旋喷加筋排桩支护区域基坑周长为 431m，平面位置示意见图 1。

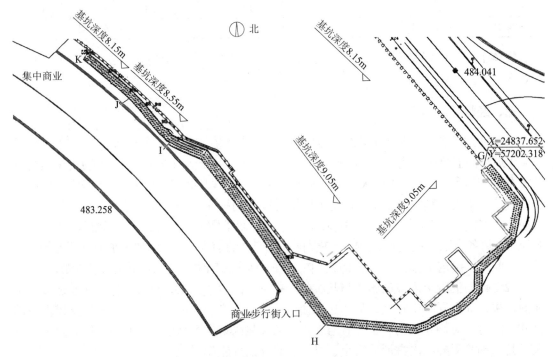

图 1　基坑的平面位置示意图

二、工程地质和水文地质条件

工程地层为全新统人工填土层（Q_4^{ml}）及第四系全新统冲洪积层（Q_4^{al+m}）组成。场地地层的分布及特征见表 1。地质剖面图参见图 4。

工程各土层的物理力学指标见表 2。

场地地层土层岩性 表1

土层名称	土层性质	土层厚度（m）
①素填土	松散，稍湿。有黏性土、粉土、卵石等组成为主，含植物根须及少量砖、瓦碎片	0.50～4.20
②粉质黏土	可塑，稍湿～湿。主要由黏粒和粉粒组成，含约10%粉细砂，该层底部局部含少量卵石，土质较均匀，场地内大面积分布，局部地段缺失	0.30～4.50
③粉质黏土	软塑，稍有光泽，干强度中等，韧性高，含砾砂、圆砾，腥臭味，局部含量达25%～45%，局部有。该层主要以透镜体状或层状分布于卵石层之上或之中	0.40～2.10
④中砂	松散～稍密，湿。成分为长石、石英及云母等，含粉质黏土、圆砾，局部含量达40%。场地内呈零星或透镜状分布于卵石层中	0.60～2.40
⑤卵石	稍密～中密，湿～饱和。卵石占50%～75%。圆砾占15%～25%，中细砂占10%～20%，局部混有漂石，充填物以细砂及为黏性土为主。漂卵砾石原岩成分主要为石英岩、花岗岩、灰岩、砂岩等，卵石粒径一般3～10cm，个别达15cm，漂石粒径一般为20～40cm，根据密实度可以分为三个亚层：⑤₁松散卵石含量50%～55%，N_{120}击数$2<N<4$击；⑤₂稍密卵石含量55%～65%，N_{120}击数$4<N<7$击；⑤₃中密卵石，卵石含量65%～75%，N_{120}击数$7<N<10$击	1.80～3.70
⑥粉砂质泥岩	泥质结构，薄～中厚层状构造。矿物成分以黏土矿物为主，含长石、石英等细粒屑物10%～15%，夹薄层砂岩。根据其风化程度可分为亚层：⑥₁强风化粉砂质泥岩，组织结构大部分破坏，节理裂隙十分发育，岩层破碎，岩质软，岩芯呈碎块状，少量短柱状，部分岩芯手捏易碎RQD为20%～50%，厚度0.3～0.8m；⑥₂中风化粉砂质泥岩，结构部分破坏，风化裂隙发育，岩质较硬，主要矿物成分为黏土矿物，节理面可见灰白色次生黏土矿物，岩芯呈长柱状或短柱状，RQD为50%～70%。岩体质量等级Ⅳ级，该层未揭穿	—

岩土层物理力学指标 表2

土层编号	土层名称	厚度（m）	天然重度（kN/m³）	浮重度（kN/m³）	直剪试验黏聚力（kPa）	直剪试验内摩擦角（°）	压缩模量（MPa）
①	素填土	0.5	18	—	5	5	3.5
②	黏性土	1.5	19	—	20	15	10.67
③	中砂	2.6	20	—	8	25	12
④	卵石	2.4	22	—	30	30	25
⑤	卵石	0.8	24	—	8	40	38
⑥	卵石	3.7	22	12	8	30	38
⑦	卵石	1.8	24	14	8	30	45
⑧	强风化粉砂质泥岩	0.4	21.5	11.5	45	19	300
⑨	中风化粉砂质泥岩	7	23	13	300	29	5000

根据现场降水情况，历经两年降水，目前水位基本在基底以下。

三、基坑周边环境情况

北至滨河路南路，中间存在有既有城市道路下穿通道；东侧、南侧和西侧邻近规划道路，详见图1。

四、基坑围护平面图

基坑支护结构设计上部采用自然放坡，下部多排旋喷加筋桩，基坑采用旋喷加筋桩部分的整体平面图详见图 1，其中多排旋喷加筋桩的典型支护结构布置平面见图 2（局部）。

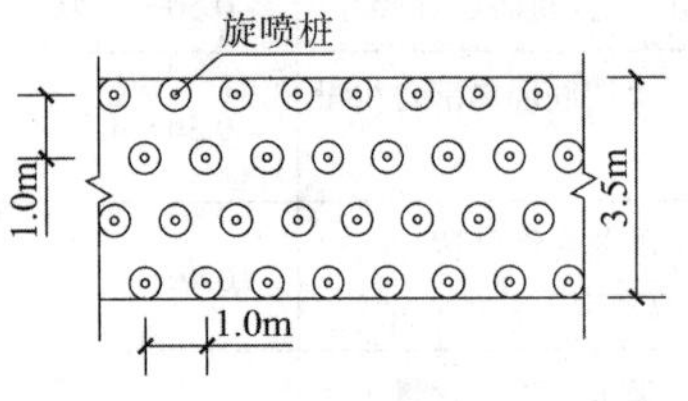

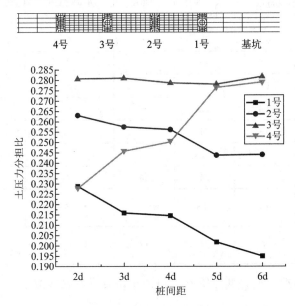

图 2　GH 段排桩平面图

多排分四段布置：①GH 段：基坑深 9.05m，布设 4 排，桩径 0.5m，桩间距 1.0m，桩长 12.0m，共设置 547 根，桩内放置 3 根直径 25mm 一级钢；②HI 段：基坑深 9.05m，布设 5 排加筋高压旋喷桩，桩径 0.5m，桩间距 1.0m，桩长 12.0m，共设置 519 根，桩内放置 3 根直径 25mm 一级钢；③IJ 段：基坑深 8.55m，布设 4 排，桩径 0.6m，桩间距 1.0m，桩长 11.5m，共设置 112 根，桩内放置 3 根直径 25mm 一级钢；④JK 段：基坑深 8.15m，布设 4 排，桩径 0.6m，桩间距 1.0m，桩长 10.5m，共设置 547 根，桩内放置 3 根直径 25mm 一级钢。

桩间支护，面层采用喷射混凝土与钢筋网组成的钢筋混凝土板结构，土方开挖时，桩间壁宜开挖成凹弧形，喷射混凝土采用细石混凝土，混凝土强度等级为 C20，壁面喷射混凝土厚度不小于 80mm；为了增加桩间挂网稳定性，桩间设置短土钉，长度为 0.8m，水平间距与桩间距相同，竖向间距为 1.5m。

工程采用工程实用软件（理正）进行设计计算，同时采用数值模拟对基坑性状影响因数分析。如图 3 所示，编号 4 号为最外侧一排旋喷加筋桩，1 号为最内侧一排，图 3 给出了不同位置的桩在不同桩间距情况下的桩土压力分担比。综合分析表明，桩间距对支护结构各排桩的受力状态影响较大。

图 3　不同排间距下桩侧平均土压力分担比

（1）随桩间距在增大，各排桩的水平位移随着桩间距的增大而增大；

（2）在不同的桩间距下，桩上受力均类似于常规支护桩的受力特点。桩间距 2d、3d、

142

$4d$、$8d$时，桩上受力类似于简支梁受力特点；桩间距 $5d$、$6d$、$8d$时，桩上受力类似于支护桩特点；

（3）随着桩间距增大，桩身的反弯点位置均随着桩间距的增大而向上移；桩身的最大正弯矩随着桩间距的增大而增大，而最大负弯矩随桩间距增大，出现先增大后减小的规律；

（4）土压力分担比随桩间距增大先增大后减小，且两侧的桩受影响大于中间的桩，见图3。桩间距大于 $2d$ 或排间距大于 $2d$ 的旋喷微型桩建议按照桩设计。

五、围护典型剖面图

基坑设计时上部选用自然放坡，自然放坡坡度为 45°，坡高 1m；其下部采用多排高压旋喷加筋排桩支护，计算时实际深度取，且把地面标高看作是±0.00。支护结构剖面见图4，现场施工及开挖见图5。

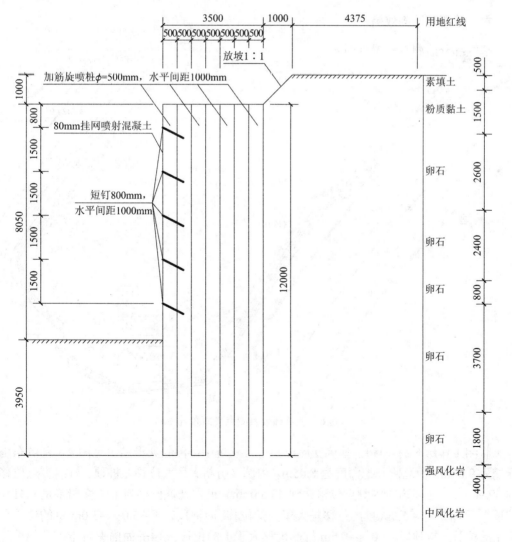

图4　加筋旋喷微型桩支护结构设计剖面图

图 5　旋喷桩施工图

六、监测与实施效果

基坑部分监测点布置见图 6。

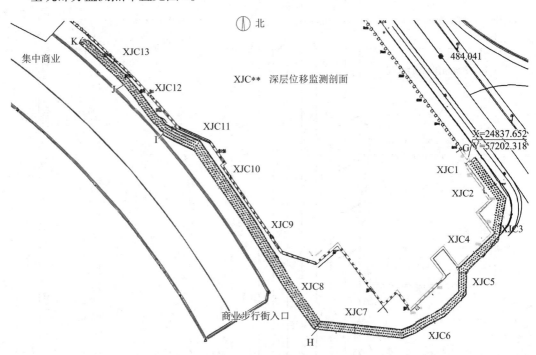

图 6　基坑部分监测点平面布置图

监测工作历时约 105d，基坑变形较稳定。基坑中部测斜典型结果见图 7。基坑东南侧开挖为 9.05m，西北侧开挖深度为 8.05m。由图 7 分析，最大位移在桩顶，桩内测点位移达到 49.96mm，土（岩）内测点位移达到 40.55mm，桩顶处桩位移与土位移相差是 9.41mm；桩顶以下 $-12.0 \sim -5.0$ m 桩的位移是大于土的位移，而桩顶以下 $-5.0 \sim -3.0$ m 桩的位移是小于土的位移，桩顶以 $-3.0 \sim -0.5$ m 桩的位移大于土的位移，-4 m 处锚索对于桩的位移起到很好的约束作用。桩的位移呈现弯曲变形，而不是整体位移。XCJ1 点处桩顶水平位移最大主要由于此处毗邻街道，同时重型车辆进入基坑也在此处。其余测点的桩顶水平位移均较小。

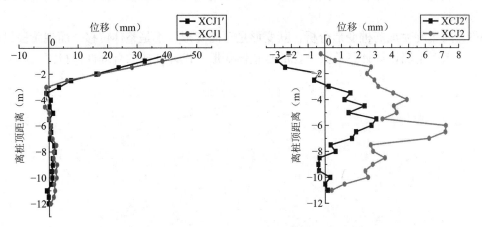

图 7　角部测点 XCJ1-XCJ1′和 XCJ2-XCJ2′水平位移监测值

基坑中部附近支护桩测斜结果见图 8。由图可见桩位移与土位移趋势基本一致，桩的最大位移 7.23mm 位置在桩顶以下 6m 处，而土中最大位移不在桩顶，而是桩顶以下 3.5m 处 3.04mm。这是由于桩顶冠梁对桩的位移的约束作用明显。桩顶以下 6～12m 范围内桩的位移呈现明显的弯曲变形，桩整体呈现类似梁的弯曲变形，两端小，中间大。

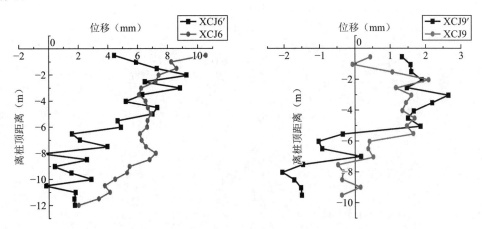

图 8　基坑中部测点 XCJ6-XCJ6′和 XCJ9-XCJ9′水平位移监测值

监测表明，基坑的水平位移满足规范 30mm 或 $H/40$ 的较小值。在开挖过程中排桩位移发展缓慢，基坑稳定性良好。所以对于微型桩支护是可行的。

七、经验总结

高压旋喷加筋桩支护结构作为深基坑支护中一种新型的支护形式，与双排桩支护结构相比，具有更大的侧向刚度，使基坑的侧向变形更小。同时因为其施工简单、施工周期短、作业便利、经济性等特点。通过本基坑工程实践，得出以下结论：

（1）现场监测数据分析，桩顶位移基本位移小于 10mm，远小于规范限制 24mm，设计偏保守；桩沿深度的位移符合弯曲变形的特征。

（2）冠梁对桩位移有一定的限制作用，离基坑近的桩限制较明显，随距离增加限制作用相对减弱。

（3）高压旋喷加筋桩变形分析，其变形是弯曲变形，不是整体位移，而现阶段设计是按重力式水泥土墙设计计算，其考虑的是整体变形，设计模式的合理性值得深入研究。

成都某膨胀土场地非等长双排桩
支护结构基坑工程

唐　印[1]　王　鹏[1]　任　鹏[1]　康景文[2]

（1. 四川省建筑科学研究院有限公司，四川成都　610106；2. 北京中岩大地科技股份
有限公司，北京　100041）

一、工程概况

项目位于成都市东郊龙泉驿区龙泉街办北泉路 179 号。该项目包括 5 栋 25～32 层高层建筑，每栋建筑设置 3 层地下室。本工程±0.00 标高为 519.60m，基坑开挖底标高为504.60m，开挖深度为 15.0m。该项目通过大面积素填土回填进行场坪，填土结构松散、强度低、压缩性高、分布不均，素填土层下广泛分布可塑黏土和硬塑黏土，具有弱～中膨胀性，裂隙发育，具有较强的水敏性，表现为遇水软化、失水干缩。同时，由于基坑周边环境复杂，距离已有道路和房屋距离较近，基坑变形控制要求严格。在基坑支护结构施工后须经历雨季，素填土和黏土力学性质受雨水影响较大，极易发生地表沉降、基坑临空面水平变形增大、支护间溜土等问题。

该项目基坑工程采用非等长双排桩支护，靠基坑内侧排桩为 A 型桩，靠基坑外侧为 B型桩，并且设计 A 型桩长大于 B 型桩，共设计 A 型排桩 302 根，B 型排桩 312 根，基坑施工现场如图 1 所示。

图 1　基坑施工现场

二、工程地质与水文地质条件

1. 场地工程地质及水文地质条件

1）工程地质条件

拟建场地地形起伏不大，与原始地面高程相平，地貌单元属成都平原与龙泉山交界的

浅丘台地。地层从上至下依次为第四系全新统（Q_4^{ml}）素填土、第四系中下更新统（Q_{1+2}^{fgl}）黏土、粉质黏土、粉土和白垩系上统灌口组（K_{2g}）粉砂质泥岩。详述如下：

（1）第四系全新统（Q_4^{ml}）地层

素填土①：见于整个场地，以暗色为主，部分杂色，厚 0.5～5.0m 大部分在 2m 以内，该层上部为 15cm 左右厚的混凝土地面，其下主要成分为回填黏土（回填时间约 13 年），以软塑为主，部分为可塑，除大部分的黏土外，部分地段有砂夹石、砖头、建筑垃圾等。该层结构松散，土质较差，其单桥静力触探比贯入阻力值为 1.05～2.2MPa，平均为 1.13MPa。

（2）第四系中下更新统（Q_{1+2}^{fgl}）地层

黏土②：见于整个场地，根据其状态，可分为可塑黏土和硬塑黏土两层：

可塑黏土②₁：灰褐色、褐黄色，见于场地部分地段，分布于素填土之下，黏土层之上，多呈透镜或条带状分布，厚 0～3.3m，裂隙较发育，其被灰色黏土充填而形成灰色黏土条带、团块，该土层可塑，但部分可塑偏硬，部分可塑偏软，其标准贯入试验击数为 6～7 击，平均 6.5 击；单桥静力触探比贯入阻力值为 1.41～1.59MPa，平均为 1.53MPa。

硬塑黏土②₂：在场地中共两层，第一层分布于素填土之下，厚 2.2～9.7m（ZK99 孔因可塑黏土较厚，该层厚度为零），一般厚在四五米以上，以黄色为主，部分为褐黄色、灰黄色、黄棕色；第二层见于场地左半部分，分布于 1、2、3 栋及附近地段，一般埋深在 13m 之下，多呈砖红色，厚 0～11.8m（部分钻孔分布到基岩顶部），一般厚 4～7m。两层黏土均裂隙较发育，其被灰色黏土充填而形成灰色黏土条带、团块；上层土中局部含黑色铁锰氧化物。该土层硬塑，其标准贯入试验击数为 10～14 击，平均 11.54 击；单桥静力触探比贯入阻力值为 2.68～3.47MPa，平均为 3.26MPa。

粉质黏土③：见于整个场地，其与黏土呈渐变关系，之间界线不明显。根据其状态，该层可分为可塑粉质黏土和硬塑粉质黏土两层：

可塑粉质黏土③₁：棕色，见于场地部分地段，多呈透镜状或条带状分布于场地中，一般埋深在 10～16m 之间，厚 0～4.4m，一般厚 1～2m，可塑，其标准贯入试验击数为 6～8 击，平均 7 击，单桥静力触探比贯入阻力值为 1.62～2.16MPa，平均为 1.98MPa。

硬塑粉质黏土③₂：在场地中共分布两层，第一层夹于上下两层黏土间，棕色，一般厚 3～6m，上中局部含黑色铁锰氧化物。第二层分布于第二层黏土之下，场地右半部分因第二层黏土缺失，第二层粉质黏土紧接第一层分布，厚度较大，一般在六七米以上，多数分布到基岩顶部；第二层粉质黏土颜色较杂，呈棕色、灰黄、黄灰等色，部分钻孔在第一层的底部（一般在 15m 左右），有 1m 左右厚的土中含少量砾石，砾石含量 10%～15%，砾石大小一般为 1～30mm，砾石成分为多为黄色粉砂岩、紫色泥岩，已强风化，轻击即碎；在第二层粉质黏土的中下部，部分地段有薄层硬塑黏土分布。总体来说：该层粉质黏土硬塑，但大部分地段是上层底部和下层顶部土质略差，部分近可塑。该土层标准贯入试验击数为 10～14 击，平均 12.21 击，单桥静力触探比贯入阻力值为 2.76～4.89MPa，平均为 3.59MPa。

粉土④：见于场地部分地段，灰黄色，一般呈透镜状或条带状分布于粉质黏土之下，基岩之上，其与粉质黏土呈渐变关系，之间界线不明显，厚 0～3.6m，中密，其标准贯入试验击数为 17～18 击，平均 17.67 击。

（3）白垩系上统灌门组（K_{2g}）地层

强风化粉砂质泥岩⑤₁：见于整个场地，其分布于基岩上部，紫色埋深在 21.3～25.6m

之间，厚 0.8～7.6m（一般为 2m 左右），该层上部风化严重，往下风化程度减弱，均已强风化，裂隙发育，岩芯呈碎块状，短柱状，久置后崩解，其天然单轴抗压强度为 0.59～1.98MPa，平均 1.13MPa。

中风化粉砂质泥岩⑤₂：紫色，见于整个场地，其分布于强风化层之下，钻孔揭露最大厚度 15.2m（未见底），有裂隙发育，但多少不均，岩芯上见溶蚀孔洞，孔洞大小 2～20mm 不等。该层岩石为中风化，随埋深加大，风化程度逐渐减弱，岩芯多呈柱状，长柱状，久置后崩解，其天然单轴抗压强度为 3.57～13.03MPa，平均 5.56MPa。

各地层岩土物理性质参数如表 1 所示。

基坑支护物理力学性质参数 表 1

地层	重度（kN/m³）	天然含水率（%）	孔隙比 e	内摩擦角（°）	黏聚力（kPa）	压缩模量（MPa）	自由膨胀率（%）	收缩系数
素填土	17.5	32.3	0.967	10	10	—	—	—
可塑黏土	19.0	23.8	0.715	12	35	5.0	—	—
硬塑黏土	19.5	22.3	0.672	17	80	9.5	46.12	0.44
可塑粉质黏土	19.0	26.5	0.777	12	30	5.0	—	—
硬塑粉质黏土	19.5	21.1	0.675	16	75	9.0	—	—
粉土	19.0	21.6	0.671	19	10	10.0	—	—
强风化粉砂质泥岩	20.5	—	—	—	—	—	—	—
中风化粉砂质泥岩	23.0	—	—	—	—	—	—	—

2）膨胀土室内试验

在该工程场地对分布的膨胀土取样并开展室内试验，取样深度 4～11m。试验共 9 组，具体为：①天然原状土和遇水软化原状土试样各一组；②配置不同含水率试样 4 组，每组含水率控制增量 1.5%～2%；③天然原状土室内自然失水 2h、5d 以及 10d 的试样各一组。9 组试验含水率分布在 9.7%～34.2% 之间，试验剪切成果见表 2。

场地"成都黏土"剪切试验成果 表 2

分组说明	压应力（kPa）	剪切强度（kPa）	含水率 w（%）	黏聚力 c（kPa）	内摩擦角 φ（°）
自然失水 10d	100	220.52	9.7	108.5	50.38
	200	369.74			
	300	457.74			
	400	593.69			
自然失水 5d	100	169.33	16.8	70.03	40.99
	200	240.32			
	300	302.42			
	400	445.31			

续表

分组说明	压应力（kPa）	剪切强度（kPa）	含水率w（%）	黏聚力c（kPa）	内摩擦角φ（°）
自然失水 2h	100	115.33	22.2	41.11	34.89
	200	177.30			
	300	242.11			
	400	331.31			
天然原状样	100	88.97	24.4	32.32	26.06
	200	127.44			
	300	157.43			
	400	244.67			
第一次配水	100	74.94	25.8	33.12	20.84
	200	111.93			
	300	128.12			
	400	196.88			
第二次配水	100	58.75	27.5	31.86	19.93
	200	89.32			
	300	117.43			
	400	170.41			
遇水软化段原状样	100	34.42	29.5	14.25	10.72
	200	50.89			
	300	78.22			
	400	91.34			
第三次配水	100	27.32	31.3	17.11	7.43
	200	34.21			
	300	43.43			
	400	58.43			
第四次配水	100	13.01	34.2	8.11	3.12
	200	19.90			
	300	23.87			

由表 3 可知，随着含水率增大，膨胀土的抗剪强度、黏聚力和内摩擦角均减小。对比天然原状样和遇水软化后原状样试验结果发现，黏聚力相差 18.07kPa，为遇水软化后原状样黏聚力的 126.81%，内摩擦角相差 15.34°，为遇水软化后原状样黏聚力的 143.09%。由此可知，含水率对膨胀土的力学性质具有显著影响。

3）水文地质条件

场地原为耕地，耕地被人工大量开挖，内有常年蓄水的水沟。地下水类型主要有两类，分别是基岩的裂隙水和松散岩类的孔隙水。松散岩类孔隙水属于潜水，它在第四系松散堆积层内分布较多，并且工作区沿线为涪江阶地，该地区水质很好，水位的深度很浅，雨水充足，水源补给主要来自降雨。

2. 典型工程地质剖面

场地典型工程地质剖面见图 2。

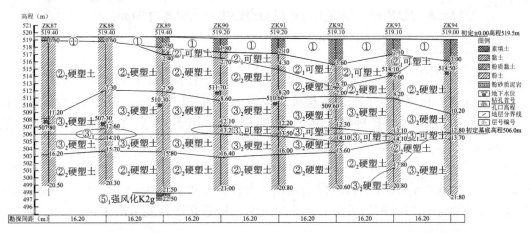

图 2　典型工程地质剖面图（水平比例：1∶200，垂直比例：1∶100）

三、基坑周边环境情况

基坑周边环境如图 3 所示。

基坑北侧为北泉路，基坑上口边线与道路中心线距离为 11.0m；基坑西侧为 4 层和 6 层混合结构房屋，基坑上口边线与房屋最近距离为 7.0m，最远距离为 12.0m；基坑南侧为 2 层和 3 层的混合结构房屋，基坑上口边线与房屋最近距离为 3.0m，最远距离为 15.0m；基坑东侧为雅生路，基坑上口边线与道路中心线距离为 9.0m。

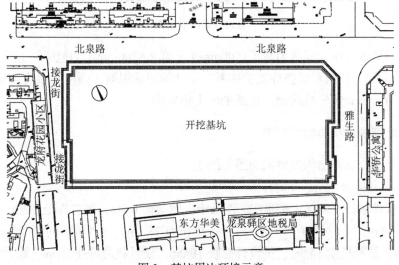

图 3　基坑周边环境示意

基坑周边环境较复杂：

（1）基坑北侧为北泉路，基坑上口边线与道路中心线距离为 11.0m。

（2）基坑西侧为 4 层和 6 层混合结构房屋，基坑上口边线与房屋最近距离为 7.0m，最远距离为 12.0m。

（3）基坑南侧为 2 层和 3 层的混合结构房屋，基坑上口边线与房屋最近距离为 3.0m，最远距离为 15.0m。

（4）基坑东侧为雅生路，基坑上口边线与道路中心线距离为 9.0m。

四、基坑围护平面图

成都东方华大广场基坑维护平面图如图 4 所示。根据该工程特点及周边环境，采用双排桩支护，根据桩长不同将双排桩设计为 A 型桩和 B 型桩，其中 A 型排桩桩长 23.5m，共 302 根，B 型排桩桩长 19.0m，共 312 根。设计的 A、B 型桩桩顶低于自然地面 0.5m，桩芯直径 1.2m，A 型桩嵌固深度 9.0m，悬臂长度 14.5m，桩设计总长为 23.5m，设计桩芯间距 2.0m。B 型桩嵌固深度 4.5m，悬臂长度 14.5m，桩设计总长 19.0m，设计桩芯间距 2.0m。设计的桩芯混凝土强度等级为 C30 商品混凝土，桩芯主钢筋采用 Ⅲ 级热轧螺纹钢，加强钢筋采用 Ⅱ 热轧螺纹钢，桩芯螺旋箍筋采用 Ⅰ 热轧钢，具体参见 A、B 型桩配筋图。

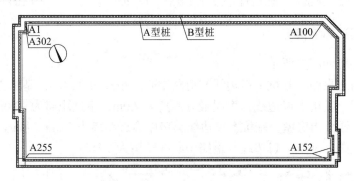

图 4　基坑平面图

桩顶采用整体冠梁，规格为高（1500mm）×宽（5200mm）的冠梁，冠梁顶面标高低于自然地面 0.5m，使桩形成整体支撑体系，设计的冠梁混凝土强度等级为 C30 商品混凝土，梁主钢筋采用 Ⅱ 热轧螺纹钢，箍筋采用 Ⅰ 热轧钢。

五、基坑围护结构典型剖面图

非等长双排桩支护结构典型剖面图见图 5。

1. 非等长双排桩

非等长双排桩设计的 A、B 型桩桩顶低于自然地面 0.5m，桩芯直径 1.2m。其中，A 型桩嵌固深度 9.0m，悬臂长度 14.5m，桩设计总长为 23.5m，设计桩芯间距 2.0m；B 型桩嵌固深度 4.5m，悬臂长度 14.5m，桩设计总长 19.0m，设计桩芯间距 2.0m。设计的桩芯混凝土强度等级为 C30 商品混凝土，桩芯主钢筋采用 Ⅲ 级热轧螺纹钢，加强钢筋采用 Ⅱ 热轧螺纹钢，桩芯螺旋箍筋采用 Ⅰ 热轧钢，桩身配筋见图 6。

2. 非等长双排桩冠梁

桩顶采用整体冠梁（连梁），规格为高（1500mm）×宽（5200mm）的冠梁，冠梁顶面标高低于自然地面 0.5m，使桩形成整体支护体系，设计的冠梁混凝土强度等级为 C30 商品混凝土，梁主钢筋采用 II 热轧螺纹钢，箍筋采用 I 热轧钢，冠梁配筋见图 7。

3. 桩间支护

A 型桩间支护采用网喷护壁。网喷护壁的钢筋混凝土板面，采用 $\phi6.5@250\times250$ 的钢筋网，钢筋网两侧与排桩中间距 1.5m 的预埋钢筋进行焊接，预埋钢筋的规格为 $\phi16$ 的螺纹钢筋。桩间板面喷射混凝土设计强度等级为 C20，设计的喷射厚度为 80mm，分二次喷射，每次喷射厚度为 40mm。此支护过程边开挖边进行，并确保土方开挖时，桩间土尽量平整、垂直，以确保桩间土的稳定与安全，翻边宽度 1000mm，桩间支护立面见图 8。

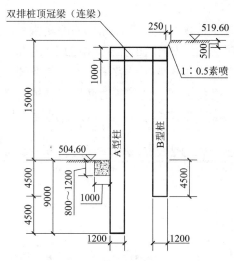

图 5　基坑支护典型剖面

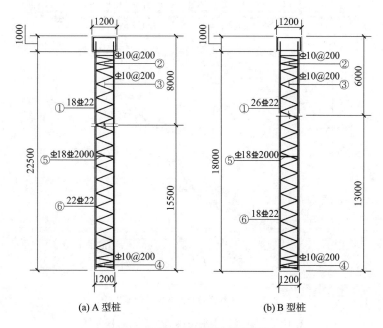

(a) A 型桩　　　　　(b) B 型桩

图 6　非等长双排桩桩身配筋图

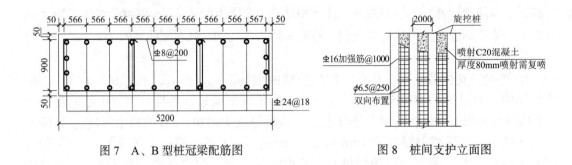

图 7　A、B 型桩冠梁配筋图　　　　图 8　桩间支护立面图

六、实施效果

本工程在双排桩上布置了桩顶水平位移监测点如图 9 所示，选取 3 个典型桩顶水平位移监测结果绘制桩顶变形时程曲线如图 10 所示。由图 10 可知，三个监测点的水平位移未开挖时无变形，随着基坑开挖支护桩水平位移增大，尤其在开挖刚完成后较短时间内支护桩水平位移急剧增大，但在开挖完成后的较长时间里支护桩水平位移变化速率逐渐收敛，水平位移逐渐收敛，累计最大水平位移小于 26mm，满足设计及规范要求。

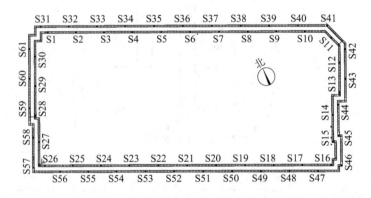

图 9　基坑支护桩水平位移监测点平面布置图

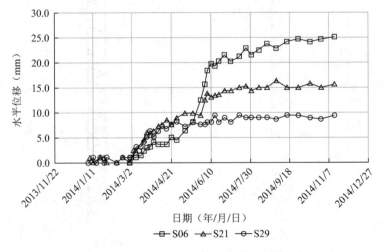

图 10　典型桩顶水平位移监测变形时程曲线

七、经验与体会

本工程基坑开挖深较深，基坑支护工程属于深基坑支护，具有如下特点：

（1）基坑场地分布有膨胀土，具有遇水软化、失水干缩的特点。通过室内不同含水率膨胀土力学性质试验，发现含水率对膨胀土抗剪强度、黏聚力及内摩擦角均有显著影响。

（2）本工程场地具有膨胀土力学性质易变、开挖深度较深、周边环境复杂等特点，在基坑支护设计时可采用的支护方法有限。本工程通过采用非等长双排桩支护设计及实施，一方面成功将基坑变形控制在设计和规范要求内，另一方面有效节约了工程造价。

（3）通过本工程项目的成功实施，验证了非等长双排桩支护结构在膨胀土基坑中应用的安全可靠性和经济适用性。

专题四　土钉支护

简阳天星沟行洪渠沟槽支护工程

岳大昌[1]　江廷华[2]　殷若玮[2]　邓　俊[3]　贾欣媛[1]　康景文[1]　周树民[2]

（1. 成都四海岩土工程有限公司，四川成都　610041；2. 信电综合勘察设计研究院有限公司，陕西西安　710000；3. 四川省建筑机械化工程有限公司，四川成都　610051）

一、工程简介及特点

1. 工程简介

场地位于成都市简阳市石桥街道天星村，天星路西北侧。地貌单元上属于丘陵坡地地貌。现场场地地形起伏较大，整体向西北方向倾斜，为原道路修建时形成 1：2 左右临时边坡，未防护（图 1）。场地内现状高程在 401.02～418.48m 之间，最大高差约 17.3m。

图 1　开挖前场地全景

天星沟改道新修管涵形成沟槽，长度约为 230m，沟槽东侧为已建市政道路，开挖最深 22.00m，西侧为拟建天星村安置房建设项目，由 9 栋高层为 20～30 层的建筑组成，有 2 层地下室，旋挖成孔灌注桩基础，该侧开挖深度 8.0m。原天星沟管涵从道路下方穿过。

2. 工程特点

1）沟槽开挖深度较大，放坡量小

本沟槽规模不大，但开挖深度较大，根据道路设计高程及天星沟水渠底标高，开挖深度最深达到23m，由于沟槽顶存在高压电线，而沟槽底沟渠位置确定，沟槽开挖线距沟槽下口线仅10m，整体放坡坡比不足1：0.5，部分位置放坡宽度仅2.3m，放坡坡比仅1：0.1。

2）地质条件复杂，填土较厚、土岩结合

沟槽开挖深度范围内的土方为原道路修建人工堆填，最大厚度22m，填土成分复杂，结构松散，力学性质差异较大。图2为素填土开挖情况。

该位置原始地形为坡地，以出露强风化和中风化砂岩为主，表层存在较薄的粉质黏土，土方填筑后，形成土岩结合边坡，个别剖面基覆界面坡度达45%。

图2 素填土开挖情况

3）沟槽周边环境复杂

沟槽东侧紧临道路，道路边有污水管线、雨水管、电缆、高压电杆，道路下侧有原箱涵从道路下方垂直穿过，该侧环境条件复杂，变形对环境影响很大。

4）沟槽两侧不对称

由于沟槽位置为坡地，沟槽两侧地面标高不一致，沟槽靠拟建建筑一侧开挖深度为8m，该侧不支护，靠道路一侧开挖深度为22m，因此，不具备采用排桩支撑条件。

二、工程地质条件

根据地勘报告，勘探深度内，场地地层从上至下依次为：第四系全新统人工填土层（Q_4^{ml}）、第四系全新统残坡积（Q_4^{el+dl}）粉质黏土及下伏侏罗系蓬莱镇组（J_3^p）基岩，地层岩性分述如下：

1. 第四系全新统人工填土层

①素填土（Q_4^{ml}）：灰色、灰黄色、灰红色，稍湿，边坡地带主要由强-中风化泥岩、砂岩和泥质砂岩碎、块石和强风化基岩碎屑新近回填形成，成分类别均匀性一般，粒径5～30cm不等，有直径大于1m的孤石，粒径均匀性较差，结构松散，孔隙率大，局部架空现象明显，回填时间约5年。低洼地带的填土主要为黏性土为主，回填年限约10年，均匀性

稍好，固结一般。层厚 1.1～21.9m。

2. 第四系全新统残坡积

②粉质黏土（Q_4^{el+dl}）：灰黄色、黄色，稍湿，可塑，主要由黏粒、粉粒组成。切面稍光滑，稍有光泽，干强度一般，韧性一般，无摇振反应，含铁锰质结核。层厚 1.1～5.1m。

3. 侏罗系蓬莱镇组（J_3^p）

③₁强风化砂岩：灰白色、青灰色，稍湿，长石、石英等组成，细～中粒结构，泥质胶结，胶结较差，中厚层状构造。风化裂隙发育，岩体较破碎，原岩结构部分破坏，裂面局部充填褐色氧化铁薄膜。钻探取芯多呈碎块，少量圆饼状、短柱状，岩芯采取率一般为 50%～60%，岩芯锤击易碎、声哑。岩体基本质量等级 V 级，属极软岩。层厚 1.0～4.0m。

③₂中风化砂岩：青灰色，稍湿，长石、石英等组成，细～中粒结构，泥质胶结，中厚层状构造。风化裂隙弱发育，岩体较完整～完整，钻探取芯多呈中长柱状，岩芯采取率一般为 75%～85%。岩芯锤击不易碎、声脆、振手，岩质整体较硬，岩体基本质量等级 V 级，属极软岩。未揭穿，最大揭露厚度 16.7m。

地层参数见表 1，沟槽边缘位置地质剖面见图 3。

地层参数表　　　　　　　表 1

岩土名称	重度γ（kN/m³）	地基承载力特征值f_{ak}（kPa）	压缩模量E_s（MPa）	黏聚力c（kPa）	内摩擦角φ（°）	岩体与锚固体粘结强度特征值f_{rb}（kPa）	标贯标准值	$N_{63.5}$标准值	含水率（%）	孔隙比
①素填土	19.0	—	3	10	15	26	—	4.9	27.4	0.814
②粉质黏土	19.5	140	4.9	25	12	40	5.7	—	26.6	0.768
③₁强风化砂岩	23.0	240	12	45	32	120				
③₂中风化砂岩	25.0	700	—	110	38	260				

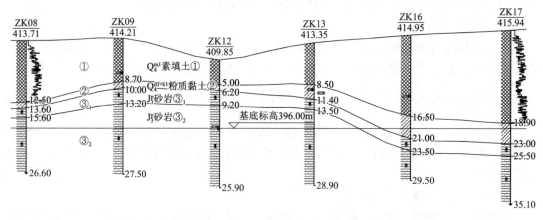

图 3　地质剖面图

4. 水文地质条件

上层滞水：上层滞水赋存于填土、粉质黏土中，水量不大，主要靠大气排水补给，低洼处也受地表水补给，呈团状或条带状分布，分布不均，地下水位不统一，以蒸发或逐渐渗透到基岩层中的方式排泄，雨季水量增加，干旱季节减少甚至完全消失。

基岩裂隙水：赋存于基岩裂隙中，水量一般，靠大气排水、地表水及地下水渗透补给，分布不均匀，以蒸发或逐渐沿裂隙向低处渗流的方式排泄，水量主要受裂隙发育程度及裂隙面充填特征控制，总体上看，基岩裂隙水埋藏较深、含水量一般，对本工程沟槽支护影响较小。

三、场地周边环境

新建沟渠东侧为已建市政道路(天星路)，该侧有高压电杆分布，离沟渠最近处5～10m，部分电缆埋入已建市政道路人行道边，该侧道路及人行道下方有雨水管、污水管；已建天星沟从市政道路下穿过，埋底深达22m，与新建沟渠顺接。沟槽东面为拟建天星村安置房建设项目，该项目基底标高高于沟渠底标高约8m，沟渠建成后，沟渠顶将回填至小区场平标高。

四、沟槽支护平面图

本项日沟槽呈长条形，两端不支护，仅支护沟槽单侧支护，支护长度约230m，开挖最深22m，以素填土为主，坑顶与道路标高基本齐平，放坡宽度10m左右，由于高压电杆位置限制，局部最小放坡不足5m，沟槽支护平面图见图4。

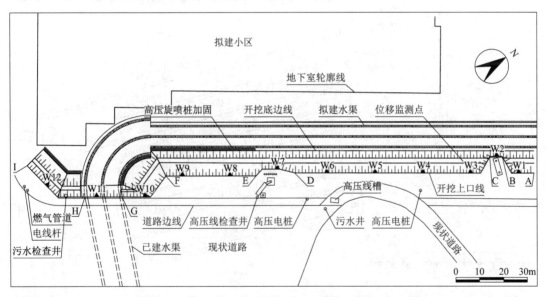

图4　沟槽支护平面图

五、沟槽支护典型剖面图

根据场地条件和地层特点，对该项目用几种成都常见支护方案进行比较：

（1）排桩＋内支撑：由于沟槽仅单边支护，不具备水平对撑条件，若坑内斜撑，需多层支撑，同时基底也均为填土，提供支撑反力较小；

（2）排桩＋预应力锚索：由于该侧填土较厚，填土均匀性差，能提供锚固力较低，因此不适合采用锚索支护；

（3）土钉墙：由于沟槽开挖深度超过 20m，放坡空间有限，该深度已超过规范限定深度，同时深厚填土采用普通土钉墙风险较大。

综上分析，经过方案比较，成都常规支护方式均不适用于本场地，经过调研，本项目的沟槽采用复合土钉墙支护，土钉全部采用带筋旋喷土钉，带筋旋喷土钉是在钻进过程中，钻头带钢绞线杆体，边旋喷边钻进，形成的水泥土锚固体，锚固体直径可达 0.5m，土钉拉拔力较高，同时旋喷对土体有加固作用，使土体的抗剪强度提高，对土钉施加预应力，可有效减小变形。

由于场地放坡坡比有一定差异，同时地层差异较大，本项目沟槽共设计 10 个剖面，选择有代表性剖面如下：

BC 段，沟槽开挖深度 18m，坑顶有 10kV 高压电线杆，距沟槽底边距离 6.3m，基础埋深约 1.0m，基础尺寸 4m×4m，该段素填土厚度 12.5m，放坡坡比 0.13，采用 9 排带筋旋喷土钉，长度从上至下分别为 21m、16.5m、19m、21.5m、16m、16m、13m、11m、13.5m，在第一排至第五排土钉中增加水平旋喷加固体，长 6m，间距 1.5m，旋喷加固体直径 0.5m，增加土体抗剪强度。图 5 为 BC 段剖面图。

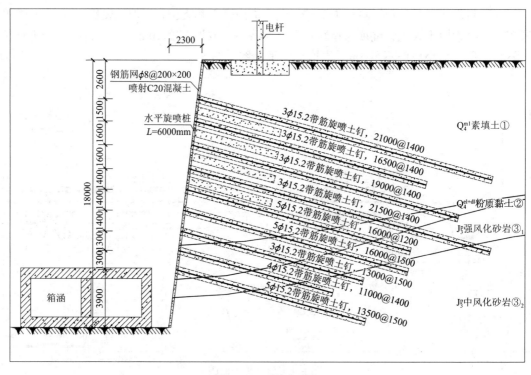

图 5　BC 段剖面图

EFG 段，沟槽开挖深度 21.5m，该段素填土厚度 18.9m，综合放坡坡比 0.47，采用 15 排带筋旋喷土钉，长度从上至下分别为 24m、12m、12m、14.5m、13m、18m、21m、22m、24m、23m、23m、23.5m、21m、17m、10m，在第一排至第七排土钉中增加水平旋喷加固体，长 6m，间距 1.5m，旋喷加固体直径 0.5m。在沟槽坡脚，设置 2 排竖向高压旋喷加固坑内土体，深 5.0m，间距 0.5m，直径 0.5m，对坑底进行加固。图 6 为 EFG 段剖面图。

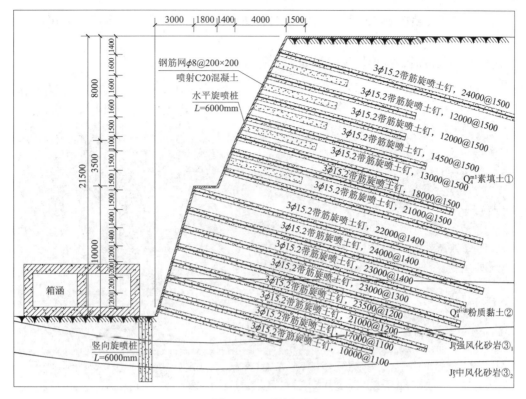

图 6　EFG 段剖面图

带筋旋喷土钉施工工艺为：制作土钉杆体→引孔→带筋旋喷→张拉。

土钉杆体制作：将 3～5 根钢绞线制作成束，钢绞线端部安装承载板，承载板主要作用是用高压旋喷钻杆向孔内钻进时，将钢绞线带入孔内。

引孔：由于填土中存在一些块石，高压旋喷管不能直接顶入到位，需要先进行引孔再带筋旋喷，引孔采用 90 型潜孔钻机，气动潜孔锤冲击成孔，孔径 150mm，倾角 15°，成孔不加套管，引孔到位后，将钻杆拔出，不考虑钻孔坍塌。

带筋旋喷：将高压旋喷钻机的机架角度调整为与引孔角度一致，将钢绞线端部承载板穿在高压旋喷管端部，高压旋喷的喷嘴置于承载板之前，旋喷时喷射流不受杆体遮挡。杆体安装安后，开始边喷射浆液边向孔内顶进，喷射水泥浆水灰比为 1∶1，喷射压力 25MPa，顶进行速度为 15cm/min。旋喷到位后，拔出高压旋喷钻杆，钢绞线杆体留于孔内。引孔及带筋旋喷土钉施工如图 7 所示。

图 7　引孔及带筋旋喷土钉施工

张拉：带筋旋喷施工 4d 后，对钢绞线杆体进行张拉，设计张拉锁定值为 260kN，分五次进行张拉。

沟槽开挖到位后，沟槽俯视实景如图 8 所示。

图 8　沟槽开挖到位实景图

六、检测与监测

由于带筋旋喷为新工艺，为本项目支护的主要受力构件，因此正式施工前进行了基本试验，试验在场地的空地进行，试验锚固地层为素填土，试验共 3 根土钉，长 15m，试验参数与设计参数一致，根据《建筑基坑支护技术规程》JGJ 120—2012 第 4.7.4 条计算，土钉极限抗拔承载力标准值为 612kN，试验时按 620kN 试验。通过检测，试验土钉均满足设计要求，土钉位移为 33～36mm。图 9 为土钉基本试验荷载位移曲线。

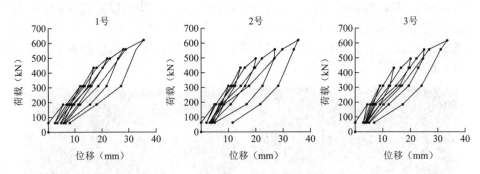

图 9　土钉基本试验荷载位移曲线

本项目沟槽从 2023 年 7 月 1 日开始进行开挖，同时进行支护施工，平均 4d 完成一层，总共施工共两个月。第一层支护后开始进行设点，沟槽顶部共布置 12 个水平位移监测点，选择有代表性的监测点进行统计，位移变形曲线见图 10。

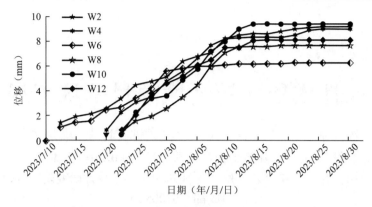

图 10　部分监测点位移曲线

通过沟槽的变形监测，可以发现如下规律：

（1）从开始施工至变形稳定，沟槽水位位移和竖向沉降变形均较小，大部分在 10mm 以内；

（2）沟槽变形主要在上部土层开挖过程中，沟槽变形量较大，当开挖至下部时，顶部的变形量较小。

七、点评

本项目沟槽从地层特点为土岩结合和深厚素填土，地貌上为斜坡场地，本项目沟槽支护采用复合土钉墙是适宜的。

（1）带筋旋喷土钉在钻进时进行高压旋喷注浆，同步将土钉杆体带入钻孔内，可有效防止塌孔造成杆体不能插入，高压旋喷可形成直径 400~500mm 的旋喷水泥土体，提高了土钉拉拔力，同时也提高土体抗剪强度；

（2）对全部土钉施加预应力，可使土钉主动受力，从而减小变形；

（3）坑内土体采用高压旋喷加固，在挖到基底标高以前提前对土体加固，增大土钉抗剪强度，提高承载力，防止坡脚下沉；

（4）带筋旋喷土钉墙施工速度快，由于需分层分段开挖，按每层分两序开挖和支护，每 3~4d 可完成一层土钉墙支护施工，沟槽最多 15 排土钉，总共施工时间需要 2 个月，实际施工时间 70d 左右；

（5）带筋旋喷土钉墙与其他排桩＋内支撑、排桩＋锚索相比，造价更便宜。

成都成华区锦绣城项目基坑工程

刘 康[1] 陈必光[2] 刘兴华[2] 刘 博[2] 康景文[2,3]

（1. 上海交通大学船舶海洋与建筑工程学院，上海 200240；2. 北京中岩大地科技股份有限公司，北京 101104；3. 中国建筑西南勘察设计研究院有限公司，四川成都 610052）

一、工程概况

工程场地位于成都市成华区保和乡胜利村，紧临东三环，地貌单元属成都冲洪积平原岷江水系Ⅲ级阶地，为裂隙膨胀土发育区。基坑开挖深度 10.5m（1.3m 填土，7.4m 弱膨胀土，1.9m 强风化泥岩，为土岩组合基坑），周长 420m，面积 8450m²。采用微型钢管桩复合土钉墙支护。基坑东、北、西三侧放坡空间较大，深度 10.5m，水平放坡空间 3.0m，开挖后坡角约为 74°；垂直方向布设 7 排土钉；南侧现为空地，水平放坡空间 1.5m，开挖后坡角约为 82°，垂直方向布设 7 排土钉，水平向布设两排超前微型钢管桩。

由于场地地基土以透水性差的黏土层为主，因此对地下水采用明排为主，止水为辅的方案。仅基坑东侧土层含卵石，具有一定渗透性，水量相对较大，采用管井降水。

微型钢管桩复合土钉墙是通过在土体内设置一定密度、相对土体具有很高的抗拉及抗弯剪强度的土钉体与竖向微型桩体，通过土钉、微型桩与土体的相互作用，形成能提高原状土强度和刚度的复合土体，起到主动加固的作用，同时还能改变土坡的变形与破坏形态，以提高基坑侧壁的整体稳定性能。鉴于本工程处于膨胀土场地，场地硬塑黏土发育大量随机裂隙，裂隙多呈网状（图 1、图 2），无统一产状，最大延伸长度超过 3m，裂隙面充填大量白色、灰绿色黏土，土体内也含大量亲水性黏土矿物，为典型的"成都黏土"（裂隙膨胀土）且需要经历高温和雨期，胀缩性、裂隙性且富含亲水性矿物等特性，可能导致"成都黏土"在遭受开挖或扰动后，土体松弛，裂隙张开。因此，工程尝试采用微型钢管桩复合土钉墙，以期达到协调基坑土体膨缩变形、减少变形，并避免通常采用大刚性支护结构直接抵抗膨胀力造成的工程浪费。

　　　　图 1　基坑膨胀土（开挖状态）

　　图 2　基坑膨胀土（遇水软化状态）

164

二、工程地质条件

1. 地层岩性

场地地层主要由第四系人工堆积（Q_4^{ml}）填土、第四系下更新统冰水堆积（Q_2^{fg}）的黏土、含卵石粉质黏土及白垩系上统灌口组（K_{2g}）泥岩等组成，自上而下构成如下：

①素填土（Q_4^{ml}）：松散，湿～很湿，主要由近期堆积的黏性土组成，在场地内普遍分布，层厚 0.90～3.20m，平均厚度 1.3m。

②黏土（Q_2^{fgl}）：硬塑，湿～稍湿，主要由黏粒组成，含较多铁锰质结核和钙质结核，裂隙较发育，裂隙间充填灰白色高岭土条斑、氧化物红色条斑，干强度高，韧性高，层底部与强风化泥岩交界处含有约 5%～25%卵石，在场地内普遍分布，层厚 5.90～10.70m，平均厚度 7.4m。

③含卵石粉质黏土（Q_2^{fgl}）：硬塑，湿，主要由黏粒和粉粒组成，局部充填物为中细砂，卵石成分主要为花岗岩、砂岩等，大部分卵石呈强风化、全风化，大多不接触，呈游离状，粒径一般为 2～8cm，个别达 25cm 以上，含量占 5%～40%，呈透镜体状场地局部发育，揭露厚度 1.40～6.80m。

④泥岩（K_{2g}）：湿～稍湿，泥质胶结，薄～中厚层状构造，泥质结构，裂隙较发育；其中强风化泥岩层上部呈硬塑黏土状，组织结构大部分破坏，含较多黏土质矿物，下部夹中风化泥岩薄层，风化裂隙很发育，岩芯较破碎，见风遇水极易软化；中风化泥岩层组织结构部分破坏，风化裂隙发育，节理面附近风化成土状，岩芯呈短柱状和长柱状，局部夹强风化薄层，与强风化层无明显的分界线，常为过渡关系，最大揭露厚度 8.80m。

2. 水文地质条件

场地地下水为赋存于低洼地段及原塘池地段的第四系人工填土及黏土层上部裂隙中的上层滞水，主要受大气降水、农灌和地表水（如堰塘、水田、水沟及地表积水等）渗透补给，水量不大（黏性土及泥岩均为隔水层和非储水层），以蒸发、地下径流方式排泄，水位埋深差异较大，一般在原堰塘地段水位埋藏较浅，无统一地下水位，部分钻孔的稳定水位埋深 1.80～3.00m；场地东侧土体局部含卵石，渗透性相对较好，水量相对较大。

3. 地基岩土体的物理力学参数特征

室内土工试验结果表明（表 1）："成都黏土"自由膨胀率在 39.13%～43.97%，平均值 41.55%＞40%，根据《膨胀土地区建筑技术规范》GB 50112—2013，属弱膨胀性土，胀缩等级为 I 级。

"成都黏土"物理性质指标 表 1

塑性指数	液限（%）	塑限（%）	自由膨胀率（%）	压缩模量（MPa）
19.7	44.04	24.34	41.55	12.0

另外，为获取膨胀土受水影响的性状变化过程，在本项目基坑开挖面常规地段和遇水软化段分别取样，取样深度 5～8m，软化段取样一组，常规段取样约 40kg 用于配制不同含水率试样。对比遇水软化段与常规段土样的含水率及相对应之间试验强度参数可知：土样从含水率 24.5%增加至 29.4%，黏聚力 c 值由 32.32kPa 降低至 14.23kPa，内摩擦角由 26.05° 降低至 10.82°，土体的强度损失了一半以上。可见"成都黏土"强度参数随含水率增加降低极为明显（图 3）。

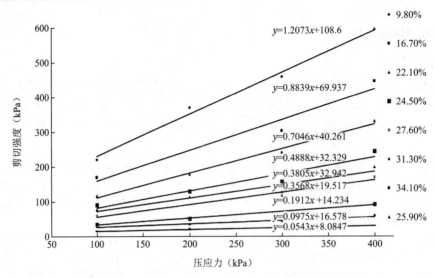

图 3 不同含水率下"成都黏土"强度包线

场地除"成都黏土"外，各土层计算参根据收集所得的区域场地勘察报告、原位测试及室内试验成果，综合得到基坑设计所需岩土参数（表 2）。为保证计算的精度，场地"成都黏土"计算参数应考虑开挖过程中不同工况下土体的实际含水率进行取值（表 3）。

各土层计算参数表 表 2

土名	重度 （kN/m³）	直剪内聚力 （kPa）	直剪内摩擦角 （°）	压缩模量 （MPa）	弹性体积模量 （MPa）	弹性剪切模量 （MPa）
素填土	18.0	20	8	3.0	33.3	11.1
强风化 泥岩	21.0	50	30	16.0	180.0	80.0
中风化 泥岩	22.5	200	40	45.0	375.0	173.0

场地"成都黏土"不同工况下计算参数表 表 3

部位	工况	密度 （kg/m³）	直剪内聚力 （kPa）	直剪内摩擦角 （°）	压缩模量 （MPa）	弹性体积模量 （MPa）	弹性剪切模量 （MPa）
东侧	所有		32.6	20.3			
西侧、 南侧	所有		29.7	18.6			
北侧	开挖前	20.0	29.7	18.6	12.0	111.1	45.5
	工况 1~3		25.6	16.5			
	工况 4		19.5	13.4			
	工况 4 以后		21.5	14.4			

场地基坑东侧和北侧典型工程地质剖面见图 4 和图 5。

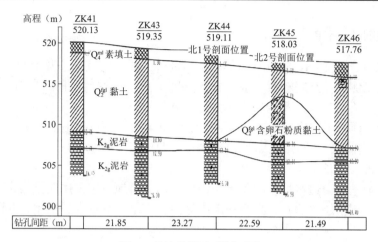

图 4　基坑北侧地质剖面图

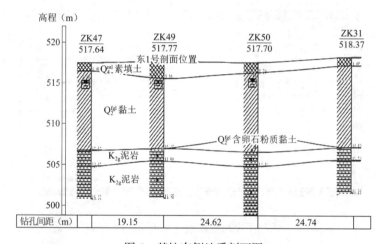

图 5　基坑东侧地质剖面图

三、基坑周边环境条件

在基坑一倍开挖深度范围内，基坑北侧有电缆沟、集水坑、雨水管等市政排水措施，基坑开挖期间电缆沟不能及时封闭（图 6）、雨水管破裂漏水（图 7），且可能大面积渗水，可能出现十分明显的软化现象。

图 6　未封闭的电缆沟　　　　　图 7　漏水的雨水管

四、基坑围护平面图

根据基坑周边深度（10.5m）和可放坡的可能性（图8），基坑按两个剖面控制设计。其中东、北、西三侧放坡空间较大，水平放坡空间 3.0m，开挖后坡角约为 74°；垂直方向布设 7 排土钉，间距 1.5m；水平向布设一排超前微型钢管桩，桩长 12.05m，桩中心距 1.5m；南侧现为空地，预留用作建设用地，水平放坡空间 1.5m，开挖后坡角约为 82°，近于垂直；垂直方向布设 7 排土钉，间距 1.5m；水平向布设两排超前微型钢管桩，排距 0.5m，前后错开呈三角形布置，桩长 12.05m，桩中心距 1.0m。

由于场地地基土以透水性差的黏土层为主，因此对地下水采用明排为主、止水为辅的方案。仅基坑东侧土层含卵石，具有一定渗透性，水量相对较大，采用管井降水。

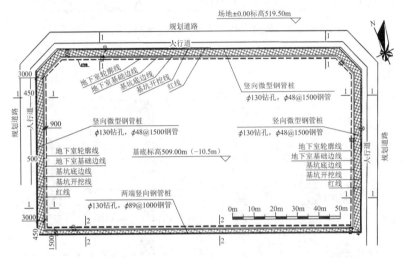

图 8　基坑支护设计平面布置图

五、基坑围护典型剖面图

1-1 和 2-2 两个典型剖面图如图 9、图 10 所示。

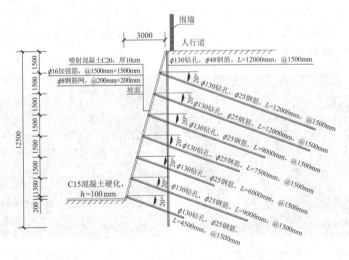

图 9　1-1 剖面微型钢管桩复合土钉墙设计方案

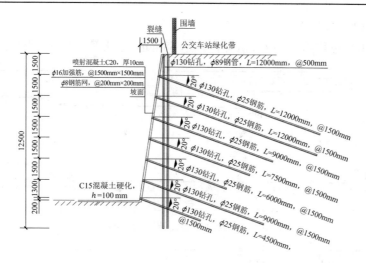

图 10　2-2 剖面微型钢管桩复合土钉墙设计方案

六、实施情况与变形实测

1. 大变形处置

在基坑北侧在开挖至 6m 时出现较大变形（约 30mm），现场立即采取了回填反压措施；然后在第四层和第五层锚杆下方分别增加一层 12m 大角度钢筋锚杆（角度在 35°），进入基岩 3～4m，锚杆间距 1.5m，在第四层护壁面上打 4m 竖向超前钢管锚杆（角度在 80°），进入基岩 2m，间距 1.5m，见图 11。

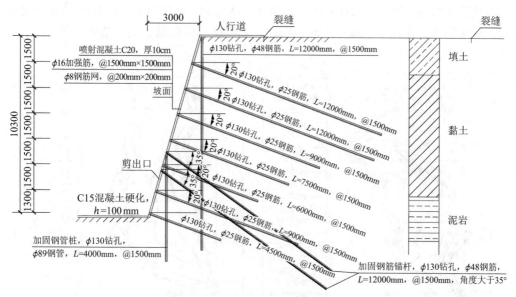

图 11　北侧基坑支护加固剖面图

2. 土体变形监测

北 1 剖面位移最大，水平位移达 190mm，沉降位移达 66mm 并持续增加，之后基坑稳定，随着开挖施工，变形速率增加，在基坑开挖至 8.6m（2012 年 3 月 15 日）位移出现突变，之后变形速率降低，变形趋于平稳；北 2 剖面水平位移 40mm，沉降位移 22mm，变形速率较大（图 12、图 13）。

东 1 剖面水平位移约 70mm，沉降位移达 68mm，变形速率较大（图 12、图 13）。

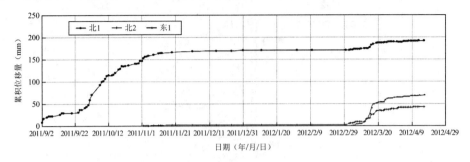

图 12 基坑水平位移累计变形曲线

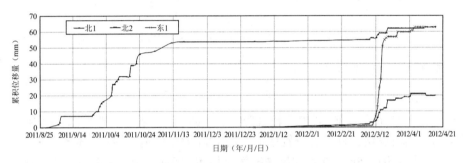

图 13 基坑沉降累计变形曲线

深孔位移监测，北 1 剖面从开挖开始深孔位移监测，北 2 剖面滞后 100d 开始深孔位移监测，东 1 剖面，在施工过程中测斜孔损坏，未测得有效数据。测斜结果见图 14、图 15。

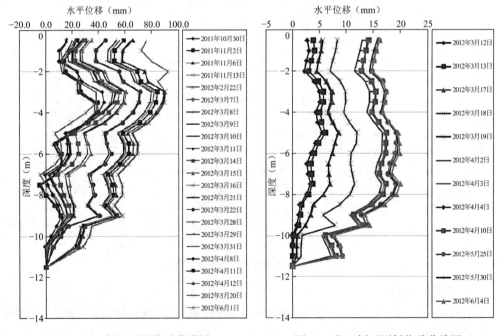

图 14 北 1 剖面测斜位移曲线图   图 15 北 2 剖面测斜位移曲线图

如图 14、图 15 所示，变形空间特点：地表累计位移约 80mm，与坑顶水平位移监测数据吻合；变形最大位置为地表以下 3.0m 左右，最大位移约 96mm；0～8.6m 为土体，累计变形均较大，超过了 50mm，8.6m 以下为基岩，累计变形较小。变形时间特点：初始监测变形持续增加，变形速率稳定缓慢，地表位移值约 38mm，占总位移约 49%；之后地表位移从 42mm 增加至 58mm，变形速率约 1.4mm/d。

3. 土钉轴力监测

根据监测数据分别绘制各个剖面锚杆轴力分布图，并根据土钉最大轴力位置推测潜在滑移面形态，见图 16、图 17。根据两个剖面监测结果对比分析可知：北 1 剖面土钉轴力相对较大，其中顶部三排土钉的轴力均较大，第二排土钉最大轴力达 82kN；北 2 剖面土钉轴力较小，其中第六、七排土钉轴力相对极小，在施工完成后这两排土钉轴力均低于 20kN，分析原因为该剖面底部坡体变形较小，土钉轴力未充分发挥；东 1 剖面顶部六排土钉轴力均较大，其中第六排土钉轴力最大值达到 81kN，仅第七排土钉轴力未充分发挥；对比不同时间段土钉轴力的变化可以发现：土钉施工完成的前几天时间轴力较小，随后土钉轴力不断增大，至施工完成后约 20d，土钉轴力基本稳定，说明土钉并非施工完成就能马上受力、发挥较强的支护作用；土钉的受力需要与土体粘结成一个整体并协同变形。

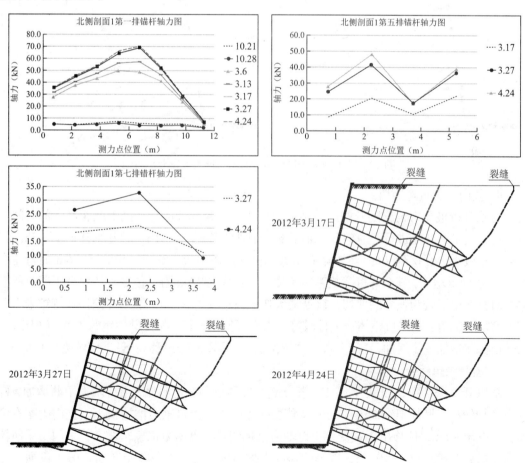

图 16　北 1 剖面土钉轴力分布图与推测潜在滑移面

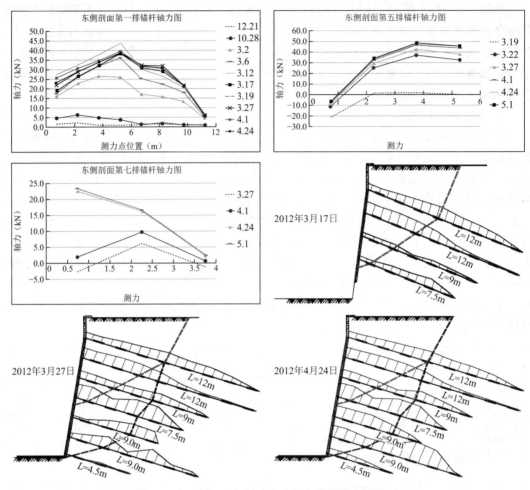

图 17 东 1 剖面土钉轴力分布图与推测潜在滑移面

4. 竖向钢管桩弯矩监测

为了分析桩受力情况随开挖深度增加而变化的关系，选取与开挖工况相对应的时间点对三处监测剖面弯矩进行汇总整理。北 1 剖面钢管桩弯矩图（图 18），基坑开挖至 3.5m 时，桩身弯矩较小；开挖至 7.6m 弯矩略有增大，桩支护作用初步发挥；开挖至 8.6m 时弯矩在 8.5m 左右明显增大，其余深度弯矩基本不变，说明基坑 8.5m 附近位置土体出现了明显的滑移，对桩产生了较为强烈的剪切，该处最大弯矩值达 1.3kN·m；继续开挖桩身弯矩未出现较大增加，说明后期基坑整体稳定性较好，未出现整体滑移。东 1 剖面钢管桩弯矩（图 19）随开挖深度增加逐步增加，且最大弯矩位置由 7.0m 向深部 8.5m 移动，最大值约为 0.4kN·m。

5. 监测结果综合分析

基坑开挖深度到 3.5m 后，施工一排土钉，坡体位移变化明显，土钉轴力不断增加，桩内力增加较小；开挖至 4.2m、7.5m 位移变化不明显，土钉轴力增加较小，桩内力略有增加；开挖至 8.6m，位移出现突变，土钉轴力增加明显，桩内力也急剧增大；采用反压回填加固之后，开挖至坑底 10.5m，坡体位移与支护结构内力均平稳缓慢增加。东 1 剖面，与北 2 剖面相近，该剖面位移突变出现在开挖至 8.6m 时，但变形值最小。土钉轴力在各个开挖阶段平稳增加。桩身弯矩在开挖至第三层 7.5m 后增幅较大，之后弯矩增量不大。

超前钢管桩桩身弯矩和土钉轴力，开挖至 4.2m，三个剖面土钉轴力与桩弯矩均不大，说明在前期支护结构受力较小；开挖至 7.5m，轴力与弯矩均有了明显增加，但此时坡体位移不大，说明支护结构发挥了较好的作用；开挖至 6m 之后，上部 7.5m 土钉轴力与桩弯矩增加不大，7.5m 以下增加较为明显，说明岩土交界面位置支护结构受剪力作用明显。

在开挖至 6m 时，三个监测剖面位置均出现了位移与支护结构内力的突变，基坑北侧在采取反压加固等措施后位移未持续急剧增加，说明加固方案起到了很好效果。

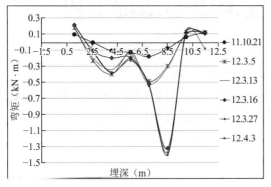

图 18　北 1 剖面竖向钢管桩弯矩图

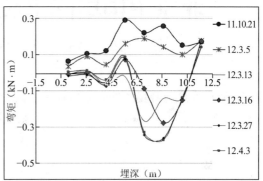

图 19　东 1 剖面竖向钢管桩弯矩图

七、经验总结

本工程为成都黏土基坑超前微型钢管桩复合土钉墙实例，结合"成都黏土"遇水软化特性研究成果确定设计参数取值，通过总结基坑开挖变形规律与支护结构受力变形规律，可以获得下列经验教训：

（1）根据现场取样的室内试验结果，遇水软化后，其强度指标比未软化段土体低 50% 以上；强度参数黏聚力内摩擦角与含水率均呈线性关系。

（2）基坑总体变形较大，约 75% 监测点变形值超过了报警值，约 40% 的监测点变形值超过了报警值的两倍；变形主要集中于初始开挖与第四层开挖两个工况。基坑北侧变形渗水严重，导致土体软化、强度降低十分明显，基坑变形最大；其余三壁，受渗水影响小，仅在基面有水汇集，变形相对较小；故"水"是造成基坑变形最主要的原因，也是最大的影响因素。

（3）初始开挖阶段变形主要原因：施工时间过长，土钉与面层未及时完成，导致基坑长期暴露，超前微型钢管桩的超前支护作用逐渐失效；同时地表松散的填土层工程性质极差，土体与钢管桩、土钉之间的粘结强度较低，支护结构对土体的增强加固作用有限。

（4）超前微型钢管桩复合土钉墙在成都膨胀土基坑中应用时土钉的主动加固与被动协调作用发挥较好，是主要的受力构件；钢管桩自身承担的弯矩小，对基坑土体的超前支护和加固作用一般，为次要的受力构件；面层并不直接承受土压力，主要的作用为封闭土体并将土体与支护结构连成整体，为不可缺少的组成部分。三者相互，形成一个统一的整体起到基坑支护的作用。

（5）超前微型钢管桩复合土钉墙支护技术在锦绣城基坑中起到了保证基坑边坡安全性和稳定性的作用，表明这种支护方法基本适用于成都黏土地区。但存在基坑变形较大的问题，同时也存在易遇水整体失稳的隐患，需进一步研究和改进。

专题五 混合支护

北京中国国际出版交流中心基坑工程

王宁博 [1,2,3]　毛安琪 [1,2,3]　刘　林 [1,2,3]　李翔宇 [1,2,3]

李焕君 [1,2,3]　张　寒 [1,2,3]　曹建方 [1,2,3]

（1. 建筑安全与环境国家重点实验室，北京　100013；2. 中国建筑科学研究院地基基础研究所，北京　100013；3. 北京市地基基础与地下空间开发利用工程技术研究中心，北京　100013）

一、工程简介及特点

1. 工程简介

中国国际出版交流中心基坑项目位于北京市丰台区右安门街道，基坑南北长约 220m，东西宽约 60m，面积约 13300m²，周长约 550m，深度 19.6～22.0m，场地整平标高取 42.25m。具体基坑位置及周边环境见图 1。

图 1　基坑位置及周边环境图

2. 周边环境

基坑周边环境复杂。基坑四周均为市政道路，其中西侧右外西路以西为已建住宅小区；南侧红线外有部分区域正在施工；东侧则存在 19 号地铁，地铁南北向，顶部埋深 20.91m，基坑距地铁结构外边线最近约 31m，小于保护距离限值 50m。基坑周边地下管线尤为复杂，东侧和西侧均埋有给水、污水、雨水、电力、通信和热力管线等，其中，东侧最近水平距离约 18.0m，管底埋深约 2.22m，在水平距离 22m 处存在热力室，埋深约为 17m，西侧最近约 3.3m，埋深约 4.5m；北侧管线最近约 3.2m，在北侧偏东位置，地表向下 16m 范围内依次有热力室和电力室，且在竖直方向上，二者紧邻，不具有锚杆施工条件。

二、工程地质及水文地质

1. 工程地质

基坑所处位置位于永定河冲积扇中部，属于第四纪冲洪积平原地貌，地形较平坦。钻探深度 70.0m 范围内，地层表层为人工填土层（Q_4^{ml}），其下为一般第四纪冲洪积层（Q_4^{al+pl}），再下为古近纪基岩，岩性以泥岩为主。各土层主要物理力学性质参数见表1，典型场地地质剖面图如图2所示。

土层主要力学性质指标　　　　　　　　　　　　表 1

编号	名称	重度（kN/m³）	黏聚力（kPa）	内摩擦角（°）
①	杂填土	18.5	0	10
①₁	素填土	18.8	10	15
②	卵石	20	0	40
②₁	粉细砂	19.5		25
②₂	黏质粉土-砂质粉土	19.7	18	27
③	卵石	20.5	0	42
③₁	细砂	19.8	0	28
③₂	黏质粉土-砂质粉土	19.8	19.4	29.8
④	卵石	21	0	45
⑤	卵石	21.5	0	45
⑥	卵石	22	0	45
⑦	全风化泥岩	19.8	—	—

值得说明的是，卵石层是该场地的主要地层，其无论是对基坑支护还是降水均有重要的影响。因此，有必要对该地层进行较为详细的说明。其中，卵石②层较为均匀、中密～密实状态，湿，一般粒径 2～5cm，最大揭露粒径 10cm 左右，动力触探实测值平均值 $N_{63.5}$ 为 60，地基承载力标准值为 350kPa；卵石③层也较为均匀，中密～密实，湿～饱和，一般粒径 2～8cm，最大揭露粒径 12cm 左右，动力触探实测值平均值 $N_{63.5}$ 为 75，地基承载力标准值为 380kPa。二者的主要成分均为强～中等风化砂岩、灰岩等，且压缩性均较低。另外，二者粒径大于 20mm 均占总重量 70% 以上，颗粒以圆形及亚圆形为主，粒间充填细砂。

2. 水文地质

地表水体影响方面，基坑周边 200m 范围内无地表水体，距离基坑最近的凉水河距离约为 380m，且相邻基坑一侧设有防水衬砌，因此，在基坑支护设计中可不考虑地表水体对基坑支护及降水的影响。

地下水方面，在 30.0m 深度范围内存在一层地下水，地下水类型为潜水，主要含水层为卵石③层以下其透水性地层，水量极其丰富。基坑场地内约 60.0m 深度范围内无稳定隔水层,全风化泥岩⑦层为相对隔水层,潜水水位埋深13.80~16.20m,标高为26.79~27.80m,具体水位埋深及其与坑底相对关系示意图见图2。

值得注意的是,水文勘察野外作业时间为2022年10月21日至10月30日,根据已有北京市水文地质资料,基坑区域地下水位6~10月份水位较高,其他月份相对较低,因此,若在夏季施工,需进一步考虑季节性水位的升高。另外,近年来受永定河地下水回灌造成地下水位平均年变幅一般在4.0m左右,场区内近3~5年最高地下水位标高约为30.0m。

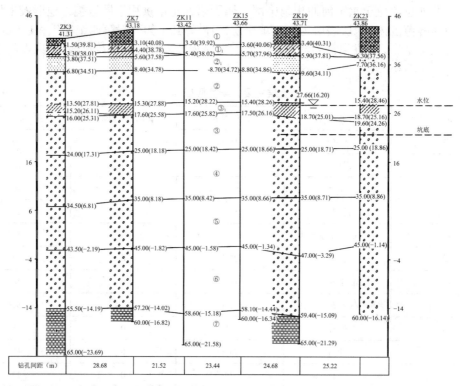

图2 典型地质剖面及水位与坑对相对位置关系图

三、基坑支护方式影响因素分析

基坑支护的主要作用包括挡土和止水两大部分,从这两个角度而言,结合基坑周边地上、地下环境、工程及水文地质情况分析,影响该基坑支护方式选择的因素主要可分为以下几个方面:

(1)周边管线。平面位置上,基坑周边管线错综复杂,且距离基坑较近,剖面位置上,管线之间距离亦很近,且部分相邻管线在剖面存在投影重叠的情况。这也造成了基坑支护结构,如锚杆等,极易对管线自身结构造成损害;另外,深基坑开挖所引起的变形传递至管线附近时所带来的大变形及不均匀沉降,也有可能不满足管线的保护要求。所选择的支护方式应能有效地避免在上述两方面的不利影响。

(2)邻近地铁。基坑距地铁结构外边线最近约31m,小于保护距离限值50m。此时,基坑工程对地铁的影响主要表现在两个方面:一是基坑开挖深度较深,深基坑开挖引起的水平位移;二是地下水位较高,降水所引起的固结沉降。无论是水平位移或是竖向沉降,均应控制在合理范围内,保证地铁运营不受影响。

（3）填土。场地平整至设计标高后，其±0.00 为 42.5m，局部填土厚度达 5.5m，填土力学性质差，加之开挖深度较深，基坑开挖后，填土作用于支护结构上的主动土压力大。

（4）地层。由于填土层以下即为卵石层，且卵石层厚度很厚，因此，地层对该项目支护方式的影响主要体现在施工方面，包括施工的难易程度、施工工期以及支护结构施工可靠程度等。通常而言，卵石层难以钻进，且对灌注桩及高压旋喷桩止水帷幕成桩均有不利影响。

（5）地下水。地下水平均高于坑底 5.5m 左右，基坑范围内地下水降深较大；基坑坑底及以下均为透水性较好的卵石层，渗透系数为 293.18～306.47m/d，渗透系数较高；加之，基坑开挖面积为 13300m²，开挖面积也较大。以上 3 个因素影响也决定了，基坑开挖后，在不采用有效的止水措施时，基坑内涌水量将非常巨大。根据《建筑基坑支护技术规程》JGJ 120—2012，基坑降水总涌水量计算公式为

$$Q = \pi k \frac{(2H - s_d)s_d}{\ln\left(1 + \dfrac{R}{r_0}\right)} \tag{1}$$

式中：Q——基坑降水总涌水量（m³/d）；

k——渗透系数（m/d）；

H——潜水含水层厚度（m）；

s_d——基坑地下水位的设计降深（m）；

R——降水影响半径（m）；

r_0——基坑等效半径（m）。

在计算过程中，取降水面积 13260m²，渗透系数 306m/d，降深 6.75m，计算可得基坑涌水面量约为 160000m³/d。

结合管井布置的一般方式以及抽水能力的工程经验，单从涌水量而言，若不采用有效的隔水措施，仅采用管井降水，将会出现水位无法有效降低的情况。另外，周边雨水管线主要集中在西侧及北侧，雨水管管径 700mm，市政管网单日排水量约 43000m³，其排水能力也达不到要求。

图 3 显示了近年来北京市地下水位的变化情况，可以看出，受南水北调等因素的影响，地下水位呈逐年上升的趋势，尤其是在夏季月份，地下水位将会明显高于勘察水位，这些因素极有可能进一步大大增加施工期间基坑涌水量，使基坑排水问题更为显著和难以解决。

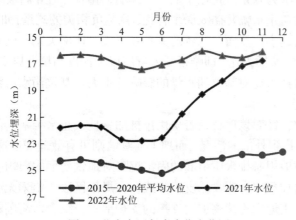

图 3　北京市近年来水位变化图

因而，综合以上影响因素的阐述和分析，不难发现在该项目中，地下水的影响成为基坑支护及降水方式的最为关键的因素。

四、基坑支护方式的确定及支护方案

北京地区常用的基坑支护形式中，围护构件主要为排桩的形式，其对土层的适用性强，且具有施工工艺成熟、工程量小、工期快的特点，多配合预应力锚索来平衡土压力，在采用锚索无法避开对周边管线或其他建（构）筑物影响时，也采用内支撑的方式。然而，由于近年来随地下水位上涨，基坑深度较深的情况下，地下连续墙也逐渐成为常用的支护形式，地下连续墙墙体同时也具有良好的抗渗能力，当地下连续墙完全嵌入隔水层时，可以完全隔绝坑内外水力联系，仅采用坑内降水即可，对坑外的影响也非常小，土压力的平衡也是采用预应力锚索或内支撑形式，考虑到预应力锚索施在经济上节约、施工上的便利，在有条件的情况下，优先采用锚索平衡土压力。

根据项目地质条件，参考周边类似项目，两种支护方式从理论上而言均对本项目有良好的适用性。通过采用基坑支护设计软件 RSD 以及启明星计算发现，单从控制土压力和变形的角度而言，排桩加锚索支护形式以及地下连续墙加锚索的支护形式均可以很好的考虑因素（2）和（3）的影响。

针对因素（1），采用锚索在局部地段无法避开对管线的严重不利影响，此时，通过计算，采用内支撑替换锚杆也可满足。

针对因素（4）的影响，在卵石地层中施工灌注桩易发生卡钻现象，会相应的降低工效，且卵石地层高压旋喷桩止水帷幕成桩的可靠性差。而采用地下连续墙加锚索支护形式时，客观而言，由于稳定隔水层埋深很深，导致地下连续墙的长度很长约 60m，因此，工程量也较大，施工工期也较长。但从安全性角度而言，连续墙刚度大、整体性好，该地层条件下，基坑开挖过程中安全性更高，变形也更小。

针对影响因素（5），第三节已经分析得到，若不采用有效的隔水、止水措施，基坑内水位则无法降至基坑底部 0.5m 以下，且市政管线也不具有相应的排水能力。采用地下连续墙的形式时，由于完全隔绝了基坑内外水力联系，仅需要抽排连续墙围护面积内坑底 0.5m 以上水体，水量仅为约 60000m³，可完全满足降水要求。若采用排桩加悬挂式止水帷幕，由于基坑内外仍存在水力联系，相比于地下连续墙，排水工程量将会增加。该条件下，排水工程量的增加程度与止水帷幕插入深度有关，且呈负相关的关系，即止水帷幕插入越深，排水所增加的工程量越小，然而，二者的关系并不成等比例关系，已有研究成果表明，对于悬挂式止水帷幕，帷幕插入比（即帷幕插入坑底以下深度与坑底以下透水层厚度的比值）在 0.8 以下时，帷幕插入比对基坑涌水量的影响并不大，基坑涌水量约为不采用止水帷幕时 0.7～0.9 倍。

以上分析也表明，针对该项目，若采用排桩加悬挂式止水帷幕，仍会出现水位无法有效降低，且水体无法排到外部的情况。而地下连续墙则可有效地规避这一影响因素。另外，地下连续墙也可有效地规避排水所引起的固结沉降对地铁变形的影响。因此，针对该项目，综合选用地下连续墙加预应力锚索的支护方式，在局部区段，锚索无法避开对管线严重不利影响的情况下，采用地下连续墙加内支撑的支护形式。结合启明星软件计算，典型的支护剖面如图 4 所示。

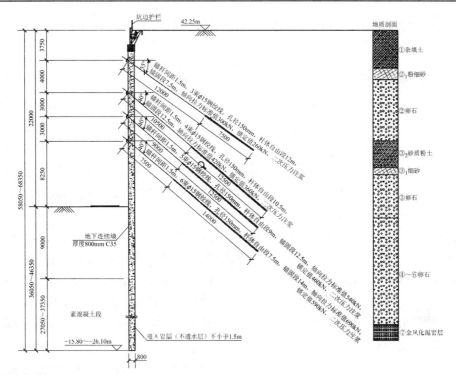

(a) 地下连续墙加锚杆支护形式

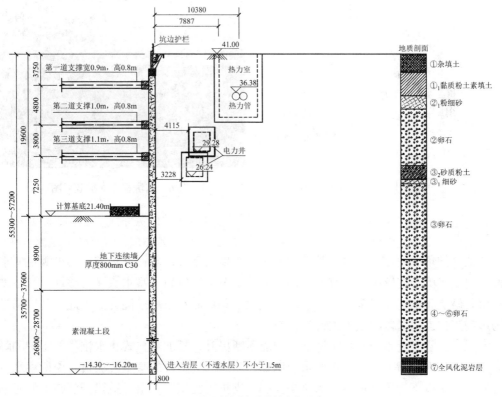

(b) 地下连续墙加内支撑支护形式

图 4　典型支护剖面图

值得说明的是，地下连续墙下部的主要作用为隔水，因此，在该部分地下连续墙采用素混凝土。

五、支护效果

图 5 显示了 2023 年 5 月 10 日第一道锚杆施工；2023 年 5 月 22 日，基坑北侧、东侧第二道锚杆施工；2023 年 6 月 3 日，基坑北侧、东侧第三道锚杆施工；2023 年 6 月 19 日，基坑开挖约 14m，第四道锚杆施工以及截至 2023 年 8 月 1 日，1 号楼负四层施工时，基坑变形最大位置处地下连续墙深度-水平位移曲线，可以看出，在第三道锚杆施工之前，基坑水平位移均较小，在 1 号楼负四层施工时，地下连续墙累计最大水平位移也不超过 10mm，表明了支护体系的有效性和可靠性。

在降排水方面，仅在基坑内部间隔 20m×20m 布置疏干井，降水工作开始以后，地下水位迅速下降，14d 内降水深度达 6.0m，满足了施工要求。另外，监测数据也表明，至基础底板施工完成时，周边建筑物最大竖向累计位移为 1.98mm，管线最大沉降量为 6.57mm，周边地表则为 7.76mm，均满足设计要求，基坑始终处于稳定状态。图 6 也显示了基坑开挖至基底，且基础浇筑完成后支护体系现状图，可以直观看出，该项目中，地下连续墙加锚索的支护形式支护效果良好，且基坑内部无明水。

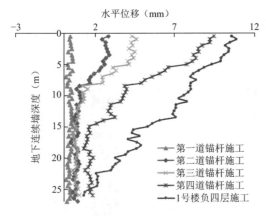

图 5　基坑深层土体水平位移变化曲线

图 6　基坑整体支护效果图

六、点评

仅从支护角度而言，针对该基坑深度和工程地质条件，多种支护方式均可满足要求，然而，由于基坑开挖较深，基坑开挖面积大；地下水位较高，富水层又为渗透系数较大的卵石层和砂层，基坑涌水量巨大；市政管线没有基坑涌水量承接能力。因此，基坑降排水成为影响支护方式选择的最为关键的因素。

实际上，随着近年来北京市地下水位的不断提升，桩加悬挂式止水帷幕的支护和降排水方案越来越不能满足基坑排水要求。例如，与该基坑临近的某基坑项目，原勘察水位在基坑底部 1m 以下，原支护方案为桩锚支护，支护桩已施工，第一道锚杆已施工但尚未张拉时，因永定河补水，地下水位上涨至基底以上约 4m，基坑涌水量剧增，出现了基坑内水位无法降低的局面。最终经专家论证，于基坑肥槽内重新施工了 800mm 厚地下连续墙落底止水帷幕,地下连续墙底落入基岩,实现了基坑降排水,这也使得基坑支护成本增加了 1 亿,工期增加 5～6 个月。综合分析而言,在北京地区,针对基坑开挖面积大,开挖深度较深的工程,建议采用落底式止水帷幕进行止水。

天津某运营地铁两侧开挖深大基坑工程

程雪松[1] 甄 洁[1] 黄军华[2] 曹 楠[1] 林森斌[3] 裴鸿斌[4] 郑 刚[1]

（1. 天津大学建筑工程学院，天津 300072；2. 中国建筑第八工程局有限公司，上海 200135；3. 中国铁路设计集团有限公司，天津 300308；4. 中国建筑第六工程局有限公司，天津 300012）

一、工程简介及特点

北运河深大基坑位于天津市河北区辛庄大街，地处子牙河、北运河交汇口东北角。该项目跨越正在运营的地铁车站及隧道区间，其基坑与地铁站体两侧贴建。由于挖掘面积较大，采用分仓施工方案依次建设，基坑分区及周边环境见图1，包括1期（已开挖完成）、2A区、2B区、3A区、3B区和4期（未开挖）。既有地铁站为地下3层结构，开挖深度为24.2m。隧道外径6.2m，土层覆盖深度约18m，其长度约为100m，其中约90m位于2A区和2B区，同时隧道上方有一个两层的地下结构。基于监测数据重点研究2A、2B、3A及3B区域的开挖影响，该区域位于现有地铁车站和两条隧道（即上行隧道和下行隧道）附近。2A、3A区为地下两层结构，开挖深度11.6m；2B、3B区为地下3层结构，开挖深度为17.0m。

本项目是天津市首个在运营的地铁线路两侧进行开挖施工的大型深基坑工程项目，既有地铁车站与隧道两侧开挖深度差达5.4m，为非对称不等深开挖，对之后类似的工程有重要参考意义。基坑工程及部分上部结构施工完成后的周边环境见图2。

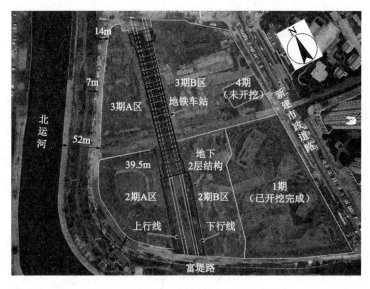

图1 基坑分区及周边环境平面图

图 2　基坑工程及部分上部结构施工完成后的周边环境

二、工程地质条件

1. 场地工程地质

该工程处于天津典型富水软土地区，上部土以杂填土、粉质黏土为主，下部分布有粉土、粉砂地层。既有隧道位于粉质黏土和粉土地层中。土体主要物理性质指标如表1所示。该场地的典型土层剖面见图3及图4。

各土层主要物理性质　　　　　　　　　　　　　　表 1

土层编号	土层名称	重度γ（kN/m²）	含水率w（%）	孔隙比e	液限w_L（%）	塑性指数I_P	标准贯入击数N	固结快剪峰值 c（kPa）	固结快剪峰值 φ（°）	静止侧压力系数K_0	无侧限抗压强度q_u（kPa）
①₂	填土	18.7	29.9	0.89	34.28	15.0	4.8	—	—	—	—
③₃	粉质黏土	18.6	33.3	0.96	31.27	13.1	3.8	23.0	26.7	—	—
④₁	粉质黏土	19.6	25.7	0.74	30.82	12.3	4.7	28.0	26.5	0.55	68.0
⑥₄	粉质黏土	19.0	29.7	0.84	31.31	12.5	6.1	24.0	26.5	0.52	52.2
⑧₂	粉土	20.5	20.6	0.59	29.44	7.4	25.0	8.0	34.0	0.40	35.6
⑨₂	粉砂	20.4	19.7	0.58	25.17	6.6	35.7	14.0	42.0	0.40	59.8
⑩₁	粉质黏土	19.7	25.4	0.74	33.05	14.7	15.9	42.0	23.5	0.45	153.7
⑪₁	粉质黏土	20.1	22.8	0.66	31.03	13.3	16.6	34.0	28.0	0.46	120.2
⑪₂	粉土、粉砂	20.4	20.1	0.58	25.38	7.0	44.4	14.0	42.2	0.40	34.2
⑪₃	粉质黏土	19.8	25.1	0.72	31.14	13.5	18.9	42.0	29.0	0.43	158.6

2. 水文地质条件

表层地下水属潜水类型，初见静止水位埋深 2.20～3.00m，主要由大气降水补给，以蒸发形式排泄，水位随季节有所变化。一般年变幅在 0.50～1.00m 之间。

三、基坑周边环境

北运河深大基坑位于天津市河北区辛庄大街北运河南侧，地处子牙河、北运河交汇口东北角，基坑周边环境如图 1 所示。东侧为已施工完成的新建小区、南侧为富堤路及京杭运河，西侧为一处建筑物和富堤路、北侧为待开挖的 3A、3B 期空地。2A、2B 期工程距西南侧的既有建筑物最近约为 10m，距外侧富堤路约为 7m，距北运河约为 52m。

本次扩建工程设 2～3 层地下室，与天津地铁 6 号线北运河站接建。地面建筑由规划路划分为南、北两个区块，两区通过 4 层连廊相连。北区西侧地上 13 层住宅两栋，高度 65m；北区东侧地上公寓楼一栋、21 层、高度约 100m，及 38 层写字楼一栋，高度约 200m。南区西侧地上 2～4 层商业，高度约 20m，9 层住宅两栋，高度 46m。南区东侧地上住宅楼 8 栋，高度为 50～120m。附近地下管线距离深基坑距离较远，分布在一期东侧新建道路上。

四、基坑围护方案

北运河项目 2A 期、2B 期开始开挖时，一期正在进行主体结构封顶。2 期、3 期基坑围护结构参数及水平支撑参数见表 2。A 侧基坑共用上行侧地铁车站及地下二层结构地下连续墙。B 基坑西侧与既有地下结构共用地下连续墙，东侧与 1 期基坑共用地下连续墙。

本次基坑工程主要影响范围为北运河地铁站及其站端隧道，天津地铁 6 号线已经开通运营。6 号线北运河地铁站车站主体绝大部分位于待开挖的 3 期基坑内，长度约 151m。2 期基坑内车站长度约 40m，隧道长度约 90m。既有结构与开挖基坑相对位置剖面见图 3。

天津地铁 6 号线北运河站为地下 3 层站，车站标准段开挖深度为 24.2m，端头井开挖深度为 25.7m，基坑围护主体围护结构采用地下连续墙明挖法施工。标准段主体顶板厚度为 900mm，中间两层楼板厚度为 400mm，底板厚度为 1400mm，结构柱采用 700mm×1200mm，侧墙厚度为 800mm。端头井段侧墙厚度为 1200mm，结构柱尺寸为 1100mm×1800mm 柱子直径为 600mm。标准段地下连续墙厚度为 1000mm，墙深 42.5m，端头井段地下连续墙厚 1200mm，墙深 44m。柱子采用 C45 混凝土，顶、中、底板，内衬墙采用 C35 混凝土，其余材料采用 C30 混凝土。

隧道外径 6.2m，内径 5.5m，衬砌厚度 0.35m，管片环宽 1.5m，隧道覆土厚度约 18m。基坑与站端隧道主体最小净距约为 8m，位于地铁 50m 控制保护区范围，隧道与基坑在相对位置剖面如图 4 所示。地铁站南侧有地下 2 层建筑位于隧道之上，已施工隧道上方及两侧一定范围地下室，其顶板厚度约 650mm，中板厚度约 800mm，底板厚度约 2300mm，柱子直径约 800mm，并在其下方设置ϕ700 钻孔灌注桩，有效桩长 40m。

基坑围护结构表　　　　　　　　　　　　　　　　　　　　　　表 2

位置	深度	围护结构	围护结构参数	内支撑	止水帷幕
1 期	16.6m	支护桩	直径 1300mm，有效桩长 27.5m，桩间距 1500mm	2～3 道内支撑	厚 800mm，长 37.0m
1 期	16.6m	地下连续墙	厚 1000mm，有效长度 33.5m	—	—
2A	11.6m	支护桩	直径 1000mm，长 28.5m，桩中心距 1200mm	2 道混凝土支撑	厚 800mm，长 34.0m

续表

位置	深度	围护结构	围护结构参数	内支撑	止水帷幕
2A	11.6m	支护桩	直径 900mm，长 20.0m，桩中心距 1100mm	2 道混凝土支撑	厚 800mm，长 34.0m
2B	17.1m	地下连续墙	厚 1000mm，有效长度 40.5m	2~3 道内支撑	厚 800mm，长 41.0m
2B	17.1m	地下连续墙	厚 1000mm，有效长度 33.5m	2~3 道内支撑	—
3A	11.6m	支护桩	直径 900mm，长 20.0m，桩中心距 1100mm	2 道混凝土支撑	厚 800mm，长 34.0m
3A	11.6m	支护桩	直径 1000mm，长 28.5m	2 道混凝土支撑	厚 800mm，长 34.0m
3B	17.1m	地下连续墙	厚 1000mm，有效长度 34.5m	2~3 道内支撑	—
3B	17.1m	地下连续墙	厚 1000mm，有效长度 36.5m	2~3 道内支撑	—
地铁车站	—	地下连续墙	厚 1000mm，有效长度 41.5m		

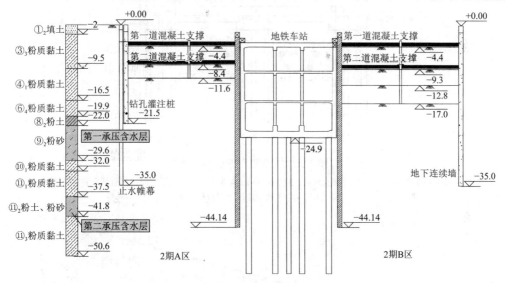

图 3 基坑与车站相对位置剖面图

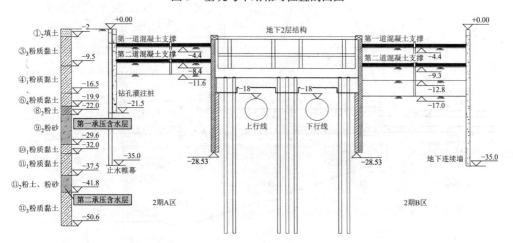

图 4 基坑与隧道相对位置剖面图

五、简要监测资料

1. 监测方案

为保证基坑施工过程中既有地下结构的安全,对既有地铁车站主体以及坑内、坑外 50m 范围内隧道布置监测点,进行变形监测。

车站范围内监测点间隔为 10m,每侧各布置 20 个监测点。2 期基坑开挖范围内隧道处,每隔 5m 设置一个监测点,单侧共有 20 个监测点。基坑外延伸隧道处监测点间隔 10～15m。每个监测点位设置 4 个位移传感器,各监测点位剖面及平面布置见图 5 及图 6,结构变形控制标准如表 3 所示。

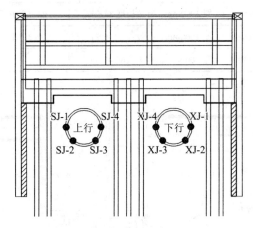

图 5　地铁监测点剖面布置图

监测点 SJ(XJ)-1～4,为水平位移监测点;SJ(XJ)-1、4 兼作车站、隧道竖向位移监测点和收敛监测点;
SJ(XJ)-2、3 兼作道床竖向位移监测点

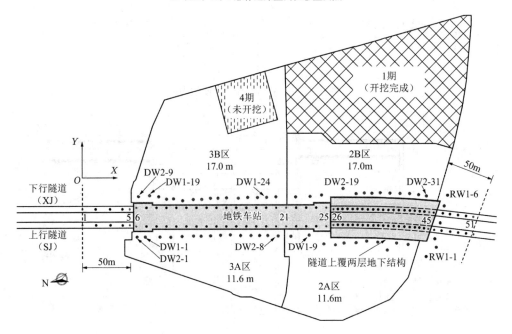

图 6　地铁监测点平面布置图

既有结构变形控制标准   表3

监测项目		初始标准		调整后标准	
		预警值	控制值	预警值	控制值
地铁车站	水平位移（mm）	5	10	12	15
	竖向位移（mm）	5	10	7	10
隧道	水平位移（mm）	3	5	12	15
	竖向位移（mm）	3	5	6	8

2. 监测结果

以天津地铁6号线北运河地铁车站结建基坑工程为背景，对开挖深度、面积不对称基坑在地铁主体、隧道结构两侧零距离进行施工的情况进行研究。基于现场实测数据，重点分析既有车站主体、隧道在开挖过程中的水平位移、竖向位移的变形规律。

1）车站、隧道结构水平位移

2、3期基坑开挖过程中既有车站、隧道、轨道结构水平位移如图7、图8所示。

2期基坑开挖导致的既有结构水平位移主要呈现在基坑内隧道上。随着基坑开挖深度增大，上、下行隧道各自向邻近侧基坑的水平位移随之增大。而坑内车站、坑外车站的水平位移始终在0~1mm内发展。此区间内上行侧隧道主要向2A基坑内位移，最大水平位移约1.8mm，位于2期基坑的中心；基坑开挖使下行侧隧道在靠近2期基坑南边界处，产生最大约4.8mm的向2B基坑内的水平位移。

3期基坑内车站两侧均向3B基坑侧移动。随3期基坑开挖深度增大，车站向3B基坑偏转程度越大。2期、3期基坑的开挖都对坑内结构水平位移发展起主要作用，对坑外结构基本无影响，且水平位移最大处均位于开挖基坑中心附近。两期基坑中既有结构水平位移差异点主要在于2期基坑内主要为隧道结构，由于上、下行隧道间为土体充填，无刚性连接，故在整体上表现为隧道向各自邻近侧水平移动；3期基坑范围内均为车站主体，其刚度大，具有良好整体性，开挖导致其整体向深度较大一侧基坑偏转。2A、2B基坑深度分别与3A、3B深度一致，但由于车站、隧道刚度差异，最终车站水平位移小于隧道。

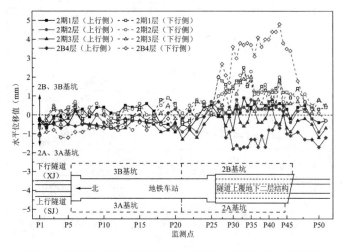

图7 2期开挖过程中既有车站、隧道、轨道结构水平位移

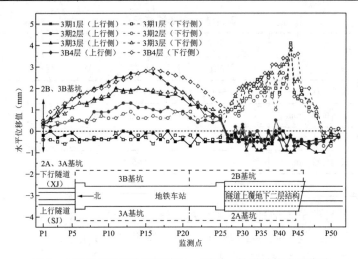

图 8　3 期开挖过程中既有车站、隧道、轨道结构水平位移

2）车站、隧道结构竖向位移

北运河地铁扩建工程 2 期基坑开挖过程中，既有地铁车站以及隧道在上行隧道侧和下行隧道侧的隆起变化如图 9、图 10 所示。在 2 期基坑开挖过程中，车站主体结构与隧道结构的隆起值随基坑开挖的进行而不断增大。2 期基坑开挖完成时地铁车站隆起最大值为 10.7mm，超过原控制值 10mm，而隧道的竖向最大位移值为 9.9mm，超过原控制值 5mm 约 100%。

随着 3 期基坑的开挖，既有结构竖向隆起最大值逐渐由 2 期基坑内车站与隧道接驳处附近，向 3 期开挖基坑的中心附近靠近。在开挖过程中，既有结构隆起不断增大。在 3 期 4 层开挖前，隆起最大值随每次土方开挖变化不大，且最大值所在位置仍位于 2 期基坑内的车站主体结构范围，在 3 期 3 层开挖完成后，隆起最大值位置移动到 2、3 期基坑交界处附近。3 期 4 层开挖完成时上行侧结构隆起最大值由上一次开挖完成的 11.2mm 增长到 14.44mm；下行侧结构则由 10.67mm 增大到 15.39mm，超过原控制值约 50%，且位置均转移到 3 期开挖基坑中心处的车站主体结构上。由于 3 期基坑内完全不包括既有隧道结构，隧道结构的隆起值变化不大，3 期 4 层开挖完成时隆起最大值为 10.75mm。

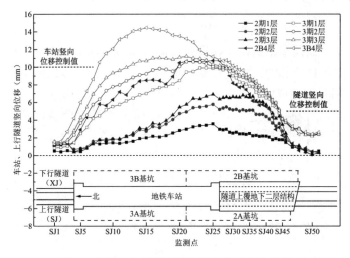

图 9　车站、上行隧道结构既有结构竖向位移

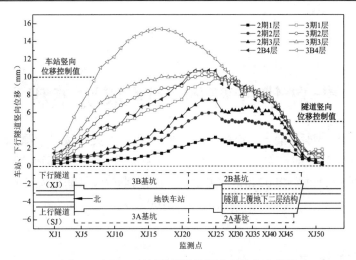

图 10 车站、下行隧道结构既有结构竖向位移

由上行、下行侧既有结构竖向位移曲线可知，4 层开挖完成后，下行侧结构隆起大于上行侧结构，即两侧基坑开挖深度不对称导致开挖深度较大一侧的结构产生更大隆起。此规律与 2 期开挖完成时两侧结构的隆起最大值相等的结论不同，这是由于 2 期 4 层开挖前实施堆载控制措施，在下行侧施加更多荷载。对比上行、下行侧既有地铁结构变形发展，虽然 3 期基坑不对称开挖导致开挖范围内下行侧车站主体结构竖向隆起大于上行侧，但是由于下行侧 2 期基坑内建设的地上结构荷载大于上行侧，使得 2 期基坑范围内下行侧地铁结构的竖向隆起得到更大的抑制，在整个 3 期基坑开挖时期内的增大值不到 1.0mm。

六、点评

北运河深大基坑是天津市首例在时速 60km/h 的过站运营地铁两侧开挖、上盖的深大基坑项目。施工过程中，运营地铁不停运、不降速，基坑群施工不仅要应对基坑自身变形，还要将既有地铁隧道、站体结构的水平、竖向变形限制在报警值内，保证地铁结构不破坏、不渗漏，基坑工程全寿命周期通过一系列的手段对地铁、基坑、降水、土方开挖方式调整、变形数据的模拟与监测分析等，保证地铁运营安全。鉴于实测结果，对类似工程有以下经验可供参考：

实测结果表明，地铁车站结构整体性好，向深基坑方向呈现水平位移，而两条隧道沿相反的水平方向向各自相邻的开挖侧移动。两侧不等深开挖导致地铁车站和隧道出现较大的竖向位移，3 期开挖完成时车站结构隆起最大值为 15.39mm，隧道结构隆起最大值为 10.75mm，分别超过原控制值约 50%和 100%，采取在地铁车站上方施加超载的措施可有效控制既有地铁车站及隧道的隆起。

青岛华能郡府北区基坑工程

陈必光[1]　刘　康[2]　刘兴华[1]　刘　猛[1]　吴梦龙[1]　康景文[1,3]

（1. 北京中岩大地科技股份有限公司，北京　101104；2. 上海交通大学船舶海洋与建筑工程学院，上海　200240；3. 中国建筑西南勘察设计研究院有限公司，四川成都　610052）

一、工程简介及特点

本项目基坑场地位于青岛市原四方区宣化路，基坑形状为近似长方形，总面积约7957m²，全周长约为364m，基坑深度为6.2~9.2m。场地地形平坦，整体地势北高南低，东高西低，地面标高最大值为13.95m，最小值为10.40m，最大高差为3.55m。本项目小区拟建三栋住宅，其中北侧两栋，南侧一栋，两层地下室，垫层底标高为3.1~5.1m不等。

场地整体地貌类型为剥蚀缓坡，原属山麓斜坡堆积地貌，为地貌单元属山前平原。区域性构造运动比较强烈，发生了大规模区域性的酸性岩浆侵入，形成花岗岩岩基，无沉积夹层、溶洞等不良地质作用，基岩上面覆盖着一定厚度的第四系覆盖层。

本项目基坑为典型的土岩复合地层，基岩上覆素填土及粗、砾砂厚度仅为2~4m，其下为强风化花岗岩。地下室外墙与用地红线距离较近，其中东、西、北侧为4~5m，南侧为7m。根据基坑地层条件及基坑空间情况，项目主要采用土钉墙放坡支护、格构梁＋预应力锚索以及钢管桩＋预应力锚索支护形式。

二、工程地质与水文地质条件

1. 地层结构

场地地层主要为人工填土、粉质黏土、粗砂、砾砂、花岗岩等，其分布特征如下：

①素填土（Q_4^{ml}）：场地内分布广泛，土质松散，为新近堆积土，以回填砂砾为主，含部分砂砾、黏土等，回填时间超过10年，密实度差，均匀性差，该层最大揭示厚度为6.20m。

②粉质黏土（Q_3^{al+pl}）：主要为黄褐色~灰褐色，干强度中等，可塑，偶见铁锰氧化物和粗砾砂颗粒，局部含有碎石，在场地分布不连续，工程性质良好，较稳定，厚度较小，承载能力中等，该层揭示平均厚度为1.72m。

③粗、砾砂（Q_3^{al+pl}）：主要为黄褐色~灰褐色，在场地内分布较广泛，矿物成分以长石和石英为主，分选差，磨圆差，局部含有岩石风化碎屑。该层最大揭示厚度为2.70m。

④基岩：④₁全风化煌斑岩（χ^{53}）：灰黄色，分布较局限，风化程度强，原岩结构已完全破坏，大多风化为黏土矿物，节理和裂隙较发育。该层最大揭示厚度为7.50m；④₂强风化花岗岩（γ^{53}）：浅肉红~肉红色，分布较广泛，结构、构造已基本破坏，主要矿物成分为长石、石英，除石英外，长石等矿物部分风化为黏土矿物，该层最大揭示厚度为14.00m；

④₃强风化煌斑岩（χ^{53}）：灰黄色，分布较局限，风化强烈，原岩结构、构造已基本破坏，矿物成分以角闪石、长石为主。该层以侵入岩脉形式分布在花岗岩中，最大揭示厚度为12.6m；④₄中风化花岗岩（γ^{53}）：肉红色，分布较广泛，性质均匀，强度高中粗粒结构为主，块状构造，矿物成分主要为长石、石英，节理裂隙发育，以构造、风化裂隙为主。该层最大揭示厚度6.18m；④₅中风化闪长玢岩（μ^{53}）：灰绿色，分布较局限，斑状结构，块状构造，矿物成分以斜长石、黑云母和角闪石为主，风化强烈，节理、裂隙较发育，该层最大揭示厚度3.20m。

2. 水文地质条件

场地地下水主要为孔隙潜水和裂隙水。孔隙水主要赋存于素填土及粗、砾砂岩中，地下水主要补给方式是大气降水。由于拟建场地位于繁华市区，周边地下室管网纵横，地下管道水的泄漏也会成为补给地下水的途径。排泄的主要方式为强透水层的侧向径流，地面蒸发为辅。基岩裂隙水赋存形式以层状、带状的形式为主，主要存在于基岩的裂隙中，裂隙发育的不均匀性导致裂隙富水程度不同。强风化岩中的长石多数风化成为透水性较差的黏土性矿物，该地层中节理发育，裂隙的张开性稍好，导水性稍强，富水性中等，大气降水和侧向径流为该地层的补给方式，排泄方式为侧向径流。实测钻孔内稳定水位最大埋深为1.70m，最小埋深为0.40m，场地由于东边高西边低导致汇水排水方向为由东往西径流。依据当地气象资料和场区水文地质条件，其年变化为1.0～2.0m。

3. 基坑支护设计参数取值

根据地质资料，基坑支护设计采用的岩土体参数见表1。

基坑支护场地地层参数表　　　　　　　　　　　　　　表1

岩土层名称	重度（kN/m³）	直剪试验黏聚力（kPa）	直剪试验内摩擦角（°）
素填土	18	5	20
粉质黏土	19.2	9.05	8.87
粗、砾砂	20	25.8	12.09
全风化岩	20	5	35
强风化岩	22	40	45
中风化岩	24	40	55

三、基坑周边环境情况

基坑位于老城区，车流量较大，管线较多，距基坑红线较近，管线详细信息见表2。

基坑周边管线统计表　　　　　　　　　　　　　　表2

位置	管线类型	材质	与红线距离（m）	埋深（m）
基坑北侧	输水	铸铁	4.67	1.34
	RS	钢	10.62	1.57

续表

位置	管线类型	材质	与红线距离（m）	埋深（m）
基坑北侧	通信	铜/光	14.20	1.16
	雨水	混凝土	1.21	6.37
基坑西侧	污水	混凝土	7.85	1.40
	输水	铸铁	10.54	0.77
	通信	铜/光	14.70	1.10
	通信	铜/光	0.96	1.44
基坑南侧	通信	铜/光	2.02	1.12
	天然气	PE	4.61	2.06
	通信	铜/光	1.80	1.07
	天然气	铸铁	8.13	1.48
	雨水	混凝土	9.44	1.58
基坑东侧	污水	PE	10.93	2.19
	输水	铸铁	12.85	1.51
	路灯	铜	14.94	0.45
	RS	钢	16.56	0.85

四、基坑围护平面图

根据基坑工程的开挖深度、地质条件及周边环境，从安全、经济的角度出发，确定该基坑采用预应力锚索-格构梁联合支护、钢管桩-预应力锚索联合支护及复合土钉墙支护，如图 1 所示。基坑北侧以及西南角纯地下室区域为一层地下室，地下室的垫层底标高在 6.69～8.65m 随着地势西低东高。主楼以及中间区域为两层地下室，开挖底部标高为 3.19～4.20m，一、二层地下室之间采用放坡开挖。

如图 1 所示，1-1、2-2、5-5 剖面开挖深度在 6m 左右，采用复合土钉墙结构进行支护。3-3、4-4 剖面开挖深度在 9m 左右，采用桩锚支护结构。6-6、7-7 剖面开挖深度在 9m 左右，有一定的放坡空间，采用预应力锚索-格构梁及复合土钉墙支护结构。

根据勘察期间测得的场地内稳定水位最大埋深为 1.70m，最小埋深为 0.40m。根据相关工程经验，基坑工程降水采用集水明排的方式，在基坑内坡脚处设置排水沟，沿排水沟方向每 30m 设置一个集水井，尺寸为 0.5m×0.5m×1.0m；土钉墙处设置泄水孔，水平及竖向间距 3.0m。土方开挖过程中在基坑周边视水量情况设置临时排水沟和临时集水井。排水管道的整体坡度不应小于 0.5%，在排水管道设施与市政管网连接口之间设置沉淀池，沉淀池使用过程中应该及时地清理淤积物并保持排水畅通。

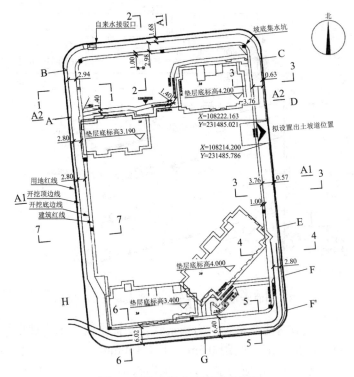

图1　基坑支护方案平面布置图

五、支护结构典型剖面图

基坑不同部位代表性支护剖面见图2、图3和图4。

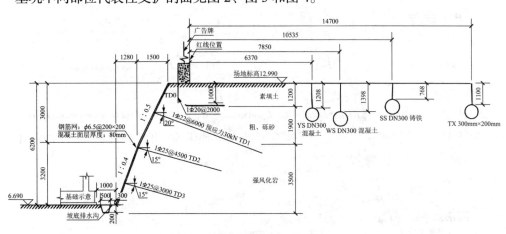

图2　剖面1-1土钉墙支护结构

图2为剖面1-1，采用土钉墙支护结构。土钉直径为110mm，注纯水泥浆，水泥强度等级为P·C32.5R，注浆体强度等级M20，水灰比为0.50；部分土钉采用槽钢连接，施加预加力30kN，其他土钉在横向采用φ16加强筋连接；每隔2.0m（$L=1000$mm）用以挂网；面层钢筋网采用φ6.5@200×200，喷面混凝土强度等级为C20，喷面厚度为80mm。

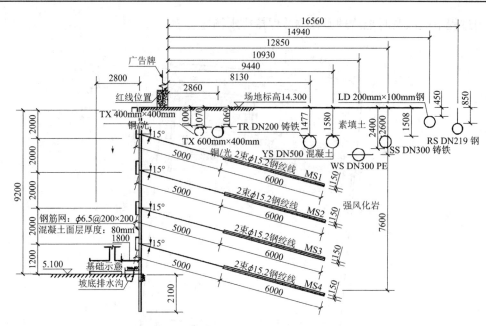

图3　剖面4-4钢管桩+预应力锚索联合支护结构

图3为剖面4-4，采用钢管桩+预应力锚索联合支护结构。钢管桩直径127mm，壁厚4mm，Q235级钢材，桩长12m，间距0.5m，孔径160mm，孔内外灌注不低于M20水泥浆，水灰比0.5，灌浆应饱满。预应力锚索设置横向格构梁，边坡顶部设压顶梁，截面均为300mm×300mm。锚索成孔直径150mm，采用二次注浆工艺，锚索角度15°～20°。

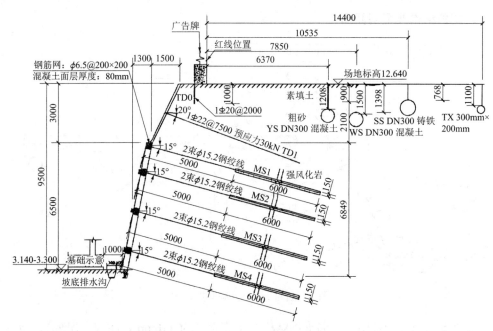

图4　剖面7-7预应力锚索+格构梁及复合土钉墙支护

图4为剖面7-7，采用预应力锚索+格构梁及复合土钉墙支护结构。顶部1：0.5坡比进行放坡，设置一排土钉，预拉力30kN。下部四排预应力锚索，锚索水平间距1.5m，竖向

间距 2m，成孔直径 130mm，总长 11m，锚固段长度 6m，施加预应力 80kN。格构梁按 2.0m × 2.0m 及 2.0m × 1.8m 间距布设，纵梁顶设压顶梁，格构梁及压顶梁尺寸为 300mm × 300mm。格构梁采用喷射混凝土形式，强度等级为 C25。

六、实测资料

本基坑工程监测内容为坡顶水平位移、坡顶竖向位移、建筑物沉降和周边管线沉降，基坑监测平面布置见图 5。沿基坑边布置坡顶位移监测点 17 个（水平位移、竖向位移监测点共用），编号为 PJ1～PJ17；周边建筑物沉降监测点 3 个，编号为 JJ01～JJ03；基坑周边管线沉降监测点 21 个，编号为 GXJ01～GXJ021。

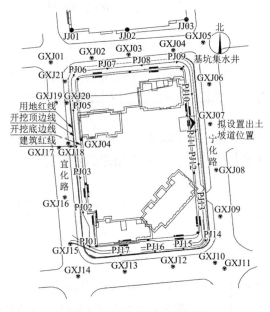

图 5　基坑监测平面布置图

监测内容包括坡顶水平位移、坡顶竖直位移、桩身水平位移和管线沉降，监测期限为一年。监测点 PJ12 和 PJ13 桩顶水平位移、桩顶沉降、管线沉降监测点 GXJ08 随时间变化曲线见图 6、图 7、图 8。

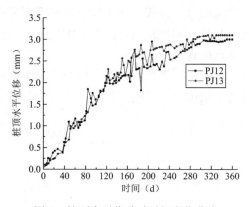

图 6　桩顶水平位移随时间变化曲线

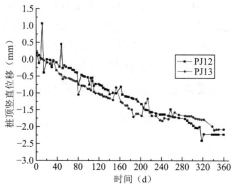

图 7　桩顶沉降随时间变化曲线

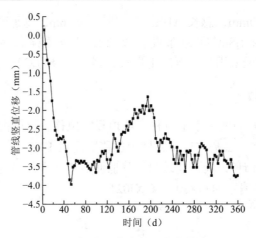

图 8 管线沉降随时间变化曲线

由图 6 可得，随时间的推移，桩顶水平位移稳定在 3.0mm，最终稳定在 3.1mm；由图 7 可知，桩顶竖直位移稳定在 2.43mm，最终稳定在 2.28mm；由图 8 可知，管线沉降最大值为 3.75mm。

PJ12 和 PJ13 监测点均为 4-4 剖面钢管桩＋预应力锚索支护，可以看出，随着基坑的不断开挖，桩顶水平位移量、桩顶竖直位移量均随时间推移呈现出不断增大的趋势。基坑开挖期间的前 6 个月，位移发展速度较快，基坑开挖到底后，桩顶水平位移、竖向位移仍有一定程度的发展。而此处周边道路的管线沉降在第 3 个月达到最大值 3.75mm，后续呈现一定的波动，但总体较为稳定。

七、经验总结

青岛市区第四系上覆土层厚度一般小于 10m，土岩组合地层为青岛地区常见基坑地层情况。本项目采用土钉墙放坡支护、格构梁＋预应力锚索以及钢管桩＋预应力锚索的联合支护形式对一、二层地下室基坑进行支护，根据设计方案及现场监测结果，得出以下结论：

（1）针对本项目土岩组合地层，上覆土厚度小于 4m，基坑开挖深度 9m 左右，采用复合土钉墙或微桩加预应力锚索组合的支护形式可以有效地控制基坑开挖变形和周边管线的位移。

（2）基坑的开挖改变了地应力分布状态，基坑的水平位移和周边管线的沉降主要在基坑开挖阶段产生。基坑开挖至坑底后，基坑的水平位移和桩顶沉降还在继续发展，但速率较低，可能由于降雨或其他原因的影响，或者锚索出现了一定的应力松弛。

（3）通过对本项目微桩加预应力锚索组合支护建立三维数值模型进行分析，类似基坑工程可以选择适当地增大预应力锚索的预加拉力、增加钢管桩的间距或减小桩身长度来节约成本。

深圳中集前海先期启动区基坑工程

谭 路 [1,2,3]　张 俊 [1,2,3]　张兴杰 [1,2,3]　黄致兴 [1,2,3]

任晓光 [1,2,3]　李 典 [1,2,3]　王 涛 [1,2,3]

（1. 中冶建筑研究总院有限公司，北京　100088；2. 中国京冶工程技术有限公司，北京
100088；3. 中冶建筑研究总院（深圳）有限公司，广东深圳　518000）

一、工程简介及特点

本项目位于深圳市南山区前海，建成后为前海对外一线门户和世界级综合体。场地南
侧和西侧紧邻深圳主干路，北侧和东侧紧邻深圳快速路。

场地分为 10 个地块，分三期施工，为深圳市为数不多的复杂超大群基坑。针对项目场
地范围太大，采用"分仓抽条法"布置开挖顺序，一期启动地块为 09-02-02、09-02-09 和
09-02-04、09-02-07 四地块（图 1）。

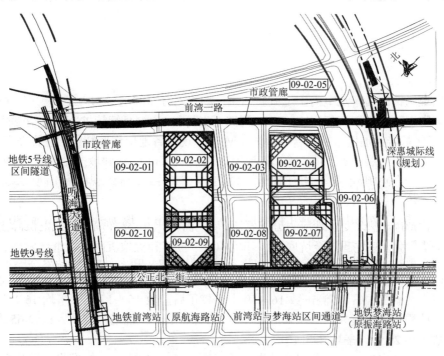

图 1　基坑总平面图

本项目基坑设计及施工条件复杂，在支护结构设计与施工时的重点及难点如下所述：

（1）建设单位对工期及造价控制的要求高：本项目基坑面积大（达 53985.5m²）、深度深
（最深达 20m）、周边环境复杂（紧邻地铁结构）、水文地质条件差（位于填海地区），如何在

保证基坑安全的同时又能满足建设单位对工期及造价控制的要求是本项目的设计难点。

（2）对邻近地铁结构保护难度大：本项目基坑与已运营地铁车站相接，而地铁结构对变形极为敏感，如何保证地铁结构的安全是本项目的重点。图2为基坑俯视图。

图2　基坑俯视图

二、工程地质条件

1. 地层岩性

根据现场钻探揭露及室内土工试验结果，场地内分布的地层为人工填土层（Q^{ml}）、第四系全新统海陆交互相沉积层（Q_4^{mc}）、第四系上更新统冲洪积层（Q_3^{al+pl}）、第四系残积层（Q^{el}），下伏基岩为加里东期混合花岗岩（$M\gamma_3$），现将各地层岩性特征自上而下分述如下：

（1）人工填土层：人工填土（揭露层厚 3.30～12.00m）。呈松散～稍密状态。填土未完成自重固结。场地中所有钻孔均有揭露，揭露层厚 3.30～12.00m。现场标准贯入试验 17 次，校正后锤击数 1～10 击，平均 7.9 击。

（2）海陆交互沉积层：淤泥（揭露层厚 0.30～9.80m）。现场标准贯入试验 80 次，校正后锤击数 1～2 击，平均 1.1 击。

（3）上更新统冲洪积层：黏土（揭露层厚 0.90～16.00m）、现场标准贯入试验 92 次，校正后标准贯入试验击数 10～18 击，平均 14.0 击。砾砂（厚度 0.60～12.00m）。现场共进行标准贯入试验 27 次，实测击数 16～19 击，校正后击数 15～17 击，平均 16.2 击。

（4）残积层：砂质黏性土（揭露层厚 0.30～14.80m）。现场标准贯入试验 65 次，校正后锤击数 15～29 击，平均 22.4 击。

（5）混合花岗岩：全风化混合花岗岩（层厚 1.00～17.00m）、标准贯入试验 87 次，校正后锤击数 31～48 击，平均 37.8 击。强风化混合花岗岩（层厚 1.50～30.60m）、标准贯入试验 106 次，校正后锤击数 52～89 击，平均 71.1 击。中风化混合花岗岩（层厚 0.50～12.70m）、岩石风化痕迹明显，岩石结构部分破坏，风化裂隙发育，裂面铁染呈褐黄色，岩芯多呈块状、碎块状，少数短柱状，较坚硬，手折不断，锤击声稍哑～稍脆，合金钻进困难。岩芯采取率 74%～77%，RQD = 0～45%。属较软岩，岩体完整程度为较破碎，岩体基本质量等级为Ⅳ级。下部为微风化混合花岗岩浅灰、肉红色，岩石矿物成分主要为石英、长石、云母，混合花岗结构，块状构造，岩体较完整，岩芯多呈短柱～长柱状，局部块状，裂隙少量发育，裂面少量被铁质浸染，岩石致密坚硬，锤击声清脆，需金刚石钻进。岩芯采取率 90%～92%，RQD = 0～90%。属较硬岩～坚硬岩，岩体完整程度为较完整，岩体基本质量等级为Ⅱ～Ⅲ类。主要岩土层力学参数建议值见表 1，典型地质剖面图见图 3。

主要岩土层力学参数建议值　　　　　　　　　　　　　　　　表 1

地层名称及成因代号	岩土状态	承载力特征值 f_{ak}（kPa）	压缩模量 E_s（MPa）	变形模量 E_0（MPa）	内摩擦角 φ（°）	黏聚力 c（kPa）	渗透系数 k（m/d）
人工填土①（Q^{ml}）	松散～稍密	80	3.2	4.0	15	5	0.1
淤泥②（Q_4^m）	流塑	45	1.7	1.6	5	4.8	0.0005
黏土③（Q_3^{al+pl}）	可塑～硬塑	160	6.0	13	12	28	0.0005
砾砂④（Q_3^{al+pl}）	中密	240	10	28	35	—	10
砂质黏性土⑤（Q^{el}）	可塑～硬塑	230	9.5	25	23	28	0.05
混合花岗岩（$M\gamma_3$）	全风化⑥	350	16.0	70	28	35	0.1
	强风化⑦	550	22	160	33	40	1.0
	中风化⑧	1500	—	—	—	—	2.0
	微风化⑨	4000	—	—	—	0.10	0.80

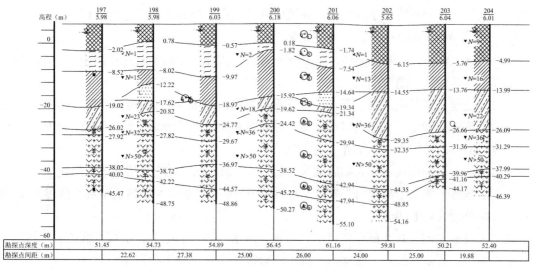

图 3　典型地质剖面图

2. 水文地质条件简述

本工程区域内主要地下水类型有第四系上层滞水和孔隙潜水、基岩裂隙水。人工填土结构较松散，富水性相对较好，含少量上层滞水；第四系孔隙水主要赋存于第四系上更新统冲洪积层砾砂中，其含水性、透水性均较好，属富含水、强透水层，其他地层均属弱含水、弱透水性地层或相对隔水层。场地地下水主要接受大气降水渗入补给及地下径流的侧向渗入补给，并与地表水系（西侧前海湾、北侧桂庙渠）有一定的水力联系，整体上自陆域向海域方向排泄，在一定条件下（如本场地降水或临近工程场地降水，或干旱季节时）可接受海水回灌补给，同时可与海水涨落有滞后联动关系。钻探期间测得地下水位埋深为 $1.00\sim6.20m$，标高 $-0.21\sim5.75m$，场地地下水位年变化幅度为 $0.5\sim3.0m$。

三、基坑周边环境情况

1. 基坑 09-02-04、09-02-07 地块概况

基坑 09-02-04、09-02-07 地块项目共三层地下室，基坑周长约 585.2m，基坑面积约 $17641.4m^2$，基坑周边地面标高为绝对标高 5.78～7.49m，基坑深 17.44～18.87m。基坑南侧采用与地铁共用支护结构＋二道内支撑的支护形式；除共用段外，其余侧均采用咬合桩＋二道内支撑形式。

（1）场地北临前湾一路，下有综合管廊，管廊离基坑支护桩外边线为 14.9～16.18m。

（2）场地南侧为 9 号地铁线前湾站与梦海站的连通通道，连通通道的结构外边线离地下室外墙 3.88～5.55m。

（3）场地西侧中集前海先期启动区项目 09-02-02、09-02-09 地块基坑（待建），离基坑支护桩外边线约 87.0m。

（4）场地东侧为梦海大道，离基坑支护桩外边线约 70.0m。

（5）场地北侧、西北侧存在给水、污水、雨水、燃气、电力、电信等管线，除污水、雨水管线外，其余管线位于管廊内。场地内的管线在基坑施工前需进行迁移。

2. 基坑 09-02-02、09-02-09 地块概况

09-02-02、09-02-09 地块项目共三层地下室，基坑周长约 563.4m，基坑面积约 $15648.7m^2$，基坑周边地面标高为绝对标高 5.71～7.25m，基坑深 17.07～18.78m。

（1）场地北临前湾一路，下有综合管廊，管廊离基坑支护桩外边线为 11.3～12.1m。

（2）场地南侧为 9 号地铁线前湾站（原航海路站）与梦海站（原振海路站）的连通通道，连通通道的结构离地下室外墙约 4.7m。

（3）场地西侧中集前海先期启动区项目 09-02-01、09-02-10 地块基坑（待建）。

（4）场地东侧为中集前海先期启动区项目 09-02-04、09-02-07 地块基坑（待建），离基坑支护桩外边线约 87.9m。

（5）场地北侧、西北侧存在给水、污水、雨水、燃气、电力、电信等管线，除污水、雨水管线外，其余管线位于管廊内。场地内管线，在基坑施工前需进行迁移。

基坑周边管线图见图 4。

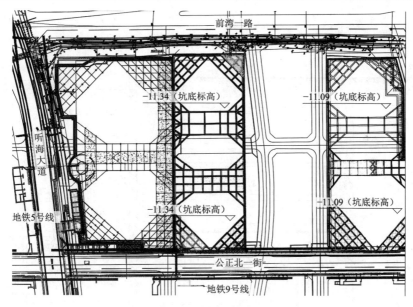

图 4　基坑周边管线图

四、基坑支护设计方案

根据周边环境条件及工程地质条件，结合深圳地区的工程实践经验，本基坑主要采用排桩（咬合桩）＋两道钢筋混凝土内支撑的方案。基坑设计方案的重点在于：①对地铁结构的保护；②支撑结构体系平面布置如何考虑塔楼施工及土石方外运的便利性。

1. 围护结构设计方案

本项目南侧紧邻地铁，地铁支护结构离地下室外墙 3.88～5.55m，本支护方案考虑与地铁共用支护结构，基坑支护方案如下：

（1）基坑南侧，采用与地铁共用支护结构＋二道内支撑的支护形式（图 5）。

（2）除共用段外，其余侧均采用咬合桩＋二道内支撑形式（图 6）。

2. 支撑结构体系

基坑支撑结构体系的平面布置（图 7）主要取决于塔楼的位置与基坑的形状。由于基坑面积大且深度较深，土石方量较大，支撑的平面布置需兼顾避让塔楼保证主体结构施工及利于出土的要求。

3. 对地铁结构的保护措施

采用共用地下连续墙的好处是避免单独支护施工对地下连续墙的影响，安全性有保障，除地铁侧采用共用地下连续墙外，基坑支护设计时对地铁结构的保护措施还包括：①袖阀管注浆加固；②邻地铁侧土方开挖处理；详述如下：

（1）袖阀管注浆加固（用于冷缝封堵）

由于基坑东西两侧支护桩与地铁站厅层结构的地下连续墙之间存在冷缝和间隙，地铁结构变形控制要求严格，故在进行支护桩施工后，首先对该侧本项目基坑与地铁结构基坑支护桩间的土体进行加固处理，加固措施为袖阀管注浆，同时防止渗水。

基坑与在运营地铁结构相接，后期地下室相互连通，通过对地铁车站和隧道的自动化监测手段，基坑南侧地铁站厅结构保护采用动态设计动态施工思路，即设置于站厅层下方的跟踪注浆孔根据地铁结构变形确定是否施工。

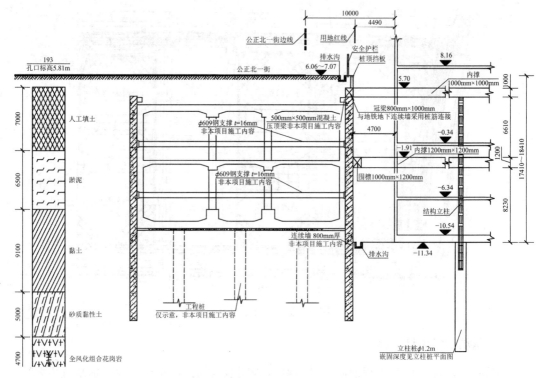

图 5　基坑支护剖面图（南侧）

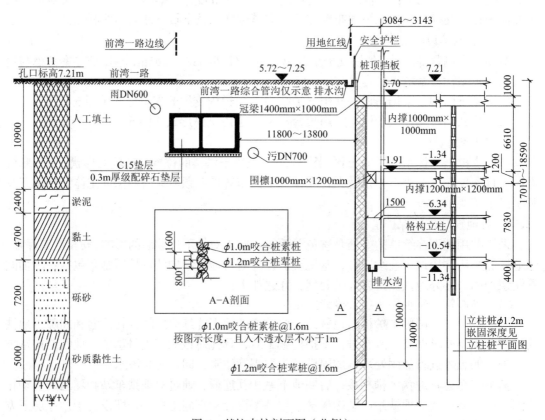

图 6　基坑支护剖面图（北侧）

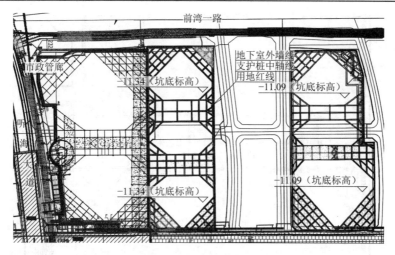

图 7　基坑支护平面图

（2）邻地铁侧土方开挖处理

土方开挖遵循分层、分段、均衡、适时的原则；土方开挖时，先开挖地铁 50m 范围以外土体，再开挖 50m 范围以内土体，充分利用空间效应原理；采用信息化施工，施工中认真做好实时监测，动态设计，健全信息施工制度，及时掌握每一次施工工况中的基坑围护结构及周围环境的变形变化值，如发现变形值异常，应及时调整开挖与支护参数以及基坑无支撑暴露时间。

五、基坑施工难点及其解决方案-设计了"二合一"出土栈桥

为解决大型土石方开挖及运输机械在深基坑中高效且安全地作业的问题，创新性地采用了"二合一"出土栈桥（图 8、图 9），该栈桥可使大量的运土车辆行驶至基坑底，出土效率高。另外，出土栈桥采用"二合一"设计，能实现在基坑安全，节省造价和工期的前提下，车辆双向分流，高效地组织施工。

图 8　出土坡道左视图　　　　　　　图 9　出土坡道俯视图

首先，在场地内利用支撑梁设置两座钢筋混凝土栈桥，即图 10、图 11 中的栈桥，通过在第一道支撑梁留洞施工坡道的方式，出土坡道与第二道内支撑连接，竖直面节点处采用工字钢对拉焊接加强第一道内支撑与第二道内支撑的整体性。栈桥从第一道支撑梁逐渐下坡至第二道支撑梁，后利用土坡道逐渐下坡至坑底；在基坑西侧开口时，土石方可从西侧向外运输，场地内形成了两条土方运输动线，极大提高了土方外运的效率。

203

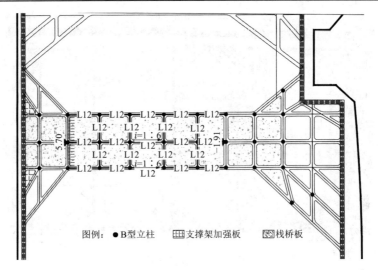

图 10　04、07 地块栈桥平面图（栈桥梁截面尺寸为 1000mm×1000mm）

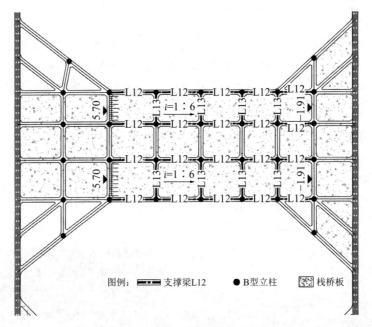

图 11　02、09 地块栈桥平面图（栈桥支撑梁截面尺寸均为 1000mm×1000mm）

六、监测结果分析

基坑施工的时间节点大致是：2019 年 12 月基坑开始施工，截至 2022 年 2 月 24 日。图 12 为基坑监测图，施工期间基坑的监测数据总结如下：

图 13 为基坑北侧、西侧、东侧桩身深层水平累积位移量曲线，深层水平位移累积位移量小于 20mm；表 2 为基坑东西南北各侧桩顶沉降及水平位移最大的监测点的累计位移量，基坑桩顶沉降均在 15mm 范围内，基坑桩顶水平位移均在 20mm 范围内；图 14、图 15 为基坑桩顶垂直、水平位移最大的监测点的位移时间曲线图；图 16 为基坑的立柱桩竖向位移累积位移量曲线，竖向位移累积位移量小于 15mm；图 17 为基坑的周边地表沉降位移累积位移量曲线，竖向位移累积位移量小于 20mm。

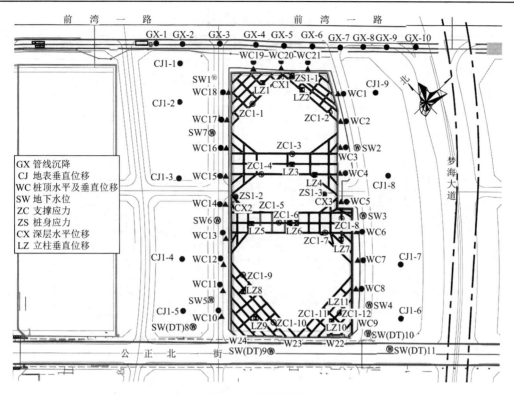

图 12　基坑监测图

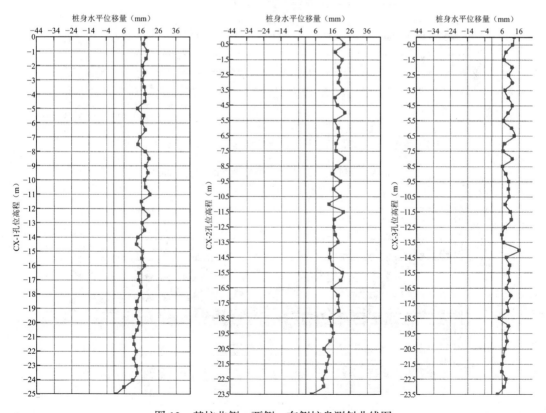

图 13　基坑北侧、西侧、东侧桩身测斜曲线图

监测点号及方位	WC23（南侧）	WC6（东侧）	WC21（北侧）	WC10（西侧）
竖向累计位移量（mm）	−12.3	−1.0	−6.4	+0.9
水平累计位移量（mm）	16.8	16.3	18.9	6.3

桩顶位移累计位移量　　　表2

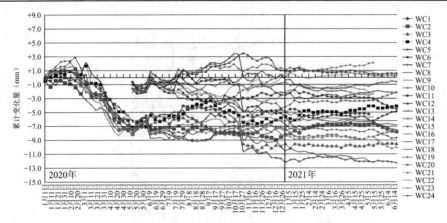

图14　基坑四周桩顶垂直位移观测时间变化曲线

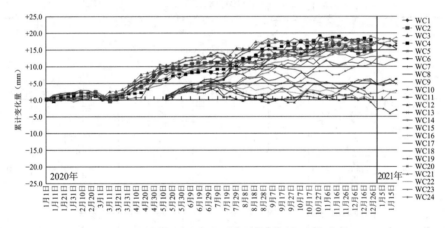

图15　基坑四周桩顶水平位移观测时间变化曲线

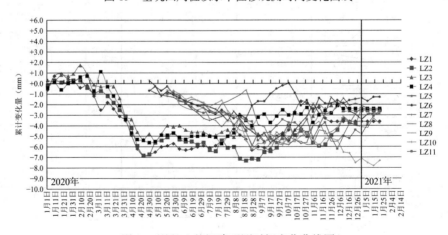

图16　基坑立柱沉降观测时间变化曲线图

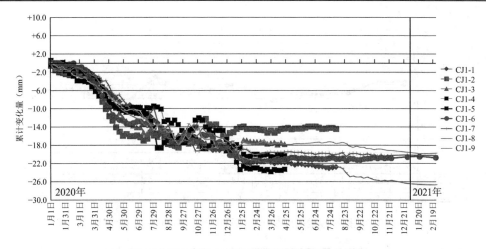

图 17　基坑周边地表沉降观测时间变化曲线图

如图 18～图 21 地铁 9 号线西延线前梦区间左、右线水平及垂直位移变化曲线图所示，项目在工程桩施工、土方开挖及地下室施工期间，监测曲线较为稳定。

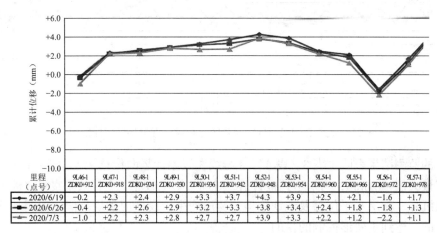

里程 （点号）	9L46-1 ZDK0+912	9L47-1 ZDK0+918	9L48-1 ZDK0+924	9L49-1 ZDK0+930	9L50-1 ZDK0+936	9L51-1 ZDK0+942	9L52-1 ZDK0+948	9L53-1 ZDK0+954	9L54-1 ZDK0+960	9L55-1 ZDK0+966	9L56-1 ZDK0+972	9L57-1 ZDK0+978
2020/6/19	-0.2	+2.3	+2.4	+2.9	+3.3	+3.7	+4.3	+3.9	+2.5	+2.1	-1.6	+1.7
2020/6/26	-0.4	+2.2	+2.6	+2.9	+3.2	+3.3	+3.8	+3.4	+2.4	+1.8	-1.8	+1.3
2020/7/3	-1.0	+2.2	+2.3	+2.8	+2.7	+2.7	+3.9	+3.3	+2.2	+1.2	-2.2	+1.1

图 18　地铁 9 号线西延线前梦区间左线水平位移变化曲线图

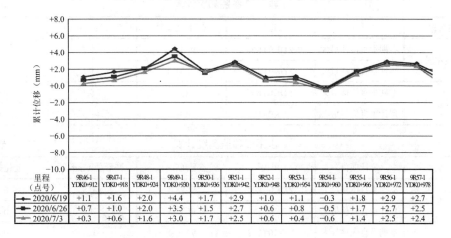

里程 （点号）	9R46-1 YDK0+912	9R47-1 YDK0+918	9R48-1 YDK0+924	9R49-1 YDK0+930	9R50-1 YDK0+936	9R51-1 YDK0+942	9R52-1 YDK0+948	9R53-1 YDK0+954	9R54-1 YDK0+960	9R55-1 YDK0+966	9R56-1 YDK0+972	9R57-1 YDK0+978
2020/6/19	+1.1	+1.6	+2.0	+4.4	+1.7	+2.9	+1.0	+1.1	-0.3	+1.8	+2.9	+2.7
2020/6/26	+0.7	+1.0	+2.0	+3.5	+1.5	+2.7	+0.6	+0.8	-0.5	+1.7	+2.7	+2.5
2020/7/3	+0.3	+0.6	+1.6	+3.0	+1.7	+2.5	+0.6	+0.4	-0.6	+1.4	+2.5	+2.4

图 19　地铁 9 号线西延线前梦区间右线水平位移变化曲线图

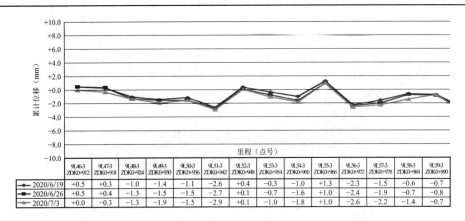

图 20　地铁 9 号线西延线前梦区间左线垂直位移变化曲线图

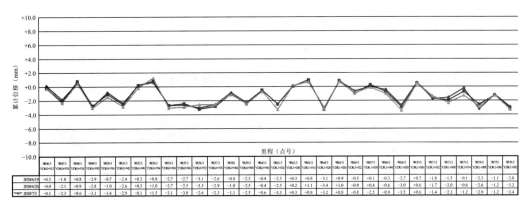

图 21　地铁 9 号线西延线前梦区间右线垂直位移变化曲线图

最终的监测结果表明（表 3、表 4），9 号线左线累计竖向位移最大值为+5.1mm，累计水平位移最大值−4.1mm，均未达到报警值，对周边影响较小，支护效果良好。桩顶水平位移、桩顶沉降、深层水平位移及地铁结构的变形均小于设计值和规范值，说明基坑支护设计是可靠的，达到了变形控制的目的。

垂直位移监测统计表　　　　　　　　　　　　　　　表 3

线路名称	统计项目	里程	点号/断面号	变形量（mm）	变化速率
9 号线左线	本期垂直位移最大	ZDK0+816	9L30-2	−0.7	−0.10
	累计垂直位移最大	ZDK0+822	9L31-2	+5.1	+0.00
9 号线右线	本期垂直位移最大	YDK0+846	9R35-3	−0.6	−0.09
	累计垂直位移最大	YDK0+870	9R39-3	+1.5	+0.03

水平位移监测统计表　　　　　　　　　　　　　　　表 4

线路名称	统计项目	里程	点号/断面号	变形量（mm）	变化速率
9 号线左线	本期垂直位移最大	ZDK0+804	9L28-1	−0.5	−0.07
	累计垂直位移最大	ZDK0+828	9L32-1	−4.1	−0.07
9 号线右线	本期垂直位移最大	YDK0+792	9R26-1	−0.5	+0.01
	累计垂直位移最大	YDK0+792	9R26-1	−2.8	+0.01

七、点评

本基坑深度达 20m，基坑面积大（约 53985.5m²）属超大基坑；基坑周边环境复杂，西、南两侧均有对变形极为敏感的区间隧道、车站，北、西、南三侧密集分布着各类市政管线；本项目位于填海区，存在深厚的淤泥及填石层（两者厚度总和为 10～13m），另外，离海较近，本场地与海域存在水力联系。从经济效益来看，本项目满足了建设单位对工期及造价的控制要求；从监测数据来看，本基坑的支护结构形式是成功的，采取的各项措施是恰当的，有效控制了基坑变形，可为相似的基坑工程提供参考。

本项目的工程实践先进性说明：

（1）多种技术手段并用以降低项目的工期及造价：①基坑最深达 20m，且存在厚度约为 10m 的填土层和淤泥层，按一般经验，在此条件下的基坑需采用三道内支撑进行支护。为减少工期和造价，本项目采取了分区、抽条等充分利用土体的空间效应的施工工序的情况下，将支撑梁缩减为两道。在此措施下，基坑造价降低了七分之一，整体工期降低了约四分之一。②项目南侧为地铁车站，与本项目地下室结构距离约为 4m。本项目利用地铁结构作为基坑南侧的支护，省去了基坑南侧的竖向支护结构。在此措施下，基坑造价降低了六分之一，整体工期降低了约六分之一。③项目深度较深，土坡道难以到底基坑底部，需设置混凝土栈桥。普通的钢筋混凝土栈桥需在支护体系外新增立柱及钢筋混凝土梁板结构。本项目创新性地采用了钢筋混凝土栈桥与支护体系二合一的设计，大大减少了项目的钢筋混凝土用量。

（2）采用动态设计方法保证地铁结构的安全：本项目基坑与已运营地铁相接，加之基坑南侧利用了地铁结构作为基坑的支护结构，对地铁结构的保护是本项目的重中之重。为此，本项目采用三维有限元全面分析项目实施的各个阶段，从而确定相应的保护措施。另外，采用动态施工的设计原则，在施工过程中适时调整支护结构。在上述措施下，最终顺利完成了基坑的施工。

江门某铁路枢纽基坑工程

张 燕 孙红林 熊大生 张占荣

（中铁第四勘察设计院集团有限公司，湖北武汉 430063）

一、工程简介及特点

1. 工程概况

江门某铁路车站枢纽含站房、地下停车场及地铁预留区间三部分配套工程基坑，总面积约 4 万 m²（图 1）。

站房基坑处于中部，实际开挖深度为 6～8m，地下一层，面积约 7850m²；地下停车场地下两层，分布于两侧，基坑面积约 25850m²，实际开挖深度为 6.55～7.65m；地铁区全长约 617.4m，宽度 25～28m，基坑实际开挖深度为 15.9～18.15m，整个基坑均采用明挖顺作法施工，详见图 2。

2. 基坑特点分析

（1）基坑开挖深度范围内地质条件差，上部约 20m 厚流塑状淤泥、含水量高，基坑控制变形不易，承载力低，施工挖土困难。

（2）站房及配套工程深基坑规模大、开挖深度不一，为立体式深基坑群，偏压问题突出，受力体系十分复杂，设计难度大。

（3）坑底存在中等渗透性粗砂层，富含承压水，地下水突涌问题突出，止降水要求高。

（4）站房及配套工程分属不同建设方、施工方，基坑群结构受力体系相互制约，受施工组织影响大，风险安全隐患大。

（5）站房地下结构基础平面布设极不规则，支护结构体系避让难度大，站房净空高，拆换撑处理困难，工期紧张。

图 1 基坑现场实景照片

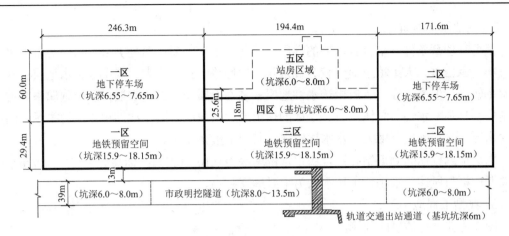

图 2　基坑平面环境示意图

二、工程地质条件

1. 场地工程地质

根据相关详勘资料，钻孔揭示的地层情况，自上而下主要为：素填土①₁、淤泥②₁、粉质黏土③₂、细砂⑪₂、中砂⑫₂、粗砂⑬₃、细圆砾土⑭₃、全风化泥质砂岩㉒₁、强风化泥质砂岩㉒₂、中风化泥质砂岩㉒₃。

素填土，松散，平均层厚 2.71m；淤泥，流塑，10.3～18m；粉质黏土，可塑，平均厚度 4.6m；细砂，松散，平均层厚 3.7m；中砂，稍密，平均层厚 3.6m；粗砂，中密，不连续分布，平均层厚 9.5m，其中基坑开挖深度范围内多为淤泥质土、淤泥层，实测标贯击数 $N=1\sim5$ 击，含水率最大达 64.5%，有机质含量为 2.25%，地基土体承载力为 40kPa；基坑工程实施 2 个月前，场区中部淤泥层土体局部施打塑料排水板结合真空预压处理过，为降低造价，拟考虑真空预压对地基土强度的改良作用，结合静力触探、十字板等原位土体试验，相关土层参数取值见表 1。

地基土物理力学指标　　　　　　　　　　　　　　　　　表 1

地层编号	地层名称	天然重度γ（kN/m³）	含水率w（%）	孔隙比e	固结快剪 黏聚力c（kPa）	固结快剪 内摩擦角φ（°）	渗透系数k（m/d）	地基土比例系数m（MN/m⁴）
①₁	素填土	17.2	—	—	15.0	18	—	1.8
②₁	淤泥	16.1	—	—	6.7（预压后）	3.7（预压后）	—	0.7
			61.3	1.6	5.2（非预压）	2.6（非预压）	—	0.6
③₂	粉质黏土	19.3	29.8	0.82	29.3	13.97	—	2.7
⑪₂	细砂	18.3	—	—	0	22.0	—	20
⑫₂	中砂	18.7	—	—	0	30.0	21.1	25
⑬₃	粗砂	20.7	—	—	0	32.0	27.5	27
㉒₂	强风化泥岩	20.5			36.0	28.0	—	—

注：淤泥层为直接快剪指标。

2. 场地水文地质

根据其埋藏条件并结合含水层的性质，场地地下水主要有两种类型：第一类是潜水；第二类是承压水。人工填土成分较为混杂且均匀性差、孔隙比大，属中等透水地层；软土含水率较高，但渗透性差、属微透水性地层；黏性土属弱～微透水层；砂层则属中等透水性地层，具强赋水性。总体上看，松散的填土层、淤泥质砂层、冲洪积砂层为本场区的主要含水层，由于砂层厚度大，富水性较强，其中水量亦较大。

本场地勘察期间测得钻孔混合稳定水位埋深为 0.10～6.70m，标高为 −5.51～1.92m，据相关勘察资料所述，本场地承压水头为绝对标高−1m。

3. 典型工程地质剖面

图 3 为典型地质横断面图。

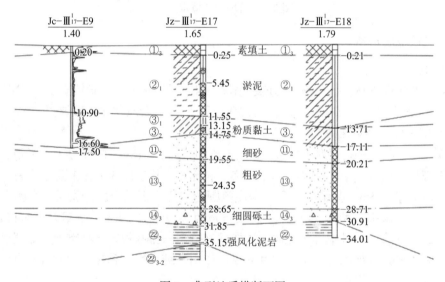

图 3　典型地质横断面图

三、基坑周边环境情况

（1）整个站房及市政配套基坑为同步建设的深基坑群。

（2）南侧地铁结构外边线为正在施工的市政隧道明挖基坑，隧道宽约 39m，对应本工程范围内的基坑挖深 6～13.5m，两结构外边线最近约 13m，隧道基坑根据分段挖深采用工法桩＋内支撑、灌注桩＋内支撑、地下连续墙＋内支撑等多种支护形式。

（3）基坑南侧约 90m 为正在施工的铁路路基，中部连接的轨道交通出站通道明挖基坑最后实施，东西侧开阔，详见图 2。

四、基底软基处理

因工程施工周期短，建设周期为 24 个月，地下基坑计划 16 个月，但基坑开挖范围内主要为淤泥，在原状天然土的前提下无法实施开挖，需要进行地基处理。

采用传统的塑料排水板结合真空预压处理，经济性较好，但不满足工期要求；采用坑内真空井点预降水对该地区淤泥层的处理效果一般；采用传统的满堂搅拌桩加固造价偏高，综合工期及经济性两方面，设计上采用了坑内三轴搅拌桩裙边抽条＋中部散布式单轴搅拌桩加固的方法进行地基处理（图4），经现场试桩，搅拌桩空桩部分水泥掺量10%，下部实桩24%，以解决开挖过程中地基承载力不足及开挖难题。

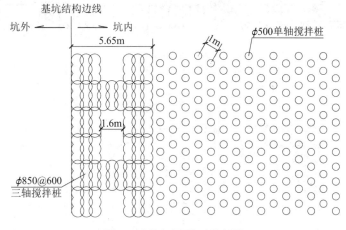

图4　地基加固平面示意图

五、基坑围护方案

1. 平面分区设计

因站房、地铁需同步建设，结合各功能分区及挖深，将整个基坑群分成如下五个区，一、二区为地铁结合地下停车场的深浅交接型深基坑，三区为地铁深挖区，四、五区为站房区浅基坑，如图2所示。

针对不同挖深五个区，为确保基坑群各深浅坑结构受力的整体性、安全性，整个设计为桩（墙）撑体系，同时协调站房及配套工程等多个基坑群的施工时序，考虑动态调整支撑体系，分区式支护，能有效解决了现场施工组织不同步的难题。结合整个项目规模、工期，一、二区与三区间相邻边采用灌注桩做临时中隔墙，设计中考虑三区、五区先同步实施开挖，一、二区同步实施开挖，将四区作为预留核心缓冲区，最后实施开挖四区的方案。

2. 平面支撑布设

在此工序条件下，结合基坑挖深，一、二期地下停车场、五区均为一道混凝土支撑，地铁预埋区域为一道混凝土支撑＋两道钢支撑进行对应支撑体系的布设。浅挖区支撑结构体系中采用角撑、对撑结合米字形布设方式，受力明确、施工空间大，便于后续拆换撑施工。地铁区跨度小，采用对撑形式，结构受力简单，整体性好。具体平面布置见图5。

其中，非地铁浅挖区外侧主体围护结构均采用$\phi1000@1200$的钻孔灌注桩；桩间$\phi600$高压旋喷桩止水止淤；地铁外侧均采用厚度800mm地下连续墙，一、二区停车场与地铁深浅坑过渡边采用落底式地下连续墙，除四、五区分隔边外均采用$\phi1000@1200$的钻孔灌注桩作为临时中隔墙；因四区车站区域独特小鸟天堂的造型，四五区间需设置临时分隔墙，为降低造价，采用$\phi850@600$工法桩，五区设计详见图6。

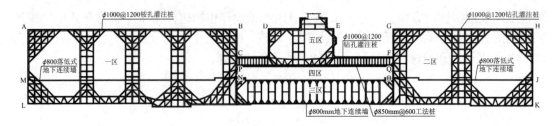

图 5 基坑第一道混凝土支撑整体平面布置图

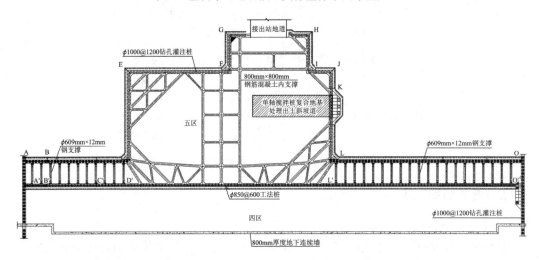

图 6 车站五区基坑支护平面布置图

3. 基坑围护典型剖面图

站房及配套工程为面积超 4 万 m² 的深基坑群,受力十分复杂。其中东西侧地下停车场及地铁预埋区为深包浅型深基坑群,传统深包浅型深基坑常采用先深后浅的开挖工序进行设计与施工,深浅坑属接续作业,无法同步;本工程创新设计工序,采用大坑原则、先浅后深的设计工序,即一、二区均按照先普通挖掘至浅坑底,再局部挖至地铁深部区域的方式进行开挖,确保了地下停车场、地铁预埋区间的同步实施开挖,设计上采用空间错层支撑的结构,缩短了项目工期。

二区地下停车场区域基坑围护主要采用 $\phi1000@1200$ 钻孔灌注桩 + 一道钢筋混凝土内支撑进行支护,桩间采用 $\phi600mm$ 高压旋喷桩进行止淤,坑内侧采用 $\phi850$ 三轴搅拌桩进行被动区加固,加固深度为坑底下 4m,解决软土区抗力不足的问题,典型断面如图 7 所示。

地铁区域基坑达 18.15m,考虑支挡和止水性、围护结构采用 800mm 厚地下连续墙 + 3 道内支撑,第一道为 1000mm × 1000mm 混凝土支撑,第二、三道为 $\phi800mm × 16mm$ 钢支撑,钢倒撑为 $\phi800mm × 16mm$ 钢管撑,地下连续墙接缝采用工字钢接头,每幅交界处采用 3 根 $\phi600$ 的高压旋喷桩进行搭接,详见图 8。

因站房四、五区相应的建设程序相对滞后,其对应基坑施工和开挖较对应前三区市政配套工程的开挖要晚,因此为确保前三区的结构稳定和安全,四、五区不可一次性进行开挖,需预留四区核心土缓冲带,同时考虑站房核心筒树形结构的顺利实施,站房考虑分两期实施,具体五区典型断面如图 9 所示。

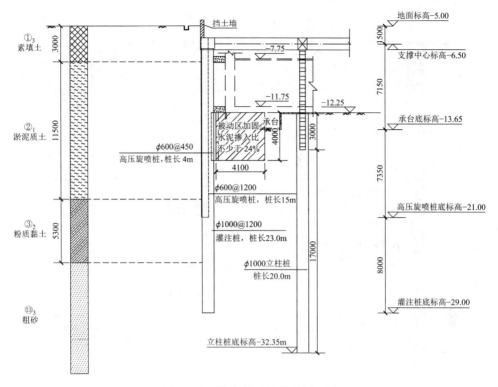

图 7 地下停车场区域典型剖面图

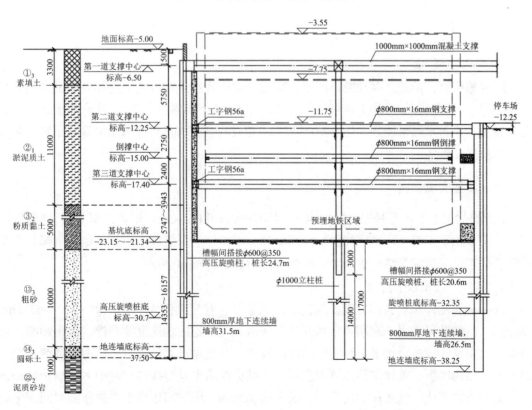

图 8 地铁预埋区域典型剖面图（二区邻地铁侧）

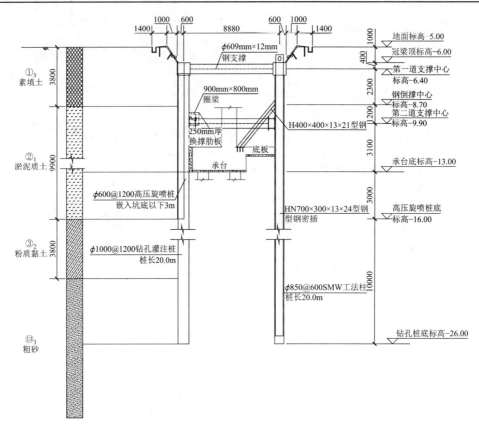

图9　站房区域典型剖面图

4. 降水处理

经复核检算，地铁区存在突涌问题，需进行减压降水。结合地下连续墙水平支挡和止水的考虑，采用局部加长地下连续墙长度 2.5～3.5m（下部素桩方式），落底式止水帷幕，安全经济，止封水效果较好，结合坑内 250m² 布设一口 ϕ600mm 减压降水管井原则，基坑止封水效果良好。

六、简要实测资料

工程于 2018 年 4 月开工，2018 年 9 月中旬实施开挖，2019 年 4 月至 12 月陆续开挖至底，本节拟重点对一区基坑围护结构墙墙顶水平位移、深层水平位移、地表沉降等主要监测项目进行分析和总结分析。一区监测布置示意图如图10所示。

1. 围护墙墙顶水平位移

以一区北侧停车场为例，围护结构墙墙顶累计位移最大值为–20.0（坑外）～62.0mm（坑内），监测结果表明，前期停车场开挖至底后，受深挖区地铁继续开挖，偏压影响，对顶撑、大角撑区域桩顶水平位移变形向坑内发展；基坑角点处位移较小；随后继续开挖至底，施工结构底板，桩顶位移往坑内发展；后续拆撑后未及时换撑，跨中区域围护桩桩顶位移呈现急剧变化，迅速往坑内发展，最大达 62mm。围护墙墙顶水平位移随时间变化曲线如图11所示。

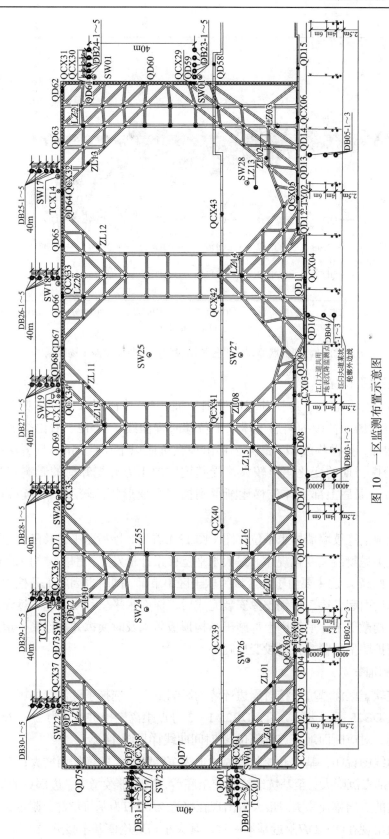

图 10　一区监测布置示意图

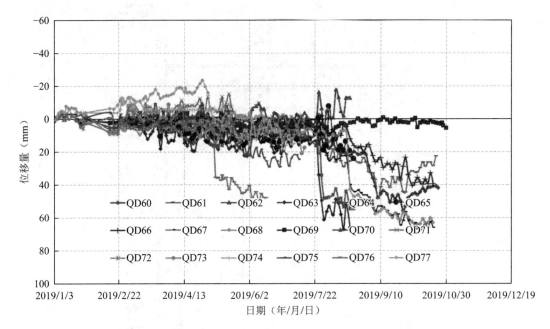

图 11　围护墙墙顶水平位移随时间变化曲线（停车场区域）

2. 深层水平位移

以一区停车场区域、地铁预埋区域围护桩（墙）体深层水平位移测点变形为例进行分析，从停车场围护段的墙后土体水平位移时程曲线（图 12）看出，墙后土体水平位移随深度增加，呈抛物线型，最大位移出现在坑底以下 1～1.5m，且各深度处水平位移累计量在开挖初期的变化幅值较大，受基坑坑内土方开挖卸荷的影响较为显著；底板浇筑完成后，墙后上部土体位移逐渐得到控制，变形幅值较小，后续拆换撑后逐步趋于缓和。

从二区地下连续墙墙体水平位移图（图 13）看出，墙后水平位移随开挖深度增加，呈现由小到大类抛物线型变化规律，最大水平位移累计量发生在围护结构 12.5m 深度处（约第三道支撑标高），这主要由于此区域为软土区中下部，同时也因施工开挖中未及时架设第三道钢支撑所引起，第三道钢支撑安装完成后，深部水平位移变化速率逐渐减小，浇筑底板后，变形稍微稳定，后续因上部施工结构顶板后未及时换撑并拆除第一道混凝土支撑，导致上段围护墙呈悬臂式张口段变形趋势。

3. 地表沉降

为研究软土区深基坑开挖对周边环境的影响范围，选择了近停产场区（浅基坑）地表沉降变形点 DB25 断面进行分析，DB25-1～3 号点距离围护桩桩边为 2m、6m、14m（约 2 倍坑深）等，对应断面地表点沉降位移-时间曲线详见图 14。

变形曲线图说明，基坑开挖阶段周边地表沉降随挖深的增加而增大；在一定挖深范围时，基坑中部点沉降大；至基坑继续开挖至底后，沉降继续增大，边部点的变化幅值变大，较邻近坑边的点增幅速率大，最大值出现在接近 2H（H 为基坑坑深）附近，与软土区地表沉降最大值出现在 (1～2)H 附近基本一致，其大小与理论值基本接近。

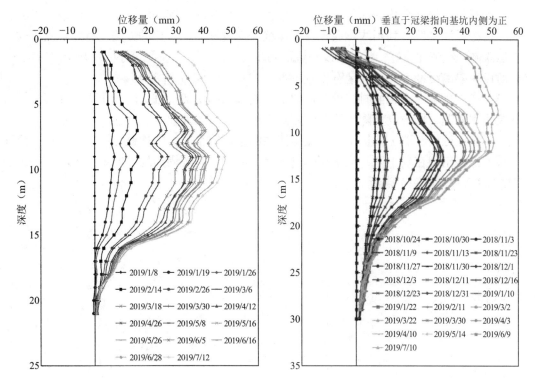

图 12 围护墙墙体深层水平位移（停车场区域）   图 13 围护墙墙体深层水平位移（地铁区域）

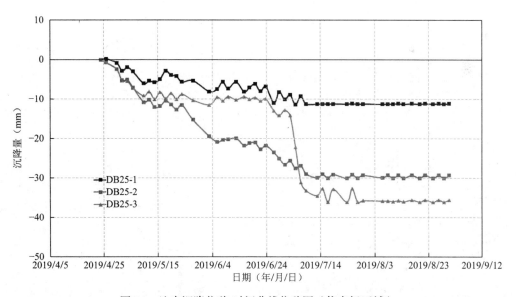

图 14 地表沉降位移-时间曲线位移图（停车场区域）

七、点评

（1）基坑坑底位于深厚流塑状软土区，有别于传统的满布式加固或格栅式加固方案，此项目中采用被动区三轴搅拌桩裙边加固＋中部单轴搅拌桩散布式地基加固的方式，既能增加被动区抗力控制变形，又能解决基底承载力低和挖土的难题。

（2）对于深浅坑交接的深基坑群，该项目打破传统的先挖深坑后挖浅坑的设计思路，采用先普挖至浅基坑，利用浅坑底板作为深坑深挖设置支撑支点的方法，有效解决了软土区偏压难题，经济性较好；异形深浅基坑群同步开挖时，需合理设置分坑及开挖前后工序，必要时设置隔离缓冲区，缓冲区宽度宜不少于 $1H$（H 为基坑坑深）。

（3）在处理承压水突涌时，可利用地下连续墙局部增加素桩长度，止水和支挡合二为一解决止水问题，坑内设置降压管井的方式降压降水，效果较好。

（4）软土区桩（墙）围护结合内支撑体系的结构体系中，围护桩（墙）深层水平位移变形最大值多出现在软土区，集中在基坑中下部区域；基坑周边地表的最大沉降值多出现在 $2H$（H 为基坑坑深）附近。

福州三坊七巷保护修复工程
南街项目基坑工程

赵剑豪 [1,2]　黄伟达 [1,2]　李志伟 [1,2]　俞　伟 [1,2]
刘　鹭 [1,2]　陈振建 [1,2]　方家强 [1,2]

（1. 福建省建筑科学研究院有限责任公司，福建福州　350108；2. 福建省建研工程顾问
有限公司，福建福州　350108）

一、工程简介及特点

该工程位于八一七路南门兜—东街口地铁区间段，南起南门兜地铁站，北至东街口地铁站，结合地铁 1 号线区间将南街地卜空间建设成一流品质的集商业、交通为一体的综合化、系统化地下空间，并形成以南街为中轴线，西连三坊七巷、乌山、乌塔，东串朱紫坊、于山、白塔连续的历史文化风貌区，如图 1 所示。基坑完工后现状如图 2 所示。

图 1　三坊七巷保护修复工程南街项目效果图　　　图 2　基坑完工后现状

该工程地上建筑面积约 3 万 m^2，地下建筑面积约 6 万 m^2，总投资约 27 亿。其中，一期为八一七路地下空间，二层地下室，地下一层为商业，与南街地下空间的商业层相互连接，地下二层为地铁 1 号线轨道区间；呈南北向长条形布置，基坑长度约 480m，宽度 18~23m，开挖深度 16.5~17.3m。二期为西侧南街商业区，地上四层、地下二层（含夹层），与三坊七巷历史文化街区衔接、呼应，基坑周长约 630m，开挖深度约为 15.0~15.3m。三期部分位于八一七路东侧，为下沉广场和出入口，周长约 400m，开挖深度约为 10.5m。

从场地工程地质及水文地质条件、周边环境等方面来看，该基坑具有以下特点：

（1）基坑周边环境条件极为复杂，场地东侧和西侧密布各类建筑物，其中三坊七巷保护街区均为老旧砖木建筑，且距离各类建筑物仅约 5m，没有放坡条件，周边建筑物对基坑

开挖引起的变形非常敏感。

（2）场地横跨八一七路主干道、津泰路（吉庇路）、安泰河等，涉及交通反复导改，以确保交通不中断。

（3）津泰路—吉庇路下方埋设有一根内径 1400mm、埋深约 7m 的大型污水管，排水量大，压力高，无法中断，需要原地保护。

（4）八一七路地下空间的轨道区间急需快速铺轨通车，八一七路部分的基坑支护和主体结构作为一期提前开工，八一七路西侧的南街部分作为二期，八一七路东侧的下沉广场和出入口作为三期。整个项目分期复杂，导致基坑开挖可能会相互交叉、影响。

（5）基坑平面很不规则，且平面尺寸较大，大部分开挖深度大于 15m，基坑总长度约为 2000m。

（6）场地土质较差，淤泥和淤泥质土层呈多层分布，属于软土基坑，基坑侧壁变形控制严格。

二、工程地质条件

基坑开挖影响范围内地层主要为①杂填土、②₁粉质黏土、②淤泥、③黏土、④淤泥、⑤黏土、⑤₁中粗砂、⑤₂淤泥质土、⑥残积砂质黏性土、⑦全风化花岗岩、⑧₁砂土状强风化花岗岩、⑧₂碎块状强风化花岗岩、⑧₃中风化残留体（孤石）、⑨中-微风化花岗岩。典型地层剖面如图 3 所示。

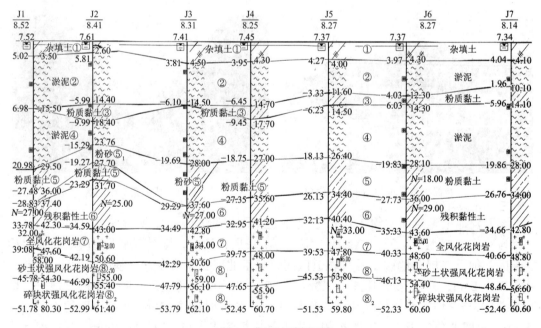

图 3　典型地质剖面

勘察以钻探为主要勘探手段，配合钻探孔内取样并进行室内试验、现场原位测试如标准贯入试验（SPT）、动力触探试验（DPT）、波速测试等综合方法进行。

各土层的力学指标如表 1 所示。

基坑支护范围内岩土体物理力学指标　　　　　　　　　　　表 1

物理力学指标 土层及编号		天然重度 （kN/m³）	固结快剪 强度指标		桩基计算参数		天然孔 隙比e	塑性 指数 I_P	液性 指数 I_L	天然 含水率 w （%）	室内渗透系数	
			黏聚力c （kPa）	内摩 擦角 φ （°）	极限 侧阻力 q_{sik} （kPa）	极限 端阻力 q_{pk} （kPa）					垂直 k_v （cm/s）	水平 k_h （cm/s）
①	杂填土	17.50*	8*	12*	—	—	—	—	—	—	5.0m/d*	
②	淤泥	15.70	10.81	5.99	12	—	1.70	21.36	1.40	65.74	2.87×10^{-7}	3.72×10^{-7}
②₁	粉质黏土	19.39	35.00	14.73	28	—	0.75	14.47	0.35	26.60	—	—
③	黏土	18.86	41.87	15.73	30	—	0.86	17.83	0.24	30.48	1.67×10^{-7}	2.29×10^{-7}
④	淤泥	16.27	13.09	6.68	15	—	1.51	19.38	1.30	57.67	2.95×10^{-7}	3.50×10^{-7}
⑤	黏土	18.86	36.76	15.43	50	—	0.86	17.10	0.26	30.12	—	—
⑤₁	中粗砂	19.00*	5*	25*	40	800	—	—	—	—	—	—
⑤₂	淤泥质土	16.48	16.0	8.4	18	—	1.381	19.8	1.17	52.80	—	—
⑥	残积砂质 黏性土	17.75	26.12	20.69	60	1000	0.95	11.99	0.67	29.78	—	—
⑦	全风化花岗岩	20*	—	—	80	2800	—	—	—	—	—	—
⑧₁	砂土状 强风化花岗岩	21*	—	—	100	3500	—	—	—	—	—	—
⑧₂	碎块状 强风化花岗岩	23*	—	—	130	6000	—	—	—	—	—	—
⑨	中-微风化 花岗岩	25*	—	—	—	—	—	—	—	—	—	—

注：带*表示取经验值。

三、周边环境及复杂程度

该场地位于福州市中心东街口商业圈，如图 4 所示，周边道路、建（构）筑物、管线分布密集，涉及道路有八一七路和津泰路（吉庇路），南侧横跨安泰河及一条内径 1400mm 的污水干管，周边建筑主要有三坊七巷保护区、安泰中心、瑞丰楼、商贸大厦、福建电子大厦、大洋百货、百华大厦等，周边环境极为复杂。

该基坑面临多个技术方面的难题，主要包括：

（1）周边环境极为复杂，八一七路东侧十多栋多层建筑物，西侧主要为三坊七巷保护街区，基本上为老旧的砖、木建筑物，如何避免或减小基坑开挖对周边建筑物的影响是面临的现实问题之一。

（2）基坑周边的部分建筑物设有地下室，如北侧百华大厦为三层地下室，东北侧大洋百货为二层地下室，北侧与东街口站相邻，在既有地下室周边进行开挖会打破地下室的受力平衡状态。

（3）施工工作面小，周边紧靠建构筑物，基坑支护无法放坡支护，同时八一七路为主干道，不得长期封路施工。

（4）八一七路为主干道，其地下二层为地铁1号线隧道区间，必须尽快施工，以满足地铁1号线的全线试运行要求。

（5）津泰路—吉庇路下方埋有一根DN1400的污水干管，横跨一期的地下空间，埋深约为7m，流量大，水压力高，为鼓楼区的排污主管，迁改技术难度大，成本高，工期长。

（6）采用地下连续墙，单幅的标准宽度为5.6m，深度超过30m，施工成槽时存在变形和安全问题，可能对周边已有建筑物造成不利影响。

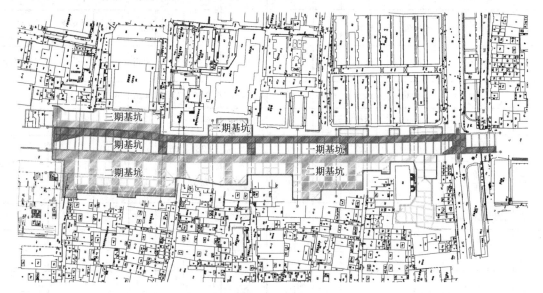

图4 基坑总平面布置图

四、基坑支护方案

根据场地周边环境条件、交通导改需要，该工程基坑支护分为三期实施（图5），具体如下：

（1）一期工程：八一七路地铁1号线轨道区间，基坑开挖深度16.5～17.3m，采用800mm地下连续墙＋1道混凝土内支撑＋2道双拼ϕ609钢管对撑，同时在基坑底部设置ϕ850@600三轴水泥搅拌桩抽条加固。地下连续墙兼作止水帷幕和二、三期基坑边界，并按两墙合一设计作为地下室侧墙，如图5（a）所示。

（2）二期工程：八一七路西侧的南街地下空间，基坑开挖深度为15.0～15.3m，主要采用800mm地下连续墙＋3道混凝土内支撑（局部下部2道为ϕ609钢管对撑），同时在基坑底部设置ϕ850@600三轴水泥搅拌桩抽条加固，局部（百华大厦、西南侧出入口区域）采用ϕ1000灌注桩作为围护桩。地下连续墙兼作止水帷幕，并按两墙合一设计作为地下室侧墙，如图5（b）所示。

（3）三期工程：八一七路东侧的下沉广场和出入口，基坑开挖深度约为10.5m，主要采 SMW 工法桩＋1 道混凝土内支撑＋1 道φ609 钢管对撑，局部（东北角下沉广场区域）采用 800mm 地下连续墙作为围护桩。止水帷幕以φ850@600 三轴水泥搅拌桩为主，如图 5（c）所示。

结合上述可能存在的设计及施工难题，该工程主要采取如下技术措施：

（1）周边环境保护措施：考虑到基坑开挖深度大，周边建筑物密集，同时结合两墙合一要求，基坑支护总体上采用了 800mm 地下连续墙作为围护桩，局部采用灌注桩和 H 型钢桩，内支撑为 3 道（三期部分为 2 道），钢支撑部分设置预应力，以严格限制基坑侧壁变形，深层水平位移最大值控制在 30mm 以内。

（2）周边地下室的衔接技术措施：一期施工完毕后，侧墙作为二期、三期的支护边界，由于采用的是地下连续墙，分期施工对侧墙的影响较小；在北侧百华大厦地下室范围，两者距离约为 4m，考虑到该工程基坑深度更大，采用加设 1 排灌注桩＋3 道混凝土内支撑的支护方式；在东侧的大洋百货范围，两者间距仅约 2.4m，大洋百货的支护桩保留利用，并设置 2 道内支撑，均取得良好效果。

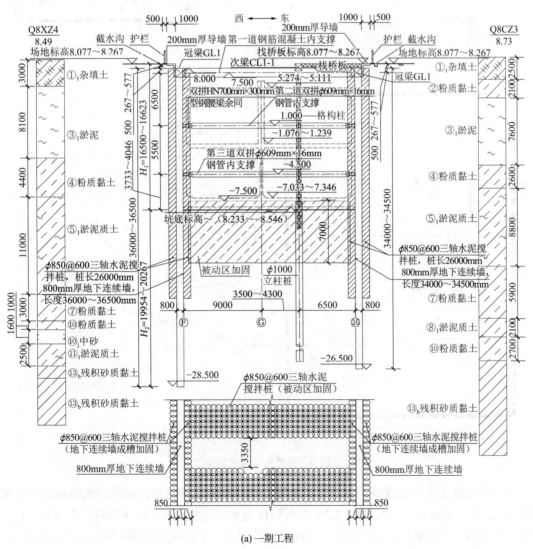

(a) 一期工程

225

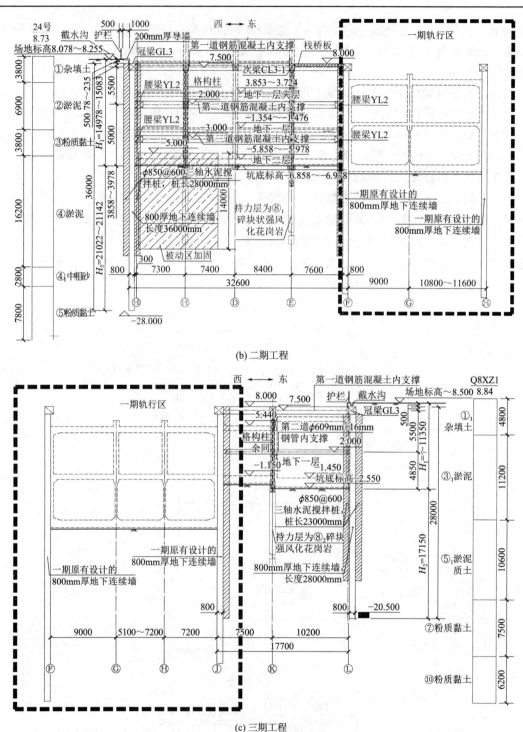

(b) 二期工程

(c) 三期工程

图 5　基坑典型支护剖面

（3）交通迁改技术措施：根据施工进度，在一期基坑开挖前，将八一七路道路改至东侧区域，第一道混凝土支撑预留 7.7m 宽板面作为临时道路路基，解决临时行车问题；在一期主体结构施工完毕后，拆除混凝土支撑并回填至八一七路设计路面，恢复正常通车要求。

（4）施工便道技术措施：八一七路恢复正常通行后，由于场地狭小，二期施工时需要沿南北方向及东西方向间隔布置栈桥板，以满足土方开挖、堆载的施工要求。

（5）污水干管原位保护技术措施：污水干管埋深、流量大，水压力高，经各方探讨认为无法断管迁改，因此采用原位保护方案，干管采用吊筋悬挂和型钢托梁进行保护；考虑到污水干管下方还要开挖约10m，地下连续墙缺口宽度约为4m，采用沿污水干管两侧施工2排灌注桩进行保护，然后根据开挖进度在地下连续墙缺口区域加设逆作板墙＋土钉墙的方式，顺利开挖至基坑底部。

（6）地下连续墙的成槽施工保障措施：地下连续墙的标准成槽宽度5.6m，深度超过30m，成槽过程中容易造成深层土体变形，影响周边建筑物，因此要求在成槽开挖之前，在两侧设置φ850@600三轴水泥搅拌桩进行槽壁加固，并采用泥浆护壁，有效加强了成槽施工安全。

五、基坑监测数据

该工程共布设27个地表沉降断面，监测点共计83个，其中累计最大变形量为−17.12m，随着基坑的开挖，观测点呈下沉趋势，总体态势平稳至底板浇筑后基本稳定。该工程共布设建（构）筑物监测点622个，其中累计最大变化量为−20.11m，即观测点的总累计变化量均在设计和规范要求内。该工程依照设计共布设水位监测孔14个，其中累计变化量最大值为−1770mm。

该工程共布设深层水平位移监测点共计128个，其中深层水平位移监测点共计70个，土体深层水平位移监测点共58个，平面位置如图6所示。其墙体测斜QCX03在深度8.0m处累计变化量最大，其累计变化量为+19.60mm；土体测斜TCX10在深度9.5m处累计变化量最大，其累计变化量为+33.95mm，土体位移总累计变化量均在设计和规范要求内，具体如图7所示。

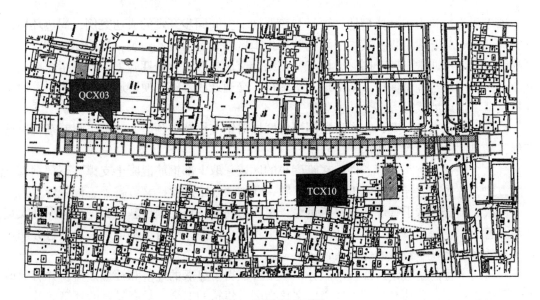

图6　监测点平面图

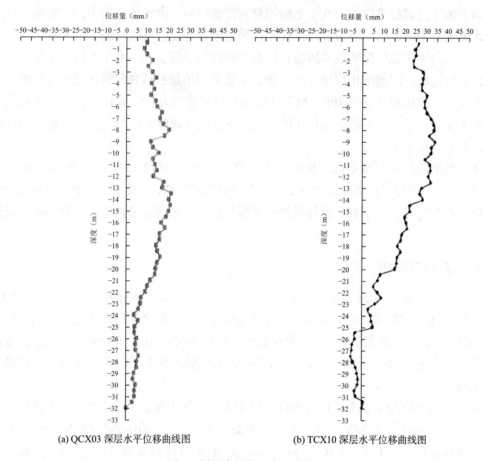

(a) QCX03 深层水平位移曲线图　　　　(b) TCX10 深层水平位移曲线图

图 7　深层水平位移实测数据

六、点评

该工程为福州市市区典型地铁项目与商业地下空间同步开发的成功案例，周边环境极其恶劣，密布各类建筑物，其中三坊七巷保护街区均为老旧砖木建筑，周边建筑物对基坑开挖引起的变形非常敏感。同时，该工程需结合交通导改进行分期施工，施工组织庞大、复杂，解决了周边环境保护、新旧地下室衔接、交通迁改、施工便道通行、污水干管原位保护及地下连续墙成槽等多个技术难点。

首先，结合支护方案，在变形控制严格区域对钢支撑施加预应力，严格限制基坑侧壁变形，满足周边环境控制要求。

其次，根据基坑跨度等条件，在跨度小的区域采取上部钢筋混凝土支撑、下部钢管支撑的方式，解决交通导改和施工便道的难题，既加快施工进度，又节省了工程造价。

再次，结合污水干管埋深大、流量大，水压力高的特点，提出基坑支护遭遇深埋大直径污水管的原位保护技术，避免迁改，降低工程安全风险，节省了基坑造价。通过分期建设，有效解决地铁 1 号线的先行通行要求，总工期缩短 3 个月。

通过对工程的精心设计及技术服务，该工程取得了显著的经济和社会效益，并有效地保护了周边环境，尤其是三坊七巷历史文化街区古建筑的安全，具有显著的环境效益。

张家界奇峰广场基坑工程

雷金山[1,2]　邓立志[2]　易　帆[3]

（1. 中南大学，湖南长沙　410083；2. 湖南中大设计院有限公司，湖南长沙　410018；
3. 新疆土木建材勘察设计院（有限公司）湖南分公司，湖南长沙　410004）

一、工程简介及特点

1. 工程概况

张家界奇峰广场项目位于张家界市永定区回龙路北侧，人民路东侧，解放路南侧。场地内有 8 栋设计层数超过 10 层的高低层连成一体的高层建筑，以及含有基坑支护结构安全等级为一级的高层建筑，均为筏形基础。基坑面积约 19120m²，周长约 609m。设计三层地下室，基坑坑底标高为 150.0～151.0m，室外地坪标高 164.5～166.0m，基坑深度 13.5～16.0m，基坑支护施工完后，因地下室停车位规划问题，新增第四层地下室，形成"坑中坑"。

2. 工程难点

（1）基坑周边建筑环境复杂，保护性建筑、高层建筑、多层建筑及地下人防结构对基坑成包围状，其中基坑东北角湘鄂川黔革命根据地纪念馆周边 40m 范围内属于保护用地，地下室边线与其距离 40m；基坑东侧高层建筑裙楼与基坑地下室边线相距 15.62m；基坑东南角多层建筑与基坑地下室边线相距 9.5m，基坑南侧、西侧及北侧均为地下商业街，内含人防结构，与基坑地下室边线最近距离为 4.3m。

（2）基坑用地紧凑，应规划及建筑设计要求，基坑南侧、西侧及北侧的地下室边线紧挨支护桩外边线，故支护结构临时锚头存在"侵限"，需在施工中予以破除。

（3）由于地下室停车位规划调整，在支护工程施工完后，需新增一层地下室，基坑最深位置由 16m 变为 19.4m，新增第四层地下室基坑对已完成的支护结构的稳定性存在较大风险。

（4）基坑东侧中商广场地下结构及其余区域的地下商业街，距离基坑较近，锚索不能穿越。基坑东南角财富地带小区靠近基坑侧曾发生过爆炸，导致原建筑结构受损，后续施工极易对该建筑造成影响。

（5）由于该基坑的填土层分布不均匀，性质变化较大，稳定性较差，地层中素填土、富水圆砾层及卵石层（卵石层中多为大漂石）的存在，使得锚索及支护桩施工时成孔困难，且易塌孔，在施工过程中易发生水土流失；相邻某建筑工地 2020 年曾因桩锚施工不当，造成基坑周边建筑物明显下沉、房屋开裂的情况。

3. 工程特点

（1）合理经济地使用内支撑，减小对周边危险房屋的扰动。

（2）由于用地紧张，锚索腰梁均采用钢腰梁，在地下室主体浇筑的过程中分块逐层拆除。

（3）第四层地下室支护在保证安全的同时，最大限度提供更多使用面积。

（4）根据基坑不同区段的特点，采用不同的成孔工艺。①ABCD段：此区段周边为保护性建筑，为防止在成孔过程中出现塌孔、水土流失及基坑周边地表异常下沉的情况，故采用双套管管内反循环成孔；②DEF段：此区段周边为中商广场地下室及财富地带小区4栋单元入口道路，为了防止成孔过程中出现塌孔、水土流失及基坑周边地表异常下沉，严格控制财富地道小区周边道路下沉，故采用双套管管内反循环水泥浆成孔；③HIJKLA段：此区段周边为市政道路及地下人防商业街，为避免锚索施工至圆砾层、卵石层时出现塌孔，故采用单套管成孔；④锚索成孔要求隔二打一；⑤基坑BCD段的阳角施工时，阳角两侧锚索上下错开20cm，角度上下错开2°～3°，避免锚索碰撞。

（5）由于场地地处山区低洼地段、地层中的卵石层有直径达30～40cm的大漂石存在（图1），在止水帷幕施工前，为保证旋喷桩的直径满足设计需要，现场进行了多次试喷试验，以调整帷幕灌浆参数，通过对三重管试喷效果分析（图2、表1），认为通过高压水流冲切大漂石难以实现，改用二重管增大气压以增加水汽流"漂石"环绕效果（图3、表2），更容易达到灌浆效果以形成帷幕，同时将旋喷止水帷幕的有效直径由80cm调整为60cm，引孔步距调整为73cm、54cm、73cm。最后确定的双管高压旋喷桩施工参数为：空压0.8～1.0MPa（卵石层取大值），气量9～12m³，浆压32～35MPa，提升速度8～10cm/min（卵石层取小值），旋转速度10～15r/min（卵石层取小值），效果良好。

图1　砂卵石地层中的大漂石　　图2　三重管试验砂卵石层　　图3　二重管试喷直径测量
　　　　　　　　　　　　　　　　　　　包裹不明显　　　　　　　　（90cm）

止水帷幕高压旋喷技术参数试验数据与结果1（三重管法）　　　　表1

试验次数	水压	空压	气量	浆压	提升速度	旋转速度	成桩直径	设计标准	备注
1	26MPa	0.5MPa	1m³	0.6MPa	12cm/min	20r/min	60～70cm	80cm	
2	32MPa	0.5MPa	6m³	1.0MPa	8cm/min	15～20r/min	90cm	80cm	砂卵石层包裹不明显，图2
3	32MPa	1.0MPa	1m³	1.0MPa	8cm/min	15～20r/min	70cm	80cm	

止水帷幕高压旋喷技术参数试验数据与结果 2（二重管法）　　表 2

试验次数	试验桩数	空压	气量	浆压	提升速度	旋转速度	成桩直径		设计标准	备注
1	2	0.8MPa	6m³	32MPa	10cm/min	15～20r/min	1 号：54cm		80cm	1、2 号桩咬合直径 1.2m，砂卵石层中包裹明显
							2 号：63cm			
2	2	0.8MPa	9m³	32MPa	8～10cm/min（砂卵石为8、土层为10）	10～15r/min（砂卵石为10、土层为12）	1 号：65cm	80cm		1、2 号桩咬合直径 1.4m，图 3
							2 号：65cm	80cm		

二、工程地质条件

1. 工程地质条件

①素填土（Q^{ml}）：杂色，稍湿，松散，局部经压实处理为稍密状态，主要由卵石、碎石等粗颗粒，少量混凝土、废砖块等建筑垃圾，生活垃圾等组成，黏性土充填，充填密实程度度为松散～稍密状态。该填土堆填年限大于 10 年，土质及密实度不均匀。该层场地内均有分布，层厚 1.20～7.30m，平均厚度 3.17m。

②粉质黏土（Q^{al+pl}）：褐黄色，稍湿，可塑，土质较均匀，以黏粒为主，含较多粉粒，见黑色铁锰质氧化物浸染，摇振无反应，切面稍有光泽，干强度中等，韧性中等，含少量碎石，局部含粉土和粉砂较多，局部夹粉土和粉砂薄层。该层场地内大部分钻孔中分布，层厚 0.70～7.00m，平均厚度 3.16m。

③圆砾土（Q^{al+pl}）：暗黄色，饱和，松散，局部含卵石较多时呈稍密状态，次圆形，少量呈次棱角型，以松散状态为主，局部呈稍密状态，骨架颗粒母岩成分主要为含砾砂岩、板岩、硅质岩，骨架颗粒粒径以 1～2cm 为主，最大粒径 10cm，含碎石和卵石，局部混夹粗砂薄层透镜体，磨圆度一般，颗粒级配较差，黏土、粗砂充填，含量约 30%，局部黏土富集，钻进时孔壁有掉块现象。该层场地内大部分钻孔中分布，层厚 0.50～4.20m，平均厚度 1.74m。

④卵石土（Q^{al+pl}）：暗黄色，饱和，松散～稍密，骨架颗粒母岩成分主要为砂岩、板岩、硅质岩，骨架颗粒粒径以 2～4cm 为主，磨圆度一般，颗粒级配较差，黏土、粗砂充填，含量约 30%，局部黏土富集，钻进时孔壁有掉块现象，含圆砾和粗砂、黏性土较多，局部夹圆砾、砾砂薄层，局部含少量漂石，局部夹粉质黏土薄层。该层场地内均有分布，层厚 0.50～8.60m，平均厚度 2.91m。

⑤强风化泥质页岩（S_1^{ln}）：青灰色，褐黄色，节理裂隙发育～很发育，裂隙间充填泥质，沿裂隙面可见褐紫色、棕黄色氧化物，岩芯呈碎块状、块状、短柱状，岩体破碎，属极软岩，RQD＜25，岩体基本质量等级为 V 级，局部夹薄层中风化泥质页岩。该层为拟建场地内下伏基岩，场地内均有分布，层厚 1.3～4.3m，平均厚度 2.40m。

⑥中风化泥质页岩（S_1^{ln}）：青灰色，节理裂隙较发育～发育，裂隙间充填泥质，岩芯呈柱状、短柱状，岩体较破碎；局部节理裂隙极发育，属软岩，RQD＝30～60，岩体基本质量等级为 V 级，局部夹薄层强风化泥质页岩。该层为拟建场地内下伏稳定基岩，场地内均有分布，层厚 10.10～22.90m，平均厚度 17.26m，未揭穿。

场地岩土层主要物理、力学参数如表 3 所示，典型地质剖面图如图 4 所示。

场地岩土层主要物理、力学参数　表3

层序	土层名称	天然重度γ（kN/m³）	黏聚力c（kPa）	内摩擦角φ（°）	孔隙比e	液性指数I_L	塑性指数I_P	含水率w（%）	渗透系数k建议值（cm/s）	压缩模量/变形模量E_s/E_o	标准贯入试验实测击数	重型触探试验实测击数
①	素填土	18.3	10	10	0.943	0.62	13.4	30.2	9.0×10^{-4}	—	—	3.3
②	粉质黏土	19.1	23	18	0.793	0.36	13.3	25.1	2.5×10^{-5}	6.4/	7.7	—
③	圆砾	19.9	（8）	（28）	—	—	—	—	1.33×10^{-2}	/20	—	1.0
④	卵石	21.1	（8）	（36）	—	—	—	—	3.33×10^{-2}	/25	—	7.1
⑤	强风化泥质页岩	21.5	（50）	（25）	—	—	—	—	1.0×10^{-6}	/150	—	—
⑥	中风化泥质页岩	24.6	（180）	（33）	—	—	—	—	5.0×10^{-7}	/600	—	—

注：表中（ ）表示经验值。

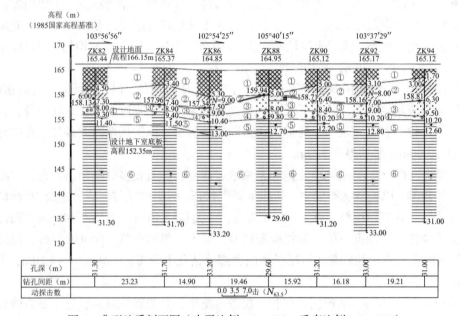

图4　典型地质剖面图（水平比例：1∶400，垂直比例：1∶250）

2. 地下水

拟建场地地下水类型主要为赋存于素填土①、粉质黏土②的上层滞水，圆砾土③、卵石土④中的孔隙潜水及基岩裂隙水。其中孔隙潜水：主要赋存于圆砾土③、卵石土④中，由大气降水及澧水河侧向补给，孔隙潜水水量相对丰富，对本基础施工构成较大影响。

三、基坑周边环境情况

（1）基坑东北角

基坑东北角为湘鄂川黔革命根据地纪念馆，原为天主教堂，始建于1918年，3栋共15间木结构平房，占地面积2800m²，四周有砖墙环护，基坑地下室边线与该纪念馆最小直线距离为40m。该纪念馆周边40m范围内禁止施工。

（2）基坑东侧为张家界中商广场，建于2014年，2层地下室（包括地下农贸市场），该基坑支护结构为桩锚支护，支护桩埋深12～13m，主楼为桩基础。靠近基坑一侧为裙楼，层数为 8 层，该裙楼与地下室外墙最近距离为 15.62m。

（3）基坑东南角

基坑东南角距离地下室外墙 9.50m 为财富地带小区，建于 2003 年，六层框架结构。从张家界市档案馆调得竣工图纸显示，该建筑为桩基础，设计复核时按扩大基础考虑，基础埋深按 3m 考虑。2019 年 7 月 9 日，该栋建筑一楼西北角曾发生爆炸，入户调查显示，爆炸所在单元楼中，每户曾出现不同程度的漏水，卫生间窗框位置均有不同程度裂缝。

（4）基坑南侧、西侧及北侧

基坑南侧回龙路、西侧人民路及北侧解放路均为市政道路，道路下部有人防地下商业街，其中南侧回龙路地下商业街于 2015 年竣工，西侧人民路及北侧解放路地下商业街于 2020 年竣工。地下商业街与地下室外边线的距离最近为 4.3m，地下商业街埋深在 2~3m 不等，结构底标高为 157~158m，桩基础，桩长为 3m，沿道路行进方向间距 8.4m。施工期间为逆作法施工。基坑南侧、西侧及北侧分布有 6 个出入口部。

（5）周边地下管线情况

周边污水管、雨水管主要集中在基坑南、西、北侧人防地下商业街顶部。雨水管直径 600mm，埋设深度为 1.2m，材质为钢筋混凝土管，与基坑地下室边线最小距离约为 11.0m；污水管直径 600mm，埋设深度为 1.0m，材质为球墨铸铁管，与坑地下室边线最小距离约为 9.0m；市政道路靠近基坑人行道上有数个检查井，规格为 φ1000 型，建造年份为 2015 年。电力通信管沟集中在市政道路人行横道下，与基坑地下室边线的最小距离约为 4.4m，无地下埋深，建造年份为 2020 年。目前基坑周边地下管线暂未发现渗漏情况，场地内无地下管线。图 5 为基坑周边环境平面图。

图 5　基坑周边环境平面图

四、基坑围护平面图

根据基坑工程特点，基坑围护平面图及内支撑平面图如图 6 所示。基坑 A～F 段、H～A 段为放坡＋排桩＋压力分散型锚索＋桩间止水帷幕的支护形式，FGH 段为放坡＋排桩＋内支撑＋桩后止水帷幕的支护形式。第四层均为放坡＋土钉支护的支护形式。第四层地下室边线与支护结构的平面距离为 9m。

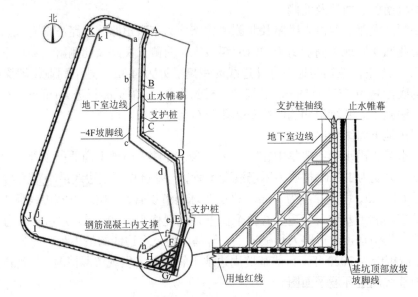

图 6　基坑围护平面图及内支撑平面图

五、基坑围护典型剖面图

根据工程特点，基坑支护剖面设计概况如下，具体设计参数见表 4、表 5，其中锁定力取轴向拉力标准值的 70%～80%。桩锚支护段典型剖面图见图 7，内支撑段典型剖面图见图 8。

桩锚段支护结构设计参数　　　　　　　　　　　　　　　表 4

支护分段	基坑深度三层/四层（m）	锚索排数	锚索长度（m）	孔径（mm）	锚索束数	预应力锁定值（kN）	桩长（m）	桩径（m）	排桩嵌固深度（m）
AB	16/19.4	6	25、23、22、20、16、15	150	4	100、220、330、380、350、240	19.8	1	6
BC	15/18.4	6	22、21、20、18、16、16	150	4	100、220、310、340、290、180	18.8	1	6
CD	16/19.4	4	20、18、16、16	150	4	370、380、350、200	19.8	1	6
DEF	15/18.4	4	20、18、16、16	150	4	370、370、320、230	18.8	1	6
HIJ	13.5/16.9	4	20、18、16、16	150	6、6、4、4	400、400、350、260	18.8	1	6
JK	14/17.4	4	21、20、18、16	200	6、6、4、4	440、450、410、280	20.8	1	8
KLA	15/18.4	4	20、18、16、16	150	6、6、4、4	480、450、390、250	18.8	1	6

角撑段支护结构设计参数

表 5

支护分段	基坑深度 三层/四层 （m）	桩长 （m）	桩径 （m）	排桩嵌固 深度（m）	角撑排数	角撑尺寸
FG	16/19.4	21.8	1.2	8	2	$B \times H = 1000mm \times 800mm$ $B \times H = 700mm \times 800mm$
GH	15/18.4	19.8	1.2	7	2	$B \times H = 1000mm \times 800mm$ $B \times H = 700mm \times 800mm$

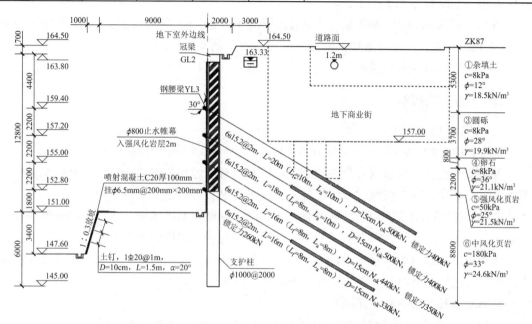

图 7　桩锚支护段典型剖面图（HIJ 段）

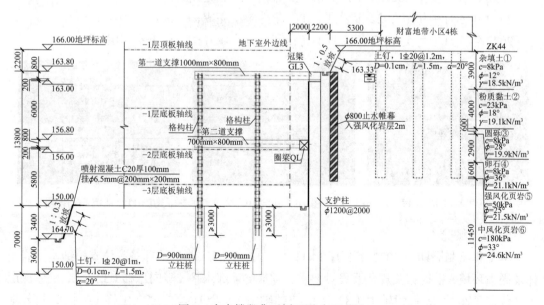

图 8　内支撑段典型剖面图（FG 段）

235

（1）基坑 ABC 段，采用放坡＋排桩＋排压力分散型锚索＋桩间止水帷幕的支护形式。

（2）基坑 CDE 段，由于基坑外存在地下结构，所以采用放坡＋排桩（悬臂 4.4m）＋4 排压力分散型锚索＋桩间止水帷幕的支护形式。

（3）基坑 EF 段，为降低对基坑外财富地带小区区域地下水的干扰，先进行止水帷幕施工，采用放坡＋排桩（悬臂 4.4m）＋4 排压力分散型锚索＋桩后止水帷幕的支护形式。

（4）基坑 FGH 段，为降低对基坑外财富地带小区基础的干扰，采用放坡＋排桩＋内支撑＋桩后止水帷幕的支护形式。

（5）基坑 H～A 段，为降低基坑周边地下商业街和人防结构的扰动，采用放坡＋排桩（悬臂 4.4m）＋4 排压力分散型锚索＋桩间止水帷幕的支护形式。

（6）后续增加的第四层地下室支护采用放坡＋土钉的支护形式。

六、简要实测资料

1. 基坑施工工序情况

基坑总面积约 1.9 万 m^2，深度 16.9～19.4m，基坑支护周长约为 609m。

为保证基坑支护体系的安全性及控制基坑开挖对周边环境的影响，土方开挖及锚杆、角撑施工需有序进行，按照"分层、分段、及时支撑、严禁超挖"的原则。

本项目施工前期马道位于场地南侧，后期马道调整至基坑东侧。土方总体开挖顺序为从东北侧开始，逆时针方向至东南角位置结束。首先为止水帷幕及支护桩施工，然后土方配合开挖进行桩顶冠梁、第一道锚索、第一道角撑施工，接下来的锚索、角撑及桩间喷锚支护根据开挖情况及时施工，直至开挖至基底（图 9～图 11）。

实际施工各关键时间节点如下：

2022 年 2 月中旬至 2022 年 5 月中旬：支护桩、旋喷止水帷幕施工完成；

2022 年 5 月初至 2022 年 9 月下旬：所有锚索施工完成；

2022 年 6 月中旬至 2022 年 8 月下旬：角撑施工完成；

2022 年 5 月中旬至 2022 年 9 月上旬：基坑分区域开挖至地下室四层标高。

图 9　基坑 KLA 段　　　　　图 10　基坑 IJK 段　　　　　图 11　基坑 EFGH 段

2. 监测概况

本工程监测周期为 2022 年 2 月 14 日至 2023 年 4 月 30 日，针对基坑支护结构、岩土体及周边环境，根据相关规范及设计要求，对基坑顶部水平、竖向位移（32 个）、桩体深层水平位移（26 个）、锚索轴力（82 个）、支撑轴力（8 个）、立柱竖向位移（6 个）、坑外地下水位（6 个）、周边地表（74 个）、地下管线（20 个）及建筑物竖向位移（33 个），建筑物倾斜（4个）均进行了监测（图12）。

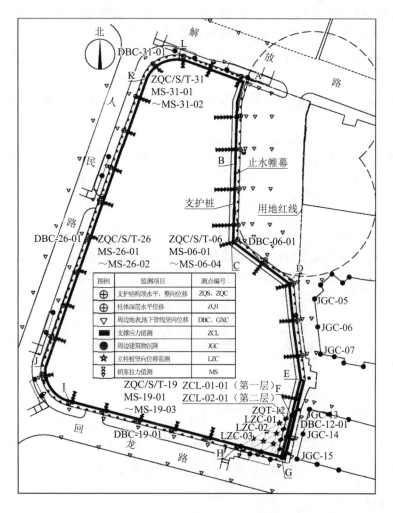

图12 监测点平面布置图

3. 主要监测结果分析

1）周边地表竖向位移监测

基坑周边地表竖向位移共观测74个点，监测结果为−16.66～0.15mm。累计变化量最大的点位于基坑西侧。基坑周边地表竖向位移累计变化量时程图如图13所示。

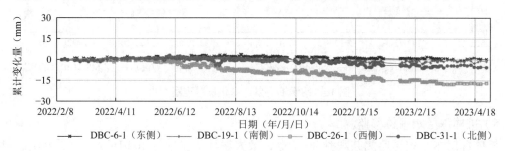

图13 基坑周边地表竖向位移累计变化量时程图

2）桩顶竖向位移监测

桩顶竖向位移共观测 32 个点，监测结果为 −4.53～−1.58mm。累计变化量最大的点位于基坑东侧。桩顶竖向位移累计变化量时程图如图 14 所示。

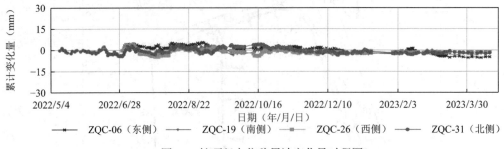

图 14　桩顶竖向位移累计变化量时程图

3）桩顶水平位移

基坑水平位移共观测 23 个点，监测结果为 9～16mm（基坑内为正值）。累计变化量最大的点位于基坑北侧，为基坑深度的 0.87%。桩顶水平位移累计变化量时程图如图 15 所示。

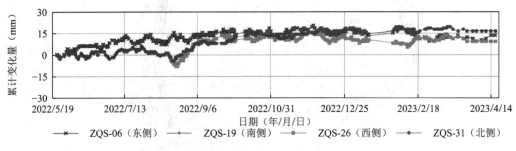

图 15　桩顶水平位移累计变化量时程图

4）锚索轴力

基坑锚索轴力共观测 82 个测点，监测结果为 23.9～50.22kN。累计变化量最大的点位于基坑西侧。典型测点时程变化曲线图如图 16 所示。

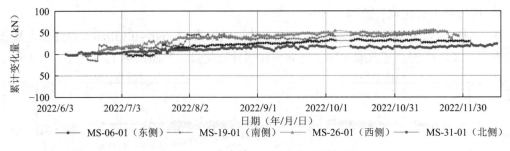

图 16　锚索轴力累计变化量时程图

5）桩体深层水平位移监测

桩体深层水平位移监测共观测 26 个点，最大累计变化量为 20.01mm，位于基坑西侧。深层水平位移典型曲线图如图 17 所示。

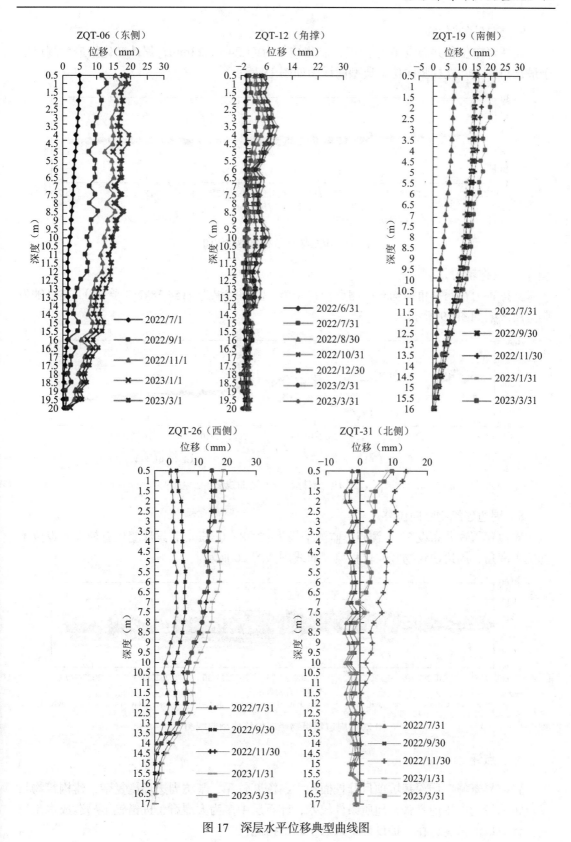

图 17　深层水平位移典型曲线图

6）立柱竖向位移

立柱竖向位移共布设 6 个测点，监测结果为−1.24～0.23mm，累计变化量最大测点位于最长角撑上，立柱竖向位移典型曲线图如图 18 所示。

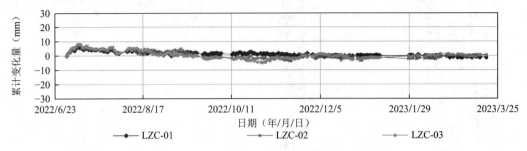

图 18　立柱竖向位移典型曲线图

7）支撑轴力

支撑轴力在两排角撑均布有测点，共 8 个，监测结果为 2154.38kN（受压），支撑轴力典型曲线图如图 19 所示。

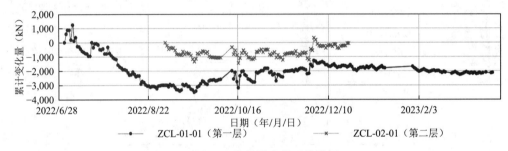

图 19　支撑轴力典型曲线图

8）周边建筑物竖向位移

周边建筑物共布设 33 个测点，监测结果为−2.28～0.46mm，累计变化量最大测点位于基坑东南角，周边建筑物竖向位移典型曲线图如图 20 所示。

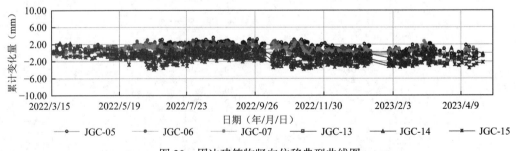

图 20　周边建筑物竖向位移典型曲线图

七、点评

张家界奇峰广场深基坑项目开挖面积大，深度较深，基坑周边环境复杂，建构筑物与基坑距离较近，用地紧张，地质条件较差，卵石层中多为大漂石，桩锚施工易造成水土流失。针对以上情况，在支护设计中采取了以下措施：

（1）针对基坑各段的实际情况，对各段进行了不同的支护设计，主要有桩锚及桩撑两种支护形式，根据各段地下结构物的情况，部分设计为悬臂桩。

（2）由于大漂石的存在，现场进行多次旋喷桩直径试验，最终确定了满足设计需求的施工参数，有效固结土层和漂石，达到了预期止水效果。

（3）对不同地质条件、不同区段锚索的施工做出了针对性的要求，确保了支护体系的可靠性和经济性。

（4）使用可拆卸钢腰梁，最大化利用有限的基坑空间，为后续地下室提供更大的使用空间。

（5）根据各项监测结果，本次支护达到设计效果。

成都保利时代商 2 项目基坑工程

李　明[1]　岳大昌[1]　李　邻[2]　闫北京[1]　贾欣媛[1]　王显兵[1]

（1. 成都四海岩土工程有限公司，四川成都　610095；2. 保利（四川）投资发展有限公司，四川成都　610042）

一、工程简介及特点

1. 工程概况

该工程项目位于成都市金牛区二环路北二段北侧、蓉北商贸大道西侧。基坑长约 170m，宽约 65m，面积 11050m²，场地标高为 507.20m。本工程整体设 5 层地下室，基坑开挖底标高为 484.10m，开挖深度 23.10m，属深大基坑工程。本项目于 2020 年 4 月初开始基坑开挖施工，2020 年 9 月 30 日基坑开挖至设计标高，支护结构施工完成，其后随地下室结构施工进度，逐层拆除支撑构件，2022 年 4 月，基坑全部回填。项目施工过程中基坑全景见图 1。

图 1　基坑全景图

2. 工程特点及难点

项目特点：

（1）开挖深度：本工程基坑开挖深度为 23.1m。

（2）地层特点：基坑土体主要是杂填土、素填土、粉质黏土、粉土及砂卵石地层，基坑土层特别是上部杂填土、素填土、粉质黏土、粉土、砂土抗剪强度较差，自身稳定性较差，应采取合理的支护措施。

（3）周边环境：本工程紧邻市政道路、地铁出入口及商业建筑，环境复杂，周围建（构）筑物对基坑变形敏感，且基坑开挖线紧邻用地红线，场地周边无自然放坡条件。

项目难点：

（1）基坑周边环境条件非常复杂

基坑南侧紧邻正在运营的成都地铁 7 号线北站西二路站 D 出口；基坑东侧南段支护桩距地铁 7 号线区间隧道仅 19.4m。本项目基坑的施工与地铁运行会互相造成影响。

基坑北侧为在建道路工程项目，该项目施工区域距基坑北侧约 10.4m。在道路工程附属的管道工程中，电力管道距离基坑北侧最近，管道埋设标高为 504.698～506.985m，距基坑北侧最短距离为 11m。该道路工程在本基坑施工及使用过程中均会进行施工，对本基坑的干扰较大。

（2）变形控制要求高

基坑紧临地铁 7 号线北站西二路站 D 出口，对基坑位移要求严格，支护结构须具有足够的刚度；基坑南侧靠近市政道路，基坑变形不能超过规范允许值；基坑西侧为 9 层林茂大厦，运营中，人员较为密集，基坑变形过大可能导致建筑物沉降，影响建筑物正常使用。

（3）降水难度大

本基坑开挖深度 23.1m，要求水位降深达 15m。由于基坑位于透水层，基坑涌水量极大，且基坑使用过程中会经历雨季，这导致想要将水位下降到设计深度十分困难。本基坑南侧邻近成都地铁 7 号线北站西二路地铁站及轨道，若不采取相应措施，地铁两侧的水头差、卵石地层中砂的流失以及降水带来的沉降均可能对地铁隧道及站点造成较大的不良影响。

3. 方案选择

由于本工程基坑开挖深度较深，同时紧邻市政道路、地铁出入口及商业建筑，周边环境复杂，基坑整体采用内支撑（三排）+围护桩结构体系进行支护，而基坑东北角和西北角具备锚索施工条件，同时为了预留出土马道空间，拟采用锚拉桩结构体系进行支护。基坑降水方式选用管井降水，辅以排水沟、集水井明排。

二、工程地质条件

1. 地层岩性

根据本项目钻探揭露地层资料，拟建场地内地层分布为：第四系全新统人工填土层（Q_4^{ml}）；第四系全新统冲、洪积层（Q_4^{al+pl}）和白垩系上统灌口组基岩（K_{2g}），按地层由上到下的顺序分述如下：

①$_1$ 杂填土（Q_4^{ml}）：杂色，干～稍湿，结构松散。主要为原场地内旧建筑拆除后建筑垃圾、混凝土碎块及混凝土地坪，粒径 10～80cm，含量 40%～70%，均匀性差，夹少量粉土、砂土。回填时间小于 1 年，欠固结。场地内大面积分布，层厚 0.50～2.10m。

①$_2$ 素填土（Q_4^{ml}）：褐色、黄褐色，稍湿。以粉土、砂土为主，夹少量建筑垃圾。回填时间大于 3 年，场地内大面积分布，层厚 0.70～1.50m。

② 粉质黏土（Q_4^{al+pl}）：褐色、灰褐色，可塑状。含少量钙质结核和铁锰氧化物，无摇振反应，稍有光泽，干强度中等，韧性中等。场地内大面积分布，层厚 1.20～5.60m。

③ 粉土（Q_4^{al+pl}）：褐色、灰褐色，稍密，稍湿～湿，摇振反应中等，无光泽反应，干强度低，韧性低，层厚 0.70～4.70m。

④ 细砂（Q_4^{al+pl}）：青色、黄褐色，松散，稍湿～湿。矿物成分以石英为主，含云母，局部夹少量黏性土。该层在场地内主要分布于卵石层顶或以透镜体状分布于卵石层中，层厚 0.50～3.30m。

⑤ 卵石（Q_4^{al+pl}）：灰色、灰褐色、黄褐色，卵石成分以火成岩为主，呈亚圆形、圆形。矿物成分以石英、长石为主，夹少量云母片，顶面卵石粒间由少量黏性土和细砂充填，下部卵石粒间由中砂和少量砾石充填，局部充填少量黏性土。根据现场钻探揭露，局部地段卵石层夹有粒径大于 20cm 的漂石。卵石含量 50%～80%。根据《成都地区建筑地基基础设计规范》DB51/T 5026—2001 及 N_{120} 超重型动力触探测试击数，将其划分为松散卵石、稍密卵石、中密卵石、密实卵石四个亚层。

⑤₁松散卵石：卵石含量约55%，粒径一般2～5cm，个别大于10cm，颗粒交错排列，大部分不接触，颗粒间充填细砂、中砂、圆砾，局部位置圆砾含量较多，局部充填少量粘性土。呈层状或透镜体分布于卵石层顶部，N_{120}修正后击数小于4击/10cm，层厚0.70～3.80m。

⑤₂稍密卵石：卵石含量55%～60%，粒径一般3～6cm，个别大于10cm，颗粒交错排列，接触不充分，充填物为中砂、圆砾，局部充填少量黏性土。呈层状或透镜体状分布于场地内大部分地段，N_{120}修正后击数一般为4～7/10cm，层厚0.50～6.00m。

⑤₃中密卵石：卵石含量60%～70%，粒径一般4～8cm，个别大于15cm，充填物为中粗砂、圆砾，局部充填少量黏性土。以层状分布于场地内大部分地段，N_{120}修正后击数一般为7～10击/10cm，层厚1.00～7.80m。

⑤₄密实卵石：卵石含量约70%，粒径一般4～10cm，个别大于20cm。充填物为中粗砂、圆砾，局部充填少量黏性土。以层状分布于全场地，N_{120}修正后击数大于10击/10cm，层厚1.20～18.10m。

⑥中风化砂质泥岩（K_{2g}）：紫红～棕红色，中等风化，泥质结构，致密，厚层状构造，分布连续，含少量钙芒硝和灰绿色物质，产状近水平。风化裂隙较发育，节理面矿物风化成土状，岩芯较完整。岩芯呈短柱状，用手难以瓣断，取芯率75%～90%，RQD=70～85。

2. 水文地质

根据地层结构和区域水文地质资料，拟建场地地下水类型主要为上层滞水和孔隙潜水，上层滞水赋存于填土层孔隙中，靠大气降水补给，无统一的自由水面，水量较小，易于排除。孔隙潜水主要富集在第四系砂卵石中，受大气降水及地下水径流补给，水量丰富，水位变化主要受季节控制。根据《成都市地下水等水位线图》（成都市勘察测绘研究院编制，1988年9月）查得，本地块历史最高水位为502.00m。

勘察期间为丰水期，但受周边在建工地降水影响，测得水位埋深9.00～10.30m，地下水位变化幅度达1.50～2.50m。根据工程经验，场地人工填土层的渗透系数k值约18m/d，黏性土层的渗透系数k值约为0.5m/d，砂卵石层渗透系数k值约为25m/d。

基坑开挖深度影响范围内各土层主要力学参数见表1，典型工程地质剖面见图2。

地基土物理力学指标 表1

指标岩土名称	重度γ（kN/m³）	含水率w（%）	孔隙比e	液限w_L（%）	塑限w_P（%）	压缩模量E_s（MPa）	直剪快剪（Q）		单轴天然抗压强度（MPa）	单轴饱和抗压强度（MPa）
							黏聚力c（kPa）	内摩擦角φ（°）		
杂填土	17.5	—	—	—	—	—	5.0*	15.0*	—	—
素填土	18.0	24.7	0.72	—	—	—	10.0	12.0	—	—
粉质黏土	19.5	26.2	0.75	34.5	20.6	5.5	20.0	16.0	—	—
粉土	19.5	25.7	0.75	29.1	20.0	4.0	12.0	21.0	—	—
细砂	18.5	—	—	—	—	8.0	0	18.0	—	—
松散卵石	20.0	—	—	—	—	18.0*	0	25.0*	—	—
稍密卵石	21.0	—	—	—	—	27.0*	0	35.0*	—	—
中密卵石	22.0	—	—	—	—	39.0*	0	40.0*	—	—
密实卵石	23.0	—	—	—	—	47.0*	0	45.0*	—	—
中风化泥岩	23.5	—	—	—	—	—	300.0	34.0	5.0	2.7

注：表中带*数据为经验值。

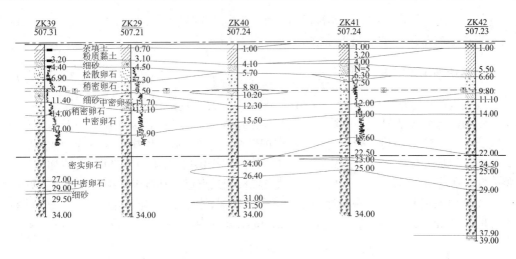

图 2 场地典型地质剖面图

三、基坑周边环境情况

项目位于成都市金牛区二环路北二段外侧，地铁 7 号线北站西二路 D 口旁边。基坑周边环境关系复杂，如图 3 所示。

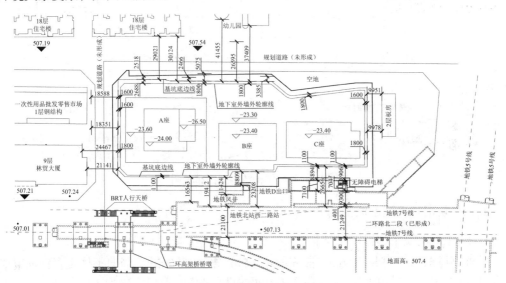

图 3 基坑周边环境图

（1）基坑西侧：9 层林贸大厦及 1 层批发市场，距基坑开挖线 18.4～24.5m。

（2）基坑北侧：西段为 1 层旧平房，东段为空地，旧平房距基坑开挖线 2.5～5.1m，平房外为 17 层高层住宅和 2 层幼儿园，距基坑开挖线最近 29.0～41.5m。

（3）基坑东侧：南段为空地、北段为市政工程施工项目部板房，距基坑开挖线 10.0m。

（4）基坑南侧：为成都市二环路北二段（含高架桥）及已运营地铁 7 号线（出入口、通风井及轨道），基坑开挖线距地铁 7 号线左线新风亭、D 号出入口及无障碍电梯最近距离 8.91m，距车站站厅外墙线最近距离 19.4～26.8m，西南侧段距地下盾构区间外侧 19.4m。

（5）基坑北侧、东侧紧邻红线位置埋有电缆线，埋深约 0.6m。基坑南侧地铁设施上方埋有通信、电力、给水管线，但距离较远，距基坑开挖线最近距离为 22.9～30.5m；基坑南侧雨水管道距离基坑开挖线最近 14.5m。

四、基坑围护平面图

本基坑近似长方形，长 176m，宽 61m。基坑四周均设置钻孔灌注桩，桩间距 2.5～2.7m。基坑南侧为运营地铁 7 号线，基坑开挖边线位于地铁保护区内，故基坑南侧以及与之对应的其他区域采用排桩＋钢筋混凝土内支撑的支护形式，其余区域采用排桩＋预应力锚索的支护形式，同时为基坑开挖土方运输及后期主体结构施工提供更大的作业空间。为增加支撑体系的整体性，在基坑北侧局部形状不规则区域设置板带式支撑。基坑围护结构平面布置见图 4。

本场地地层主要为第四系砂卵石层，渗透性较强，根据地区施工经验，采用管井降水，降水井间距 25m，井深 40m，井径 600mm，降水滤管内径 300mm，设置降水井 19 口。

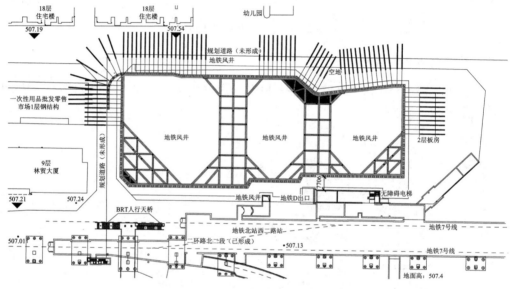

图 4　基坑围护结构平面布置图

五、基坑围护典型剖面图

1. 排桩＋混凝土内撑围护结构

排桩直径 1.2m，桩长 29.6m，嵌固段长 6.9m，桩间距 2.5m，竖向整体设置钢筋混凝土内支撑 3 道，南北方向中间段为 3 根主撑，两端设"八"字形撑以增加支撑范围，东南角和西南角采用水平斜撑，支撑主梁截面均为 1000mm×800mm，连梁截面为 800mm×600mm，四周设腰梁与排桩连接，腰梁截面 1000mm×800mm；结合建筑主体地下室结构层高，3 道支撑梁分别位移地下室−1 层、−2 层和−4 层中。支撑梁拆除工况的换撑采用 C20 素混凝土全断面回填，保证传力体系可靠。排桩＋混凝土内撑典型围护剖面见图 5。

2. 排桩＋预应力锚索围护结构

排桩直径 1.2m，桩长 29.6m，嵌固段长 6.9m，桩间距 2.7m，竖向整体设置预应力锚索 4 道，锚索长度 15～27m。预应力锚索均设置于桩间，采用钢筋混凝土腰梁与排桩连接，腰梁截面尺寸 500mm×600mm，预应力锚索设计锁定力依次为 450kN、400kN、350kN、300kN。排桩＋预应力锚索典型围护剖面见图 6。

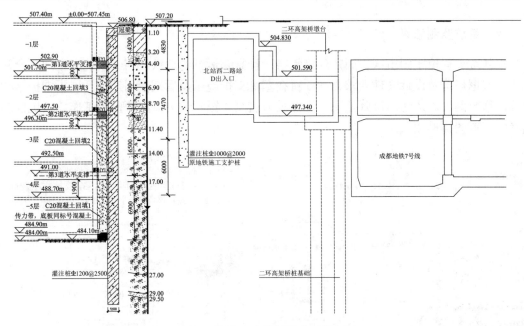

图 5　排桩 ｜ 内撑围护典型剖面图

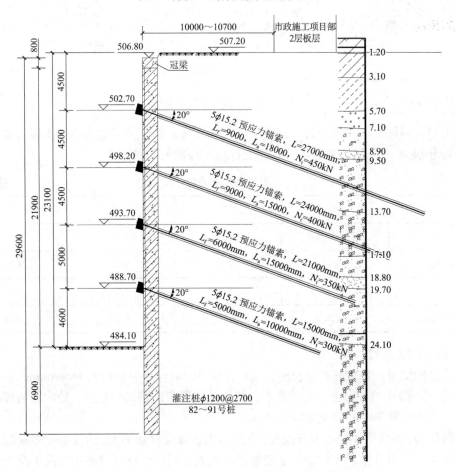

图 6　排桩＋锚索围护典型剖面图

六、基坑监测结果

本基坑工程位于闹市区，周边环境复杂，且紧邻运行的地铁线路，基坑安全问题异常重要。根据规范及设计文件要求，本项目在基坑支护施工及后期使用期间开展了围护结构顶部位移监测、周边建筑沉降监测、支撑轴力监测、锚索轴力监测等监测工作。基坑监测点平面布置图详见图7。

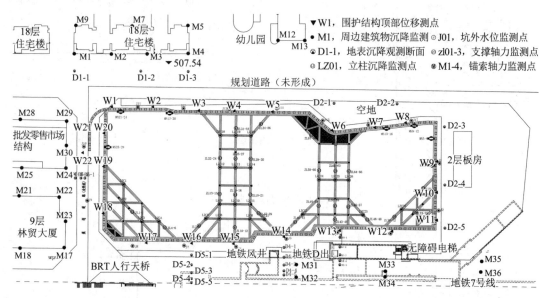

图 7　基坑监测点平面布置图

施工时，根据支撑设置位置，把基坑分为 4 个区，每区分界线为两组支撑交界位置，从西至东分别为 1～4 区，各分区开挖到支撑底标高的时间见表 2。

				基坑开挖时间表 表2

开挖深度	1 区	2 区	3 区	4 区
4.7m	4/12	4/17	4/17	4/12
10.0m	5/9	5/29	5/27	5/27
16.6m	6/21	7/6	7/6	7/4
23.1m	9/10	9/15	9/15	9/12

1. 水平位移监测

根据监测结果，基坑开挖到位时，基坑南侧 W14 号点位移最大为 9.3mm；基坑东侧 W10 号点变形最小为 6.9mm。总的来看，整个基坑顶累计位移均较小，最大值与最小值差异不大。水平位移随时间变化曲线见图8。

分析认为，基坑第4层土方开挖前，支护结构整体位移量不大，约占总位移量的 50%～60%，第 4 层土方开挖对支护结构的变形影响较大，后期位移主要集中在此工况条件下。水平位移与支护结构类型关联性不大，与基坑空间位置关系也不明显。

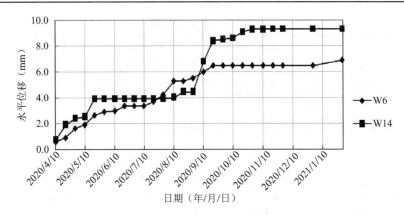

图 8 基坑水平位移随时间变化曲线

2. 基坑周边沉降监测

根据监测结果，基坑开挖到设计标高后，基坑顶部各区域沉降分别为：北侧 1.8～6.7mm，平均 4.5mm；东侧 3.8～7.2mm，平均 4.5mm；南侧 2.1～6.8mm，平均 4.4mm，西侧 4.1～7.4mm，平均 4.9mm。各区域沉降差异较小，西侧为施工马道，重型车辆通行，变形稍大。

基坑周边各建筑监测结果为：西侧 9 层林贸大厦距基坑边最近距离 17m，沉降量 1.8～5.0mm，平均 3.3mm；北侧 18 层住宅距基坑边 29m，沉降 0.9～4.4mm，平均 2.8mm；北侧幼儿园距基坑 36m，沉降 2.1～4.8mm，平均 2.4mm。竖向位移随时间变化曲线见图 9。

本工程设置了 4 组沉降监测剖面，分析地面沉降与基坑的距离关系。选取有代表性的基坑靠地铁的南侧西段的监测剖面，每组布置 5 个监测点，间距 2～6m，最远点距基坑边 21m，监测结果显示，靠近基坑沉降量较大，沉降最大值在距基坑边 10m 左右。

基坑周边地面和建筑沉降总体和差异沉降均较小，各点沉降累计量和沉降随时间的变化规律与设计分析基本吻合。本场地开挖深度较深，水位降深较大，水力坡度大，降水过程中容易造成卵石间的砂粒流失，从而引起地表沉降。水位下降后，土体重度增加，土层发生压缩，也会产生沉降。

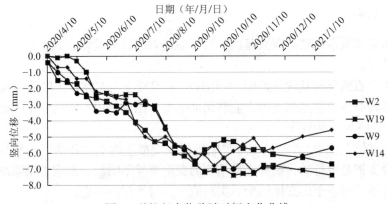

图 9 基坑竖向位移随时间变化曲线

3. 混凝土支撑轴力监测

统计各区域主要支撑监测最大轴力情况，各层支撑轴力统计见表 3。

支撑监测最大轴力表　　　　　　　表 3

区域	位置	1 层轴力（kN）	2 层轴力（kN）	3 层轴力（kN）
西南角撑	内	1305	1579	1798
	外	1295	1567	1716
西段对撑	左	1285	1676	1637
	中	1467	1768	1720
	右	1463	1730	1619
东段对撑	左	1294	1645	1691
	中	1513	1662	1643
	右	1286	1652	1652
东南角撑	外	1338	1574	1656
	内	1278	1607	1651

通过对混凝土支撑轴力监测，发现有如下规律：

（1）同一层结构中，各支撑梁所受的轴力差异不大，内力实测值变异系数最大为 6.74%；

（2）随着基坑开挖深度的加深，支撑轴力逐渐加大，在基坑开挖到底后轴力达到峰值；

（3）支撑轴力达到峰值并持续一段时间后，均有一定幅度下降，最大降幅达 10%～20%，分析认为是基坑开挖造成的应力场调整所致。

4. 地铁及附属结构变形

根据监测结果，地铁车站主体结构最大位移为 1.2mm，沉降 1.6mm；2 号新风亭结构最大位移为 2.8mm，沉降 3.2mm；D 号出入口结构最大位移为 1.8mm，沉降 2.9mm；盾构区间结构最大位移为 0.9mm，沉降 1.6mm。实际变形值略小于设计分析值，主要原因是实际地层抗剪强度与设计分析采用值存在一定差异，另外，地铁基坑支护的排桩有一定的隔离保护作用，降低了基坑开挖对地铁及其附属结构的影响。

七、综合点评

本项目为紧邻城市地铁的深大基坑工程，通过对项目的设计、施工以及监测分析，得到以下几点认识：

（1）成都卵石地层深基坑支护中，采用排桩＋混凝土内支撑和排桩＋预应力锚索两种支护结构均能较好地控制基坑变形，能够保证基坑开挖及使用期间的安全，能够保证基坑周边基础设施的正常使用安全。

（2）同一基坑工程中，在不同部位采取排桩＋混凝土内支撑和排桩＋预应力锚索两种支护形式组合支护是可行的，两种支护结构的变形差异不明显。预应力锚索结构的变形实测值小于计算值，混凝土内支撑的变形实测值小，与计算值接近。

（3）成都砂卵石地层深基坑支护，预应力锚索和混凝土支撑轴力实测值均小于计算值。

（4）基坑周边 1 倍基坑深度范围内沉降主要由基坑开挖和降水引起，此范围外的沉降可能由降水引起，基坑施工期间应严格控制出水含砂率。

专题六 装配式支撑

上海西郊国际农产品交易中心基坑工程

梁志荣 魏 祥 罗玉珊

（上海申元岩土工程有限公司，上海 200011）

一、工程概况

1. 工程概况

上海西郊国际农产品交易中心位于上海市青浦区华新镇，是上海及长三角地区现代化、综合性的农产品批发市场，为上海市重大工程，全国公益性农产品市场首批试点工程。项目主体地上四层、地下一层，建筑长约 320m，宽约 120m，单体建筑面积 10.5 万 m^2。本工程基坑开挖面积为 35368m^2，延长米 817m，基坑开挖深度 6.91～7.61m，局部挖深 8.35m。

2. 环境概况

项目位于上海青浦区华新镇，场地四周紧邻交易中心内部道路，北至已建蔬菜交易大厅，东侧、南侧邻近河道，场地原有交易大楼，周边环境较为复杂。基坑东侧为宽 16.0m 的李浦桥江，距离本基坑围护内边线最近约 28.7m，李浦桥江以东为华徐公路；基坑南侧为宽 22.0m 的混元江，距离本基坑围护内边线最近约 20.6m，混元江以南为华隆路；基坑西侧为交易中心内部道路，宽度约 10.7m，紧邻围护内边线；基坑北侧邻近 1～3 层已建蔬菜交易大厅，距围护内边线最近为 17.8m。基坑四周紧邻多条园区内重要管线，主要有高压电缆、给水管、污水管、雨水管等（表 1），管线距离基坑围护内边线最近处仅 4.8m，变形控制要求高。在基坑施工阶段，场地北侧蔬菜交易仍正常运营，需严格控制基坑自身及对周边环境的变形影响，确保交易中心内部运输、管线等正常使用。项目基坑周边环境图参见图 1。

基坑周边管线情况一览表   表 1

道路方位	管线名称	管径（mm）	管线埋深（m）	距离基坑开挖边线（m）
北侧	雨水管	DN500	1.34	11.9≤2.0H
	雨水管	DN400	1.46	16.1≤3.0H
	污水管	DN400	1.20	9.3≤2.0H
	给水管	DN150	1.15	4.8≤1.0H
	消防管	DN250	1.20	7.3≤2.0H

道路方位	管线名称	管径（mm）	管线埋深（m）	距离基坑开挖边线（m）
南侧	高压电缆	10kV	1.02	10.7 ≤ 2.0H（施工前搬迁）
	低压电缆	1kV	1.10	16.1 ≤ 2.0H（施工前搬迁）
东侧	给水管	DN80	1.26	21.7 ≤ 3.0H
	消防管	DN150	1.20	23.3 ≤ 4.0H

注：表中H为基坑深度。

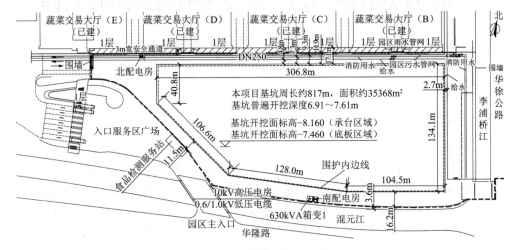

图 1　基坑周边环境示意图

二、工程地质及水文地质概况

1. 工程地质概况

根据岩土工程勘察报告，拟建场地地貌类型属泻湖沼泽平原。场地内主要由第四纪的全新世及上更新世的黏性土、粉性土、砂土组成，场地地层分布主要有以下特点：

①$_{1-1}$层为杂填土，厚度 0.3～3.9m，夹石头、砖块，土质松散。

①$_{1-2}$层为素填土，遍布，土质松散不均匀。

②层为褐黄～灰黄色粉质黏土，厚度 1.20～3.20m，湿，可塑，中等压缩性土，平均P_s值为 0.72MPa，上海地区俗称"硬壳层"，该层具有上硬下软的特性。

③$_1$层为灰色淤泥质粉质黏土，场地遍布，局部夹薄层砂质粉土，厚度 5.50～8.80m，饱和，流塑，高压缩性土层，$P_s = 0.46$MPa。

③$_3$层为灰色黏土，场地遍布，厚度 2.60～10.00m，很湿，软塑～流塑，高压缩性土层，$P_s = 0.64$MPa。

⑥$_1$层为暗绿～草黄色粉质黏土，厚度 1.40～7.10m，稍湿，可塑～硬塑，物理力学性质较好，中等压缩性土，$P_s = 2.40$MPa。该层在场地东北侧局部缺失。

⑥$_2$层为草黄～灰色砂质粉土，遍布，厚度 3.80～8.40m，饱和，稍密～中密，$P_s = 3.95$MPa，平均标贯击数 18.7 击。

⑥$_3$层为灰色粉质黏土夹粘质粉土，场地遍布，厚度 1.00～14.00m，湿，可塑～软塑，中等压缩性土，$P_s = 1.72$MPa。

⑦₁ₐ层为灰色粉砂层，厚度 3.00～12.40m，饱和，密实，中等压缩性土，$P_s = 4.39$MPa，平均标贯击数 43.0 击。

⑦₁ᵦ 层为灰色砂质粉土，厚度 2.10～7.30m，饱和，中密～密实，中等压缩性土，$P_s = 7.22$MPa，平均标贯击数 34.3 击。

第⑦层仅在场地西侧分布。

⑧₁ 层为灰色粉质黏土，场地遍布，厚度 3.00～14.50m，湿，可塑，中等压缩性土，$P_s = 1.85$MPa。

⑧₂层为灰色砂质粉土夹粉质黏土层，厚度 8.00～17.60m，饱和，密实，中等压缩性土，$P_s = 9.02$MPa，平均标贯击数 37.9 击。

本项目基坑所涉及土层物理力学性质见表 2 及图 2。

场地土层物理力学性质表　　　　　　　　　　表 2

层号	土层	重度γ（kN/m）	固结快剪峰值强度		渗透系数（cm/s）		孔隙比e	含水率w（%）	压缩模量$E_{s0.1-0.2}$（MPa）	状态
			内摩擦角φ（°）	黏聚力c（kPa）	k_v	k_h				
②	褐黄-灰黄色粉质黏土	18.8	18.5	22.0	1.62×10^{-7}	2.15×10^{-7}	0.840	29.1	4.82	可塑
③₁	灰色淤泥质粉质黏土	18.1	19.5	13.0	5.36×10^{-7}	2.37×10^{-6}	1.025	36.8	3.98	流塑
③₃	灰色黏土	17.4	13.5	12.0	9.86×10^{-8}	1.29×10^{-7}	1.176	40.8	2.61	软塑～流塑
⑥₁	暗绿-草黄色粉质黏土	19.4	19.5	40.0	1.07×10^{-7}	1.47×10^{-7}	0.729	25.1	7.49	可塑～硬塑

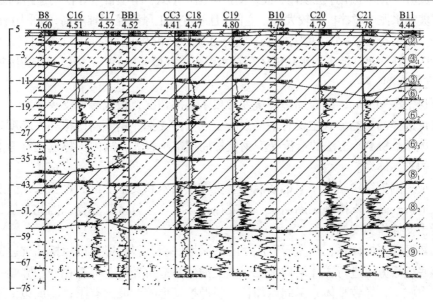

图 2　典型地质剖面图

253

2. 水文地质概况

依据勘察报告，场地范围内涉及基坑工程的地下水主要是潜水和承压水两种类型。

（1）浅部土层分布有潜水，主要补给来源为大气降水和地表径流，水位随季节变化而变化。勘察期间量测的地下水稳定水位埋深 0.30～1.50m。

（2）本场地第⑥₂层为承压含水层，其层面埋深最浅为 20.2m。承压水呈周期性变化，水位埋深 3m～12m。按最不利承压水头 3.0m 计算，验算坑底开挖面以下至承压水层顶板间覆盖土的自重压力与承压水压力之比为 1.32～1.37 > 1.05，满足坑底抗⑥₂层承压水稳定性要求。

三、基坑围护方案

1. 基坑围护总体方案

1）项目特点

（1）项目开挖面积超 3.5 万 m²，土方量约 24 万 m³，规模较大，基坑施工对周边影响不可小觑。基坑东西方向长达 307m，南北方向长达 134m，整个基坑形状很不规则。

（2）周边紧邻内部道路及运营中交易中心和使用中管线，对基坑施工期间的变形控制要求极高。

（3）不良地质作用显著：基坑开挖深度范围内以③淤泥质粉质黏土为主，该层为上海地区典型的软弱土层，抗剪强度低，压缩性大，灵敏度中～高，具有触变性和流变性，应注意③层土对基坑开挖的影响，尽量避免对主动区土体的扰动。

（4）项目工期紧张，但场地紧邻交易中心内部运营中道路，施工用地空间紧张，工期控制难度高。

2）围护选型

根据上海地区同类型、规模及深度的基坑围护设计经验，类似项目基坑工程围护体系一般可考虑放坡、水泥土搅拌桩坝体、板式支护等围护形式。本项目紧邻使用道路、交易中心，考虑到放坡和水泥土搅拌桩需较大施工空间，且基坑施工风险控制难度高，故采用板式支护，顺作施工。板式支护体系围护墙中，综合考虑工期、造价和变形控制能力等因素，采用工期短、经济性较好、兼具挡土挡水功能的型钢水泥土搅拌墙（SMW 工法桩）作为围护结构。

3）支撑选型

本项目挖深 6.91m，结合周边环境变形要求高的情况，板式悬臂支护不利，应增设内支撑，可供选择的支撑形式主要有钢筋混凝土水平内支撑、钢管斜抛撑和大跨度鱼腹梁水平钢支撑体系。SMW 工法的造价受型钢租赁周期影响较大，故内支撑选型宜考虑有利于缩短工期的支撑体系。

（1）板式围护结构结合一道钢筋混凝土支撑在技术和安全上可满足要求，但混凝土支撑及立柱造价较高，支撑施工周期长，且支撑拆除时产生较多废弃物，因此本项目不建议选用混凝土支撑作为支撑体系。

（2）斜抛撑支撑体系，须先行形成中心岛区域底板，斜抛撑架设后挖除坑边留土，待二次浇筑底板后方可进行主体结构施工。该支撑体系造价经济，但存在一些弊端：①基础底板需二次施工，导致整体施工周期加长；斜抛撑变形控制能力有限；②周边留土在斜抛撑下进行土体开挖较困难，③底板二次浇筑需人为设置地下室施工缝或后浇带，对结构受力及底板防水不利等。因此本项目不建议选用斜抛撑作为支撑体系。

（3）装配式预应力鱼腹梁钢支撑技术（IPS 工法），由鱼腹梁（高强低松弛的钢绞线作为上弦构件、H 型钢作为受力梁、与长短不一的 H 型钢撑梁等组成）、对撑、角撑、立柱、横梁、拉杆、三角连接件、预压顶紧装置等标准部件组合并施加预应力，形成平面预应力支撑系统与立体结构体系。与传统混凝土内支撑、钢支撑相比，其优点主要有：①施工效率快，工期短；②支撑体系的整体刚度和稳定性好，变形可控；③克服了传统支撑布置较密，土方开挖施工操作空间小，开挖难度大的缺点。考虑到本基坑的特点及现场情况，鱼腹梁支撑坑内挖土方便，变形可控，施工周期短，且经济性好，因此本工程建议选用鱼腹梁作为支撑体系。

综上，项目基坑采用型钢水泥土搅拌墙（SMW 工法桩）＋一道装配式预应力鱼腹梁水平钢支撑的总体设计，顺作开挖。

2. 基坑围护设计

1）围护桩及坑内加固

本工程围护体采用型钢水泥土搅拌墙（SMW 工法桩），即 $\phi850@600$ 三轴水泥搅拌桩，内插 $H700 \times 300 \times 13 \times 24$ 型钢，可同时起到挡土和止水作用。三轴水泥土搅拌桩水泥掺量 20%，套接一孔止水，止水帷幕考虑内插型钢施工而加长至型钢底标高以下 0.5m。普遍区域内插型钢插二跳一，嵌入基坑底以下 11～12m，嵌入可塑～硬塑的⑥₁层粉质黏土中；局部贴边深坑区域（落深 1.3～1.7m）则加强采用型钢密插，嵌入基坑底以下 13～14m。考虑对周边环境的保护要求较高，为加强被动区土体抗力同时减少基坑施工产生的变形，在基坑临近环境敏感建（构）筑物、道路管线区域设置宽 4.7m 的 $\phi700@500$ 双轴水泥土搅拌桩墩式加固，加固坑底至坑底以下 4.0m，水泥掺量 13%。因围护桩与坑内加固施工存在时空差，为确保被动区坑内加固土体抗力充分发挥，在坑内加固与 SMW 工法间增设压密注浆。普遍区域典型基坑支护结构剖面图参见图 3。

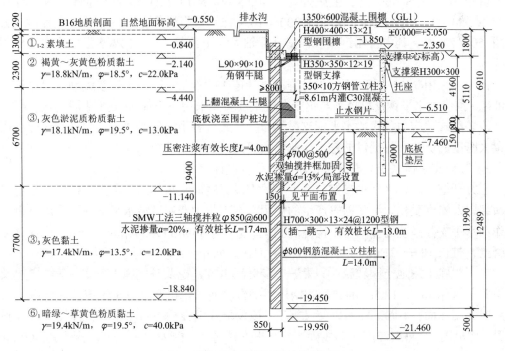

图 3　基坑普遍区域围护结构剖面图

2）水平支撑体系

本基坑平面形状呈不规则多边形，综合考虑环境保护、施工工期、造价等多项因素，基坑整体设置一道装配式预应力鱼腹梁水平钢支撑，支撑中心标高为−2.350m。支撑平面布置如图4所示。钢围檩采用 H400×400×13×21 型钢，对撑、角撑等预应力组合钢支撑采用 H350×350×12×19 型钢，钢盖板、槽钢盖板等均采用 M24 预应力高强度螺栓与支撑杆件连接。南北向对撑 102～110m，跨度最大处长度达到 110m，采用 7 根型钢组合截面，该组对撑中单根型钢预应力设计值为 1780kN。

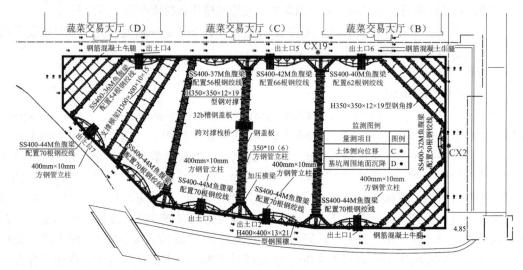

图 4 基坑水平支撑体系平面布置图

鱼腹梁采用 SS400 型，上弦杆为 H400×400×13×21 型钢，连杆、腹杆等采用 H350×350×12×19 型钢、H300×300×10×15。鱼腹梁跨度 30～44m，配置预应力钢绞线 50～70 根，其中备用钢绞线根据计算轴力大小预留 8%～12%不张拉（作为备用钢绞线）。

钢绞线采用 7ϕ15.2 钢绞线，抗拉强度设计值 1320N/mm²，单根钢绞线预应力设计值为 130kN。预应力水平钢支撑体系与钢筋混凝土围檩间采用三角件/混凝土牛腿连接。

该装配式预应力鱼腹梁水平钢支撑的布置形式，各个区域受力均很明确，充分利用鱼腹梁大跨度的优势，可提供的挖土作业面大幅提高，有效缩短工期。

3）竖向支承体系及装配式钢栈桥施工平台设计

土方开挖期间，水平钢支撑体系下一般需设置竖向支承体系，承担支撑体系自重、施工荷载以及温度变化、沉降差等产生的作用。本工程中普遍区域水平支撑下采用方钢管立柱作为水平支撑系统的竖向支承构件。方钢管规格为 350mm×350mm×6mm，内灌注 C30 混凝土，桩长 18.0～21.0m。立柱应设置剪刀撑，防止大跨度立柱支撑失稳。

本工程施工用地空间较狭小，为进一步提高土方开挖及基坑施工效率，基坑周边及坑内设置了 8 组 6m×12.5m 的装配式钢栈桥平台，便于挖机及土方车辆流转和坑内通行，多点展开工作面，不同工序可以交叉施工。该装配式钢栈桥平台与水平支撑体系脱开独立设置，详见图5。每组装配式钢栈桥下设 9 根立柱桩，坑内采用灌 C30 混凝土的 400mm×400mm×10mm 方钢管插入ϕ800 钻孔灌注桩作为竖向支承构件，坑外则采用桩长 21m 的

φ800 钻孔灌注桩作为钢栈桥平台立柱桩。钢平台主梁采用 700mm × 300mm ×13mm × 24mm 型钢，上铺 6.0m × 1.5m × 0.2m 路基箱，栈桥顶标高−0.550m。临时装配式钢栈桥平台的设置也进一步方便了挖土流线组织，有利于保护装配式预应力鱼腹梁水平钢支撑体系。

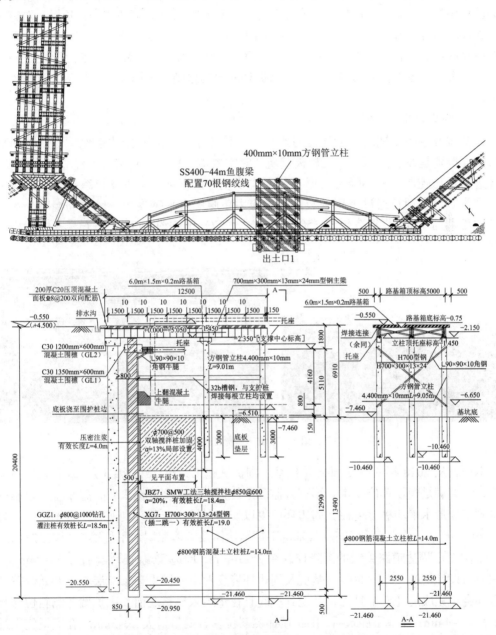

图5 临时装配式钢栈桥施工平台设计典型示意图

四、基坑施工及监测情况

1. 施工关键技术及要求

本项目施工过程中，相较于围护桩、竖向支承体系等，装配式预应力鱼腹梁水平钢支撑的施工专业性要求较高，其主要施工顺序为：测量定位→施工立柱→施工牛腿、托座、支撑梁→施工圈梁→施工鱼腹梁钢支撑→施工对撑和角撑→安装传力件、施加预应力→质量验收→根据变形复加预应力→换撑完成释放预应力→拆除和回收钢支撑。

其中装配式预应力鱼腹梁水平钢支撑系统预应力施加及拆除顺序至关重要，为保证预应力的均匀施加，施工工序应分级有序实施。①钢支撑预应力施加顺序：角撑、对撑→鱼腹梁，预应力分四级逐步加至设计预应力的 30%、50%、70%、100%；②钢支撑拆除前必须对拆除区域的鱼腹梁和钢支撑进行预应力释放，其单次预应力释放顺序：鱼腹梁→对撑、角撑。对拆除区域的预应力释放遵循分级循环释放的原则，采用 4 级（均匀）进行预应力释放。

2. 现场监测及变形情况

在基坑开挖施工期间，应注意对水平钢支撑体系、竖向支撑体系保护，以防局部变形过大。特别是在软土地区，大规模基坑"时空效应"显著，应密切关注立柱隆起变形，局部进行反压控制，减小隆起变形对装配式预应力鱼腹梁水平钢支撑系统平面外稳定性的不利影响。本项目通过采用的装配式预应力鱼腹梁水平钢支撑，较钢筋混凝土水平支撑节约工期约 15d，节省造价超 350 万元，减小 CO_2 排放约 3480t。图 6 是基坑工程施工实景。

图 6 基坑工程施工实景

本项目从 2018 年 6 月 5 日开始桩基、围护桩施工，至 2019 年 3 月 26 日地下室出正负零，工期满足建设单位要求。第三方监测单位提供的监测数据表明，整个施工过程中，基坑侧壁变形水平均稳定可控，周边环境得以安全保护，工程顺利实施。根据监测报告，截至 2018 年 10 月基坑开挖到底后，基坑围护结构体及土体深层水平位移控制在 32～45mm（图 4、图 7），周边道路管线的沉降控制在 7～14mm，周边建筑沉降控制在 16～24mm，支撑轴力为设计值的 60%～80%。基坑及周边环境变形主要发生在第二层土方开始开挖到底板全部浇筑完成的 1.5 个月内，开挖到坑底且在垫层未浇筑之前，围护墙体测斜位移日变量最大 3～4mm；在垫层浇筑后，围护墙体测斜位移日变量最大 2～3mm；在底板施工过程中，围护墙体测斜日变量最大约 1mm；底板形成后，围护墙体测斜日变量最大 0.2～0.5mm。这些数据表明，采用先进的装配式预应力鱼腹梁水平钢支撑体系技术，创新的设计方法，配合信息化施工，使得工程实施中基坑及周边环境总体处于安全可控范围。同时，钢支撑体系将施工工期缩短，最大限度地减少基坑暴露时间，可大大降低基坑隆起、突涌等稳定性问题的风险。

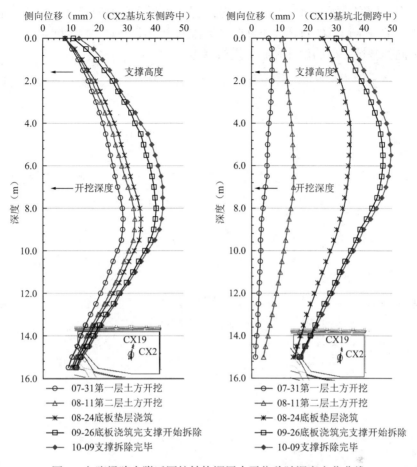

图 7　鱼腹梁跨中附近围护结构深层水平位移随深度变化曲线

五、结语

上海西郊国际农产品交易中心项目位于上海市软土地区，基坑面积大，周边环境复杂，周边紧邻内部道路及运营中的交易中心和使用中多条管线，对基坑施工期间的变形控制要求极高。基坑开挖深度范围内以③淤泥质粉质黏土为主，该土层为上海地区典型的软弱土层，变形控制难度大。另外项目工期紧张，但场地周边紧邻交易中心内部运营道路，施工用地空间较为紧张，工期控制难度高。

本次基坑工程设计实施过程中大胆进行了技术创新，引入了施工快速、变形可控、挖土空间大、绿色可回收的装配式预应力鱼腹梁钢支撑体系。基坑整体设计采用型钢水泥土搅拌墙（SMW 工法）结合一道装配式预应力鱼腹梁水平钢支撑的顺做开挖方案，并对局部深坑、大跨度对角撑、大跨度鱼腹梁、装配式钢栈桥施工平台体系等进行了针对性加固设计。

在软土地区，大规模大跨度基坑"时空效应"显著，IPS 支撑设计应注意支撑刚度取值、钢绞线储备率，同时增设剪刀撑、盖板、托梁等措施，施工期均应密切关注立柱隆起变形，局部进行反压控制，减小隆起变形对 IPS 支撑系统平面外稳定性的不利影响。

基坑开挖过程进行了全过程的监测，监测结果表明，采用工期节约工期的装配式预应力鱼腹梁水平钢支撑体系，合理地支撑施工、挖土分区，大大减小了大面积基坑的时空效应，安全、高效地完成了基坑的实施，有效地保护了周边环境的安全，实现了基坑实施期间交易中心正常安全运营的目标。可回收的装配式钢支撑可大大减少碳排放，绿色环保，该工程可为同类基坑工程的设计和施工提供参考。

深圳前海中冶科技大厦基坑工程

张　俊 [1,2,3]　谭　路 [1,2,3]　张兴杰 [1,2,3]　黄致兴 [1,2,3]

任晓光 [1,2,3]　范兰杨 [1,2,3]　刘永焕 [1,2,3]

（1. 中冶建筑研究总院有限公司，北京　100088；2. 中国京冶工程技术有限公司，北京　100088；3. 中冶建筑研究总院（深圳）有限公司，广东深圳　518000）

一、工程简介及特点

本项目位于深圳前海桂湾怡海大道，项目共三层地下室，基坑周长约 305.2m（支护桩内边线），基坑面积约 5837.4m²（支护桩内边线），基坑周边地面标高为绝对标高 6.1~8.0m，基坑底绝对标高 −6.7m，基坑深度为 12.8~14.7m，采用围护桩 + 两道内支撑的支护方案。图 1 为基坑总平面图。

图 1　基坑总平面图

本项目基坑规模大、深度深，周边环境条件复杂，在支护结构设计与施工时的重点及难点如下所述：

（1）建设单位对工期及造价控制的要求高：本项目基坑深度深（最深达 14.7m）、周边环境复杂（紧邻地铁结构），水文地质条件差（位于填海地区），如何在保证基坑安全的同时又能满足建设单位对工期及造价控制的要求是本项目的设计难点。

（2）对邻近地铁隧道保护难度大：本项目西侧临近地铁鲤鱼门—新安区间出入段线隧道，此区间隧道埋深较浅（埋深约11.3m），基坑深度深于地铁隧道，地铁隧道结构对变形极为敏感，保证地铁结构的安全是本项目的重、难点。

（3）水平传力体系的选择与布置难度高：本项目场地狭小（基坑面积5837.4m²）且基坑开挖深度较深（最深约14.7m），土方开挖困难，支护设计时需最大化考虑出土的便利性，出土便利性与水平传力体系密切相关，因此，水平传力体系的选择与布置是本项目的设计重、难点。图2为基坑俯视图。

图2　基坑俯视图

二、工程地质条件

1. 地层岩性

根据钻探揭露，场地内地层自上而下依次为：人工填土层（Q^{ml}）、第四系海线陆交互相沉积层（Q^{mc}）、第四系残积土层（Q^{el}），下伏基岩为花岗岩（$\eta\beta_5 K_1$）。现将各岩土层的岩性特征自上而下分述如下：

人工堆积层：杂填土（揭露层厚1.5～3.5m）、填石（揭露层厚4.5～7.0mm）。

①₁杂填土：堆填时间超过10年，已基本完成自重固结。由砂性黏土混建筑渣块、碎石组成，硬质物占比15%～35%。平均层厚2.40m。在场地内广泛分布。

①₂填石：由填海时抛石挤淤形成，堆填超过10年，已基本完成固结。块石含量50%以上，成分为花岗岩，中～微风化，块径2～80cm；石间充填黏性土及砂砾。平均层厚5.40m。在场地内广泛分布。

第四系海陆交互相沉积层：淤泥质土（淤泥）（揭露层厚 1.2～4.1m）、黏土（揭露层厚 0.8～3.0m）。

②₁ 淤泥质土（淤泥）：饱和，流塑状，在场地内分布广泛，平均层厚 2.75m。

②₂ 黏土：可塑状，在场地内分布较少，平均层厚 1.89m。

第四系残积层：砂质黏性土（揭露层厚 11.0～20.2m）。

③砂质黏性土：硬塑状，略显原岩残余结构，砂砾含量 20%～35%，在场地内广泛分布，平均层厚 16.33m。

燕山四期侵入岩：全风化花岗岩（层厚 5.1～8.0m）、土状强风化花岗岩（层厚 0.5～4.6m）、块状强风化花岗岩（层厚 2.3～3.9m）、中风化花岗岩（层厚 1.1～7.5m）、下部为微风化花岗岩。图 3 为典型地质剖面图，标准贯入成果汇总统计表如表 1 所示。

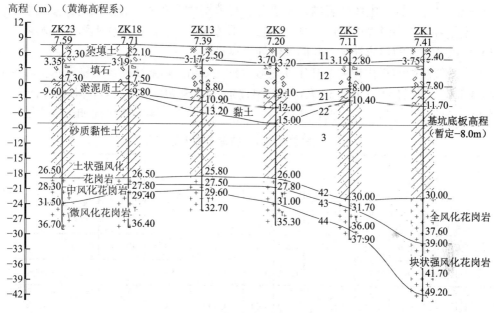

图 3　典型地质剖面图

标准贯入成果汇总统计表　　　　表 1

岩土名称/代号	统计项目	统计数	范围值	平均值	标准差	变异系数	标准值
②₁ 淤泥质土	实测击数	12	1～3	1.9	0.515	0.269	1.6
	修正击数		0.8～2.4	1.5	0.423	0.269	1.3
②₂ 黏土	实测击数	3	9～12	10.3	—	—	—
	修正击数		6.8～9.1	7.8	—	—	—
③砂质黏性土	实测击数	55	11～33	20.6	6.260	0.303	19.2
	修正击数		8.6～23.1	14.7	4.055	0.274	13.8
④₁ 全风化花岗岩	实测击数	6	46～59	52.0	5.441	0.105	47.5
	修正击数		32.2～41.3	36.4	3.808	0.105	33.2

续表

岩土名称/代号	统计项目	统计数	范围值	平均值	标准差	变异系数	标准值
④$_{2-1}$土状 强风化花岗岩	实测击数	8	72~76	73.8	1.356	0.018	72.9
	修正击数		50.4~53.2	51.7	0.949	0.018	51.0

2. 水文地质条件简述

根据场地周围地形、地貌以及地质条件分析,地下水分为第四系孔隙水及基岩裂隙水。

孔隙水主要赋存于填土层中,其次在第四系残积土和全风化岩中。填石为强透水层,石间充填黏性土含量变化大,直接影响其渗透性。孔隙水接受大气降水补给,以蒸发方式排泄,还与邻近的海水存在一定水力联系。

裂隙水赋存于强、中风化岩内,受节理、裂隙发育程度和连通性控制,微具承压性;强、中风化为弱~中等透水层,微风化岩为不透水层。裂隙水接受上游同一水体的渗流补给和本区孔隙水的越流补给,并向低洼处渗流排泄。

水位受气候影响变化较大,其年变化幅度约为 2m。勘察期间实测稳定水位埋深介于2.14~3.82m,高程介于 3.46~3.89m。由于勘察时为雨季初期,水位较深雨季会有所回升。土层主要物理试验指标统计表如表 2 所示,岩土层主要力学参数建议值如表 3 所示。

土层主要物理试验指标统计表 表 2

层号/岩土名称	含水率w（%）	相对密度G_S	天然密度ρ_0（g/cm³）	孔隙比e	液性指数I_L	压缩系数α_{1-2}（MPa⁻¹）	压缩模量E_s（MPa）	剪切指标* 黏聚力c（kPa）	剪切指标* 内摩擦角φ（°）	细粒土 含水率w_f（%）	细粒土 液性指数I_f
②$_1$淤泥质土	52.9	2.71	1.68	1.465	1.10	1.11	2.27	14.9	7.8	—	—
②$_2$黏土	36.7	2.71	1.77	1.096	0.40	0.50	4.33	29.9	16.9	—	—
③砂质黏性土	33.7	2.69	1.81	0.988	0.31	0.40	4.96	30.8（25.0）	27.0（20.6）	39.6	0.61
④$_1$全风化岩	25.3	2.67	1.92	0.748	0.03	0.28	6.22	（21.9）	（27.4）	—	—

注:*在剪切指标列中,括号内数值为直接快剪,括号外数值为固结快剪。

岩土层主要力学参数建议值 表 3

岩土层名	岩土状态	天然重度（kN/m³）	地基承载力特征值f_{ak}（kPa）	固结快剪 黏聚力c（kPa）	固结快剪 内摩擦角φ（°）	压缩模量E_s（MPa）	变形模量E_0（MPa）	渗透系数k（m/d）	土层与锚固段注浆体间的极限粘结强度标准值q_{sik}（kPa）
①$_1$填土	稍密	18.5	100	15	10	3.5	6	1.0	—
①$_1$填石	松散~稍密	20.5	130	5	35	—	15	15	30
②$_1$淤泥质土	流塑~软塑	17.0	60	8	4	2	3	0.05	10
②$_2$黏土	可塑	18.4	150	22	16	5	12	0.05	55

| 岩土层名 | 岩土状态 | 天然重度（kN/m³） | 地基承载力特征值f_{ak}（kPa） | 固结快剪 | | 压缩模量E_s（MPa） | 变形模量E_0（MPa） | 渗透系数k（m/d） | 土层与锚固段注浆体间的极限粘结强度标准值q_{sik}（kPa） |
				黏聚力c（kPa）	内摩擦角φ（°）				
③砂质黏性土	可塑~硬塑	18.7	220	24	22	6	25	0.5	80
④₁全风化花岗岩	全风化	19.5	360	28	25	9	70	1.5	150
④₂₋₁土状强风化花岗岩	强风化	20.5	550	38	28	16	150	2	220
④₂₋₂块状强风化花岗岩	强风化	22.0	700	—	—	—	180	3	300

三、基坑周边环境情况

场地西侧紧邻十一号路，下敷众多市政管线，包括雨水、污水、给水、电力、电信等管线，基坑西北侧有给水、污水及燃气管线。东侧紧邻深圳地铁1号线鲤鱼门—新安区间左、右出入段线隧道，支护桩边线与隧道最小距离约10.5m，详见图1。场地北侧为开阔空地，场地南侧60m为龙海家园小区。

基坑周边管线众多，有给水、污水、雨水、燃气、电力及电信管线，详见图4。

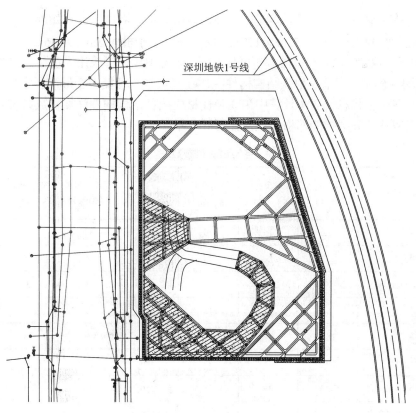

图4 周边管线图

四、基坑支护设计方案

1. 采用"地铁侧变形控制为主"的设计原则

与一般基坑采用强度控制为主的设计原则不同,本项目采用变形控制为主的设计原则。通过三维有限元对基坑实施的全过程进行模拟,分析基坑施工对周边建筑（构）物的影响,从而确定具体的设计方案,分析流程如图 5 所示。

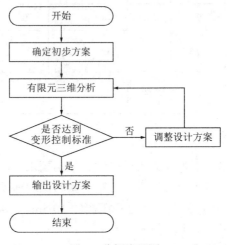

图 5 分析流程图

基坑及地铁结构变形三维有限元计算分析采用 midas 有限元计算软件。模型的长宽边界大于基坑深度的 3 倍, 为 152m×177m, 模型深度低于桩底 3m, 为 36m。模型的单元数为 133240, 节点数为 124740, 在本项目分析中, 岩土本构模型采用当前使用最为广泛的摩尔-库仑弹塑性模型；基坑及地铁结构构件变形在基坑整个开挖中变形过程中相对较小, 其材料不会达到屈服状态, 故本计算中用线弹性材模拟各结构构件计算参数如表 4、表 5 所示。计算模型及部分结构的网格模型图如图 6 所示。

各土层材料参数表   表 4

地层名称及编号	天然重度 γ（kN/m³）	黏聚力 c（kPa）	内摩擦角 φ（°）	承载力特征值 f_{ak}（kPa）	压缩模量 E_s（MPa）	变形模量 E_0（MPa）	渗透系数 k（m/d）
①₁填土	18.5	15	10	100	3.5	6	1
①₂填石	20.5	5	35	130	—	15	15
②₁淤泥质土	17	8	4	60	2	3	0.05
②₂黏土	18.4	22	16	150	5	12	0.05
③砂质黏性土	18.7	24	22	220	6	25	0.5
④₁全风化花岗岩	19.5	28	25	360	9	70	1.5
④₂₋₁土状强风化花岗岩	20.5	38	28	550	16	150	2
④₂₋₂块状强风化花岗岩	22	—	—	700	—	180	3

基坑围护结构材料参数表 表5

结构名称	单元类型	尺寸（mm）	重度（kN/m³）	弹性模量（×10⁴MPa）	泊松比
支撑梁	梁单元	800（宽）×1000（高） 1000（宽）×1000（高）	25	3.0	0.20
立柱	梁单元	1200（直径）	25	3.0	0.20
支护桩	板单元	1050（厚度）（按刚度等效）	25	3.0	0.20
地铁隧道	板单元	600（厚度）	25	3.0	0.20

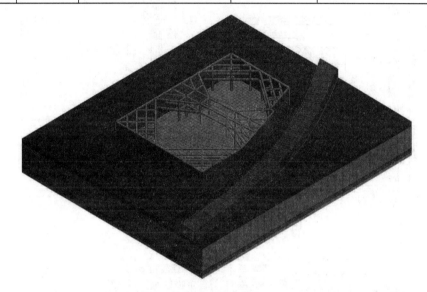

图6　模型全貌

通过上述分析后，最后输出的设计方案如下：

1）围护结构概述

本项目南侧紧邻地铁，地铁隧道距离支护结构边线10.5～20.7m，基坑支护方案如下：

（1）基坑东侧，邻近地铁隧道段，采用袖阀管注浆＋咬合桩＋两道混凝土内支撑的支护形式（图7）。

（2）基坑西北侧，采用咬合桩＋二道内支撑（第一道混凝土支撑，第二道钢支撑）的支护形式（图8）。

（3）其他侧均采用咬合桩＋两道混凝土内支撑的支护形式（图9）。

通过多次方案论证及有限元计算的地铁变形控制，本支护体系极大程度地保证基坑安全同时又满足建设单位对工期及造价的控制要求。

2）支撑结构体系平面布置概述

基坑支撑结构体系的平面布置（图10）主要取决于塔楼的位置与基坑的形状。

由于基坑面积小且深度较深，若布设出土坡道，则坡道影响范围较大，降低施工效率。支撑及栈桥的平面布置需兼顾避让塔楼保证主体结构施工及利于出土的要求。经分析在南侧结合西南角撑布设栈桥，可充分利用场地空间，最大程度降低其对施工的影响。

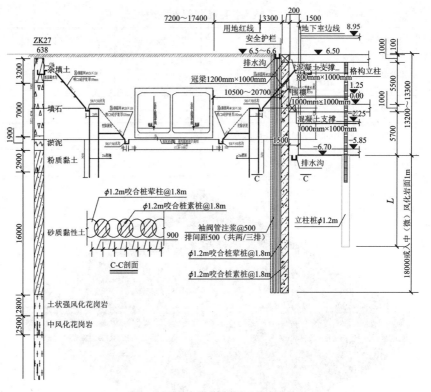

图 7 基坑支护剖面图（东侧）

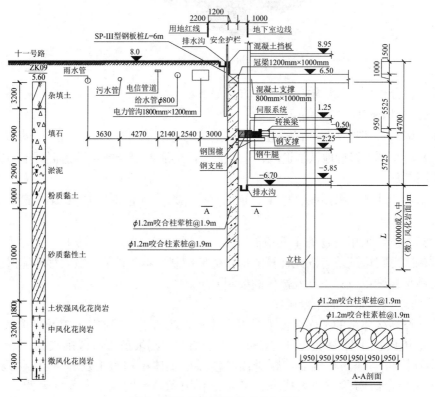

图 8 基坑支护剖面图（西北侧）

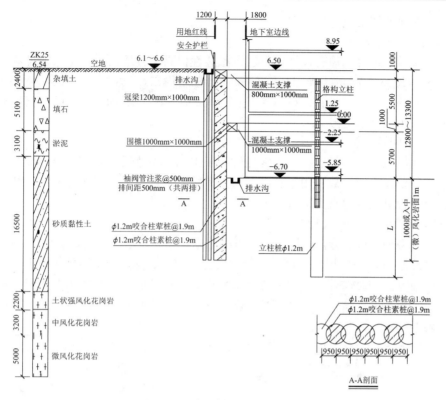

图 9 基坑支护剖面图（东南侧）

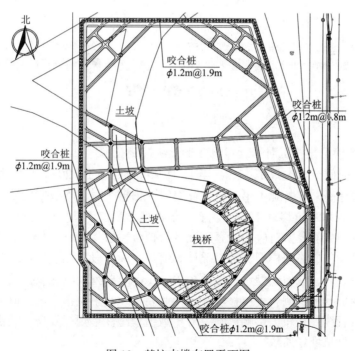

图 10 基坑支撑布置平面图

2. 设计方案重点——对地铁结构的保护

除地铁侧采用咬合桩外，基坑支护设计时对地铁结构的保护措施还包括：①袖阀管注浆加固；②邻地铁侧土方开挖处理；详述如下：

1）采用二/三道袖阀管注浆

由于本项目场地及周边有较厚填石层，渗透性极高，且地铁隧道埋深相对基坑挖深较浅，对变形的敏感度较高，故在基坑东侧咬合桩增设二/三道袖阀管注浆，分四序施工（图11），既对该侧基坑与地铁结构基坑支护桩间的土体进行了加固，又可与咬合桩组成双止水帷幕，防止地下水绕渗。

2）采用全回转钻机

根据工程经验，在填石层中采用常规的施工工艺，功效低，成桩困难。难以保证咬合桩垂直度达到设计要求，故采用钢套筒全长护壁咬合工艺，全回转钻机施工。既保证了咬合桩成桩质量，又大大节省支护桩施工工期。

3）邻地铁侧土方开挖处理

土方开挖遵循分层、分段、均衡、适时的原则；土方开挖时，先开挖地铁50m范围以外土体，再开挖50m范围以内土体，充分利用空间效应原理；采用信息化施工，施工中认真做好实时监测，动态设计，健全信息施工制度，及时掌握每一次施工工况中的基坑围护结构及周围环境的变形变化值，如发现变形值异常，应及时调整开挖与支护参数以及基坑无支撑暴露时间。

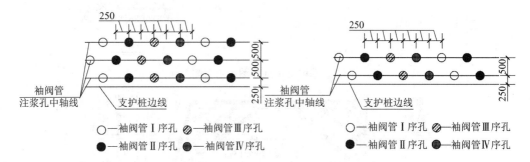

图11　袖阀管注浆施工顺序平面图

五、基坑施工难点及其解决方案

1. 动态设计信息化施工对邻近建筑变形影响控制技术

基坑施工的时间节点大致是：2019年11月基坑开始施工，2020年11月在土方开挖到第二道支撑梁底标高，准备施工第二道支撑梁时，根据实时监测数据反馈，S2～S17监测点中有5个点桩顶水平位移有10mm左右，最大变形量位于基坑西北角为11.5mm。将此阶段的监测数据与数值模型对应的计算工况进行拟合，通过不断调整淤泥土层的弹性模量、黏聚力、内摩擦角，最终使模型关键工况计算值与实际阶段监测值相符。

标定模型参数后，数值模型计算出两个关键工况（开挖到坑底及拆第一道内支撑）对应的基坑桩顶变形及桩身测斜等位移较大，西北角桩顶水平位移为最大值41.2mm左右，即基坑西侧市政管线存在较大影响风险，分析数值模型变形规律发现，是由于该处淤泥层较厚且坑顶作为材料堆场所致。

结合基坑施工现状、桩顶水平位移及管线沉降监测，综合考量后将西北侧第二道混凝土支撑变更为预应力钢支撑。具体的动态设计流程图如图12所示。

本项目西北侧采用装配式钢-混凝土组合水平支撑体系，平面布置图如图13所示。

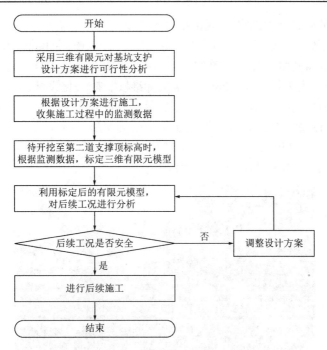

图 12　动态设计流程图

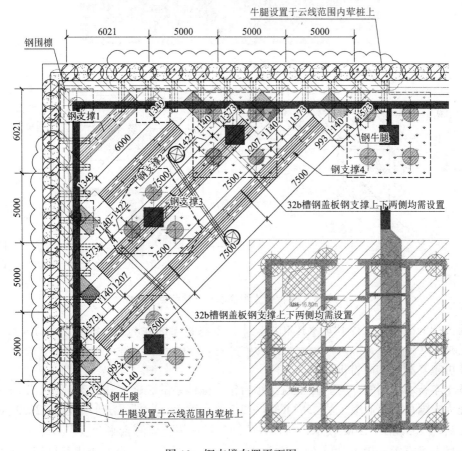

图 13　钢支撑布置平面图

2. 采用自主研发的装配式钢-混凝土组合水平支撑体系，并编制工法：

现场施工完成效果图见图 14，该支撑体系包含：钢牛腿、钢围檩、斜撑支座、转换梁、钢-混凝土组合支撑和伺服系统等（图 15）。工程使用中，通过拼装补强，在保持支护结构位移不变的条件下，有效降低支撑应力。采用标准段、模块化设计、加工与施工，高强度螺栓现场拼装及拆卸，实现循环使用。通过液压伺服智能支撑头进行主动加载，主动调节支撑轴力和位移，改变了钢支撑轴力取决于支护结构变形且被动受力的状态；结合安全管控平台，多源感知，全方位监测基坑支护结构及周围环境状态，24h 实时监控，低压自动伺服、高压自动报警，提供全方位多重安全保障。

图 14 钢-混凝土组合水平支撑

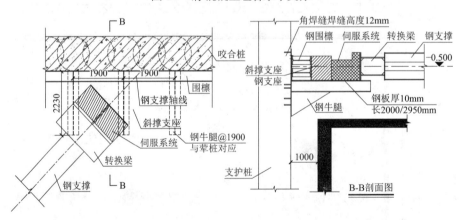

图 15 钢-混凝土组合水平支撑节点大样图

与传统的混凝土支撑和钢支撑相比，本体系具备更优异的力学性能，充分发挥钢材受拉、混凝土受压性能，将钢材与混凝土巧妙结合，发展成为一种适用、安全、经济、耐力、美观并可重复利用的高性能结构。

基于本技术编制的《基于钢-混凝土组合钢支撑体系的装配式基坑支护施工工法》，先后被批准为中国京冶企业级工法（JYQG04—2021）和冶金行业部工法（冶建协〔2022〕86 号）。

3. 基于 3DGIS + BIM 技术，研发并应用三维可视化监测云平台

通过三维有限元模型的建立，对支撑系统结构设计、施工全过程进行模拟，实现可视

化技术交底。亦可较好地分析基坑变形、应力较大的区域，并作为重点区域自动化监测点布设的依据。通过云平台将原有抽象数据和二维信息进行可视化显示及三维呈现，对工程实景进行可视化监测，实现对基坑多项重点监测项目的数据自动化采集、传输、处理以及发布，可有效减少人工成本，获取实时准确的数据，为基坑工程安全施工提供保障。

六、监测结果分析

基坑施工的时间节点大致是：2019 年 11 月，基坑开始施工；2020 年 11 月，施工第二道支撑梁；2021 年 1 月，基坑开挖至坑底。施工期间基坑的监测数据总结如下，基坑监测平面图见图 16。

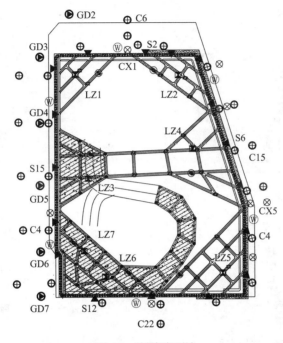

图 16　监测平面图

图 17、图 18 为 2021 年 12 月基坑北侧及东侧的深层水平累积位移量曲线，深层水平累积位移量小于 20mm；表 6 为基坑东西南北各侧桩顶沉降最大的监测点的累计位移量，基坑桩顶沉降均在 10mm 范围内；图 19 为基坑东西南北各侧桩顶水平位移最大的监测点的位移时间曲线图，基坑桩顶水平位移均在 20mm 范围内；表 7 为基坑东西南北各侧地表沉降最大的监测点的累计位移量，基坑周边地表沉降位移均在 10mm 范围内；图 20 为基坑的立柱桩竖向累积位移量曲线，竖向累积位移量小于 15mm；图 21 为基坑的周边管线累积位移量曲线，竖向累积位移量小于 20mm。

桩顶累计位移量				表 6
监测点号及方位	S13（南侧）	S6（东侧）	S2（北侧）	S15（西侧）
竖向累计位移量（mm）	−6.53	−9.05	−1.75	−7.87
水平累计位移量（mm）	15.75	15.57	2.58	16.97

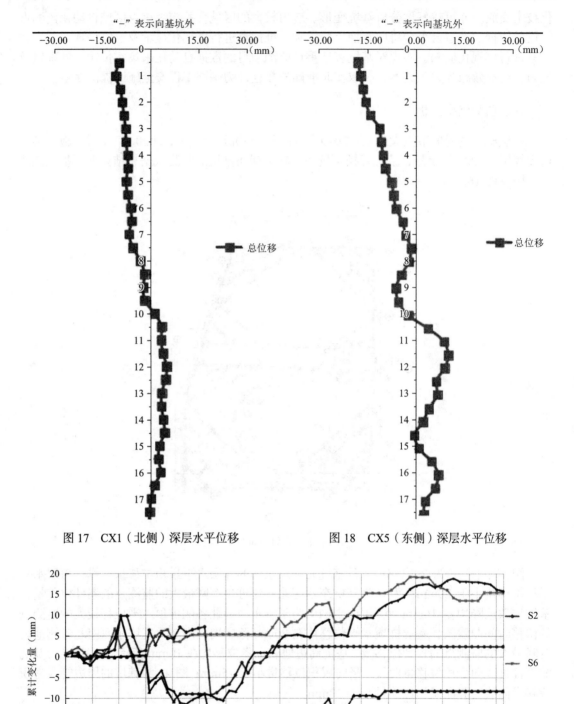

图 17　CX1（北侧）深层水平位移　　　　图 18　CX5（东侧）深层水平位移

图 19　基坑四周桩顶水平位移观测时间变化曲线

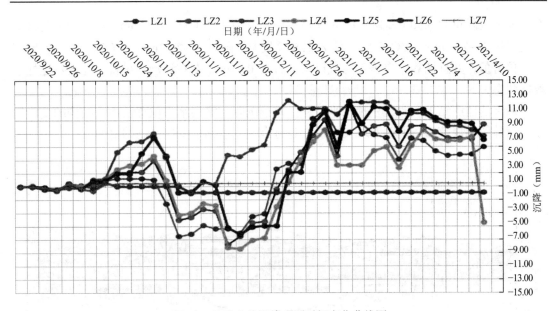

图 20　基坑立柱沉降观测时间变化曲线图

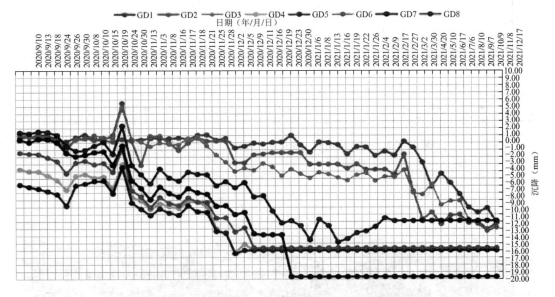

图 21　基坑周边沉降观测时间变化曲线图（管线沉降观测）

周边地表竖向累计位移量　　　　　　　　　　　　表 7

监测点号及方位	C22（南侧）	C15（东侧）	C6（北侧）	C4（西侧）
累计位移量（mm）	−14.50	0.45	−26.69	−28.47

　　图 22、图 23 为邻近基坑侧地铁车站位移监测数据，为所有监测断面中位移最大的一组，由图可知，地铁监测数据一直比较稳定，最大结构水平位移和沉降均未达到预警值，并随着施工的完成，地铁结构变形基本处于稳定状态。截至 2022 年 4 月 12 日地铁隧道内监测数据显示右线最大沉降量为−3.10mm（YD7-2）、右线最大位移量为−3.00mm（YD3-1）、

左线最大沉降量为 3.00（ZD8-4）、左线最大位移量为 3.15（ZD6-1）mm、右线人工复核最大沉降量为−2.15mm（YC12）、左线人工复核最大沉降量为−2.53mm（ZC7）。监测数据均小于预警值，并且该数据自施工完成以来一直在 0.01mm 左右浮动，可视为地铁隧道处于稳定状态。

最终的监测结果表明，桩顶水平位移、桩顶沉降、深层水平位移及地铁结构的变形均小于设计值和规范值，说明基坑支护设计是可靠的，达到了变形控制的目的。

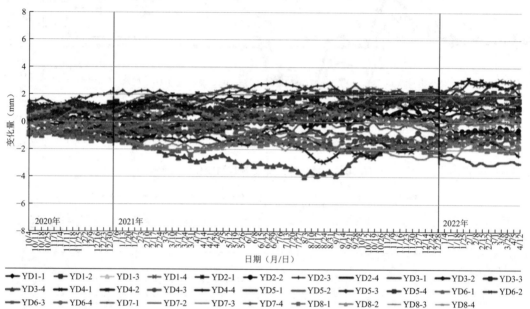

图 22　地铁自动化监测（靠近基坑侧北段）时间-位移曲线图

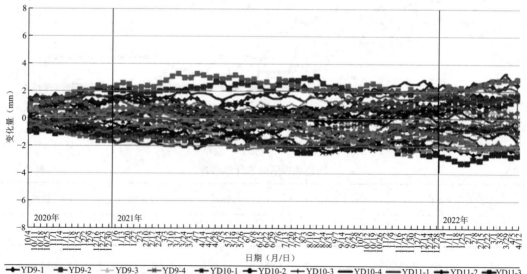

图 23　地铁自动化监测（靠近基坑侧南段）时间-位移曲线图

七、点评

本基坑深度达 14.7m，属于深基坑工程；基坑周边环境复杂，东侧有对变形极为敏感的区间隧道，西侧为市政道路，且密集分布着各类市政管线；本项目位于填海区，存在深厚的填石层及淤泥层（两者厚度总和最厚约 11m）。从经济效益来看，本项目满足了建设单位对工期及造价的控制要求；从监测数据来看，本基坑的支护结构形式是成功的，采取的各项措施是恰当的，有效控制了基坑变形，可为相似的基坑工程提供参考。

本项目的工程实践先进性说明：

1. 采用自主研发的装配式钢-混凝土组合支撑体系有效缩短项目工期及减少造价

基坑西北角采用自主研发的装配式钢-混凝土组合水平支撑体系。与传统的混凝土支撑和钢支撑相比，本体系具备更优异的力学性能，充分发挥钢材受拉、混凝土受压性能，将钢材与混凝土巧妙结合，发展为一种适用、安全、经济、耐力、美观并且可重复利用的高性能结构。与传统支护结构相比，现场施工效率提高 20%，用工量减少 40% 以上。

2. 多种技术手段并用，有效解决止水与变形控制问题

（1）采用"变形控制为主、强度控制为辅"的设计原则。与一般基坑采用强度控制为主的设计原则不同，本项目采用变形控制为主的设计原则。通过三维有限元对基坑实施的全过程进行模拟，分析基坑施工对周边建筑（构）物的影响，从而确定具体的设计方案。

（2）设置液压伺服智能单元。与传统内支撑相比，本单元可进行主动加载，主动调节支撑轴力和位移，实现 24h 实时监控，低压自动伺服、高压自动报警，对基坑提供全方位多重安全保障，改变了支撑轴力取决于支护结构变形且被动受力的状态，可有效控制基坑变形。

（3）基于 3DGIS＋BIM 技术，研发并应用三维可视化监测云平台。将原有抽象数据和二维信息进行可视化显示及三维呈现，对工程实景进行可视化监测，通过建模对支撑系统结构设计、施工全过程进行模拟，实现动态施工、动态调整，可视化技术交底。在此措施下，用工量减少六分之一。

（4）基坑东侧采用全回转咬合桩＋袖阀管注浆组成双层止水帷幕。全回转咬合桩作为第 1 层止水帷幕发挥主要止水作用，在桩外侧设计两/三道四序袖阀管对邻近地铁隧道基坑外侧土体做进一步加强，形成第 2 层止水帷幕。在双层止水帷幕保护下，可充分阻隔地下水渗漏，控制由地下水绕渗引起的地表沉降，保证地铁隧道的变形安全。

3. 针对性采取多种水平传力体系

整体采用咬合桩＋内支撑支护形式，布置四榀角撑（第一道混凝土支撑，第二道混凝土支撑＋局部装配式钢-混凝土组合支撑）、一榀对撑和一座出土栈桥，在狭小的基坑空间合理分割施工场地，实现"塔楼先行"的基础上，保证了出土效率及施工便利性。在此措施下，基坑造价降低了七分之一，整体工期降低了约六分之一。

专题七　主动控制技术

上海张江中区 78-02 地块基坑工程

黄惟奕　戴生良　唐　军

（上海山南勘测设计有限公司，上海　201206）

一、工程简介及特点

该工程位于上海市浦东新区中科路以南，育爱路以西，环科路以北，育仁路以东。基地用地面积约 18728.2m²，形状近似梯形，东西向跨度 126～137m，南北向跨度 121～156m。项目总建筑面积约 124430.14m²，其中地上建筑面积约 86227.38m²，地下建筑面积约 38202.76m²。拟建地上建筑主要为 1 幢 28 层超高层塔楼、1 幢 8 层高层办公楼及 2～3 层裙房，拟建地下建筑主要为 2～3 层地下室（地下车库为主）。塔楼采用钢管混凝土框架-钢筋混凝土核心筒结构，高层办公楼采用钢管混凝土普通框架结构，裙房采用钢框架结构，地下室采用钢筋混凝土框架结构。基础形式为桩-筏基础，桩基采用钻孔灌注桩。

本工程基坑总开挖面积 15326m²，周边延长米 517m，地下二层区域普遍开挖深度 9.75～10.05m，地下三层区域普遍开挖深度 13.75～15.05m。基坑具有如下特点：

（1）开挖深度深：根据上海市《基坑工程技术标准》DG/TJ 08-61—2018，本工程基坑地下二层区域基坑安全等级为二级，地下三层区域基坑安全等级为一级，是典型的"深大"基坑。

（2）周边环境复杂：基坑北侧邻近上海市地下轨道交通线路，位于轨道交通安全保护区范围内；基坑东南侧邻近上海市中环高架道路，位于桥梁安全保护区域范围内。根据上海市《基坑工程技术标准》DG/TJ 08-61—2018，基坑北侧环境保护等级为一级，东南侧环境保护等级为二级。

（3）地质条件不利：基坑开挖深度范围内主要为深厚的软弱淤泥质土，且坑底存在具有突涌风险的⑤$_{3-1}$层承压含水层，是典型的上海软土地区地质条件。

本工程基坑采用顺作法开挖施工，为满足北侧地铁保护要求，分为 A、B、C、D1、D2 五个分区进行分坑施工（图 1）。各分区各区域根据不同开挖深度及不同环境保护要求分别采用不同的基坑支

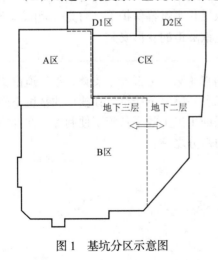

图 1　基坑分区示意图

护结构，支护桩采用地下连续墙或钻孔灌注桩，止水帷幕采用三轴水泥土搅拌桩或超深三轴水泥土搅拌桩，竖向设置两至三道钢筋混凝土支撑或一道钢筋混凝土支撑结合两道钢管支撑。

二、工程地质条件

1. 场地工程地质及水文地质条件

拟建场地属于滨海平原地貌类型，在勘察深度（最大深度为 130m）范围内揭露的地基土为第四纪全新世 Q_4^3～晚更新世 Q_3^1 的沉积层，属于古河道沉积区域，主要由填土、淤泥质土、黏性土、粉性土及砂土组成。根据地基土沉积年代、成因类型及物理力学性质差异，拟建场地勘探深度范围内土层可划分为 8 个主要层次及亚层和次亚层。

基坑支护设计物理力学参数如表 1 所示。

基坑支护设计物理力学参数 表 1

土层编号	土层名称	土层厚度（m）	重度γ（kN/m³）	含水率w（%）	孔隙比e	直剪固块（峰值）黏聚力c（kPa）	直剪固块（峰值）内摩擦角φ（°）	渗透系数k（20℃·cm/s）	压缩模量$E_{s(0.1-0.2)}$（MPa）	比贯入阻力P_s（MPa）
②	褐黄～灰黄色粉质黏土	0.5～3.0	19.0	29.0	0.817	22	17.5	4.0×10^{-6}	5.03	0.65
③	灰色淤泥质粉质黏土	5.1～7.7	17.6	40.3	1.131	12	17.0	6.0×10^{-6}	3.16	0.49
④	灰色淤泥质黏土	8.4～10.6	16.6	50.3	1.426	13	12.0	4.0×10^{-7}	2.12	0.62
⑤₁	灰色黏土	2.9～4.8	17.5	41.0	1.167	16	11.5	5.0×10^{-7}	2.83	0.87
⑤₃₋₁	灰色粉质黏土夹黏质粉土	14.2～15.8	18.3	32.7	0.933	14	21.5	3.0×10^{-5}	5.84	1.95
⑤₃₋₂	灰色粉质黏土	2.0～3.6	18.1	34.7	0.994	18	18.0	3.0×10^{-6}	4.23	1.62
⑤₄	暗绿色粉质黏土	2.2～4.3	19.9	23.1	0.657	40	17.0	—	6.73	2.46

场地内地下水类型主要分为潜水和（微）承压水。

浅部地下水属第四纪松散层中孔隙潜水，主要补给来源为大气降水及地表径流，年平均水位埋深为 0.5～0.7m。

场地内第⑤₃₋₁层夹粉性土较多，局部较为富集，为微承压含水层。经验算，第⑤₃₋₁层微承压含水层对于本工程基坑地下三层区域存在突涌风险。因此，本工程基坑在地下三层区域需对第⑤₃₋₁层微承压水进行降压，同时也需控制降压对地铁等周边重要建（构）筑物造成的不利影响。

第⑦层粉砂、第⑨层粉砂分别为上海地区第一、第二承压含水层，此承压含水层埋藏相对较深，经验算，对于本工程基坑无突涌风险。

2. 典型工程地质剖面

本工程场地东西向的典型工程地质剖面如图 2 所示。

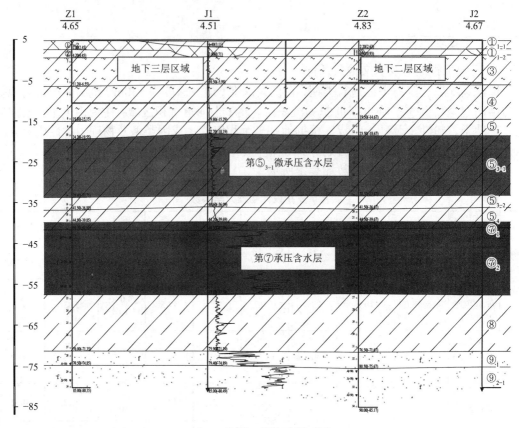

图 2 典型工程地质剖面图

三、基坑周边环境情况

本工程基坑位于上海市浦东新区张江地区，基坑周边环境如图 3 所示。

基坑北侧为现状道路中科路，另三侧育爱路、环科路、育仁路均为规划道路，规划区域施工期间作为临时道路使用。基坑周边主要建（构）筑物、地下管线分布情况详见表 2。

中科路下通有上海市轨道交通地铁 13 号线地下隧道，本工程基坑距其最近约 16.8m。根据《上海市轨道交通安全保护区暂行管理规定》（沪交法〔2002〕555 号发布，沪交法〔2006〕442 号修正），地下车站与隧道外边线外侧 50m 内为轨道交通安全保护区范围，因此本工程基坑需采取有效措施控制施工对周边环境的影响，以确保轨道交通的结构安全和正常使用。

基坑东南侧通有上海市中环高架桥，基坑距其桥墩最近约 48.2m。根据上海市《城市桥梁、隧道安全保护区域技术标准》（沪建交〔2010〕511 号），中环高架桥对于安全等级一级基坑的安全保护区域范围为 65m，对于安全等级二级基坑的安全保护区域范围为 55m，因此本工程基坑同样位于中环高架桥的保护范围内。

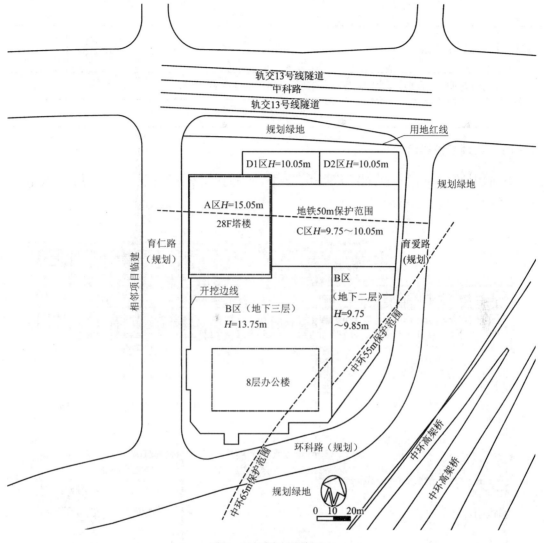

图 3　基坑周边环境平面

基坑周边邻近建（构）筑物、地下管线情况　　　　　表 2

基坑周边	建（构）筑物、管线	结构基础、管线概况	与基坑最近距离 D	距离 D 与挖深 H 的关系
基坑东侧	中环高架桥	桥墩为五至六桩承台基础，φ800 钻孔灌注桩，桩长 40m	48.2m	$D=3.5H$
基坑西侧	雨水管（临时）	φ800，PE 材质	19.6m	$D=1.3H$
	污水管（临时）	φ300，PE 材质	21.7m	$D=1.4H$
基坑北侧	地铁隧道	地下盾构隧道，隧道直径约 7m，隧道顶埋深约 15.4m	A 区：30.9m	$D=2.1H$
			D 区：16.8m	$D=1.7H$
	污水管	φ300，HDPE 材质，埋深 3.7m	4.1m	$D=0.4H$

基坑周边	建（构）筑物、管线	结构基础、管线概况	与基坑最近距离D	距离D与挖深H的关系
基坑北侧	污水管（临时）	φ300，PE材质	10.1m	D = 1.0H
	雨水管	φ1000，混凝土材质，埋深2.8m	18.1m	D = 1.8H

四、基坑围护平面

基坑围护结构平面布置如图4所示，支撑平面布置如图5所示，支撑尺寸信息见表3。

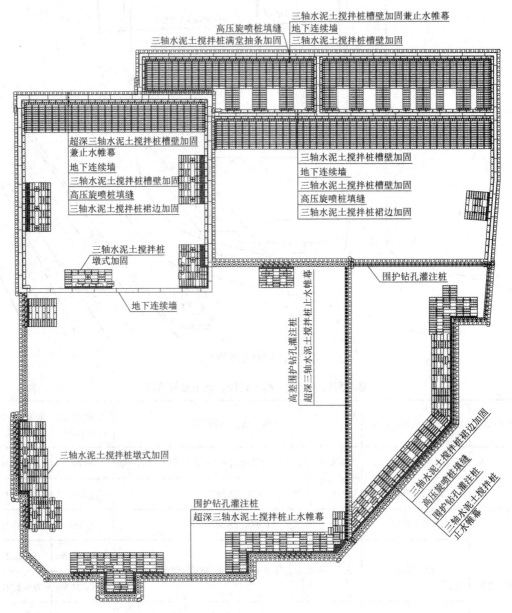

图4　基坑围护结构平面布置图

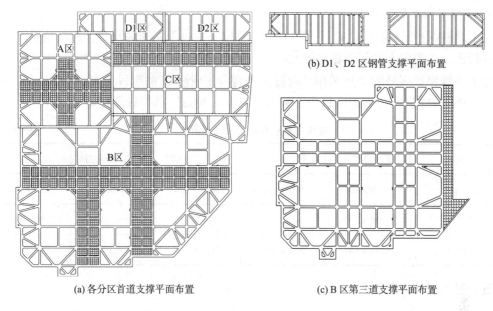

(a) 各分区首道支撑平面布置   (c) B 区第三道支撑平面布置

图 5　基坑支撑平面布置图

1. 分坑施工

为保护北侧地铁，本工程基坑结合地下二层、地下三层区域分布分为五个分区施工，分坑及施工顺序如下：

（1）地铁保护区内的塔楼基坑 A 区首先开挖施工；

（2）A 区地下室 B1 板及对 B 区首道支撑的型钢斜换撑施工完成后，开挖地铁保护区外的 B 区；

（3）A 区地下室顶板及对 C 区首道支撑的水平传力构件施工完成，B 区地下室 B1 板及对 C 区首道支撑的型钢斜换撑施工完成后，开挖地铁保护区内的 C 区；

（4）C 区内施工栈桥保留（用于 D1、D2 区施工），C 区其他区域地下室顶板及对 D1、D2 区首道支撑的水平传力构件施工完成后，开挖邻地铁小坑 D1；

（5）D1 回筑至地下室 B1 层后，开挖另一个邻地铁小坑 D2。

2. 围护形式

（1）A 区采用地下连续墙 + 三轴水泥土搅拌桩槽壁加固（南侧不设槽壁加固）+ 三道钢筋混凝土支撑的围护形式；

（2）B 区采用钻孔灌注桩 + 三轴水泥土搅拌桩止水帷幕 + 两至三道钢筋混凝土支撑的围护形式；

（3）C 区采用地下连续墙 + 三轴水泥土搅拌桩槽壁加固 + 三道钢筋混凝土支撑的围护形式；

（4）D1、D2 区采用地下连续墙 + 三轴水泥土搅拌桩槽壁加固 + 一道钢筋混凝土支撑 + 两道钢管支撑（轴力伺服）的围护形式；

（5）地下三层区域周边止水帷幕采用超深三轴水泥土搅拌桩以隔断⑤$_{3-1}$层微承压含水层，避免坑内降压对地铁等周边环境保护对象产生不利影响。

3. 支撑平面布置形式

（1）地铁保护区内的 A、C 区采用"十字对撑 + 角撑"的布置形式，面向地铁的南北向布置较密，东西向支撑间距相对较大。

（2）地铁保护区外的 B 区采用"对撑 + 角撑 + 边桁架"的布置形式。

（3）D1、D2 区南北向跨度较小，采用"对撑 + 角撑"的布置形式。

支撑截面信息汇总表（mm）　　表3

分区	第一道围檩	第一道主撑	第二、三道围檩	第二、三道主撑	连杆
A、B 区	1200×800	900×800	1400×800	1000×800	800×800
C 区	1200×800	900×800	1300×800	1000×800	800×800
D1、D2 区	1200×800	800×800	地下连续墙	φ609×16 钢管	—

五、基坑围护典型剖面

A 区基坑邻地铁侧典型剖面如图 6 所示。该侧围护结构采用 1200mm 厚地下连续墙，地墙两侧设置三轴水泥土搅拌桩槽壁加固，其中坑外侧搅拌桩套接一孔施工兼作止水帷幕，并改用超深三轴水泥土搅拌桩对⑤$_{3-1}$层微承压含水层进行隔断。该侧坑内被动区结合槽壁加固设置 8m 宽裙边加固。A 区其余侧采用 1000mm 厚地下连续墙。

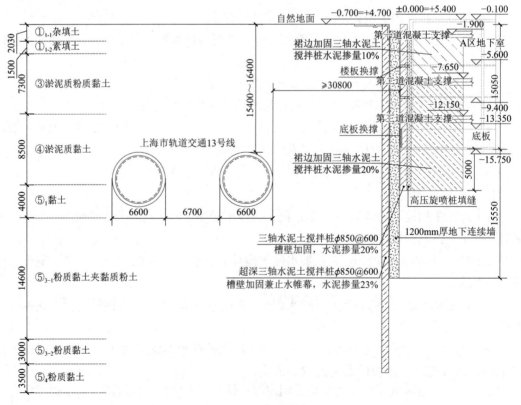

图 6　A 区典型剖面

B 区基坑东西向典型剖面如图 7 所示。B 区西侧为地下三层区域，围护结构采用 $\phi 1100@1300$ 钻孔灌注桩，止水帷幕采用超深三轴水泥土搅拌桩；东侧为地下二层区域，围护结构采用 $\phi 900@1100$ 钻孔灌注桩，止水帷幕采用三轴水泥土搅拌桩；高差区域围护结构采用 $\phi 700@900$ 钻孔灌注桩，为对地下三层区域的 $⑤_{3-1}$ 层微承压含水层进行隔断，采用超深三轴水泥土搅拌桩作为止水帷幕。

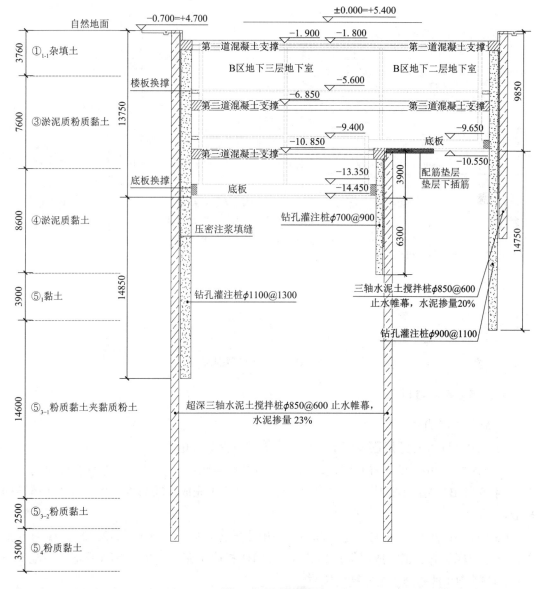

图 7 B 区典型剖面

D1、D2 区基坑邻地铁侧典型剖面如图 8 所示。C、D1、D2 区围护结构均采用 800mm 厚地下连续墙，并于地墙两侧设置三轴水泥土搅拌桩槽壁加固。为进一步确保 D1、D2 北侧地墙的施工质量，其槽壁加固加深至与地墙等深。C 区北侧被动区结合槽壁加固设置 8m 宽裙边加固；D1、D2 区坑内设置满堂抽条加固。

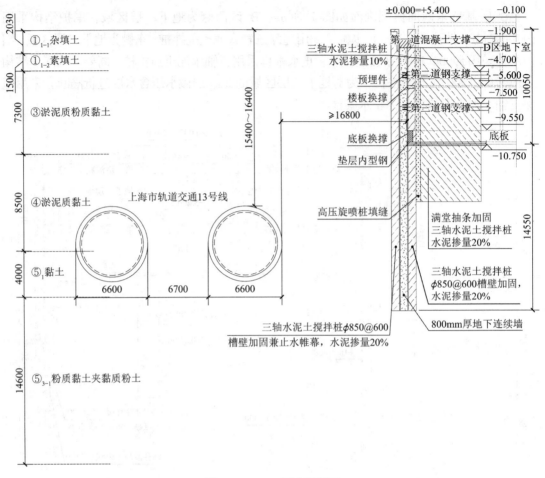

图 8　D1、D2 区典型剖面

六、简要实测资料

1. 施工工况简介

（1）2021 年 8 月开始逐步施工各分区围护桩及首道支撑。

（2）A 区：2022 年 3 月开挖；2022 年 6 月开挖至底板；2022 年 7 月底板施工完成；2022 年 9 月 B1 板施工完成；2022 年 10 月地下室施工完成；2023 年 10 月塔楼主体结构验收。

（3）B 区：2022 年 9 月开挖；2022 年 10 月开挖至地下二层底板；2022 年 11 月开挖至地下三层底板并施工完成底板；2023 年 4 月 B1 板施工完成；2023 年 6 月地下室施工完成；2023 年 10 月办公楼主体结构验收。

（4）C 区：2023 年 4 月开挖；2023 年 5 月开挖至底板并施工完成底板；2023 年 7 月非栈桥区域地下室施工完成；2023 年 12 月拆除栈桥施工完成剩余地下室。

（5）D1 区：2023 年 8 月 3 日开挖；2023 年 8 月 13 日开挖至底板；2023 年 8 月 27 日底板施工完成；2023 年 10 月地下室施工完成。

（6）D2 区：2023 年 10 月 18 日开挖；2023 年 10 月 28 日开挖至底板；2023 年 11 月

11 日底板施工完成；2023 年 12 月地下室施工完成。

施工现场如图 9 所示。

图 9　施工现场航拍图

2. 监测数据

测斜监测点平面布置如图 10 所示，各点最终监测数据汇总见表 4。基坑各施工工况下围护体深层水平位移如图 11 所示。由位移曲线可见，围护体沿深度的水平位移随着土方开挖深度增加而增大，各开挖工况下的围护体最大变形均出现在开挖面附近。围护体顶部位移较小，第一道支撑整体刚度较大，对顶部形成了较好的约束作用。对比 CX7 与 CX19 曲线，因 B 区本身面积较大且工期较长，且围护体采用的是刚度相对较弱的钻孔灌注桩形式，相比 A 区其变形控制能力明显下降。对比 CX26 与 CX29 曲线，D2 区采用的小坑形式与轴力伺服系统钢支撑明显提升了其变形控制能力。A 区北侧最大位移 35.08mm，其余侧最大位移 59.8mm；B 区最大位移 77.36mm；C 区北侧最大位移 27.11mm，东侧最大位移 45.2mm；D1、D2 区最大位移 31.7mm。围护体变形总体可控，针对地铁侧的加强措施对变形控制起到了一定作用。

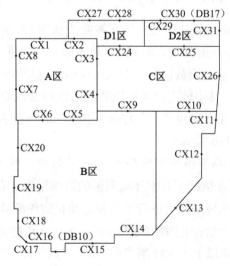

图 10　监测点平面布置示意图

围护墙（桩）深层水平位移监测数据汇总表 表4

点号	累计值（mm）	深度（m）	点号	累计值（mm）	深度（m）	点号	累计值（mm）	深度（m）	点号	累计值（mm）	深度（m）
CX1	35.08	14.5	CX8	41.66	12.5	CX15	77.36	14.5	CX25	27.11	9.5
CX2	29.11	17.0	CX9	39.18	12.5	CX16	56.66	10.5	CX26	45.2	11.0
CX3	38.51	15.5	CX10	53.34	11.5	CX17	42.98	17.0	CX27	12.37	9.0
CX4	40.54	17.5	CX11	45.28	10.5	CX18	66.92	15.0	CX28	21.53	9.5
CX5	51.81	16.5	CX12	67.47	11.5	CX19	72.14	14.0	CX29	23.6	10.0
CX6	54.43	17.5	CX13	75.27	11.5	CX20	67.26	14.0	CX30	31.7	11.0
CX7	59.8	16.0	CX14	75.54	14.5	CX24	26.28	10.0	CX31	9.98	10.5

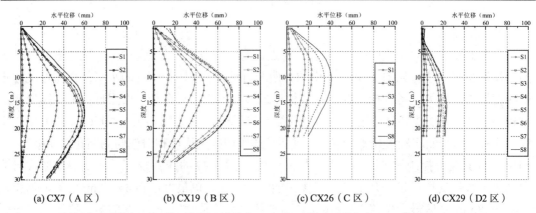

(a) CX7（A区）　　(b) CX19（B区）　　(c) CX26（C区）　　(d) CX29（D2区）

S1—首层土方开挖完成；S2—第二层土方开挖完成；S3—第三层土方开挖完成；S4—第四层土方开挖完成；
S5—底板浇筑完成；S6—第三道支撑拆除；S7—第二道支撑拆除；S8—第一道支撑拆除

图11 各分区围护墙（桩）深层水平位移

基坑周边典型地表沉降沿坑边垂线方向实测曲线如图12所示。地表沉降变形总体随开挖阶段逐渐增大，远离基坑时先增大后减小。地表最大沉降值出现在距离基坑2～5m处。

基坑施工期间立柱隆起监测数值最大为19.14mm，混凝土支撑轴力监测数值最大为6390kN，均在可控范围内。其中轴力最大监测数值出现在B区第三道支撑，而A区的支撑轴力普遍未超过6000kN，由此可见"十字对撑＋角撑"的布置形式优化了整个支撑体系的受力分配，增加了支撑体系的稳定性。

基坑施工期间对中环高架桥墩竖向位移进行了监测，整个监测期间累积沉降最大4.61mm，由此可见本工程基坑施工对中环高架桥的影响得到了有效控制。

基坑施工期间也对北侧地铁隧道进行了全程自动化监护测量。在围护体施工期间，隧道各段呈现了不同程度的上抬，上抬最多约4mm。在基坑开挖期间，再逐步下沉至接近原位，最终A区至D1侧隧道段上下沉降基本在2mm以内，D1侧因施工期间下沉较少，最终上抬变形约4.27mm。地铁最终沉降累计变化量曲线图详见图13。

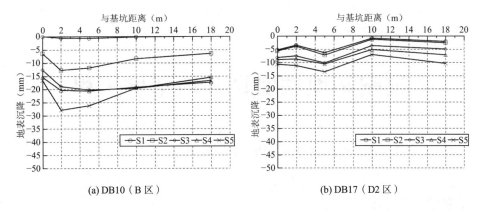

图 12　基坑周边典型地表沉降实测曲线

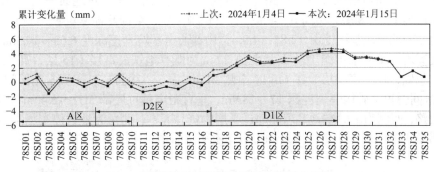

图 13　地铁隧道最终累计沉降变化量曲线图

七、点评

本工程位于上海市张江地区，存在深厚软土层和微承压水等不利地质条件。基坑开挖深度较深，同时又存在地下二层与三层混合的情况，坑内存在一定的开挖面高差。基坑周边环境复杂，基坑位于上海市中环高架路的安全保护区域范围内的同时，又邻近上海市轨道交通地铁 13 号线的地下隧道。隧道的埋深接近基坑的开挖深度，受本工程基坑施工影响将会非常明显。针对本工程的特点及难点采取了对应的措施：

（1）本工程基坑着重于保护北侧地铁的同时结合地下二、三层及地上建筑的分布对基坑进行了分坑，针对地铁保护采取了地下连续墙、坑内裙边加固、"十字对撑"的支撑平面布置、轴力伺服钢支撑、垫层内埋设型钢等措施。通过强化地铁侧的围护结构，并通过分坑缩小了单坑施工周期，有效地控制了地铁隧道的变形。

（2）有针对性地强化围护结构、设置坑内加固，较好地控制了基坑开挖对周边中环高架桥、地下管线等保护对象的影响。

（3）采用超深三轴水泥土搅拌桩对地下三层区域的微承压含水层进行了有效隔断，控制了承压水的突涌风险和减压降水对周边环境的影响。

（4）A 区塔楼基坑先行开挖，确保了项目整体的关键路径，使得塔楼的施工进度没有影响整个项目工期。

本工程的顺利实施为上海地区典型软土地质条件下近地铁"深大"基坑的设计及施工积累了宝贵的工程经验。

杭州某地铁实训基地基坑工程

程　宏　张占荣　胡耀芳　李慈航

（中铁第四勘察设计研究院集团有限公司，湖北武汉　430063）

一、基坑工程概况

基坑位于杭州市余杭区余杭塘路与绕城高速交叉口西北角，用地面积约 44700m²，拟建培训基地地上 1～8 层，楼高 6～42m，设 2 层地下室。培训基地基坑长 180m，宽 150m，面积约为 27000m²，基坑挖深 12.8～14.0m，局部通道基坑开挖深度 6.63～10.38m。

基坑周边环境复杂（图 1）：基坑北侧 2.6m 为既有地铁公寓楼（15 层，高 51m，框架结构，桩基础，地下室 1 层，深 6m）；南侧 14.3m 为 5 号线蒋村站—五常站区间盾构隧道（双线，区间隧道，盾构隧道埋深 17～18.9m，垂直距离基坑底部 5.31～6.47m），隧道上方为余杭塘路；西侧为临时空地；东侧邻近 1 层物资总库；东北角为地铁停车场高架出入线，高架紧邻岛式车站基坑。基坑内及周边分布有多条管线。

图 1　地铁实训基地基坑周边环境图

二、工程地质条件

拟建场地为滨海湖沼积平原地貌类型。场地较为平坦，根据勘探揭示，场地在 50m 范围内的地基土属第四纪全新统Q_4、上更新世Q_3的沉积物，主要由黏性土、粉性土和砂土组成。场地地层分布主要有以下特点：

$①_1$杂填土：灰杂色，湿，松散，含较多块石、砖块及混凝土块等建筑垃圾，块径分布不等，物理性质不均，土质成分差异大。该层局部缺失，标准贯入试验击数$N = 6$。

$①_2$素填土：灰色，湿，松散，含氧化铁，少量砖瓦碎屑、植物根茎，沿线路基段为碎块石混黏性土。该层局部缺失，标准贯入试验击数$N = 8$。

$①_3$淤填土或塘泥：深灰，灰色，饱和，主要成分淤泥质土混生活垃圾及建筑垃圾杂质的废土，淤泥质土含量占 55%～90%，高压缩性。标准贯入试验击数$N = 4$。

②₂ 粉质黏土：浅黄灰～灰黄色，软可塑，含氧化铁质及有机质，俗称"硬壳层"。无摇振反应，切面较光滑，干强度高，中等压缩性。标准贯入试验击数 $N = 5$。

④₁ 淤泥质黏土：灰色，流塑，厚层状，含多量有机质斑点，局部为淤泥，高灵敏度，高压缩性。标准贯入试验击数 $N = 4$。

⑤₁ 粉质黏土：硬可塑状，含少量云母碎屑，局部夹少量粉土薄层。无摇振反应，中等压缩性。标准贯入试验击数 $N = 12$。

⑤₂ 粉质黏土夹粉土：灰黄色，软可塑～可塑，薄层状，层间夹粉土薄层，单层厚度 0.2～5mm，局部粉土和贝壳碎屑含量稍高，呈砂质粉土状，中等～高压缩性。标准贯入试验击数 $N = 8$。

⑤₃ 砂质粉土：黄灰色，稍密，湿，略具层理，见氧化斑点，局部黏粒含量高，多为黏质粉土，夹少量黏性土薄层和贝壳碎屑。摇振反应迅速，中等缩性。标准贯入试验击数 $N = 10$。

⑥₁ 淤泥质粉质黏土：灰色，流塑，厚层状，见有腐殖质和碳化物，局部夹含大量的白色贝壳碎屑层，高压缩性。标准贯入试验击数 $N = 8$。

⑦₁ 黏土、粉质黏土：硬可塑状，多见铁锰质氧化斑，偶见蓝灰条纹，局部为粉质黏土，中等压缩性。标准贯入试验击数 $N = 19$。

⑨₁ 粉质黏土：硬可塑为主，下部粉粒含量明显，局部夹高岭土团块，中等压缩性。标准贯入试验击数 $N = 21$。

⑩₁ 黏土：灰色～褐灰色，软塑为主，厚层状，局部软可塑，含少量植物腐殖质和木炭碎屑，局部近淤泥质黏土，中等～高压缩性。标准贯入试验击数 $N = 16$。

⑩₂ 含砂粉质黏土：蓝灰～褐灰色，可塑状，含少量云母碎屑，局部夹团块粉砂，无摇振反应，中等缩性。标准贯入试验击数 $N = 18$。

场地内地下水类型为潜水及承压水，主要赋存在第四系淤泥、淤泥质黏土、砂类土中，其中砂类土层为承压含水层，经验算，基坑开挖过程中抗承压稳定性满足要求。稳定地下水水位埋深为 1.1～4.6m。

工程地质剖面图如图 2 所示。

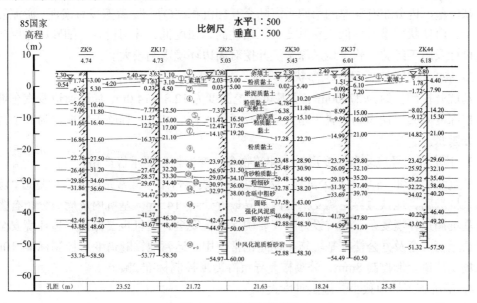

图 2　工程地质剖面图

场地土层分布及物理力学指标如表 1 所示。

场地土层分布及物理力学指标 表 1

层号	土层名称	含水率 w（%）	孔隙比 e	粘结强度标准值 q_{siu}（kPa）	重度 γ（kN/m³）	黏聚力 c（kPa）	内摩擦角 φ（°）	压缩模量 E_s（MPa）	渗透系数 k（10^{-6} cm/s）	比例系数 m（MPa/m²）
①₁	杂填土	—		20	—	2.0	10.0	5.0	100	1.8
①₂	素填土	32.2	0.919	20	18.9	3.0	12.0	3.0	50	1.5
①₃	於填土或塘泥	38.4	1.059	0	18.5	8.0	10.0	1.8	5	0.5
②₂	粉质黏土	31.0	0.901		18.9	29.8	13.8	4.0	0.1	6
④₁	淤泥质黏土	48.3	1.320	0	17.6	15.1	8.0	2.5	0.08	0.5
⑤₁	粉质黏土	27.1	0.764	45	19.7	39.4	15.7	7.3	0.12	4.8
⑤₂	粉质黏土夹粉土	30.1	0.822	35	19.5	38.7	16.1	6.6	2.4	5.6
⑤₃	砂质粉土	30.0	0.840	38	19.2	3.9	25.6	8.7	560	4
⑥₁	淤泥质粉质黏土	38.4	1.054	19	18.5	13.9	8.5	4.3	0.08	0.9
⑦₁	黏土	28.7	0.792	65	19.6	44.2	16.9	8.8	0.11	6.4
⑨₁	粉质黏土	29.3	0.826	70	19.3	43.0	16.4	7.3	0.18	5.6
⑩₁	黏土	33.5	0.945	25	18.9	34.2	12.9	4.4	0.19	1.6

三、基坑特点

1. 基坑范围内地质条件复杂，处理难度大

基坑范围内分布有深厚的第四系海陆交互相沉积层 Q_4^{m+al}，普遍发育淤泥、淤泥质黏土等软土，流塑状，渗透性低、易触变、压缩性高、强度低，并与粉砂、细砂层互层分布，根据设计及施工经验，软土地区深基坑开挖对周边环境影响较大。

2. 基坑面积大、深度深、形状不规则，受力复杂

基坑开挖面积约为 27000m²，主基坑开挖深度为 12.8～14.0m，局部通道及汽车坡道基坑开挖深度 6.63～10.38m，属于超大规模深基坑工程。基坑工程施工周期仅为 8 个月，工期十分紧张。

3. 基坑周边环境复杂，变形敏感建筑物多，变形控制要求极严格

基坑北侧紧邻 15 层地铁公寓楼，南侧为 5 号线蒋村站—五常站区间盾构隧道，隧道上方为余杭塘路，地铁边界距离支护桩内边界最近处约 14.3m。基坑内及周边分布有多条管线。基坑周边环境复杂，基坑设计不仅要确保基坑安全，而且也要保证周边环境安全，确保地铁运营安全及办公楼在基坑施工期间正常使用。运营地铁隧道变形控制标准 10mm，出入场线轨道变形控制 8mm，公寓楼差异沉降变形控制标准 2‰。

4. 基坑施工场地狭小，施工难度大

基坑邻近地铁、道路及既有办公楼，基坑周边分布重要的附属设施，可供施工所用的

场地非常有限，而且基坑深度深、长度长、面积大，为加快施工进度，应根据施工需要选择合理的基坑支护方式，设置跨越基坑两侧的施工栈桥，方便建筑材料及土方运输。

上述因素将直接决定本基坑的整体设计方案及工程安全。

四、基坑总体实施方案

由于本基坑北侧邻近既有公寓楼，南侧邻近既有运营地铁 5 号线，根据工程筹划及建筑和地铁的保护要求，本基坑施工分三个阶段分小块区域实施，如图 3 所示：

第一阶段实施 I 期主基坑及南侧 II 期第一道混凝土支撑。I 期分为 A、B、C、D、E、F 六个区块，先开挖临近地铁的 A 区；在 A 区开挖至坑底施工完底板后，再施工其他区。

第二阶段实施南 II 期基坑。II 期基坑又分为三个小块，先对称开挖 II-1 及 II-3 期基坑。

第三阶段实施北侧 III 期基坑。

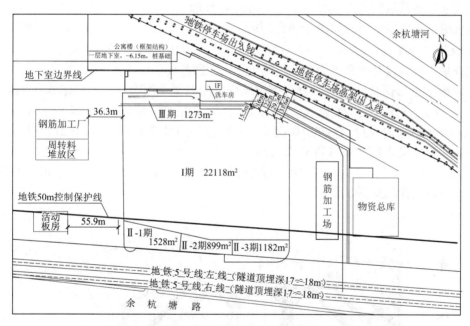

图 3　基坑分坑划分平面布置图

五、基坑的支护结构设计

1. 基坑等级

本项目基坑属于一级基坑工程，基坑工程安全等级的重要性系数 $\gamma_0 = 1.1$。支护结构设计使用期限为 24 个月。

支护结构变形控制值：地铁侧：20mm（0.18%H）；分隔桩侧：30mm，其余剖面：40mm。本基坑施工针对区间盾构隧道结构安全保护等级为 A 级。

2. 支护结构设计

本基坑南侧临近运营的地铁 5 号线，北侧紧邻地铁公寓楼。为保证基坑开挖过程中不对地铁和公寓楼造成较大的位移变形，要求围护结构必须要有足够的刚度。另外，基坑地下水的控制在基坑工程中也起着至关重要的作用，坑内发生渗漏或者管涌，将严重影响基坑安全，并威胁地铁的安全运营和公寓楼的正常使用。

根据以上情况，为了保证围护结构的刚度及止水效果，本工程的基坑支护方案如下所示：

Ⅰ区：采用φ1000@1200mm、φ1100@1300mm 钻孔灌注桩＋2 道型钢组合支撑的围护形式（伺服系统），采用三轴水泥搅拌桩止水；

Ⅱ区：采用 0.8m 厚地下连续墙＋2 道支撑（第一道为钢-混凝土支撑，第二道为带轴力补偿的型钢组合支撑）的围护形式，采用三轴水泥土搅拌墙止水；

Ⅲ区：采用φ800@1000mm 钻孔灌注桩＋2 道钢筋混凝土支撑的围护形式，采用三轴水泥搅拌桩止水。

汽车坡道区：采用三轴水泥搅拌桩内插型钢＋一道型钢组合支撑的围护形式。

坑周 10m 范围内超载不应超过 20kPa；型钢组合支撑禁止堆载，钢-混凝土支撑上活荷载不超过 4kPa；土方不得堆积在围护体外侧 15.0m 范围内；

北侧靠近地铁盾构范围基坑边堆载不得大于 5kPa。

基坑围护平面及剖面图如图 4～图 7 所示。

3. 支撑平面布置

支撑平面布置以对撑布置为主，主基坑东西两侧各设一栈桥。

Ⅰ区第一至二道及Ⅱ区第二道支撑均采用伺服式型钢组合支撑：单肢型钢截面尺寸 H400×400×13×21，材料 Q355b。腰梁：采用 H 型钢叠合放置，截面尺寸 H400×400×13×21，材料 Q355b。临时立柱：截面尺寸 H400×400×13×21，材料 Q235b；型钢横梁：截面尺寸 H350×350×12×19（用于第一道单拼支撑）、H400×400×13×21（用于第二道双拼支撑），材料 Q235b。预埋钢板、槽钢、盖板：Q235b，槽钢使用 U32b 型。型钢支撑节点大样图见图 8。

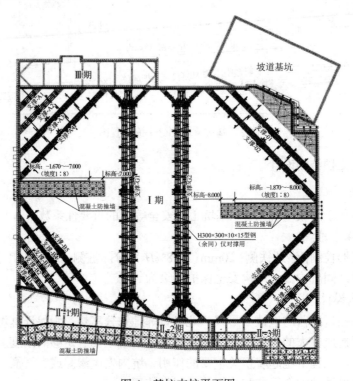

图 4　基坑支护平面图

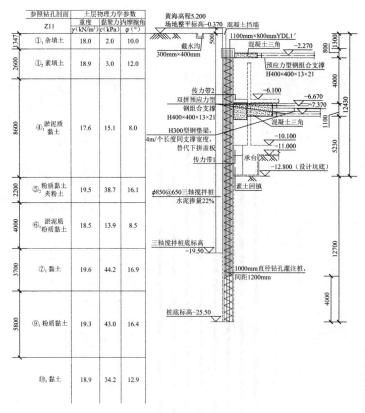

图 5 Ⅰ期基坑典型围护剖面图

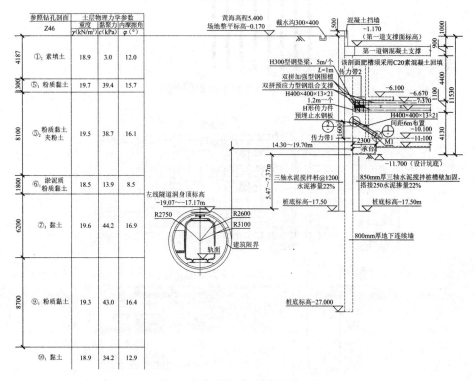

图 6 Ⅱ期基坑典型围护剖面图

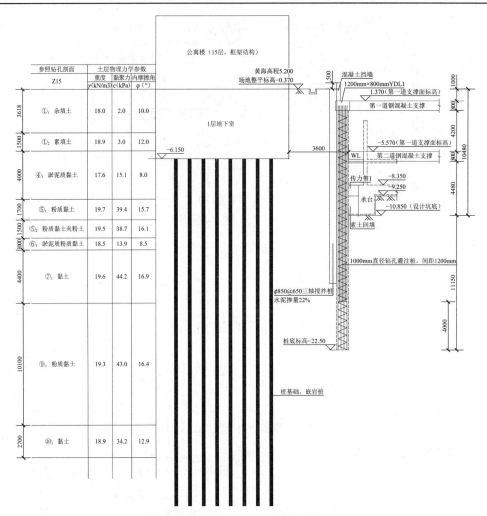

图 7　Ⅲ期基坑典型围护剖面图

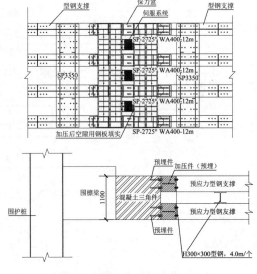

图 8　型钢支撑节点大样图

六、基坑现场施工情况介绍

该项目自 2021 年 3 月开始进行工程桩、地下连续墙、止水帷幕等围护施工，2022 年 12 月完工。

Ⅰ期基坑第一道支撑于 2021 年 9 月 19 日全部完成，第二道支撑 2021 年 10 月 25 日全部完成，2021 年 11 月底板施工，同时开始地下结构施工，2021 年 12 月第二道支撑拆除完毕，2022 年 2 月第一道支撑拆除完毕，2022 年 3 月 15 日Ⅰ期全部出地面。

Ⅱ期 2022 年 3 月第一道混凝土支撑完成，2022 年 4 月第二道钢支撑完成，2022 年 5 月第二道支撑拆除完毕，2022 年 6 月Ⅱ期全部出地面。

Ⅲ期基坑南侧第一层土方于 2022 年 6 月 15 日开挖，2022 年 12 月全部出地面。

图 9 为主基坑俯瞰平面图，施工工况为Ⅰ期基坑第一道型钢组合支撑已施工完成。Ⅱ、Ⅲ期基坑尚未开挖。图 10 为基坑开挖过程图。

图 9　主基坑俯瞰平面图

图 10　基坑开挖过程图

七、基坑监测情况介绍

施工过程中，对基坑周边环境、支护体系通过了全过程监测，本次基坑监测的主要包合以下内容：①围护结构的水平、垂直位移；②土体深层位移；③地下水位；④支撑轴力；⑤立柱沉降；⑥周边建筑物、道路及管线；⑦地铁变形（自动化监测）。基坑监测布置图详见图 11。

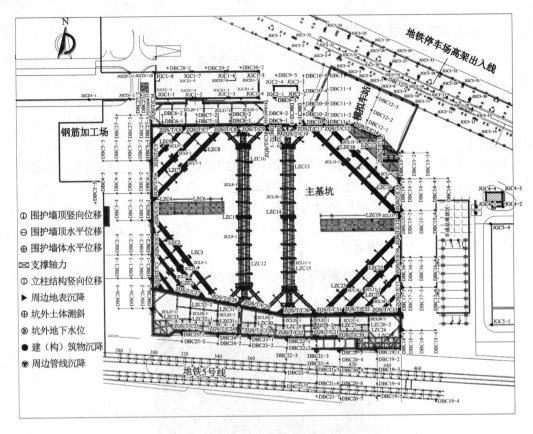

图 11　基坑监测布置图

1. 围护结构顶水平位移结果

以支护桩顶水平位移监测结果为例，布置 ZQS1～ZQS33 共 33 组基坑顶水平位移监测，监测间距 20m 一组布置(图 12)。基坑监测数据表明，Ⅰ期基坑地表最大沉降变形为 29.5mm，其中北侧地表沉降最大为 23.96mm；南侧最大为 17.54mm，东侧最大位移为 29.29mm。Ⅱ期基坑地表最大沉降变形为 19.36mm；Ⅲ期基坑地表最大沉降变形为 10.78mm。均满足相关要求。基坑支撑轴力共布置 37 个监测点，Ⅰ期支撑部分支撑轴力结果如图 13 所示。

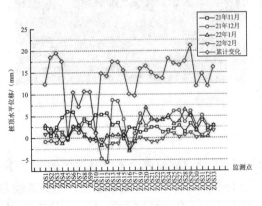

图 12　Ⅰ期基坑桩顶位移变化图

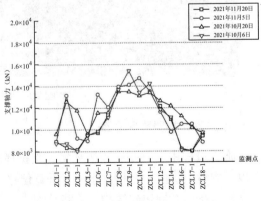

图 13　Ⅰ期基坑轴力变化图

2. 支护桩、立柱桩位移监测结果

以Ⅰ期基坑支护桩深层水平位移监测结果为例，布置 ZQ1～ZQ33 共 33 组支护体深层水平位移监测，监测间距 20m 一组，监测孔深 23.5m。Ⅰ期监测累计深层水平位移最大值为 50mm，监测结果满足基坑监测的相关要求（图 14）。立柱结构竖向位移共布置 37 个监测点，Ⅰ期基坑立柱 2021 年 10 月至 12 月期间沉降位移在−1.97～11.28mm 之间波动，监测结果满足基坑监测的相关要求（图 15）。

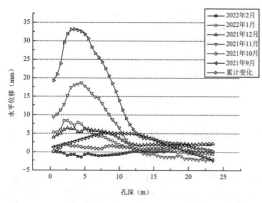

图 14　Ⅰ期基坑支护结构测斜点 ZQT1 水平位移
变化图

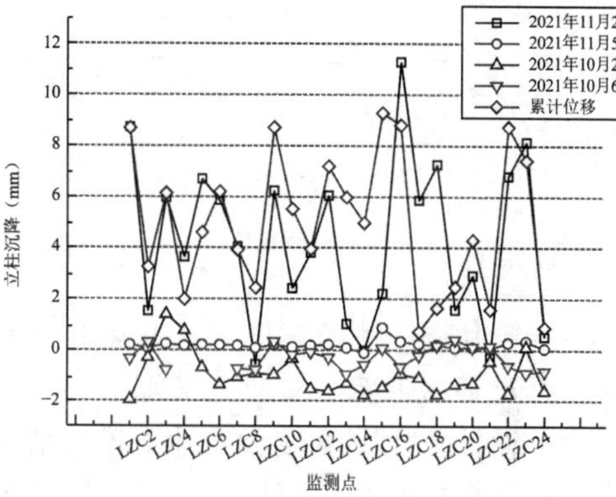

图 15　立柱桩沉降变化图

3. 房屋、地表沉降监测结果

基坑地表沉降监测间距按 20m 一组，共布置 120 个监测点，周边建（构）筑物共布置 66 个监测点。Ⅰ期基坑部分地表及建（构）筑物的沉降随时间变化的如图 16、图 17 所示。从基坑地表沉降及建筑物位移的监测结果表明基坑开挖对周边环境的影响较小，基本上未对周边建（构）筑物产生不利影响。由此可见基坑支护结构整体刚度较大，对周边环境影响较小。

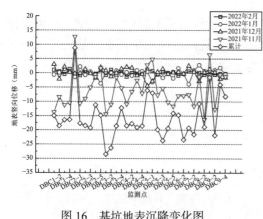

图 16　基坑地表沉降变化图

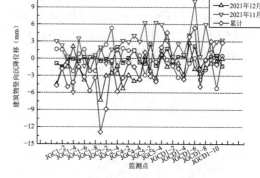

图 17　建筑物竖向位移变化图

4. 地铁监测结果

南侧地铁 5 号线，道床最大沉降 5.8mm（图 18）。基坑施工过程中未威胁地铁 5 号线隧道结构的安全，不影响地铁后期的运营。

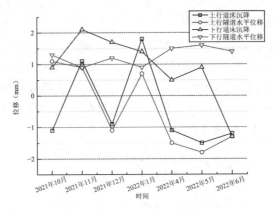

图 18 地铁 5 号线上下行线位移-沉降随时间变化图

八、点评

本基坑开挖面积及深度大，周边环境复杂，环境保护要求极高，工期紧张。针对本工程的特点及难点采取了对应的措施：

（1）设计采用刚度较大的地下连续墙/钻孔灌注桩＋两道型钢组合支撑＋伺服系统支护体系，严格控制基坑变形，保证基坑自身及周边环境安全；支撑立柱桩大部分利用结构工程桩，做到永临结合，降低工程投资；内支撑布置考虑时空影响，以对撑形式为主，便于基坑分块、分步开挖，加快进度。

（2）基坑采用两道型钢组合支撑＋伺服系统代替传统的混凝土支撑/普通钢管支撑。型钢组合支撑施工速度快，噪声小；构件可回收，无建筑垃圾，绿色环保；钢支撑轴力伺服系统应具备 24h 实时监控，低压自动补偿、高压自动报警，全方位多重安全保障。

（3）邻地铁侧基坑进行了专项保护。基坑采用分坑支护设计，围护结构采用刚度较大的地下连续墙＋型钢组合支撑＋伺服系统的支护体系。施工工序采用先施工外侧三轴水泥搅拌桩，再施工三轴水泥搅拌桩槽壁加固，最后施工地下连续墙。同时，地下连续墙应采用跳打方式施工。基坑监测采用自动化监测。

根据施工过程及最终监测数据验证了本基坑工程设计方案的科学性、合理性、可靠性，整个基坑施工过程中，基坑外 14m 的杭州地铁 5 号线区间隧道正常运营，基坑外 2.6m 的公寓楼正常使用，基坑紧邻的出入线及高架结构正常运营，无安全报警。本工程的设计经验可为类似工程提供一个经典案例。

武汉地铁 12 号线博览路站基坑工程

唐凌璐 [1,2]　唐传政 [3]　谭智颜 [4]

（1. 武汉地震工程研究院有限公司，湖北武汉　430015；2. 湖北震泰建设工程质量检测有限责任公司，湖北武汉　430015；3. 武汉市市政工程质量监督站，湖北武汉　430015；4. 中铁五局集团有限公司，湖南长沙　410000）

一、工程简介及特点

1. 工程概况

武汉地铁 12 号全长 59.9km，是武汉市首条地铁环线，是世界第二长、亚洲第一长的地铁环线，连通武汉三镇，串联江汉、武昌、汉阳等 7 个行政区域，线路设站 37 座。武汉地铁 12 号线博览路站基坑位于汉阳区城市干道四新南路上，为地下两层岛式站台车站，结构形式为双层两（三）跨钢筋混凝土箱型框架结构。车站长 306.5m，宽度为 20.1～24.9m。车站主体基坑采用明挖法施工，基坑开挖深度为 18.24～20.71m。车站总平面位置见图 1。

2. 工程特点

（1）基坑范围内分布有深厚的软土层（淤泥质粉质黏土③₄层、粉质黏土夹粉土③₅层），厚度大（最大厚度可达 20m），埋藏浅，具有天然含水量高、孔隙比大、压缩性高、强度低、易发生触变和流变等不良特性。其自稳能力差、侧压力系数较大、开挖卸荷或附加荷载作用下时易发生沉降变形或突泥，给基坑工程设计和施工带来了难度。

（2）粉质黏土夹粉土③₅层强度不高，压缩性高，呈各向异性。特别是该层土水平方向的渗透系数（约 10^{-3}～10^{-2}cm/s）远大于垂直方向渗透系数（约 10^{-5}cm/s），夹层中粉土、粉砂含孔隙承压水，采用明挖基坑开挖后，因垂直方向上分布有较多的黏性土夹层，渗透系数较小，管井降水很难将粉砂、粉土夹层中地下水水位降低或水量疏干，对落底地下连续墙支护结构施工质量和变形要求较高。

（3）车站位于四新南路大道正上方。预留导行道距离主体基坑较近，车流对基坑产生的动荷载较大。因此基坑开挖施工期间需充分考虑"时空效应"，及时进行钢支撑架设，并对各道工序进行严密监测，以保证基坑安全稳定。

二、工程地质条件和水文地质条件

1. 工程地质条件

车站场地地貌单元属长江北岸Ⅰ级阶地和Ⅱ级阶地过渡地带。根据钻孔揭露，结合原位测试及室内土工试验成果，场地内分布的地层主要有：人工填积层、第四系全新统湖积层、第四系全新统冲、洪积层、第四系中更新统冲洪积层、白垩系～第三系东湖群岩层组成。现将场地内分布的地层从上至下依次为：杂填土①₁、素填土①₂、淤泥①₃、粉质黏土③₂、淤泥质粉质黏土③₄、粉质黏土③₄ₐ、粉质黏土夹粉土③₅、含砾中粗砂④₄、粉质黏土⑩₁、粉质黏土⑩₂、粉质黏土夹碎石⑩₄、含黏性土角砾⑩₅、强风化泥质粉砂岩⑮ₐ₋₁、中风化泥质粉砂岩⑮ₐ₋₂。场地内分布的地层从上至下叙述如下：

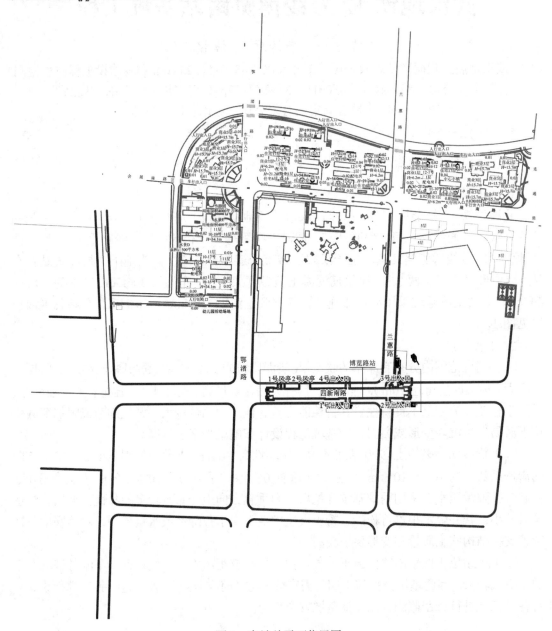

图 1　车站总平面位置图

各地层的主要物理力学性质如表 1。

场地内分布厚度较大的③₄和③₅软土层，具有低强度、高压缩性、高孔隙比、高灵敏度、易扰动和易触变等特点，对车站基坑开挖坑壁稳定性不利。车站场地地层纵向剖面图见图 2。

各地层主要物理力学性质

表 1

年代	层号	岩土名称	天然孔隙比 e	标准贯入击数 N_k（击）	渗透系数 k（cm/s）		天然含水率 w（%）	饱和重度 γ_{sat}（kN/m³）	天然重度 γ（kN/m³）	承载力特征 f_{ak}（f_a）（kPa）	压缩模量 $E_{s(1-2)}$（E_0）（MPa）	抗剪强度指标（总应力指标）	
					K_v	K_h						黏聚力 c（kPa）	内摩擦角 φ（°）
Q^{ml}	①₁	杂填土	—	—	6.0×10^{-2}	7.0×10^{-2}	—	19.9	19.7	—	—	8	18
	①₂	素填土	0.871	6.7	2.0×10^{-4}	5.0×10^{-4}	36.0	19.0	18.6	—	—	10	8
Q^l	①₃	淤泥	1.291	0.9	5.5×10^{-6}	6.0×10^{-6}	47.6	17.2	17.1	50	2.0	10	4
	③₂	粉质黏土	0.992	5.6	5.0×10^{-6}	6.5×10^{-6}	32.8	18.3	18.2	95	5.0	18	10
	③₄	淤泥质粉质黏土	0.993	2.4	1.5×10^{-6}	2.0×10^{-6}	39.6	18.4	18.2	65	3.0	12	5
Q_4^{al+pl}	③₄ₐ	粉质黏土	0.896	6.3	8.0×10^{-6}	9.0×10^{-6}	31.7	18.8	18.6	130	6.0	20	13
	③₅	粉质黏土夹粉土	0.918	3.3/7.2	2.0×10^{-5}	3.0×10^{-3}	34.2	18.8	18.6	90	4.0	15	9
	④₄	含砾中粗砂	—	27	6.0×10^{-2}	9.0×10^{-2}	11.3	20.5	20.2	310	23.0	0	32
	⑩₁	粉质黏土	0.682	—	2.5×10^{-7}	3.5×10^{-7}	23.7	19.9	19.9	200	8.0	28	15
Q_2^{al+pl}	⑩₂	粉质黏土	0.602	21.1	2.0×10^{-7}	3.0×10^{-7}	21.5	20.4	20.3	400	13.0	40	17
	⑩₄	粉质黏土夹碎石	0.598	—	4.0×10^{-7}	6.0×10^{-7}	10.4	20.4	20.3	400	15.0	38	19
	⑩₅	含黏性土角砾	—	—	8.0×10^{-5}	2.0×10^{-3}	7.5	20.5	20.3	420	(27.0)	5	33
K-E	⑮ₐ₋₁	强风化泥质粉砂岩	—	39.6	—	—	—	21.5	20.6	500	(46.0)	(50)	(20)
	⑮ₐ₋₂	中风化泥质粉砂岩	—	—	—	—	—	24.3	24.2	(1000)	不可压缩	—	—

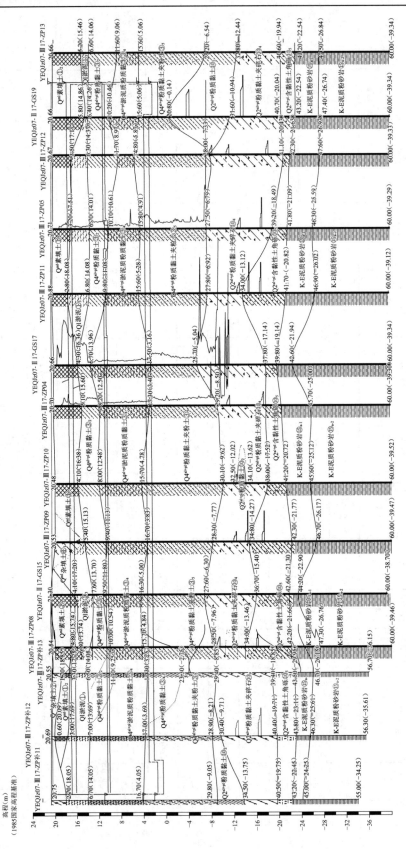

图 2　车站场地地层纵向剖面图

2. 水文地质条件

根据地下水的埋藏条件、含水介质划分，场地内地下水有松散岩类孔隙水（上部滞水、孔隙承压水）、基岩裂隙水等类型。上部滞水赋存于表层填土层和上部黏性土层中，大气降水和地表水渗入是其主要的补给来源，其水位和水量受大气降水、季节影响较大。孔隙承压水主要赋存于③₅、④₄、⑩₄ 和 ⑩₅ 层中。

基岩裂隙水赋存于白垩-下第三系东湖群（K-E）强风化-中风化泥质粉砂岩（地层代号 ⑮ₐ₋₁、⑮ₐ₋₂）孔隙裂隙中，水量小，埋深大，地下深部侧向径流和上部地下水越流补给是其主要的补给来源，对本车站基坑建设影响较小。

三、周边环境概况

车站主体基坑北侧有国博新城香涛居、泊雅居 2 个小区居民楼，距离基坑边缘约 25m。车站红线范围内影响交通疏解和结构施工的管线有 7 类，主要是电信（DX）、信息网络（GT/ZY）、燃气（TR）、给水管（JS）、路灯、雨、污水。管线分布及改迁后平面位置见图 3。

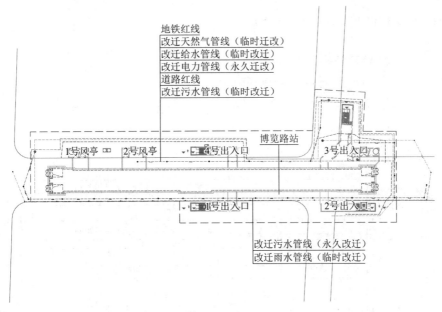

图 3　管线分布及改迁后平面位置图

四、基坑支护平面

1. 车站基坑支护

基坑开挖深度为 18.04～20.51m。车站围护结构采用地下连续墙 + 内支撑，地下连续墙厚度为 1000mm，端头盾构井段地下连续墙深度 38m，标准段地下连续墙深度 33m。车站主体基坑标准段采用竖向设置四道支撑，其中第一道支撑采用 800mm×1000mm 混凝土支撑，间距 9m；第二～四道支撑采用 φ800，壁厚 16mm 的钢支撑，间距 3m。大小里程端第四道采用混凝土支撑，间距约 3.5～4.8m；换撑采用 φ800，壁厚 16mm 的钢管支撑，间距约 3m。基底位于③₅ 层软土互层中，采用 φ850@600 三轴搅拌桩进行基底加固。基坑支护平面见图 4。

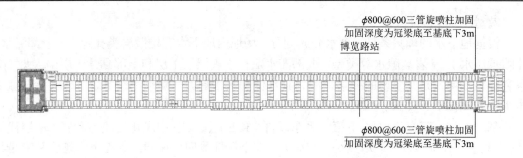

图 4 基坑围护结构平面图

2. 车站主体基坑地下水

基坑地下水采用中深井降水，基坑内设计降水井 13 口，单井出水量 120m³/h，井深 32.5m，降水井主要针对③₅、④₄和⑩₄层中的承压水。坑外增设两口观测井。

五、基坑支护典型剖面

典型基坑支护剖面图如图 5、图 6 所示。

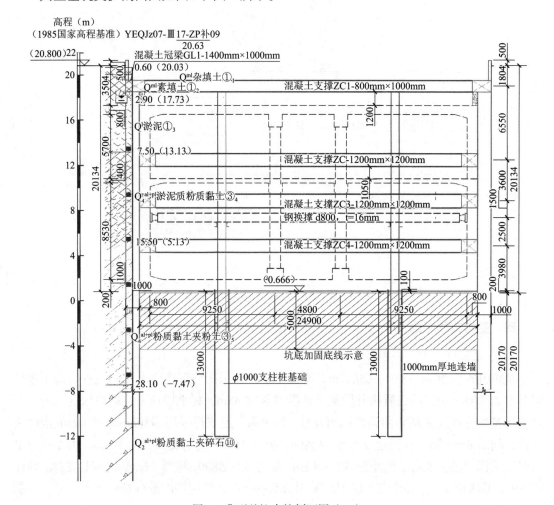

图 5 典型基坑支护剖面图（一）

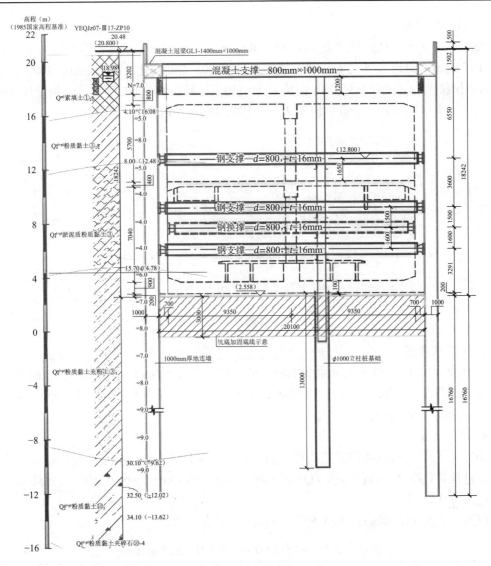

图 6　典型基坑支护剖面图（二）

六、简要实测资料

车站主体结构基坑开挖深度为 18.24～20.71m，宽度为 20.1～24.9m。车站主体基坑分 16 段开挖。开挖时充分考虑"时空效应"，由车站东侧（第 1 段）向西侧（第 16 段）依次开挖。2022 年 4 月 30 日正式开挖基坑，截至 2022 年 5 月 21 日，8～15 轴土方挖至标高 11.8m 左右，（第一道钢支撑标高位置），已经架设 21 根钢支撑；11～14 轴土方挖至标高 8m 左右，（第二道钢支撑标高位置），已经架设 7 根钢支撑（设计 6 根）。

根据车站基坑监测方案，预警等级的确定按照黄色预警、橙色预警、红色预警。其中黄色预警为变形监测的绝对值和速率值双控指标均达到控制值的 70%；或双控指标之一达到控制值的 85%；橙色预警为变形监测的绝对值和速率值双控指标均达到控制值的 85%；或双控指标之一达到控制值；红色预警为变形监测的绝对值和速率值双控指标均达到控制值。

307

1. 第一次预警

2022 年 5 月 5 日墙体位移点 ZQT-006 单日变化量 8.94mm、墙体位移点 ZQT-8 单日变化量 10.77mm；2022 年 5 月 6 日墙体位移点 ZQT-005 累计变化量 23.25mm；2022 年 5 月 7 日墙体位移点 ZQT-007 累计变化量 26.25mm；地表沉降点 DBC008-2 单日变化量 6.17mm，累计变化量 21.43mm，处于黄色预警状态。基坑监测点平面布置图见图 7。

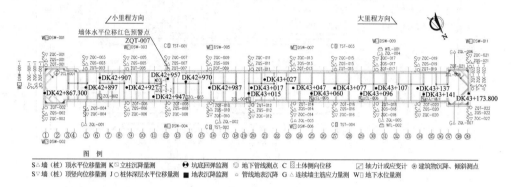

图 7　基坑监测点平面布置图

2. 第二次预警

2022 年 5 月 13 日地表沉降点 DBC007 的 3 日变化量 1.9mm，累计变化量 26.69mm，处于黄色预警状态；2022 年 5 月 13 日地表沉降点 DBC008-2 单日变化量 1.46mm，累计变化量 31.61mm，处于橙色预警状态。

3. 第三次预警

2022 年 5 月 15 日墙体位移监测点 ZQT-007 单日变化量 1.65mm，累计变化量 49.98mm，处于红色预警状态；墙体位移点 ZQT-008 单日变化量 8.49mm，累计变化量 39.86mm，处于橙色预警状态。

监测点 ZQT-007 和 ZQT-008 水平位移监测情况见表 2。

监测点 ZQT-007 和 ZQT-008 水平位移监测情况表　　　　　表 2

日期（年/月/日）	测点编号：ZQT-007			测点编号：ZQT-008		
深层桩（墙）体水平位移监测情况						
	单日变化量（mm）	累计变化量（mm）	备注	单日变化量（mm）	累计变化量（mm）	备注
2022/5/4	—	—		4.96	4.96	
2022/5/5				10.77	15.73	黄色预警
2022/5/6	—	26.25		4.00	19.73	
2022/5/7	0	26.25	黄色预警	2.92	22.65	
2022/5/8	2.46	28.71		4.34	26.99	
2022/5/9	1.32	30.03		0.38	27.37	
2022/5/10	1.91	31.94		2.93	30.30	
2022/5/11	0.22	32.16		1.46	31.76	

续表

		深层桩（墙）体水平位移监测情况				
日期（年/月/日）	测点编号：ZQT-007			测点编号：ZQT-008		
	单日变化量（mm）	累计变化量（mm）	备注	单日变化量（mm）	累计变化量（mm）	备注
2022/5/12	1.07	33.23		−1.34	30.42	
2022/5/13	0.33	33.56		0.21	30.63	
2022/5/14	3.21	36.77		1.86	32.49	
2022/5/15	13.27	56.04	红色预警	8.49	40.98	橙色预警
2022/5/16	1.00	50.98		0.89	41.87	
2022/5/17	2.73	53.71		2.50	44.37	
2022/5/18	0.59	54.16		2.56	46.93	

　　针对变形超预警情况，先后召开三次专家咨询会，分析基坑支护墙体变形产生的原因，并提出处理措施。2022 年 5 月 22 日，再次组织专家咨询会，针对第 11～14 轴已开挖至第三道支撑出现红色预警的部位，以及后续基坑开挖，专家提出了实施轴力预加伺服系统，以实时对钢支撑实施轴力预加补偿，控制变形进一步发展。

　　钢支撑轴力伺服系统主要由操作站、现场控制站、液压伺服泵站系统、总线系统、配电系统、通信系统、组合增压千斤顶、液压站接线盒装置组成。对支撑轴力进行适时自动补偿，有效地控制基坑围护结构的变形，具有高效、安全、可靠、智能等特点。主要硬件部分包含主控，智能泵站和内置千斤顶的钢套箱补偿节。其中主控通过无线网桥实时控制多台智能泵站，并实时反馈的智能泵站端的压力和位移数据；智能泵站集成了控制电路与超高压油泵，可通过程控主机控制智能泵站动作，或通过手控面板进行手动操作，智能泵站具有 10 路独立油路通道，可实现 10 个补偿节的独立控制。钢支撑轴力伺服系统详见图 8，轴力随时间的监测图详见图 9。

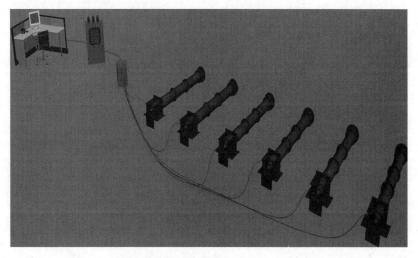

图 8　钢支撑轴力伺服系统

轴力伺服监测数据记录表

项目名称	武汉轨道交通12号线(江北段)项目		施工单位			建设单位			监理单位			设备厂家	浙江明思特建筑支护技术有限公司	编制人	管理员	编制时间	2022/8/15 7:56

序号	钢支撑	项点 温度(℃)	0:00	1:00	2:00	3:00	4:00	5:00	6:00	7:00	8:00	9:00	10:00	11:00	12:00	13:00	14:00	15:00	16:00	17:00	18:00	19:00	20:00	21:00	22:00	23:00	设计值	最大值	最小值	平均值	安装时间(年/月/日)
1	1-40	力值(kN)	2961	2919	2829	2256	2800	2760	2725	2703	2685	2682	2683	2790	2856	2929	3023	3105	3282	3235	1242	3240	3240	3246	3087	2998	2500	3242	2681	2948	2022/5/30
		位移(mm)	0	0	0	0	0	0	0	0	0	0	0	0	0	0	0	0	0	0	0	0	0	0	0	0					
2	1-39	力值(kN)	3173	3127	3082	3036	2984	2908	2896	2861	2838	2829	2823	2891	2951	3050	3165	3240	3317	3393	3432	3434	3434	3434	3289	3213	2500	3434	2829	3115	2022/5/31
		位移(mm)	0	0	0	0	0	0	0	0	0	0	0	0	0	0	0	0	0	0	0	0	0	0	0	0					
3	1-38	力值(kN)	3234	3192	3146	3098	3052	3007	2962	2931	2904	2896	2890	2892	2942	3050	3175	3290	3371	3440	3472	3474	3474	3474	3328	3271	2900	3474	2892	3109	2022/5/31
		位移(mm)	0	0	0	0	0	0	0	0	0	0	0	0	0	0	0	0	0	0	0	0	0	0	0	0					
4	2-24	力值(kN)	3507	3489	3472	3451	3434	3417	3405	3396	3426	3405	3052	3061	3659	3693	3709	3728	3751	3728	3726	3729	3725	3622	3558		2500	3751	3094	3576	2022/6/30
		位移(mm)	0	0	0	0	0	0	0	0	0	0	0	0	0	0	0	0	0	0	0	0	0	0	0						
5	2-22	力值(kN)	3657	3638	3622	3603	3584	3563	3547	3530	3530	3559	3559	3757	3814	3738	3816	3885	3855	2847	3824	3818	3818	3818	3680	3661	2500	3890	3530	3697	2022/7/1
		位移(mm)	0	0	0	0	0	0	0	0	0	0	0	0	0	0	0	0	0	0	0	0	0	0	0	0					
6	2-23	力值(kN)	3490	3482	3449	3449	3438	3432	3432	3444	3438	3459	3459	3480	3584	3651	3678	3747	3688	3618	3672	3672	3672	3503	3567		2500	3747	3432	3582	2022/7/1
		位移(mm)	0	0	0	0	0	0	0	0	0	0	0	0	0	0	0	0	0	0	0	0	0	0	0						
7	2-20	力值(kN)	2686	2657	2624	2595	2561	3530	2497	2474	2457	2476	2476	2476	3561	3751	3681	3706	3887	3887	3887	3726					2500	3889	3457	3673	2022/7/2
		位移(mm)	0	0	0	0	0	0	0	0	0	0	0	0	0	0	0	0	0	0	0	0									
8	2-21	力值(kN)	3618	3590	3561	3532	3505	3478	3453	3432	3429	3426	3496	3596	3620	3697	3697	3841	3809	3809	3711	3676					2500	3841	2416	3632	2022/7/3
		位移(mm)	0	0	0	0	0	0	0	0	0	0	0	0	0	0	0	0	0	0	0	0									
9	2-33	力值(kN)	2961	3046	3029	3017	3007	2990	2888	2984	2977	2992	3102	3159	3117	3171	3159	3182	3178	3175	3175	3086	3065				2800	3203	2977	3085	2022/7/14
		位移(mm)	0	0	0	0	0	0	0	0	0	0	0	0	0	0	0	0	0	0	0	0	0								
10	2-32	力值(kN)	3046	3036	3024	3017	3007	2998	2984	2977	2977	3099	3146	3150	3054	3157	3140	3130	3130	3123	3123	3123	3060	3050			2800	3157	2577	3062	2022/7/14
		位移(mm)	0	0	0	0	0	0	0	0	0	0	0	0	0	0	0	0	0	0	0	0	0	0							
11	3-32	力值(kN)	2931	2909	2886	2863	2840	2819	2794	2779	2767	2765	2765	2836	2840	2871	2927	2967	3002	3029	3023	3023	3023	2940	2915		2800	3029	2765	2887	2022/7/15
		位移(mm)	0	0	0	0	0	0	0	0	0	0	0	0	0	0	0	0	0	0	0	0	0	0	0						

备注	向坑内变形位移为正，向坑外变形位移为负（此位移为千斤顶活塞变化量，非绝对位移）

图 9　轴力随时间的监测图

（1）基坑采取跳槽开挖＋钢支撑伺服系统，虽然变形持续进行，但单日变化量均未超限，基坑变形得到明显的控制。截至 2022 年 6 月 16 日，监测点 ZQT-007 累计变形 58.58mm，监测点 ZQT-008 累计变形 52.06mm，单日变化量均小于 0.5mm。监测点 ZQT-007 和 ZQT-008 水平位移分别见图 10、图 11，施工现场详见图 12、图 13。

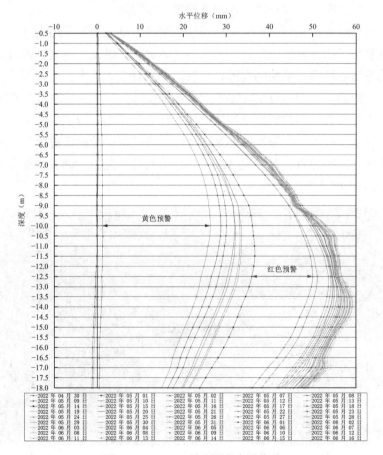

图 10　ZQT-007 号监测点水平位移

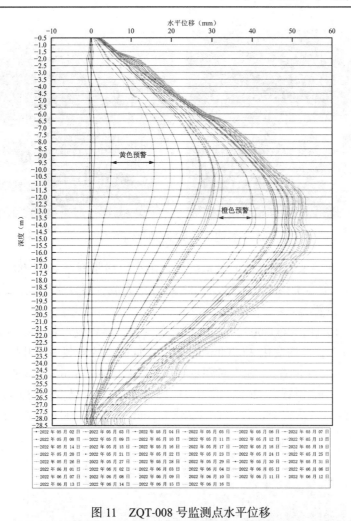

图 11　ZQT-008 号监测点水平位移

图 12　内置千斤顶钢套箱补偿节

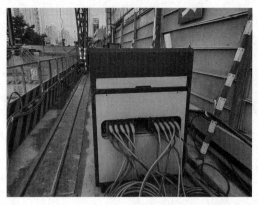

图 13　智能泵站及轴力伺服系统安装

（2）自专家咨询会采取钢支撑伺服系统后，水平位移监测点 ZQT-007 和 ZQT-008 点所在位置（12 轴）土方于 2022 年 7 月 22 日开挖完成，累计水平位移最大为 73.66mm（ZQT-007，−17m 位置）。

2022 年 5 月 15 日，ZQT-007 号监测点红色预警，累计变形量 48.33mm（−12.5m 位置），施工时间 16 天，平均变化 3.02mm/d，钢支撑伺服系统安装后至开挖到底，累计变形量为 61.37mm（−12.5m 位置），施工时间 67d，平均变化 0.19mm/d。该监测点累计最大变形量 73.66mm（−17m 位置），2022 年 5 月 15 日以前累计已变形 39.59mm，平均变化 2.64mm/d，钢支撑伺服系统安装后，平均变化 0.5mm/d。ZQT-007 监测点深层水平位移深度分布图如图 14 所示。

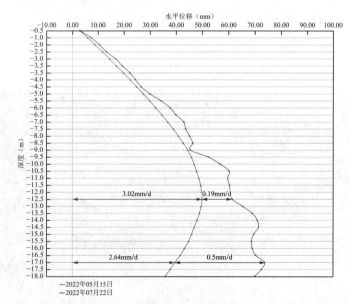

图 14　ZQT-007 号监测点深层水平位移深度分布

（3）通过位于第 9 轴处的监测点 ZQT-005（南侧）、ZQT-006（北侧）两个水平位移监测点前后各一周时间的变形量反馈，变形控制效果明显。监测点 ZQT-005 伺服系统架设前后水平位移变形数据比较见表 3。

监测点 ZQT-005 伺服系统架设前后水平位移变形数据比较表　　　　　表 3

日期（年/月/日）	日变化最大量（mm）	累计最大位移（mm）	最大位移对应深度（m）	备注
2022/6/9	1.5	37.12	−11	伺服系统架设前
2022/6/10	−0.24	36.88	−11	伺服系统架设前
2022/6/11	1.17	38.05	−11	伺服系统架设前
2022/6/12	1.48	38.99	−11.00	伺服系统架设前
2022/6/13	0.97	39.68	−11.00	伺服系统架设前
累计变量（前）	4.06mm			
2022/6/14				伺服系统架设
2022/6/15	2.58	40.81	−11.50	伺服系统架设后
2022/6/16	−1.15	39.93	−11.50	伺服系统架设后
2022/6/17	0.91	40.56	−11.50	伺服系统架设后
2022/6/18	−2.00	39.33	−11.50	伺服系统架设后
2022/6/19	0.58	39.91	−11.50	伺服系统架设后
2022/6/20	−0.58	39.33	−11.50	伺服系统架设后
累计变量（后）	0.34mm			

根据监测结果显示，截至车站基坑开挖完成，周边房屋监测沉降累计 2.2mm，临时立柱竖向最大位移为 6.1mm（向上），钢支撑轴力最大为 3459.4kN，地表沉降最大为 98.08mm，地表沉降偏大是由于在前期发生预警后，变形趋势与围护结构一致，采取了相关措施后速率得到控制，累计值叠加。

七、点评

（1）随着城市地下地铁建设的发展，地铁车站基坑开挖深度越来越深，对周边环境保护要求越来越严格，这就要求地铁车站基坑开挖过程中能更有效地控制变形，减小对周边环境的影响。地铁车站基坑支护一般采用桩（墙）+ 内支撑，而传统钢支撑由于拼装间隙、需人工预加轴力和外界温度变化等因素影响，支撑轴力往往达不到设计要求，难以有效发挥支撑作用，从而导致基坑变形较大，超过预警值甚至控制值。因此，采用钢支撑轴力伺服系统，可对钢支撑体系进行轴力补偿，能够有效消除时空效应，确保围护结构及周边土体的变形及沉降。

（2）钢支撑轴力伺服系统设备具有高度集成、安装拆卸方便、可以工厂化定制生产等优点，实现了自动化"保压、加压"，并做到"可视、可控、可调"，相比于传统钢支撑人工预加轴力具有明显优势。

（3）钢支撑轴力伺服系统第一次在武汉地铁建设项目中应用表明，钢支撑轴力伺服系统对在软土基坑控制支护结构变形，减小对周边环境影响具有良好效果。

（4）对于软土地区基坑采用混凝土支撑时，为了消除"时空效应"带来的支护结构变形，也可在混凝土支撑上部先行采取钢支撑伺服系统，以减少施工混凝土支撑及等强期间的支护结构变形。

专题八 加固与应急处理

成都海峡友谊大厦基坑加固工程

贾欣媛[1] 赵津廷[2] 岳大昌[1] 王显兵[1] 李 明[1]

（1. 成都四海岩土工程有限公司，四川成都 610041；2. 成都中冶中冶成都勘察研究总院有限公司，四川成都 610041）

一、工程简介及特点

1. 工程简介

海峡友谊大厦项目位于四川省成都市高新区交子北一路，设 4 层地下室。本项目基坑围护桩于 2010 年开始施工（基坑设计最大开挖深度 18.10m）；后期由于设计调整，基础埋深加大，2013 年经加固设计后，基坑设计最大开挖深度增加至 19.10m，2014 年项目全面停工；于 2019 年对该基坑进行回填反压、增设支撑及预应力锚索加固抢险设计，后因故再次停工。目前现场主体工程恢复施工，根据《海峡友谊大厦基坑安全性评估报告》（2023 年 6 月 14 日），基坑 AB、CD、EA 段已回填，BC 段、DE 段目前处于稳定状态，现状如图 1、图 2 所示，但存在 BC 段桩身锚索失效、锈蚀，支护桩桩长小于设计桩长的问题；DE 段桩身及桩间锚索失效、锈蚀，腰梁存在变形、锈蚀的问题；具有一定的安全隐患，为保证基坑后续施工安全，对 BC 段、DE 段进行加固设计。

图 1 BC 段现状（2023 年 6 月） 　　图 2 DE 段现状（2023 年 6 月）

2. 工程特点

本工程具有以下特点：

（1）基坑开挖深度大：本工程整体设 4 层地下室，加固区域基坑普遍开挖深度 18.35～18.95m，基坑工程支护设计及施工难度高、风险大，如何选择既安全可靠又经济合理的支护方案尤为重要。

（2）开挖范围内存在特殊土：场地属岷江水系Ⅱ级阶地，场地内普遍分布人工填土为1.00～3.00m厚，结构松散，抗剪强度低，稳定性差；其下为0.60～5.40m厚度的黏土，具有弱膨胀潜势，黏土层裂隙较发育，裂隙分布无规律，裂隙间充填灰白色高岭土条带、红色氧化物条带，在非雨季，膨胀土基坑按照传统设计方法进行施工，一般都能较好地起到支护作用，但雨季时膨胀土中蒙脱石和伊利石矿物成分吸水膨胀，产生对支护结构不利的膨胀力，并且土体自身也逐渐变为可塑～流塑状，水平侧压力显著增大，对支护结构安全极为不利。

（3）周边环境复杂：工程场地位于成都市高新区交子北一路，属城市核心区域，且紧邻地铁1号线盾构区间和金融城地铁站A出口，人员密集，车流量大，一旦出现基坑失稳事故，将造成极其恶劣的社会影响。

二、工程地质条件

1. 场地工程地质

拟建场地地貌单元属于岷江水系Ⅱ级阶地。主要由第四系人工填土（Q_4^{ml}），第四系上更新统冲洪积（Q_4^{al+pl}）黏土、粉质黏土、粉土、细砂及卵石组成，下伏白垩系上统灌口组泥岩（K_{2g}），结合现场钻探、室内土工试验及地区经验，物理力学性质指标建议值如表1所示。

地基土物理力学性质指标建议值表　　　　　　　　　表1

土名	指标							
	重度γ（kN/m³）	含水率w（%）	孔隙比e	承载力特征值f_{ak}（kPa）	压缩模量E_s（MPa）	变形模量E_0（MPa）	抗剪强度指标	
							黏聚力c（kPa）	内摩擦角φ（°）
杂填土	18.00	—	—	—	—	—	8.00	18.00
素填土	18.50	—	—	—	—	—	10.00	15.00
黏土	20.00	23.9	0.713	180	10.00	—	50.00	18.00
粉质黏土	19.60	24.2	0.712	150	8.00	—	30.00	20.00
粉土	19.50	24.0	0.691	120	5.00	—	15.00	22.00
细砂	18.50	—	—	110	9.00	8.00	0	25.00
松散卵石	20.50	—	—	200	20.60	18.00	0	30.00
稍密卵石	21.00	—	—	320	24.00	21.00	0	35.00
中密卵石	22.00	—	—	600	36.50	32.00	0	40.00
密实卵石	23.00	—	—	800	45.60	40.00	0	45.00
强风化泥岩	21.00	—	—	300	30.00	—	90.00	25.00
中风化泥岩	23.50	—	—	1000	—	—	350.00	34.00

2. 典型工程地质剖面

基坑开挖线典型工程地质剖面详见图3,开挖范围内分布地层为人工填土、黏土、粉质黏土、粉土、细砂及卵石、泥岩组成。其中杂填土以建筑垃圾、少量卵石及黏性土等回填而成,层厚1.00～2.50m;素填土以黏土、粉质黏土回填为主,偶见少量植物根茎及腐殖质,场地局部分布,层厚0.80～1.40m;黏土、粉质黏土、粉土层,厚度为5.20～8.10m,黏土颗粒中含较多铁锰质结核和钙质结核,裂隙较发育,裂隙间充填灰白色高岭土条斑、氧化物红色条斑。根据室内膨胀试验结果,黏土自由膨胀率在53%～65%,平均值为46%,大于40%,该场地黏土综合评价为弱膨胀土,胀缩等级为Ⅰ级。卵石层成分以火成岩和石英砂岩为主,一般为中等风化,少量强风化或微风化。充填物为中砂、圆砾及黏性土,黏性土含量为10%左右。卵石层在场地内分布较稳定,卵石层顶面埋深为7.10～9.90m。泥岩呈紫红色～红褐色,主要由黏土矿物成分组成,泥质结构,厚层状构造,分布连续。顶面埋深为16.40～17.60m。

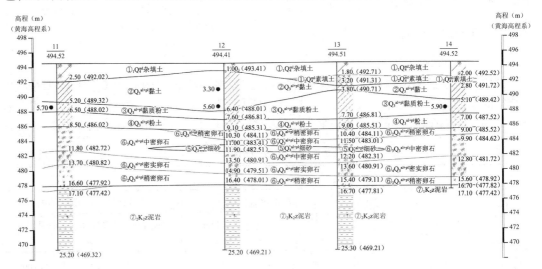

图3 典型工程地质剖面

场地地下水类型为填土中的上层滞水、砂卵石层中的孔隙潜水和赋存于基岩中的裂隙水。场地地下水和土对混凝土具微腐蚀性,对钢筋混凝土结构中钢筋具微腐蚀性。

三、基坑周边环境情况

拟建场地周边环境条件如下:

(1)基坑北侧:用地红线外为益州东路,路宽12.00m(含人行道);益州东路以北为丹枫国际金融大厦(高层建筑),距离基坑围挡约28.00m。

(2)基坑东侧:基坑边线距离用地红线11.60～12.20m,红线外为交子北一路,路宽30.00m(含人行道);交子北路外为国际金融中心(高层建筑),距离基坑用地红线约50.00m;东南角为地铁1号线金融城地铁站A口,紧邻基坑边缘。BC段基坑顶距用地红线约9.10m,顶部已硬化,有活动板房,距离基坑上开口线为2.10～3.20m。

(3)基坑南侧:基坑边线距离用地红线4.20～4.80m,红线外为交子大道,路宽30.00m(含人行道);其外为中国华商金融中心(高层建筑),距离用地红线约60.00m;基坑顶距红线围挡为1.65～2.00m。

(4)基坑西侧:基坑边线距离用地红线4.50m,用地红线外为交子北二路,路宽25.00m

（含人行道）；其外为盛铂仕丹酒店（高层建筑），距离用地红线为 29.00～35.00m。

（5）东侧（BC 段）距离围护桩边 9.20～11.40m 以外依次分布有燃气、供电、供水、路灯等管线；DE 段南侧距离围护桩边 3.20～3.90m 以外依次分布有电力、供水、路灯、燃气等管线；DE 段西侧距离围护桩边约 6.30m 以外依次分布有通信、路灯、通信、燃气、通信、污水等管线。

四、基坑围护平面图

基坑加固支护平面布置图如图 4 所示。

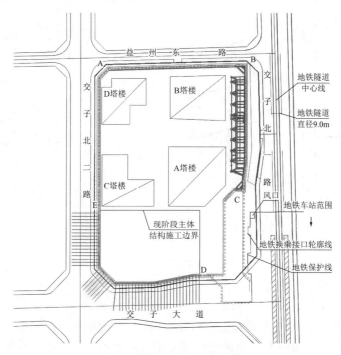

图 4　基坑支护平面布置图

根据现场情况、地质条件及周边环境，本次基坑加固设计思路如下：

（1）不考虑原设计锚索的作用；

（2）基坑围护桩长根据基坑安全鉴定报告实际检测的桩长确定；

（3）基坑东侧 BC 段采用钢筋混凝土支撑控制变形，减小对地铁区间的影响；

（4）基坑南侧及西侧 DE 段采用预应力锚索进行加固；

（5）加固结构计算时，以控制桩身桩身弯矩为主，匹配原设计围护桩的配筋；

（6）土压力由支撑梁传递给结构梁、柱，经结构设计单位复核，支撑传力位置的主体结构适当加强后可承受支撑传递的土压力；

（7）目前基坑四周有部分降水井一直在运行，基坑中部在进行底板施工，基坑加固范围地下水位于基岩面附近，后续基坑地下水以集水明排为主。

五、基坑围护典型剖面图

1. 原支护设计概况

1）基坑东侧（BC 段）

原设计基坑深度为 17.40m（图 5），采用锚拉桩支护，桩径为 1.00m，桩间距 2.80m，桩长

19.40m，嵌固深度 5.00m，设 3 排预应力锚索，水平间距同桩间距，锚孔径为 150mm；后基坑加深至 19.10m（图 6），2013 年对该侧进行加固设计，在距离坑底 3.10m 的位置新增了一排预应力锚索；2019 年对该侧进行加固设计：新增了一道水平钢管支撑及 4 道桩间预应力锚索。

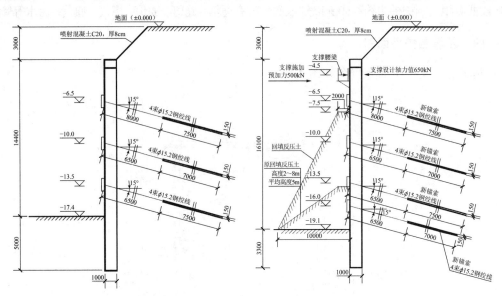

图 5　BC 段原设计支护剖面　　　　　图 6　BC 段加固设计支护剖面
（2010 年 10 月）　　　　　　　　　（2013 年 3 月/2019 年 3 月）

2）基坑南侧西半段及西侧南半段（DE 段）

原设计的基坑开挖深度为 16.70m（图 7），采用锚拉桩支护，桩径为 1.00m，桩间距 2.80m，桩长 18.70m，嵌固深度 5.00m，设置 2 排预应力锚索，水平间距同桩间距；后基坑加深至 18.40m（图 8），2013 年对该侧进行加固设计，在冠梁底及距离坑底 3.40m 的位置新增了两排预应力锚索；2019 年对该侧进行加固设计：新增反压土及 4 道桩间预应力锚索。

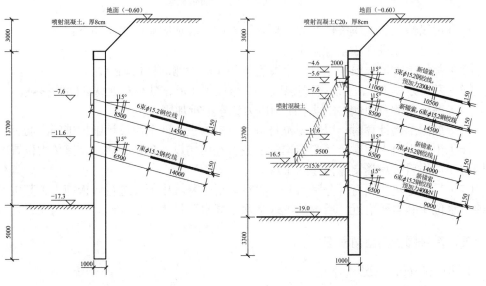

图 7　DE 段原设计支护剖面　　　　　图 8　DE 段加固设计支护剖面
（2010 年 10 月）　　　　　　　　　（2013 年 3 月/2019 年 3 月）

2. 本次加固设计概况

BC 段和 DE 段支护设计参数详见表 2,典型支护剖面如图 9、图 10 所示。

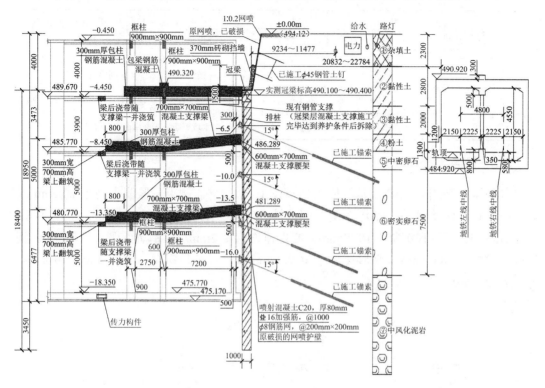

图 9　BC 段典型加固支护剖面图

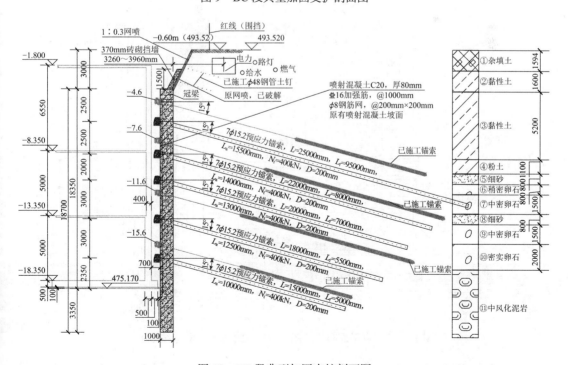

图 10　DE 段典型加固支护剖面图

基坑支护加固设计主要参数表　　　表 2

分段	基坑深度	加固支护形式	支护参数
BC 段	18.95m	钢筋混凝土支撑	在 −1 层、−2 层、−3 层标高处分别增加一道钢筋混凝土支撑
DE 段	18.35m	锚索	157～174 号桩、179～186 号桩范围在原有的锚索之间增加 5 排桩间锚索
降排水设计		现场共布置 33 口降水井，通过调查发现，其中 15 口降水井处于工作状态，目前地下水位目前处于坑底附近。本基坑底部位于中风化泥岩层内，后续施工过程中，继续维持现有降水井继续抽水，控制降水含砂率不超过 1/10 万，坑底采取增加排水沟、集水坑等明排措施排出地下水	

六、简要实测资料

本工程沿 BC 段、DE 段基坑周边共布设 16 个位移监测点，监测点间距 20.00m，监测点平面布置详见图 11，基坑东侧（邻地铁 BC 段）基坑顶位移：10.00mm，变形速率为 ≤2mm/d；基坑顶沉降：10.00mm，变形速率为 ≤2mm/d；基坑南侧及西侧（DE 段）基坑顶位移：20.00mm，变形速率为 ≤2.00mm/d；基坑顶沉降：10.00mm，变形速率为 ≤2.00mm/d。

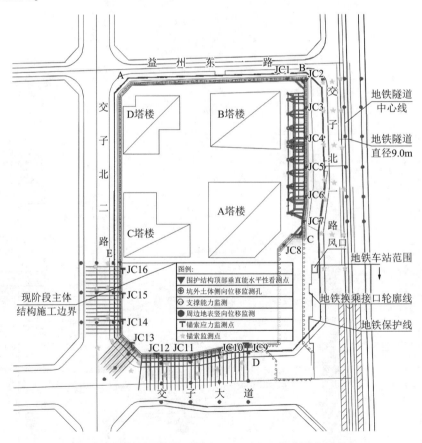

图 11　监测点平面布置（图中 JC1～JC16 为监测点编号）

本项目代表性点位监测位移曲线如图 12 所示，由图可知，随着基坑向下卸土、原加固支撑拆除，围护桩桩顶水平位移逐渐增大，最后趋于收敛，累计水平位移量在 8.10～15.34mm，满足设计及规范要求。

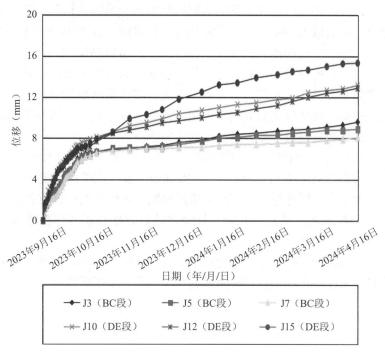

图 12　代表性点监测位移变形曲线（测点平面位置与图 11 对应）

本工程完工后现场情况如图 13、图 14 所示。

图 13　基坑加固支护效果（一）

图 14　基坑加固支护效果（二）

七、点评

实际工程中，因各种原因造成支护结构超期服役的状况屡见不鲜。超期服役基坑对周边环境的安全稳定构成极大的威胁。本书依托的工程实例，自 2010 年围护桩开始施工起，经历加深、加固、停工、复加固、回填反压等过程，已超期服役 12 年。

本次重新启动，根据原支护体系鉴定报告、场地地质条件及周边环境对变形的敏感程度不同，在利用原有支护体系基础上，选择了内支撑和锚索的加固形式。

设计中对支撑梁与框架柱交会处局部加腋，降低了应力集中对结构造成的不利影响；另对承受支撑力的框架柱增设牛腿，增加了其抗剪承载力。

考虑到邻地铁侧已实施的围护桩直径偏小、桩间距偏大，加固设计中增设吊筋加强腰梁与围护桩的可靠连接；在桩间新增一层 80.00cm 厚挂网喷射混凝土；当桩间土为砂土、粉土时，采取降低分层开挖高度、减少暴露时间、及时完成桩间支护的措施；在卵石及基岩交界面设置排水孔，排水管与泄水孔壁之间设置滤料层并包裹透水土工布，减少砂土流失。

通过对本次基坑加固工程的全程监测可知：加固体系满足基坑安全作业要求，对周边建（构）筑物影响可控。本次加固设计及实施可为同类工程提供参考。

北京某土岩结合深基坑临边建筑物沉降致因分析

张怀文[1,2]　杨　斌[1]　张立展[1]

（1. 中航勘察设计研究院有限公司，北京　100098；2. 中国航空规划设计研究总院有限公司，北京　100098）

一、工程简介及特点

城乡住房建设经过多年的高速发展，建设环境呈现逐渐窘迫的趋势。用地紧张，临边工程逐渐增多，相邻距离越来越近，由此带来了诸多岩土工程问题及纠纷，需要加以重视。近年来临边深基坑工程引发过若干工程事故，原因各异，总结起来，只要从策划、设计、施工、使用几方面认真对待，能够将潜在隐患或事故避开。

1. 工程概况

某建设项目包括 1～4 号住宅楼、公建 1 号楼、1 个地下车库。总建筑面积 80685m²，其中地上总建筑面积 45380m²，地下总建筑面积 35305m²。住宅楼地上 15 层，地下 3 层；公建地上 3 层。场地位于北京市南部区域，基坑轮廓大致呈矩形，东西向长 186m，南北向宽 93m，地下形成一个整体大地库，建筑基坑开挖深度约 9.0m。

2. 施工特点及难点

建设场地坐落土岩结合的地层，支护结构施工需钻入较为坚硬的岩层。护坡桩成孔施工时钻进难度较大，但岩层段钻孔不塌孔，成桩效果好；锚杆钻孔同样质量好，注浆质量容易得到保证，锚固力大。工程的难点在于基坑东北侧存在一栋五层住宅楼，属于 20 世纪 70 年代的老旧建筑，基础埋置深度 2.7m，持力层为土层，基坑开挖需保证其安全。

二、工程地质条件

1. 工程地质条件及水文地质条件

建设场区在地貌单元上属于山前冲洪积扇上部。勘探 20m 深度范围内地层按照沉积年代、成因类型划分为人工堆积层、一般第四纪沉积层、白垩纪砂岩和泥岩及中生代燕山期花岗岩三大类，土层划分为九大层。包括①₁层杂填土，稍密，湿。由石块、碎砖、灰渣等组成。①₂层为黏质粉土素填土，稍密～中密，稍湿～湿。以下为一般第四纪沉积层，依次为②层中密、饱和的粗砂层，层厚 0.40～2.30m，②₁层细砂混黏性土，②₂层中砂。③层饱和、密实的卵石，③₁层砂质粉土，③₂层粗砂，③₃层黏质粉土。再以下为白垩纪砂岩和泥岩及中生代燕山期花岗岩，岩性依次为④层全风化砂岩，⑤层强风化砂岩，⑤₁层强风化泥岩，⑥层中风化砂岩，⑦层全风化花岗岩，⑧层强风化花岗岩，⑨层中风化花岗岩。

场地地层条件见表 1。

场地土层参数表　　　　　　　　　　　　　　　　表 1

序号	土层名称	重度 （kN·m⁻³）	天然含水率（%）	孔隙比	压缩模量（MPa）	黏聚力（kPa）	内摩擦角（°）	标贯击数	重探击数	渗透系数（m/d）
①₂	素填土	19.0	21.3	0.72	3.18	18.4	26.1	—		0.4
②	粗砂	19.5	—		20.0	0.0	33.0	22	—	15.0
③	卵石	20.5			30.0	0.0	38.0		21	80.0
③₂	粗砂	19.8			25.0	0.0	35.0	24		20.0
③₃	黏质粉土	19.1	25.5	0.77	4.33	18.8	26.0	12	—	0.2
④	全风化砂岩	20.0			12.0	30.0	25.0		34	0.1
⑤	强风化砂岩	21.0			20.0	20.0	35.0		39	0.5
⑥	中风化砂岩	21.5			40.0	30.0	35.0		50	0.05
⑦	全风化花岗岩	22.0			35.0	10.0	38.0	70	43	9.0
⑧	强风化花岗岩	23.0			80.0	20.0	35.0	—	57	5.0

在 20.0m 勘察深度范围内存在地下水，主要为孔隙潜水及基岩裂隙水。孔隙水主要赋存于第四纪砂土层、全风化砂岩及全风化花岗岩中，水量较丰富；裂隙水主要赋存于强风化砂岩及强风化、中风化花岗岩岩体内的较大裂隙中、泥岩接触带部位，水量较丰富。实测稳定水位标高 46.53～49.28m，水位埋深 0.80～2.60m。基坑施工期间，主要采用明排配合局部管井法抽排水处理。

2. 典型工程地质剖面

现场勘察及室内土工试验成果，将 20m 勘探深度范围内的地层按照沉积年代、成因类型划分为人工堆积层、一般第四纪沉积层、白垩纪砂岩和泥岩及中生代燕山期花岗岩三大类，根据岩性及工程性质进一步划分九大层。建设场地位于岩性变化大的区域，地基持力层跨越不同工程地质单元。典型工程地质剖面选取邻近住宅楼的地质剖面图见图 1。

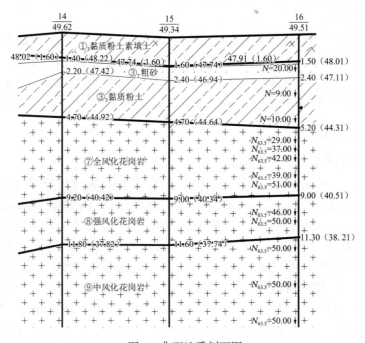

图 1　典型地质剖面图

三、基坑周边环境情况

如前所述，场地基坑东北角紧邻一栋既有五层住宅楼，其纵向与基坑开挖线基本平行，砖混结构，与基坑护坡桩距离约 5.0m，条形基础，基础埋深 2.7m，无地下室。建设年代不详，经调查询问，应为 20 世纪 70 年代建造。

经过线管探测，基坑开挖影响范围之内无需要保护的地下管线。

施工前基坑四周设置了轻型围挡，居民出入口及行经道路均在该住宅楼北侧，远离基坑。

四、基坑围护平面图

基坑边坡采用桩-锚联合支护结构。护坡桩采用桩径 800mm 钻孔灌注桩，桩中心距 1500mm。1～4 号住宅楼与地下车库形成一个整体式开挖基坑见图 2。公建 1 号楼地上 3 层，地下 1 层，在整体基坑的东侧，开挖浅且后期开挖，围护平面图未显示。

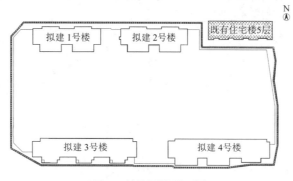

图 2　基坑围护平面图

五、基坑围护典型剖面图

邻近建筑物的坡段，采用直径 800mm 钻孔灌注桩，桩中心距 1500mm，冠梁截面 1000mm×600mm。设计了两排锚杆，分别布置在地表下 3.5m、地表下 6.0m。锚杆钻孔直径 150mm，倾角 15°，采用水灰比为 0.50 的纯水泥浆注浆。锚杆长度分别为 17m、12m。第一排、第二排锚杆腰梁采用 2 根 22a 工字钢组装。典型支护剖面图参见图 3。

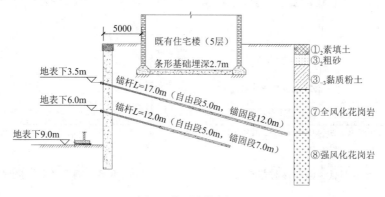

图 3　典型支护剖面图

六、简要实测资料

施工中对护坡桩桩体深层水平位移、锚杆拉力、建筑物沉降均进行了监测。在邻近的既有住宅楼设置了 6 个沉降监测点,护坡桩桩体深层水平位移设置 1 个点,锚杆拉力监测设置了 2 个点,详见图 4。

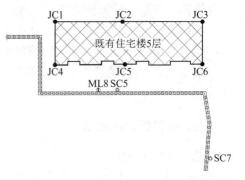

2020 年 12 月 20 日动工伊始,各项监测工作随即展开。值得说明的是,基坑工程施工期间开挖时间长,土方及支护施工时断时续。开挖过程中,各监测点监测数据稳定。既有建筑物受土方开挖影响,6 个沉降监测点数据显示住宅楼首先表现为略微隆起,随后慢慢转换为下沉。受篇幅所限,远

图 4　监测点平面布置图

离基坑一侧选取中间监测点 JC2,邻近基坑一侧选取 3 个监测点 JC4、JC5、JC6,绘制出其竖向位移时程曲线,如图 5~图 8 所示。

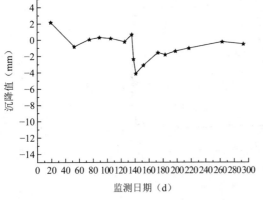

图 5　JC2 监测点竖向位移时程曲线

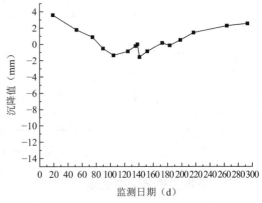

图 6　JC4 监测点竖向位移时程曲线

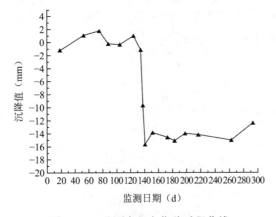

图 7　JC5 监测点竖向位移时程曲线

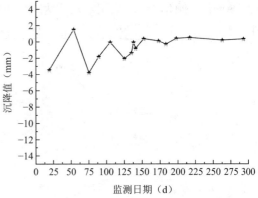

图 8　JC6 监测点竖向位移时程曲线

土方开挖时程为,开挖第 19~22d,挖深 3.5m;开挖第 53~55d,挖深至地坪下 6.5m;

开挖第 75～80d，挖深至地坪下 9.0m（基底设计标高）。开挖到基底标高后 54d 内既有住宅楼竖向位移一直稳定在-3.77～3.57mm。第 138d（开挖到基础底标高第 55d），JC5 监测点突然下沉，一周时间内从-1.17mm 到-15.62mm。居民投诉一层室内地面下沉，墙面产生裂缝。如图 9 所示。

图 9 既有建筑物居民投诉图片（左为室内地面下沉，右为墙体出现裂缝）

为此，支护设计单位对支护结构设计进行了复核。理正软件给出的地表沉降及桩身水平位移计算结果如图 10、图 11 所示。同时为慎重起见，使用数值分析软件进行了仿真分析。midas GTS 软件给出的竖向位移场如图 12 所示。两种软件给出的居民楼沉降变形计算结果都很小。现场检查支护结构，桩间土完整，锚杆端头及钢腰梁未见异常现象。监测数据上，竖向位移稳定在-3.77～3.57mm。上下两排锚杆拉力分别稳定在 220kN 及 198kN，如图 13 所示；护坡桩深层水平位移 SC5 点监测数据最大水平位移不超过 4.92mm，对比邻近东坡护坡桩 SC7 点深层水平位移曲线，可以发现土岩结合基坑，支护结构变形很小，如图 14、图 15 所示。在停工的情况下，JC5 点突然发生较大沉降。

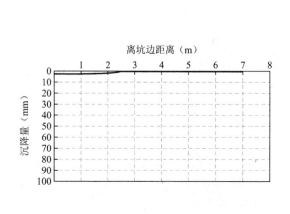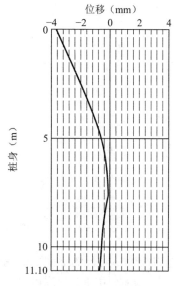

图 10 理正软件计算的地表沉降曲线　　图 11 理正软件计算的桩身变形曲线

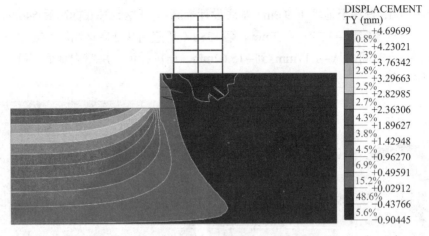

图 12　midas NTS 计算的基坑变形云图

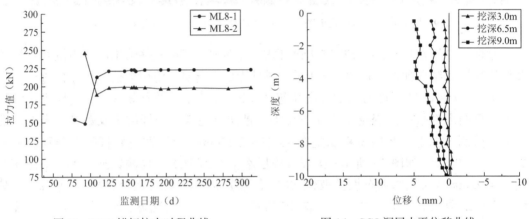

图 13　ML8 锚杆拉力时程曲线　　　　　　　图 14　SC5 深层水平位移曲线

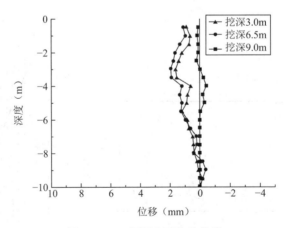

图 15　SC7 深层水平位移曲线

经过约两个月时长的不间断监测，JC5 点监测数据始终稳定在 −15.62～−13.86mm，沉降不再加大，行政主管部门许可复工。图 5～图 8 时程曲线表明主体结构施工期间，既有住宅楼各监测点以及支护结构的深层水平位移、锚杆拉力都保持稳定。

七、点评

受到居民投诉以及行政主管部门的监管后,建设方以及施工单位进行了深刻总结。随着时间延续,经后期多方询问,该小区对既有住宅楼进行了污水管线改造,在室内地坪开挖长度不等、深度 1.0m 沟槽进行了管线替换。涉及一些非技术原因,居民与建设方存在矛盾争议。即使住宅楼墙体出现裂缝、一层室内地面下沉仍拒绝施工单位人员入户调查,且封锁管线改造消息,影响了支护设计单位及施工单位的技术判断。结合以上情况,综合判断既有住宅楼产生沉降及墙体产生裂缝的原因,是管线改造施工开挖管沟致使承重墙体下沉。

回顾项目全过程,历经居民投诉、停工、复核、复工各个环节,给出如下点评:

(1)基坑工程施工前,须详尽调查、收集周边环境条件相关资料,留存影像资料;

(2)提高土岩结合地层基坑项目重视程度,存在相邻建筑物时,设计、施工、管理均不可松懈,麻痹大意,可导致工程事故。

廊坊某基坑工程及应急事故处理

曹光栩　姚智全　吴渤昕　冯　彬

（建研地基基础工程有限责任公司，北京　100013）

一、工程简介及特点

某大型居住商业综合体项目位于河北廊坊市广阳区，项目分成东区商业（A区）和西区住宅（B区）两个地块。东区为一个大型商业综合体，由一栋标志性塔楼、两栋SOHO办公楼、两栋服务式公寓和一栋4层商业组成，各栋楼均带5～6层商业裙房；西区包括8栋28层的高层住宅楼和部分2层商业，东区和西区总建筑面积约60.95万m²。根据开发计划，本项目东区和西区一次性规划，分期建设，西区住宅地块先行建设施工。住宅地块总建筑面积约24.5万m²，地上建筑面积约17.2万m²，地下建筑面积约7.3万m²。

本次进行支护设计与施工的西区住宅地块基坑大致呈长方形，东西宽约160m，南北长约260m，围护结构总周长约850m，占地面积约4.1万m²。基坑开挖深度：主楼筏板区域开挖深度为11.80m，地下车库区域开挖深度主要为12.11m，地库内局部设备间加深部位开挖深度为14.11m。综合考虑多种因素后，住宅地块基坑采用了多种基坑支护形式，主要有放坡喷锚、（复合）土钉墙、桩锚、内支撑、双排桩，控水措施则采用了搅拌桩止水帷幕、井点降水等多种方案。

该基坑工程平面规模较大，开挖深度大，并且位于城市中心繁华地带，周边环境复杂，在设计和施工中的突出特点主要有：

（1）周边环境复杂，管线较多，特别是基坑北侧和西南角距离既有建筑物较近，最近距离仅约6m，需要制定合理可靠的支护方案，同时应严格控制基坑开挖和支护施工过程对周边建筑物和管线的影响；

（2）该基坑开挖深度大且基底位于地下稳定水位以下，为避免对周边环境造成影响，不能大面积长时间进行基坑降水，控水方案选择既要经济合理又要安全适用；

（3）根据地勘报告和邻近地块的施工经验，本项目开挖影响范围内的③层黏土、⑤层粉质黏土等土层力学性质较差，灵敏度较高，扰动后强度降低明显，具有一定的流动性，设计与施工时应特别注意；

（4）按照开发计划安排，先行设计建造的西区与缓建的东区启动时间相差仅约8个月，交接部位的支护结构应尽可能节省造价，且不能影响后期邻近地块基坑开挖和结构施工；

（5）总包施工方要求在基坑东侧布置上下马道和堆料工作平台，支护结构设计时应进行考虑。

二、工程地质条件

根据勘察报告，场地属河流冲积平原区，地势平坦，地貌单一。孔口高程为12.69～14.47m，高差1.78m。在基坑开挖影响范围内的地层自上而下为：①层杂填土：以粉土为主,夹大量建筑垃圾、生活垃圾,局部为素填土,土质不均匀,层厚 0.7~3.6m。②层粉土:黄色~灰黄色,稍湿~湿,中密~密实,摇振反应迅速,干强度和韧性低,夹粉质黏土薄层,层厚 2.0~2.7m。③层黏土:灰色~灰黄色,软塑~可塑,中~高压缩性,无摇振反应,干强度和韧性高,夹粉土薄层,层厚 3.4~4.6m,承载力特征值 f_{ak} 较低为 90kPa。④层粉土:黄色~灰黄色,湿,中密~密实,摇振反应迅速,干强度和韧性低,层厚 0.9~3.0m。⑤层粉质黏土:灰色~灰黄色,软塑~可塑,中压缩性,无摇振反应,干强度和韧性中等,夹粉土薄层,层厚 3.8~5.4m。⑥层粉质黏土:黄色,可塑,中压缩性,无摇振反应,干强度和韧性中等,夹粉土薄层,层厚 5.5~7.0m。⑥$_1$ 层粉土:黄色,湿,密实,摇振反应迅速,干强度和韧性低,该层为⑥层内夹层,最大层厚 1.4m,部分地层缺失。⑦层粉砂:黄色,饱和,中密,成分以长石、石英为主,含云母,夹粉土薄层。典型地质剖面图如图 1 所示。本场地各土层主要力学参数如表 1 所示。

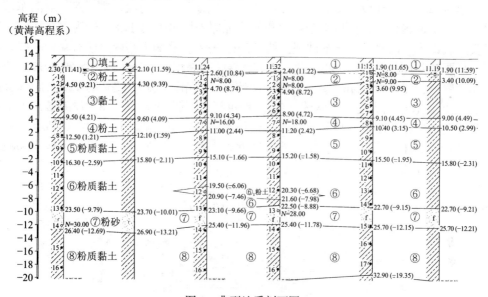

图 1 典型地质剖面图

场地土层主要力学参数表　　　　　　　　　　　　　　　　　　表 1

土层名称及编号	含水率w（%）	天然重度γ（kN/m³）	孔隙比e	液限w_L（%）	塑限w_P（%）	压缩模量$E_{s(1-2)}$（MPa）	直剪		地基承载力f_{ak}（kPa）
							黏聚力c（kPa）	内摩擦角φ（°）	
①层杂填土	—	18.0	—	—	—	—	—	—	—
②层粉土	24.1	19.3	0.738	26.2	18.2	10.6	14.2	18.9	110
③层黏土	38.5	18.2	1.085	43.0	22.1	4.1	31.2	8.5	90
④层粉土	23.9	19.3	0.733	26.5	18.2	12.5	15.2	20.4	140
⑤层粉质黏土	28.1	19.5	0.788	34.2	19.3	4.6	27.4	10.4	130
⑥层粉质黏土	26.5	19.8	0.745	34.7	19.0	5.4	28.9	11.3	140

续表

土层名称及编号	含水率w（%）	天然重度γ（kN/m³）	孔隙比e	液限w_L（%）	塑限w_P（%）	压缩模量$E_{s(1-2)}$（MPa）	直剪		地基承载力f_{ak}（kPa）
							黏聚力c（kPa）	内摩擦角φ（°）	
⑥₁层粉土	23.0	20.1	0.631	26.0	17.8	11.0	14.0	20.0	150
⑦层粉砂	—	19.2	—	—	—	16.0	0	28.0	180

场区浅层地下水属第四系松散层孔隙潜水，水量丰富，勘察期间实测稳定水位埋深 2.1～3.0m，高程 10.49～11.91m，近期年最高水位按埋深 1m 考虑（高程 12.6m）。

三、基坑周边环境情况

本项目基坑周边环境较复杂（图2），基坑北侧地面以上为城市主干路，双向车道，路宽约 20m，交通繁忙，地面以下距拟建建筑物地库外墙最近约 11.8m 处为正在运营的地下商场及附属设施，该地下商场基础埋深约 7.5m。另外，北侧主路两边还有众多管线，比较重要的是距离基坑北侧约 5m 处埋设有电信管线，埋深约为 1.2m；距离北侧约 12m 处还埋设有燃气管道，埋深为 1.5m。基坑西侧、南侧为一般市政道路，路宽约 12m，距基坑西侧约 13m 处埋设有电信光缆，埋深约 0.7m；距西侧、南侧 18m 左右还埋设有城市主供水管线。基坑西南角为 6 层的当地某医院门诊楼和 5 层的民用住宅，其中住宅建造年代较久，为砖混结构，墙体距拟建建筑物结构外墙最近约 14m，而附属化粪池等地下构筑物距离本项目地下结构外墙最近处约 6m。环境稍简单的为基坑东侧，外围为缓建的东区商业地块，当时已征完地但局部尚未拆迁，施工方要求在东侧布置临时材料堆场和上、下施工马道。另外，根据建设方工期安排约 8 个月之后将启动东区建设。

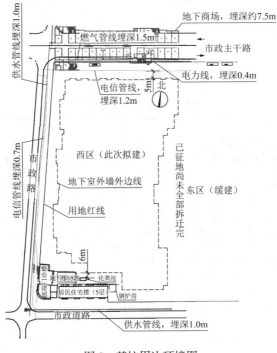

图2　基坑周边环境图

四、基坑支护设计方案及施工技术要求

本基坑开挖深度较大，最深部位 14.11m，面积也较大，总面积约 4.1 万 m²，北侧、西侧、南侧为城市市政道路，地下构筑物和管线较多，对变形控制要求比较严格。基坑东侧外围为东区缓建地块，按照工期安排在本基坑未回填前就要启动，因此先行建设的西区基坑东、西两侧支护结构将承受不对称荷载，不宜采用对撑的支护方式；基坑西南角邻近医院门诊楼和居民楼，且附近地下有易发生渗漏的附属消防水池和化粪池等构筑物，埋深较大，预应力锚索施工工艺在该部位不太适用。另外，该工程开挖外运的土方总量近 50 万 m³，而基坑支护结构和土方开挖外运施工建设单位仅安排了约 215d 工期（跨越春节），工期较紧，基坑支护结构应尽量有利于土方大规模开挖运输。

综合本基坑形状特点、地质条件、场地周边环境、施工工期以及工程造价等多种因素，经过多种支护形式的技术经济对比，基坑总体采用"桩锚 + 角撑 +（复合）土钉墙 + 放坡喷锚"的组合支护形式，控水措施总体采用止水帷幕和井点疏干降水相结合的方案。基坑支护平面图如图 3 所示，具体支护形式和剖面划分介绍如下：①基坑南侧东段（AB段）可施工锚索部位编为 1-1 剖面，采用上部土钉墙、下部排桩 + 三道预应力锚索的支护方式，其中桩顶放坡坡比 1：0.5，高度 1.5m；护坡桩 $\phi800@1000$，桩长 18.5m，冠梁截面 0.9m × 0.5m；②基坑西南角部位因临近医院门诊楼和居民楼，不具备放坡条件，且对变形要求严格，在分析基坑形状特点后此部位采用上部 1.5m 高格构梁式挡土墙、下部双排桩 + 三道混凝土角撑的支护形式［2-2 剖面（BC 段）］，其中双排桩前后排距 2.0m，每排桩 $\phi800@1000$，桩长 20m，上部连板截面尺寸为 2.0m × 0.5m；③基坑西侧大部分支护深度为 12m（CC′和 D′D 段），该部位编号为 3-3 剖面，采用上部 1.5m 高度内土钉墙、下部排桩 + 三道预应力锚索支护形式，其中护坡桩 $\phi600@1100$，桩长 18.5m。因西侧设备间部位开挖深度较深为 14.11m，此部位（C′D′段）单独编号为 3′-3′剖面，采取加强支护措施，预应力锚索增加为四道，护坡桩改为 $\phi800@1100$，桩长 23m；④基坑北侧（DE 段）的 4-4 剖面基本采用同西侧 3-3 剖面类似的支护方式，上部 1.5m 高度内设置土钉墙、下部排桩 + 三道预应力锚索，其中护坡桩为 $\phi600@1100$，桩长 18.5m，考虑到地下商场影响，锚索打设角度增大至 25°，并且适当加长锚索自由段；⑤基坑东侧（EA 段）环境相对简单，且具备放坡空间，结合施工方的要求，东侧中间部位采用分级放坡喷锚支护形式，中间二级平台上设置堆料平台，东侧南、北两端设置施工马道上下基坑，但因放坡空间相对有限，南、北两端采用（复合）土钉墙的支护形式。各典型支护剖面如图 4～图 9 所示。

本项目基坑控水方案设计如下：①考虑到东侧拟建商业地块在不久后启动建设，经过降水影响评估分析，基坑东侧边坡上口部位设置单排管井进行井点降水，井深 20m，井间距约 6m；②为增强支护刚度和止水效果，基坑西南角 2-2 剖面在双排桩中间设置双排三轴 $\phi850@1200$ 水泥土搅拌桩止水帷幕，排距 600mm，咬合 250mm；③基坑南侧、西侧、北侧等其余排桩支护部位，均在桩外 0.6m 处设置单排 $\phi850@1200$ 的搅拌桩止水帷幕；④因基坑开挖面积较大，为保证土方开挖顺利进行，在基坑内部设置 31 口疏干井，井深 20m，平均间距约 30m，提前进行疏干排水作业。

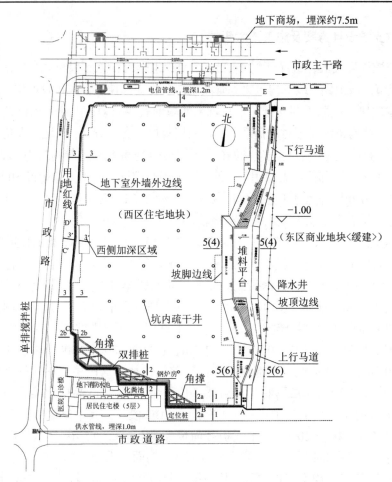

图 3 基坑支护平面图

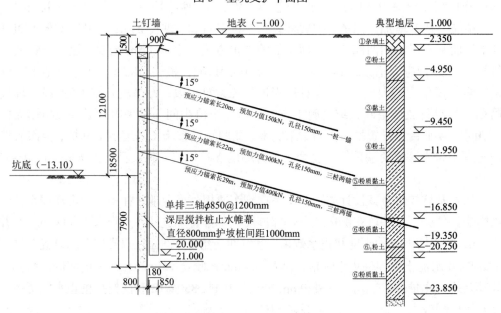

图 4 基坑南侧（1-1 剖面）支护剖面图

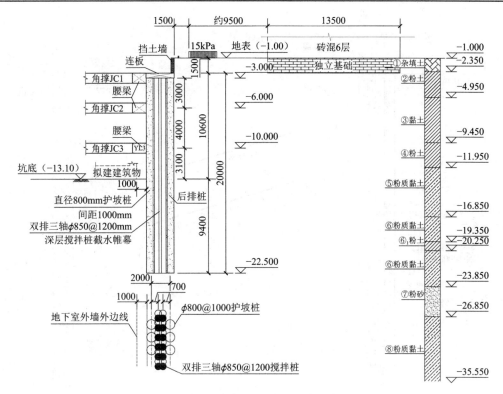

图 5　基坑西南角（2-2 剖面）支护剖面图

考虑到仅基坑西南角局部采用内支撑的支护形式，为增强角撑的整体刚度和稳定性，该部位支护形式采取了以下加强措施：

（1）在角撑部位可能出现较大拉应力的拐角部位增加连梁板，配筋和截面均加强，连梁板厚与双排桩顶部连板相同；

（2）角撑的东、西两端分别设置加强支护段（BB′和 C′C 段），该部位上下内支撑中间增设预应力锚索，以增强角撑两端的稳定性，具体支护参数详见图 6 和图 7。

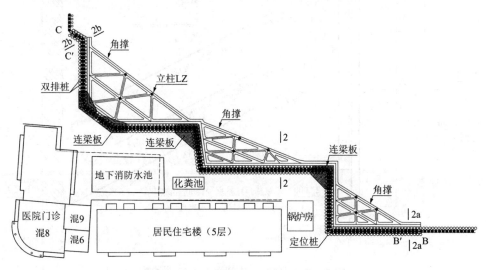

图 6　基坑西南角内支撑部位支护平面图

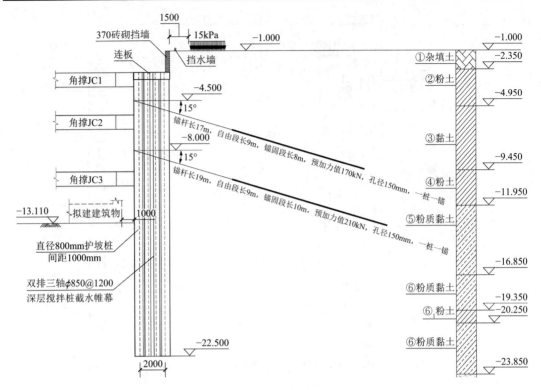

图 7 角撑部位东、西两端（2a 和 2b 剖面）加强支护剖面图

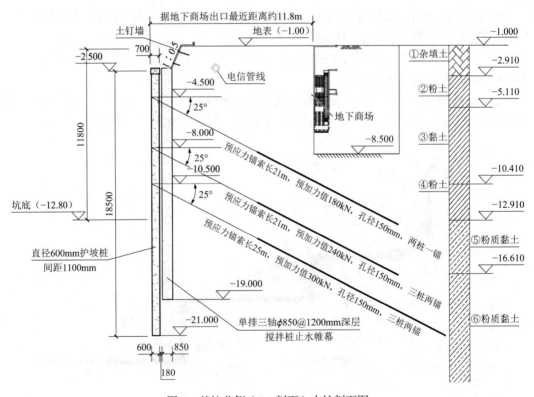

图 8 基坑北侧（4-4 剖面）支护剖面图

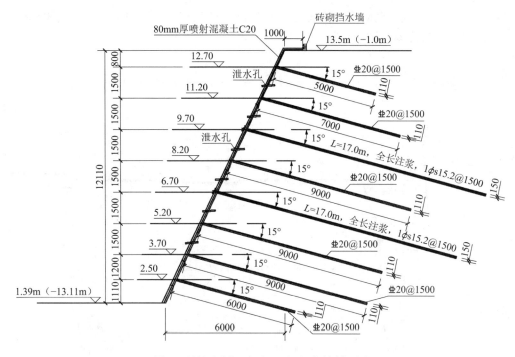

图 9　基坑东侧 5（6）-5（6）支护剖面图

一个完善的基坑支护方案不仅需要明确支护结构设计参数，还应提出针对性的控制措施用以指导现场施工，这样才能将支护效果发挥到最好。在本项目中考虑到周边环境条件和地层特点，针对施工工艺提出了如下几点要求：①护坡桩施工时为减少对软弱土层的扰动，要求采取间隔跳打；基坑开挖到底后在进行楼座桩基施工时也须沿用此规定，且打桩方向应尽可能垂直于邻近建筑物方向，以减少对邻近建筑物地基持力层的扰动。②先施工桩间支护而后施工预应力锚索，有利于锚索孔口封堵。③预应力锚索施工采用套管跟进施工工艺，并且实施二次高压劈裂注浆，锚索孔口安装导流管，待水泥浆强度达到 75% 以上后再次对孔口进行注浆封堵。④角撑在换撑拆除前须保证传力带全部完成且达到 80% 以上设计强度值，拆除应选用对围护结构扰动小的静态破碎工艺，并严格遵循"先拆连梁（次梁），再拆主梁，最后围檩梁"的顺序进行拆除。⑤支护结构施工期间和使用期内，应加强对围护体和周围环境的监测。

五、基坑监测

鉴于本工程的复杂性，施工过程中要求采用信息化施工方法，边施工边监测，及时反馈监测结果。施工方应准确掌握边坡施工过程中支护结构的实际状态及周边环境的变化情况，做到及时预报，防患于未然，确保边坡及周边环境的安全。

1. 监测方案

根据项目特点和相关规范要求，本工程监测内容主要包括：支护结构顶部水平位移、支护结构顶部竖向位移、基坑周边地面沉降、支护结构深部水平位移、锚杆拉力、支护结构内力、地下水位、安全巡视等。监测频率主要控制为：开挖深度小于总深度的 1/2 时 1 次/3d；开挖大于总深度的 1/2 时到开挖完成后稳定前 1 次/d；开挖完成稳定后至结构底板完成前 1

次/3d；结构底板完成后至回填土完成前 1 次/15d。如果遇特殊情况时，增加监测次数。主要监测点平面布置图参见图 10。

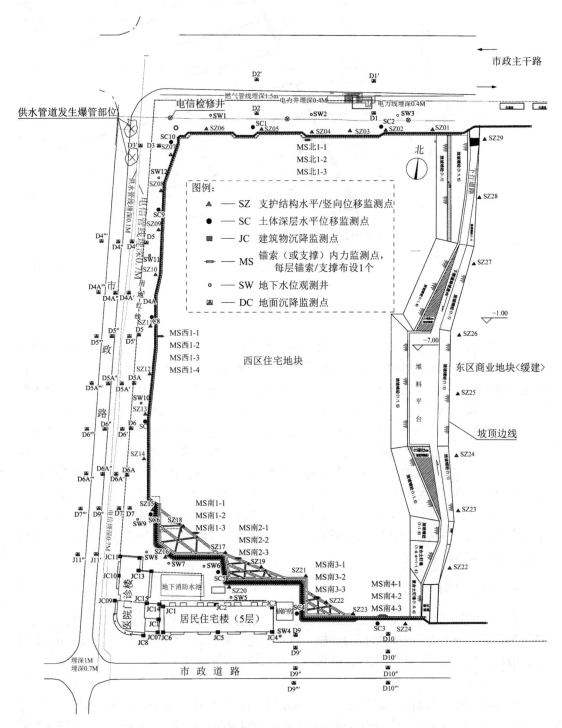

图 10 基坑监测点布置平面图

支护结构水平位移预警值为 0.2%H（H 为基坑开挖深度），变化速率 3mm/d；基坑周边道路沉降和地面沉降预警值为 30mm；支护结构深部水平位移预警值为 0.2%*H*；锚杆拉力及支撑结构内力控制值：承载能力设计值；周边建筑物沉降预警值为 20mm，倾斜不大于0.1%。

2. 监测结果及简要分析

本项目从 2015 年 11 月开始施工排桩和止水帷幕，2016 年 4 月初土方正式大规模开挖，至 2016 年 7 月中旬基坑西侧、北侧以及东侧等大部分开挖至基底设计标高。由于其他原因，南侧土方开挖外运施工过程中开挖略为缓慢。基坑支护结构顶部水平位移代表性监测结果如图 11 所示。

一般而言，基坑支护结构顶部水平位移最大值易发生在基坑周围长边的中点附近，而支护结构阴角部位因距离另一侧支护结构较近，类似于靠近刚度较大的支座，水平位移值一般相对较小。但根据本项目北侧桩顶水平位移的观测结果，与上述一般规律存在一定差异。从图 11 中可以看出前期随着基坑内土方开挖等施工活动的进行，支护结构顶部水平位移出现一定量的增加，在 2016 年 6 月 20 日左右开挖至基底附近时，各监测点（除 SZ6 外）的水平位移值在之后几天内趋于稳定；2016 年 6 月 27 日之后各监测点的水平位移再次出现快速增加，直到 2016 年 7 月 13 日左右各点的位移值才逐渐稳定。另外，仔细分析图 11 中观测数据还可看出，SZ6、SZ7、SZ8 等均位于支护结构西北角（阴角）附近，到 2016 年 7 月初时水平位移值却超过了基坑长边中点附近的 SZ3 和 SZ10 点的观测值，甚至部分点位的观测值也已超过设计和相关规范要求的控制值。其中尤其以 SZ6 点的观测数据增加最为显著，在 2016 年 6 月 20 日开挖完成之后几天仍在持续增加。

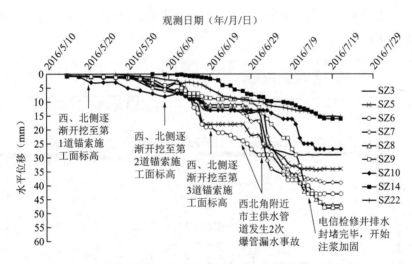

图 11　基坑支护结构代表性监测点水平位移（向坑内变形为正）

经过现场仔细巡视和排查，各点观测数据产生上述快速增长现象的原因主要有两个：①基坑西北角附近存在一电信检修窨井（砖砌内壁），经打开井盖后检查，内部当时存有大量黑色污水，由于该井没有采取防渗措施，在经历降雨后该电信井及管道内常存有大量积水，长期向周围土体渗漏，造成周围土体强度指标降低，力学性质变差；②2016 年 6 月

27日和2016年6月29日工地西北角外围市政路上的供水管道发生两次爆管漏水（图10），大量水体浸入西北角附近土层之中，使局部水位骤然升高，水位上升范围内的土层含水率急剧增大，造成其重度增加、强度指标降低。查明原因后，对基坑西北角及北侧部位采取了相应的紧急处理措施（见下文），之后基坑北侧变形基本稳定，截至2016年7月20日，北侧基坑开挖到底，支护结构顶部水平位移受到供水管道漏水事故影响，最大值发展到约50mm。除此之外，南侧、东侧和西侧等其余部位的变形监测指标在2016年7月20日时基本在设计和相关规范要求的范围内；南侧邻近建筑物的沉降变形在此时间范围内最大沉降值约17mm。

六、基坑支护施工阶段的一次应急抢险处置事件

在查明基坑西北角及北侧支护结构水平位移突然增大的主要原因后，因部分点位水平位移观测值已超过变形控制值，并且还有增大趋势，需采取紧急加固处置措施。经过安全评估和技术经济分析后采取的紧急加固处置措施主要如下：①北侧所有电信检修井和管线进行排查，内部存有污水时，及时排净，同时与该管线主管单位协商进行迁移或采取彻底的防渗措施；②基坑西北角及北侧变形值较大范围内打设内、中、外三排注浆管，注浆加固桩后土体。注浆管采用直径$\phi20$普通焊管，分为两种规格，长管为12m，短管8m；长管开孔段范围为底部6m，短管开孔段范围为底部4m，管末端做封口处理。注浆管布置间距：采用梅花形布置，每排的排距为1.4m，每一排内注浆管之间的间距为2.2m，如图12、图13所示。注浆时采用"先内后外"的注浆顺序，即先进行靠近基坑内侧一排注浆孔的注浆，待水泥浆凝固后（12h后）再进行中间及外侧注浆孔的注浆。注浆以注浆量控制为主，短管压入约1000kg水泥，长管压入约1500kg水泥；同时以注浆压力控制为辅，控制压力0.5～1.0MPa。

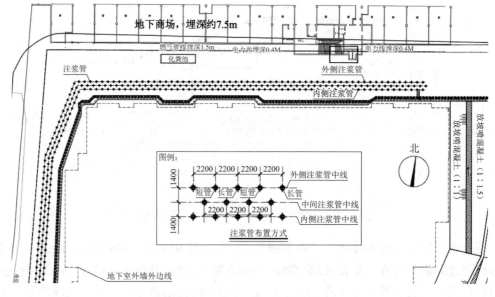

图12　基坑北侧注浆管平面布置图

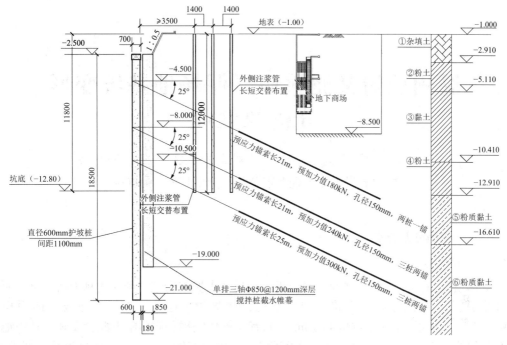

图 13　基坑西北角及北侧注浆加固剖面图

该应急加固方案实施完成后，从图 11 中监测数据变化可以看出，基坑顶部水平位移变形值逐步收敛趋于稳定；北侧基坑支护结构变形值在以后使用期间即使经历若干次降雨也没有发生较大变化。由上述处理效果可见，此次应对意外管线渗漏事故所采取的应急处置措施是及时有效的。

七、结论和建议

随着城市地下空间开发的快速发展，深基坑工程面临的各种复杂问题越来越多，本书结合某一深基坑工程的设计实例以及施工阶段的一次抢险加固处治案例，介绍了多种支护形式在深基坑支护工程中的联合应用情况，得出如下几点结论及建议：

（1）大城市内建筑物、市政设施分布密集，在此条件下进行基坑设计和施工越来越复杂，单一的支护形式已不能满足复杂基坑的设计要求，更多的需要结合环境条件、地质类型、工期和造价等因素选用多种支护形式组合的设计方案。

（2）城市内基坑一般处于城市交通繁忙地段，基坑周边有市政道路、重要管线或地下构筑物，对基坑开挖引起的变形控制均要求较高，因此基坑工程必须重视信息化施工，监测数据异常或预警后应及时查明原因，并尽快妥善处治。

（3）加固施工是在原支护结构的基础上进行的，其施工难度和危险性远大于初始施工，必须严格遵循加固设计技术要求和相关规范规定，同时应做到信息化施工，加强基坑监测的反馈指导作用。

（4）城市复杂环境条件下进行基坑设计前，应认真进行周边环境及工程地质调查，设计及施工时须切实采取合理措施并留有必要的设计安全余度。本工程前期调查中对电信管线年久失修转化为渗漏污水危险源的情况未及时发现，虽成功处治未发生较大危险，但此种情况对于今后类似复杂城市环境条件下的基坑工程应引起重视。

温州乐清某泥浆质淤泥场地基坑变形分析及处理

匡雁晨　罗桂军　张红卫　刘志平　王　强　邓育飞

（中建五局土木工程有限公司，湖南长沙　410000）

一、工程简介及特点

1. 工程简介

拟建项目 10-07-08 地块建设工程位于温州乐清市城东街道，场地北侧为清东路，西侧为疏港公路，东侧为规划道路，现为空地，南侧为东运路；本工程建设用地面积约 16930.32m²，总建筑面积约 60647.90m²，共有 4 栋住宅楼和裙房附设配套设施。其中地上建筑面积约 45700m²，地下 1 层，地下室建筑面积约 14200m²。地下室基坑形状近似矩形，基坑平面尺寸约为：141.5m × 101.8m，基坑支护围护周长约 480m，开挖面积约 14400m²，土方量约为 75000m³。本书重点介绍 08 地块北侧东北角和西北角基坑支护变形超监测预警值情况进行分析及处理方法。

2. 工程特点

（1）本段地质条件差，场地为沿海原滩涂泥面，且存在多个泥浆池，基坑开挖范围内为填土到淤泥层，相比正常淤泥质土，含泥浆质土层力学性能、自稳性更差，为淤泥土中特殊的超高敏感性土。

（2）项目北侧为清东路及 08、10 地块进场主要通道，清东路宕渣已填筑完成，且比之前设计基坑顶标高 1~2m。另外，周边存在多个在建项目同时实施，与本工程存在交叉作业。

（3）根据业主要求，将 08 块北侧作为首开区，因各方均未意识到泥浆质土的特殊性，而按正常淤泥质土考虑，导致本项目基坑支护结构未全部封闭，而提前进行北侧部分先行开挖。

综上各种原因对本工程安全、质量、进度均存在一定的施工风险。

3. 险情过程

首开区东北角于 2023 年 4 月 14 日浇筑支撑梁，西北角于 2023 年 4 月 16 日浇筑支撑梁，待支撑梁达到设计强度后，分区域进行土方开挖。西北角：角撑区域分层开挖过程中，2023 年 4 月 26 日上午，因泥浆质土自稳定性极其差，当基坑分层分段开挖 3m 时，土层开挖状况出乎意料，基坑未坑内加固处开挖土出现类似泥浆液体涌出来状态，导致监测深层水平位移监测点 SC11 单日变化速率为 20cm，支护桩身水平位移监测点 ZS6 单日变化速率为 13.2cm，支撑梁存在不同程度的裂缝，项目停止开挖，加强基坑监测频率，并上报监理及建设单位。东北角：角撑区域进行分层开挖至垫层底时，坑底隆起 20cm 左右，人工二次清底，发生 PC 管桩脱扣，冠梁拉裂，项目第一时间撤离施工人员到安全区域，并上报监理及建设单位。首开区具体情况如图 1~图 3 所示。

现场出现位移剧增的初步原因：

（1）西侧在建管廊项目距离本项目支护过近，管廊管桩施工时，对项目支护存在严重的挤土效应，且管桩施工时产生的震动波对支护影响更大；

（2）项目周边场地标高及荷载情况与原设计工况不同，周边场地标高及荷载均较之前设计时工况更大（北侧道路重车行走）。

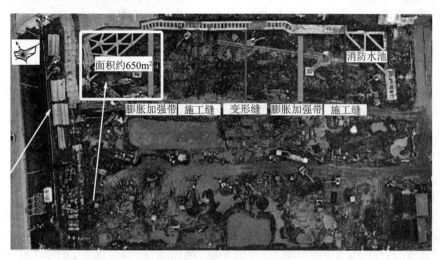

图 1　首开区分层分段开挖情况

图 2　首开区支护体系受损情况

图 3　首开区抢险情况

二、工程地质条件

1. 场地工程地质及水文地质条件

1）工程地质概况

根据钻探取芯、室内试验及原位测试成果，拟建场地在勘探深度范围内的地层主要由人工填土、淤积软土、一般黏性土及冲积碎石土等5个工程地质层及9个亚层组成，根据本次勘察成果资料，将场区地基土自上而下分层简述如下：

第①层杂填土（ml）：杂色：组成成分杂乱，不均匀；主要由软塑状的黏性土、淤泥等建筑废土为主，混有砖块、水泥块及碎块石，局部见废弃桩头及中细砂；其中碎块石含量一般在5%～30%，粒径2～40cm，个别达到50～70cm，废弃桩头最长超过1m；标准贯入试验实测N值为(7.0～18.0)击/30cm，平均值为13.0击/30cm；重型动力触探试验实测值为1.0～58.0击/10cm，平均值为5.9击/10cm；浅部受日晒等影响，呈龟裂状，稍密，以中压缩性为主，下部填土大部分欠固结，以高压缩性为主，与②层（原滩涂泥面）界线不明显；层厚1.60～12.70m，层底高程−5.10～2.74m；各孔均有分布。

第②层淤泥质黏土（m Q_4^2）：灰色、灰黄色；含少量腐殖质，局部夹薄层粉细砂；单桥静力触探曲线呈平缓低值波状起伏，局部锯齿状起伏，实测P_s值为0.04～0.98MPa，平均值为0.27MPa；具高触变性，极易缩径，呈流塑状，高压缩性，高灵敏度，层厚1.80～10.80m，层底埋深8.40～16.70m，层底高程−9.40～−1.40m；各孔均有分布。

第②$_2$层淤泥（m Q_4^2）：青灰色；含少量腐殖质及粉砂；单桥静力触探曲线呈平缓低值波状起伏，局部锯齿状起伏，实测P_s值为0.19～1.90MPa，平均值为0.52MPa；流塑，高压缩性，高灵敏度；层厚11.40～26.80m，层底埋深25.20～36.60m，层底高程−30.05～−16.70m；各孔均有分布，静探孔均未揭穿。以下土层仅机械钻探孔揭露。

第③层淤泥质黏土（m Q_4^1）：灰色；含少量腐殖质、粉砂和贝壳碎屑，具鳞片状结构；流塑，高压缩性；层厚14.90～24.80m，层底埋深47.30～58.10m，层底高程−51.90～−41.20m；各孔均有分布。

以下土层仅机械钻探孔揭露。

第③层淤泥质黏土（m Q_4^1）：灰色；含少量腐殖质、粉砂和贝壳碎屑，具鳞片状结构；流塑，高压缩性；层厚14.90～24.80m，层底埋深47.30～58.10m，层底高程−51.90～−41.20m；各孔均有分布。

第③$_2$层黏土（m Q_4^1）：灰色；含少量腐殖质，局部含薄层粉砂，切面光滑，有光泽，干强度高，韧性高；标准贯入试验实测N值为(5.0～11.0)击/30cm，平均值为7.6击/30cm；可～软塑，高压缩性；层厚4.10～17.10m，层底埋深59.60～67.60m，层底高程−60.10～−54.31m；各孔均有分布。

第④$_{3-1}$层圆砾（al Q_3^{2-2}）：浅灰色、灰色；粗颗粒粒组组成差异大，土层不均匀，呈散粒结构，局部为卵石；大于2mm的粗颗粒含量占50%～75%，大小一般为0.5～4cm，少量6～10cm。粗颗粒磨圆度较好，多呈圆形、亚圆形；岩性杂乱，属硬质火山岩，风化程度多呈中风化状；充填物为粉质黏土、中细砂，黏粒含量占10%～40%；重型圆锥动力触探实测$N_{63.5}$值为(11.0～78.0)击/10cm，平均击数29.8击/10cm；稍密～中密，低压缩性；层厚0.40～7.30m，层底埋深62.00～74.10m，层底标高−66.40～−56.54m；全场分布。

第④$_{3-2}$层粉质黏土（al-m Q_3^{2-2}）：灰色；含少量腐殖质及粉细砂，局部为黏土；切面稍光滑，稍有光泽，干强度中等，韧性中等；标准贯入试验实测N值为7.0～15.0击/30cm，平均值为 10.4 击/30cm；可～软塑，中～高压缩性；层厚 0.20～5.00m，层底埋深 64.00～−75.10m，层底标高−68.40～−58.84m；大部分孔有分布。

第④₃₋₃层圆砾（al Q₃²⁻²）：浅灰色、灰色；粗颗粒粒组组成差异大，土层不均匀，呈散粒结构，局部为卵石：大于 2mm 的粗颗粒含量占 55%～75%，大小一般为 0.5～4cm，少量 6～12cm。粗颗粒磨圆度较好，多呈圆形、亚圆形：岩性杂乱，属硬质火山岩，风化程度多呈中风化状；充填物为粉质黏土、中细砂，黏粒含量占 5%～35%；重型圆锥动力触探实测 $N_{63.5}$ 值为(13.0～82.0)击/10cm，平均击数 33.5 击/10cm；稍密～中密，低压缩性；层厚 1.60～7.10m，层底埋深 68.60～77.80m，层底标高−71.10～−64.32m；全场分布。

第⑤₂层黏土（m Q₃²⁻¹）：灰色；含少量腐殖质，局部含薄层粉砂，切面光滑，有光泽，干强度高，韧性高；标准贯入试验实测 N 值为(10.0～17.0)击/30cm，平均值为 13.0 击/30cm；软～可塑，高～中压缩性；层厚 7.00～19.20m，层底埋深 80.30～91.80m，层底高程 −84.49～−73.50m；各孔均有分布，少部分孔有揭穿。

第⑤₃层卵石（al Q₃²⁻¹）：浅灰色、灰色；粗颗粒粒组组成差异大，土层不均匀，呈散粒结构，局部为圆砾；大于 20mm 的粗颗粒含量占 50%～70%，大小一般为 2～6cm，少量 8～15cm。粗颗粒磨圆度较好，多呈圆形、亚圆形；岩性杂乱，属硬质火山岩，风化程度多呈中风化状；充填物为粉质黏土、中细砂，黏粒含量约占 10%～30%；中密，低压缩性；仅少部分孔有揭露且未揭穿，揭露厚度 1.70～4.80m，控制深度 90.00～93.60m，控制标高−87.35～−84.46m。

2）水文地质概况

根据地下水的赋存形式、埋藏条件和分布情况将其分为三类：

（1）上层滞水：赋存于人工填土中，埋藏深度不一，无统一水位，主要由大气降水补给，排泄以蒸发为主。

（2）孔隙潜水：为表层地下水，其透水性与土层的颗粒组成有关，赋存于人工填土、淤积软土中，其中人工填土成分复杂，具弱透水性，淤积软土具极微透水性，属弱含水层：勘察期间测得钻孔中的地下水埋深为 1.14～5.50m，场区上部人工填土层排水不畅，部分孔的水位存在上层滞水的影响，结合邻近场区的观测资料并剔除异常数据后潜水位高程一般为 1.93～3.44m，初见水位一般比稳定水位略低。地下水径流条件较复杂，地下水主要由大气降水及邻近地表水体补给，排泄方式以渗流为主；根据地区经验，本区潜水位年变化幅度较小，一般在 1～2m。

（3）孔隙承压水：赋存于深部河流相冲积的④₃、⑤₃层碎石土中，具强透水性和富含水性，上下隔水层均为黏性土，根据区域水文资料显示，承压水位在现地面以下 10～20m。孔隙承压水的补给、排泄方式主要通过侧向渗透。

3）基坑支护设计参数取值（表 1）

基坑支护土体物理力学性质参数　　　　　　　　　　　　　　　　表 1

层号	岩土名称	天然重度γ（kN/m³）	黏聚力c（kPa）	内摩擦角φ（°）	含水率w（%）	孔隙比e	压缩模量（MPa）	水平渗透系数k_h	竖向渗透系数k_v
								（×10⁻⁶cm/s）	
①₁	杂填土	17.0	5.0	5.5	—	1.285	2.48	0.45	0.31
①₃	黏土	16.9	6.0	6.5	47.6	1.328	2.36	0.86	0.71
②₁	淤泥	15.9	7.5	7.0	60.0	1.744	1.75	0.43	0.33

注：1. c、$φ$ 值为固结快剪指标；
　　2.（ ）内为设计取用指标。

2. 典型工程地质剖面（图4）

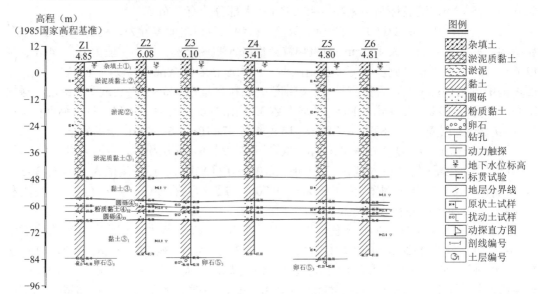

图4　场区典型地质剖面

三、基坑周边环境情况

1. 项目总体周边情况（图5）

项目北侧为清东路、08和10地块进场主要通道，清东路宕渣已填筑完成；西侧为疏港公路及在建管廊项目，管廊项目与本项目支护存在交叉施工情况；南侧为公园规划路，作为05、06地块进场主道路；东侧为云门路，宕渣已填筑完成。南北地块之间为东运路，正处于宕渣填筑施工；东西地块之间为规划路，作为场内施工主道路。

图5　场地周边情况

2. 08地块基坑周边情况

基坑北侧为清东路，距离08地块北侧支护约18.8m，道路现状高程4.2～4.6m，比原设计高出1～2m，由于本项目周边无进场道路，因此利用清东路南侧绿化用地处修建一条7m宽施工通道，以保证工程设备及材料进入施工现场，存在土方车、泵车等重型荷载运输车辆。受清东路路基高程影响，为防止清东路塌方，施工通道修筑完成面高程为4.2～4.7m，

346

通道距离 08 地块北侧支护最近约为 5.3m，对基坑支护有一定影响。

　　基坑西侧为已建的疏港公路，路面标高为 4.25～4.52m，路外侧最近距基坑边 25.2m，另外，周边还有在建管廊项目，距离基坑最近 5m，当时已完成基坑及基础施工，管廊基坑标高与本基坑底标高基本一致，管廊基础为管桩基础，由于管廊项目施工红线部分区域与本项目施工红线基本重合，且管廊项目与本项目支护存在交叉施工作业，其管桩施工对本项目支护造成严重的挤土效应。

　　基坑南侧为正在建设的东运路，路面标高为 4.25～4.95m，路外侧最近距基坑边 5.70m；基坑东侧为规划云门路，现为空地，宕渣已填筑完成。首开区周边情况如图 6、图 7 所示。

图 6　首开区周边情况（基坑北侧清东路侧）

图 7　首开区周边情况（基坑西侧疏港公路侧）

四、基坑支护平面图

1. 基坑设计方案

本工程综合场地地理位置、地质水文条件、基坑开挖深度和周围环境条件等，在满足安全稳定条件下，从节省投资，加快工期，提高施工便利性等方面考虑，本基坑围护结构体系整体采用 0.65m@0.85 钻孔灌注桩和 SMW 工法桩＋一道 0.7m×0.7m 混凝土角撑@6～7m 支护；为最大限度保证基坑出土，加快北侧首开区顺利实施，该侧中部采用双排灌注桩支护，其中前排桩灌注桩采用 0.7m@0.9m，后排桩采用 0.7m@1.8m，中间设置连梁；基坑被动区采用双轴水泥搅拌桩分段加固以控制土体位移；坑中坑部位采用三轴水泥搅拌桩重力式挡墙。基坑支护平面图如图8所示。

2. 基坑降排水与止水方案

（1）因上部填土层主要以建筑废土为主，混有砖块、水泥块及碎块石，局部见废弃桩头，因此钻孔灌注桩外侧采用高压旋喷桩进行止水，并坑内在离坡脚 4.0m 以上较深处设置降水深井。

（2）本基坑排水采用坑内外截流、导流措施。坑外设置 300mm×300mm 截水沟，坑边做 200mm 高挡水台挡水；坑内设排水明沟及集水井，每 30m 设一处 1m×1m×1m 的集水井。坑内集水用水泵排至地面市政雨、污水系统。坑外地表采用明沟坑底周边排水沟因地面变形而开裂时应及时修补，以免地表水渗漏到基壁土层中对基坑稳定产生不利影响。

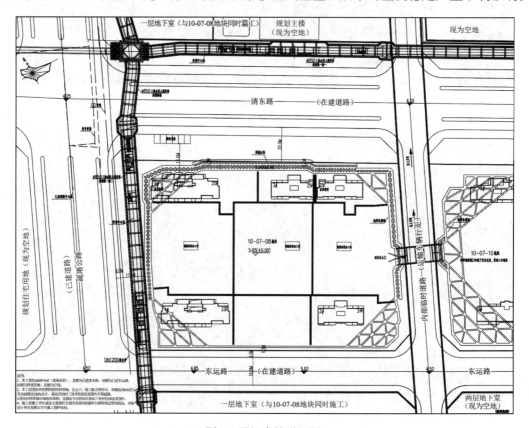

图 8　基坑支护平面图

五、基坑支护典型剖面图

基坑支护剖面图如图9所示。

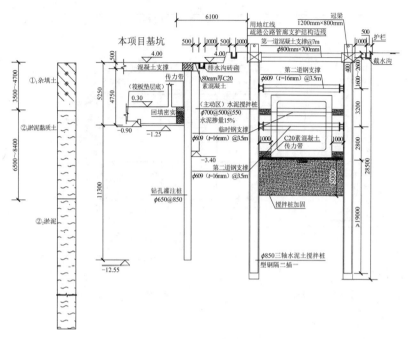

(a) 基坑西侧

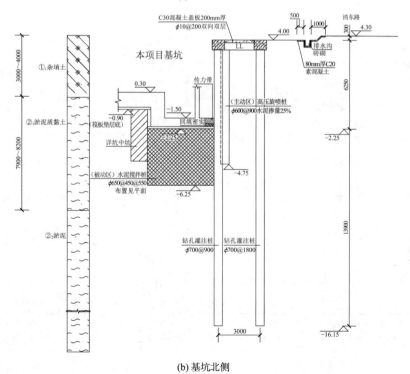

(b) 基坑北侧

图9 基坑支护剖面图

六、简要实测资料

图 10 为基坑监测平面图。

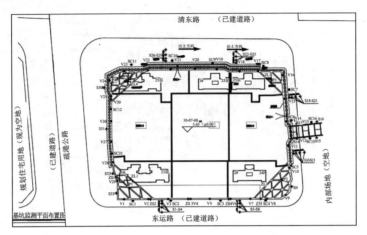

图 10 基坑监测平面图

1. 监测内容

基坑坡顶沉降及水平位移、支护桩顶水平位移监测、深层水平位移监测、支护桩内力监测、支撑应力监测、立柱监测、地下水监测等。

2. 监测结果（图 11~图 16）及分析

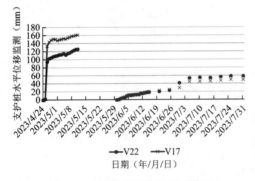

图 11 支护桩水平位移监测值图

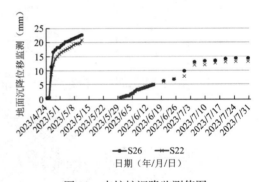

图 12 支护桩沉降监测值图

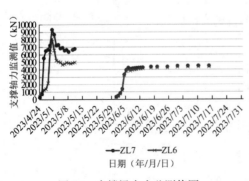

图 13 支撑梁内力监测值图

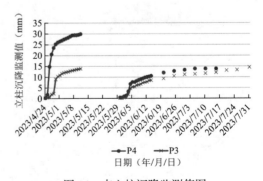

图 14 支立柱沉降监测值图

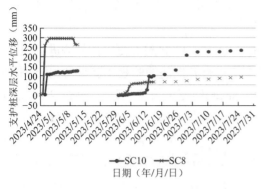
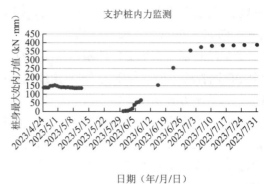

图 15　支护桩深层水平监测值图　　　图 16　支护桩内力监测值图（东侧受损）

基坑自 2023 年 4 月 26 日进行首开开挖，原北侧因新增临时道路堆载 1～2m，同时，西侧在建管廊项目距离本项目支护距离过近，管廊基础管桩施工时，对本项目支护存在严重的挤土效应，且管桩施工时产生的振动波对支护影响更大，支护桩水平位移突然增大到 120mm，远大于设计要求的 40mm；支撑梁内力激增到 7000kN，远大于设计要求的 5000kN；支护桩沉降 35mm，大于设计要求的 30mm；支护桩深层水平位移增大至 300mm，远大于设计要求的 60mm；为此，项目部停止开挖，加强基坑监测频率，进行反压处理及应急处理。2023 年 4 月 27 日开始西北角周边卸土和打拉森钢板桩，2023 年 4 月 28 日进行坡脚土方回填。图 17 为支护桩内力监测现场图。

图 17　支护桩内力监测现场图

2023 年 5 月 4 日业主组织召开的基坑支护变形及后续措施研讨会，与会专家提出："结合现场实际工况对整个项目支护体系设计复核并调整"。东侧规划路按原设计标高 4.0m，由总包在基坑北侧及东侧土方开挖前进行卸土，但规划路需考虑施工车辆通行，东北角＋北侧＋西北角外排增设 PC 钢管桩。

会后项目部对基坑支护体系全封闭处理，2023 年 5 月 12 日对北侧支护外侧进行加固，增补 PC 钢管桩，2023 年 5 月 16 日组织安监站再次进行开挖前的验收，于 2023 年 5 月 29 日进行基坑土方开挖，考虑到监测孔受损，对基坑监测归零重新测，6 月份后各项指标开始趋于稳定均在规范及设计控制范围内，2023 年 6 月 26 日开始底板快速浇筑及外墙施工，2023 年 7 月 23 日后进行基坑拆撑及回填工作，直到 7 月底地下室顶板施工完毕，整体加固后，基坑变形得到了有效控制，保证了周边车辆正常通行及管廊的正常施工，达到了预期的效果。

七、点评

1. 基坑支护变形原因分析

（1）项目周边场地标高及荷载情况与原设计工况不同，周边场地标高及荷载均较之前设计时工况更大。

（2）西侧在建管廊项目距离本项目支护过近，管廊管桩施工时，对项目支护存在严重的挤土效应，且管桩施工时产生的振动波对支护影响更大。另外，北侧在临时车道动力荷载作用下对泥浆质软土敏感变形更大。

（3）项目 08 地块支护体系未封闭，支护结构整体刚度不足。

（4）现场土质极差，项目场地之前为乐清市泥浆消纳场，场地内不均匀分布大小不等泥浆弃置点；泥浆与杂填土、淤泥质黏土的重度、黏聚力及内摩擦角等参数取值不同，影响基坑设计单位设计取值，导致支护结构设计薄弱。

2. 基坑开裂处理

1）施工应急措施

项目部采取沙袋反压、坑内回填、坑外局部卸土、打拉森钢板桩临时加固等应急措施；同时，告知设计、监理、业主单位相关险情；监理单位下发停工令，上报安监站；安监站及参建各方高度重视，考虑项目周边环境复杂，各项目交叉施工繁多，需组织专家及设计单位对基坑设计、后续施工方案及应急措施进行复核，确保后续基坑开挖过程的安全。

2）设计加固方案

首先，勘察单位应有针对性地对现场地质条件进行补勘，尤其是西侧管廊区域支护的主被动区及泥浆弃置点，补勘后土质数据及时发至支护设计院，进行后续整个项目支护体系设计复核。针对 08 地块北侧已受损的支护体系区域，支护设计单位应根据现场工况复核并提供加固方案，同时，其余未施工的支护结构，由支护设计单位根据现场实际工况，重新进行复核并调整。

为加快工期，考虑在原支撑后面增设一排钢管桩，并增设连梁，增强支护结构的整体刚度及稳定性，防止后期基坑继续开裂，并对原有地面进行补强。通过基坑监测，基坑变形得到有效的控制，到达平稳状态和预期的效果。图 18 为基坑支护加固剖面图。

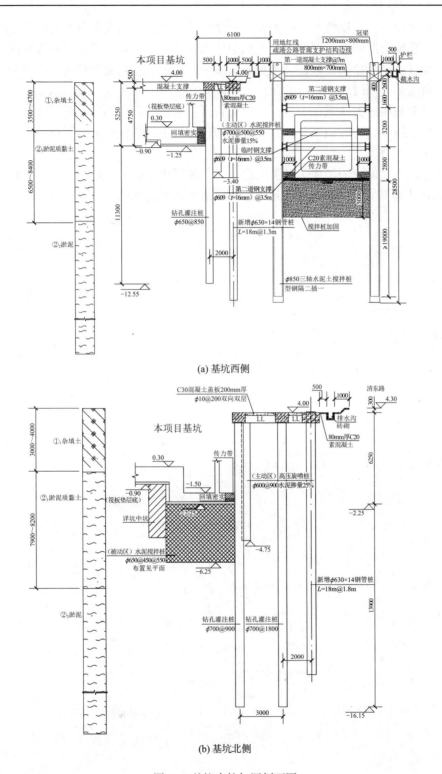

(a) 基坑西侧

(b) 基坑北侧

图 18 基坑支护加固剖面图

（1）针对特殊泥浆质土场地，勘察过程应加密、加深，试验参数要相对精准，土层定义要相对清晰，避免后期设计和施工对土层认识不充分。

（2）泥浆质土的自稳性相对一般淤泥土要降低一半，尤其在周边动力荷载作用下变形非常敏感，强度急剧降低，因此应采取加强措施，针对本工程，需相对常规淤泥地层支护结构下采取 1.5 倍的富余系数提高支护体系安全，如增设竖向支护结构、坑内全段加固，控制好基坑变形，同时加强基坑监测。

（3）针对超敏感泥浆质土，设计单位应特别注意，结合现场实际施工部署、周边新增荷载进行细化设计，同时施工单位及时反馈周边环境条件变化因素督促设计单位进行复核调整。

（4）基坑施工时应协调周边各类工序，如在建管廊、建筑、道路项目等，合理规划后续存在的交叉施工情况，避免此类超敏感泥浆质土强度急剧降低。

汕头苏宁电器广场基坑及勘探孔突涌处理

陈永才 [1,2]　刘　芸 [3]　薛增丽 [4]

（1. 华东建筑设计研究院有限公司，　上海地下空间与工程设计研究院，上海 200002；2. 上海基坑工程环境安全控制工程技术研究中心，上海　200002；3. 上海申元岩土工程有限公司，上海　200002；4. 上海沪东装饰工程有限公司，上海　201100）

一、工程简介及特点

1. 基坑概况

汕头苏宁电器广场位于汕头市金平区长平路与金环路东南角,本工程裙房部分为商业,塔楼部分为酒店式公寓或办公。本工程基坑面积约为 14100m², 周长约为 464m, 基坑普遍区域开挖深度约 15.0m, 塔楼区域开挖深度 16.6～19.6m。本工程整体设置三层地下室, 是汕头地区首个地下三层的商业综合体项目。

2. 环境概况

本工程处于汕头市区黄金地段,周边为已建成或在建高层建筑物及道路主干道,存在较多地下管线及电缆。基坑四周的道路、市政管线和邻近的建（构）筑物是本基坑工程的保护对象,在基坑工程的设计与施工中需采取针对性的保护措施。周边环境总平面图详见图1。

3. 项目特点及难点

（1）本工程基坑面积约为 1.41 万 m², 基坑普遍区域开挖深度为 15.0m, 基础承台区域开挖深度为 15.4m, 塔楼区域开挖深度为 16.6m, 属大面积深基坑工程。在高地下水位的软土地基中开挖如此超深超大的基坑工程存在着一定的风险性。

（2）基坑周边邻近众多道路下市政管线,对沉降较为敏感,基坑支护设计和施工中须做好对道路和市政管线的保护工作,将沉降控制在允许范围之内。

（3）场地浅层分布有巨厚的淤泥层和淤泥夹贝壳层,中部砂层的透水性较强,砂层厚度较大,渗透性较好,易造成局部流土、流沙甚至管涌等现象。基坑开挖接近或已经揭穿承压含水层,因此围护结构止水和承压水的处理是本工程设计的关键。

二、工程地质条件

1. 工程地质概况

场区各层工程地质特征分述如下:场地内的工程地质条件及基坑设计参数如表1所示。典型土层剖面如图2所示。

（1）杂填土层:分布全区,层厚 2.10～3.50m。主要由填砂土混杂碎石、砖块、混凝土块及其他建筑垃圾、生活垃圾组成,成分杂乱,结构松散。场地南侧局部地段层底部断续分布细砂,浅黄色,呈松散状,砂质较纯。

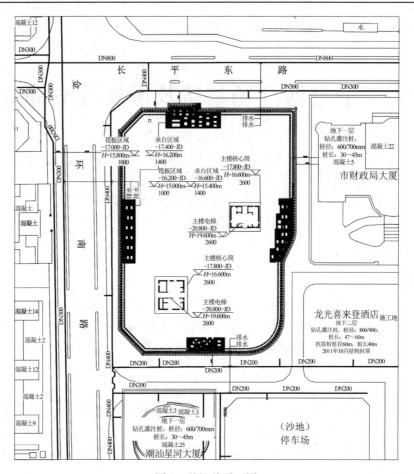

图 1　基坑总平面图

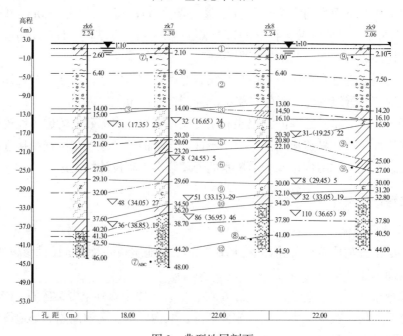

图 2　典型地层剖面

基坑设计参数表　　　　　　　　　　　　　　表 1

层序	土层名称	重度 （kN/m³）	直快抗剪强度		竖向（横向）渗透 系数（cm/s）	含水率 （%）	天然孔 隙比	压缩 模量 （MPa）
			黏聚力 （kPa）	内摩擦角 （°）				
①	填砂	17～18	—	25～26	—	—	—	—
②	淤泥	16.7	6.78	3.45	8.69×10^{-6}	57.91	1.57	1.86
	粉砂	18.0	2～3	20～22	3.20×10^{-4}	—	—	—
	淤泥混贝壳	15.5	9.0	5.0	4.25×10^{-5}	46.93	1.49	
③	黏性土	18.4	36.83	6.2	2.0×10^{-6}	28.35	0.8	6.09
	粉土	19.0	6～8	23～24	4.0×10^{-4}	—	—	—
④	粗砂	19.5	1～2	32～35	3.0×10^{-2}	—	—	—
⑤	黏土	18.7	49.28	3.43	3.0×10^{-8}	35.43	0.98	6.64
	灰色黏土	18.3	34.41	4.30	2.0×10^{-7}	39.76	1.08	4.74
⑥	杂色黏土	19.3	40.35	7.60	1.0×10^{-8}	30.29	0.85	5.27
⑦	砂土	19.8	1～2	32～35	$(2.0～4.0) \times 10^{-2}$	—	—	—
⑧	黏性土	18.8	50	9.5	3.0×10^{-8}	—	—	—
	灰色黏土	18.0	39	5.1	4.0×10^{-7}	30.90	0.87	6.82

（2）淤泥层：分布全区，层厚 9.20～17.80m。浅黄～棕～青灰色，流塑，饱和。上部淤泥含少许棕色有机质，夹粉砂混泥薄层，呈松散～松软状。钻探过程该淤泥混贝壳层漏水较严重，局部出现坍塌现象；层底局部变为淤泥质土，呈暗灰色，以流塑态为主，含少量暗色腐殖物。标贯击数 $N = 4$。

（3）黏性土、粉土层：层厚 0.50～7.30m。浅黄～青绿～灰色，可塑。以粉质黏土为主，含砂 5%～25%，部分地段含砂少而变为黏土，或夹灰色黏土透镜夹层，呈软塑态，含少许暗棕色腐殖物及有机质；局部地段含砂量偏高而过渡为砂质粉土，很湿，中密状，含砂40%～50%。标贯击数 $N = 7$。

（4）粗砂层：除 BK2、3、5 孔缺失外，其余各孔层厚 0.80～7.90m。橘黄～浅黄色，饱和，呈中密～密实状。以中密状为主，少数地段层顶呈稍密状。该层以分布粗砂为主，石英砂粒呈次圆状，大体砂质较纯，局部含黏粒 10%～20%。部分地段过渡为中砂或细砂；局部变为砂质粉土。标贯击数 $N = 19.5$。

（5）灰色黏土层：分布全区，层厚 1.80～14.70m。灰色，饱和，软塑～可塑态。上部大体质纯，下部多呈暗灰色，含砂 5%～20% 及含少许暗棕色腐殖物。层顶普遍分布厚度0.20～0.50m 的橘黄色可塑黏土，部分地段顶层则分布厚度较大的橘黄～青色的可塑黏土，质纯，滑腻。标贯击数 $N = 5$。

（6）杂色黏土层：该层除 ZK10、11、14、15 孔及 BK3、7、9、13 孔缺失外，其余各孔厚度 0.80～10.70m。以黄棕色～青黄色为主，湿，可塑。该层黏土大体质纯，滑腻，局部含砂而过渡为粉质黏土，局部夹粉、细砂透镜夹层，ZK19、23、24、28、29、33、37、40 孔及于 8-8′剖面地段层顶或上部分布灰色细砂或中、粗砂，呈中密～密实状，砂质均较纯。标贯击数 $N = 17$。

（7）砂土层：该层于场地北侧地段缺失，仅于南侧地段分布，厚度2.90～8.90m。橘黄色～浅灰色，饱和，密实状。以分布中、粗砂为主，石英砂粒呈次圆状，砂质纯。部分地段过渡为粉、细砂，砂粒较均匀，砂质均较纯；局部夹呈可塑态黏性土透镜薄层。标贯击数$N = 21$。

（8）黏土层：该层仅于场地南侧分布，且由北向南逐渐变厚，厚度0.30～5.70m。呈浅绿～绿青色，湿，可塑。以黏土为主，夹呈软～可塑态的暗灰色黏土，含暗色腐殖物及有机质3%～5%。局部含砂而过渡为粉质黏土及粉土，偶夹砂土透镜夹层。

2. 水文地质

场地范围内涉及基坑工程的地下水有孔隙潜水和层间孔隙承压水两种类型：孔隙潜水赋存于第①₂土层中，补给来源为大气降水，受季节及气候制约，本场区地下水位较浅，浅部潜水稳定水位黄海高程为1.34m，相应埋深为0.85m。层间孔隙承压水：主要赋存于第④、⑦、⑨砂土层及第⑥土层的砂土亚层中，水量较丰沛，测得第④层以下各岩土层（砂土、砂土夹层及强～中风化岩）地下水稳定水位黄海高程为0.49m，相应埋深为1.70m。

三、基坑周边环境情况

1. 北侧

（1）道路：北侧为长平东路，道路宽约30.0m，基坑与道路边线的距离6.2～10.5m。

（2）市政管线：DN300排水管距离围护体10.5m，DN800排水管距离基坑27.3m。

（3）邻近建（构）筑物：长平东路以北为7层的南国商城，距离基坑超过3倍开挖深度。

2. 西侧

（1）道路：西侧为金环南路，道路宽约30.0m，基坑与道路边线的距离6.8～8.8m。

（2）市政管线：DN400排水管距离基坑4.6m，DN300排水管距离基坑34.1m，DN300排水管距离基坑39.9m。

（3）邻近建（构）筑物：金环南路以西为金园区人民法院，距离基坑超过3倍开挖深度。

3. 南侧

（1）道路：为潮汕星河大厦北面的区间路，区间路中心线距离基坑最大轮廓线约19.7m。潮汕星河大厦外围墙已接近区间路中心线。

（2）市政管线：DN200排水管距离基坑6.9m，DN200排水管距离基坑19.7m。

（3）邻近建构筑物：潮汕星河大厦外围墙已接近区间路中心线，潮汕星河大厦裙楼3层，主楼25层，潮汕星河大厦设置一层地下室，采用钻孔灌注桩基础，桩径600～700mm，桩长30～45m。

4. 东侧

（1）道路：用地红线外为区间路，区间道路宽约为10m。

（2）邻近建（构）筑物：东侧南面为龙光喜来登酒店，龙光喜来登酒店距离本基坑工程围护结构约14.3m，采用钻孔灌注桩基础，主楼抗压桩桩径800～900mm，桩长47～60m，裙楼抗拔桩桩径600mm，桩长40m。

东侧北面为汕头市财政局，财政局距离基坑约15.9m，财政局设置一层地下室，采用钻孔灌注桩基础，桩径600～700mm，桩长30～45m。

四、基坑支护结构设计方案

基于对总体方案选型、围护体选型、支撑选型、工程造价对比、施工难度以及地下室防渗等分析，本基坑工程采用顺作法总体设计方案。经过对基坑周边围护体和支撑体系选型方案的分析比较，最终确定本基坑工程拟采用的总体支护方案为：

钻孔灌注排桩结合三轴水泥土搅拌桩止水帷幕 + 三道混凝土对撑角撑桁架支撑体系。

1. 钻孔灌注桩

基坑周边围护体均采用钻孔灌注桩结合三轴水泥土搅拌桩止水帷幕，典型剖面如图3、图4所示。

（1）裙楼普遍区域挖深约 15.0m，采用ϕ1400@1600 钻孔灌注桩，插入基底以下18.6m；

（2）塔楼区域挖深 16.6m，采用ϕ1400@1600 钻孔灌注桩，插入基底以下 18.8m；

（3）裙楼局部落深区域挖深 15.8m，采用ϕ1450@1650 钻孔灌注桩，插入基底以下18.6m；

（4）裙楼⑨层层顶较高区域挖深 15.0m，采用ϕ1400@1600 钻孔灌注桩，插入基底以下18.8m。

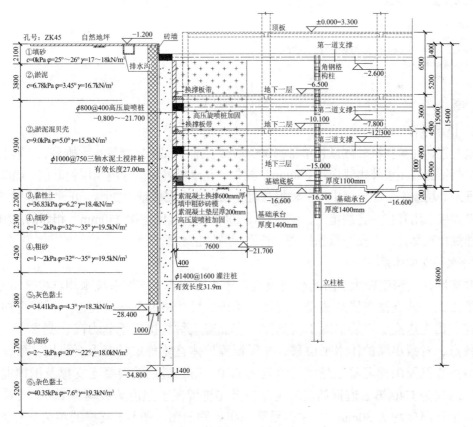

图 3　普遍区域剖面图

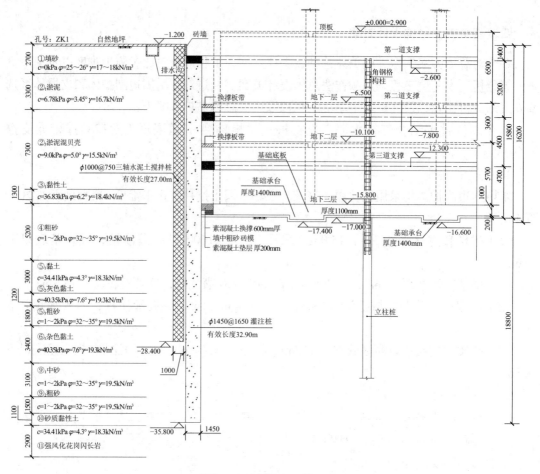

图 4 局部落深区域剖面

2. 止水帷幕

本工程钻孔灌注桩外侧设置单排ϕ1000@750 三轴水泥土搅拌桩止水帷幕，三轴水泥土搅拌桩与钻孔灌注桩外边线净距 200mm，搅拌桩止水帷幕底部穿越④层粗砂层，隔断承压水，进入⑤层或⑥层黏土层中。三轴搅拌桩止水帷幕水泥掺量为 20%，止水帷幕用三轴水泥土搅拌桩采用套接一孔法施工，单孔直径 1000mm，孔间搭接 250mm，相邻的三轴水泥土搅拌桩相互套打一个孔，以保证搭接长度，满足止水要求。

3. 水平支撑体系

本基坑开挖深度较大，因此竖向设置三道水平支撑。支撑系统采用"对撑＋角撑"的布置形式，该支撑布置形式受力直接、明确，可严格控制基坑变形，同时可加快土方开挖、出土速度。钢筋混凝土内支撑具有混凝土材料抗压承载力高、变形小、刚度大的特点，对减小围护体水平位移，并保证围护体整体稳定具有重要作用。第一道钢筋混凝土支撑及围檩混凝土强度等级均为 C30，第二道钢筋混凝土支撑及围檩混凝土强度等级均为 C40 第三道钢筋混凝土支撑及围檩混凝土强度等级均为 C35，支撑杆件主筋保护层厚度均为 30mm。支撑体系平面布置图如图 5 所示，支撑的相关信息如表 2 所示。

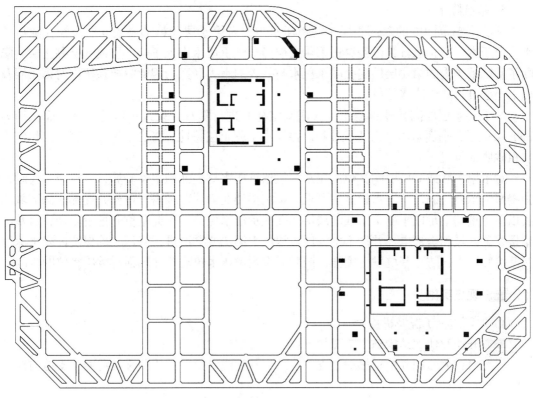

图 5　支撑平面布置示意图

钢筋混凝土支撑信息表　　　　　　　　　　　　　　　　　　　表 2

项目	压顶圈梁（mm）	主撑（mm）	八字撑（mm）	连杆（mm）	支撑中心标高（m）
第一道支撑	1400×700/1450×700	1000×700	800×700	700×700	−2.600
第二道支撑	1400×700	1400×800	1000×800	800×800	−7.800
第三道支撑	1200×800	1100×800	900×800	800×800	−12.300

4. 立柱和立柱桩

土方开挖期间需要设置竖向构件来承受水平支撑的竖向力，本工程中采用临时钢立柱及柱下钻孔灌注桩作为水平支撑系统的竖向支承构件。临时钢立柱由等边角钢和缀板焊接而成，具体采用 4∟140×14 和 4∟160×16 型钢格构柱，其截面为 460mm×460mm，钢材采用 Q345B 钢，格构柱插入作为立柱桩的钻孔灌注桩内不少于 3m。立柱桩桩径为 800mm，桩底进入强风化花岗闪长岩不小于 800mm。钢格构立柱在穿越底板的范围内需设置止水片。

5. 地基加固

为了减小基坑开挖对周边环境的影响，本基坑采用φ1000@750 三轴水泥土搅拌桩对基坑被动区进行土体加固。四边中部采用墩式加固的形式，加固体宽度约 8.15m，加固深度为支撑底至基底以 5m，水泥掺量 20%。对坑内大于 2m 的局部落深处（电梯井、集水井等）需根据其落底的深度、范围及位置，采取高压旋喷桩进行加固。

6. 基坑降水

基坑影响范围内的深部土层中的承压水主要有第④层和第⑦层或⑨层层间孔隙承压水。由于本工程止水帷幕已经穿透第④层层间孔隙承压水进入了第⑤层或⑥层黏土层，隔断了基坑范围内的第④层层间孔隙承压水与外界的水力联系，因此只要在坑内对第④层及以上土层进行疏干降水即可。

对于第④层层间孔隙承压水，采用真空深井进行降水。设计单口井的辐射面积约为 $200\sim250m^2$，平面基本呈梅花状分布。根据本工程土层特性，将真空深井井底放在相应④层粗砂底部位置。

对于第⑦层或⑨层层间孔隙承压水，根据承压水抗突涌稳定性验算，开挖至基底时，裙楼南侧承台底满足承压水稳定性要求，基坑裙楼北侧区域和塔楼电梯井局部落深区域基底以下土重均不足以平衡第⑦或⑨层层间孔隙承压水压力，因此基坑开挖阶段须针对基坑裙楼北侧区域和塔楼电梯井局部落深区域深坑下第⑦或⑨层进行降压，确保坑内降水深度在基坑底以下，防止基坑发生突涌，同时应设置承压水位观测井加强对承压水位的监测。

五、现场实施

1. 现场施工工况及进度

土方开挖及地下结构施工工况如下：

工况 1：大面积开挖至第一道支撑底部，其后浇筑第一道压顶梁及混凝土支撑与栈桥（2013 年 1 月 11 日）；

工况 2：待第一道支撑达到设计强度的 80%后，分层、分块、对称、平衡开挖至第二道支撑底标高，施工第二道混凝土围檩和支撑（2013 年 3 月 7 日）；

工况 3：待第二道支撑达到设计强度的 80%后，分层、分块、对称、平衡开挖至第三道支撑底标高，施工第三道混凝土围檩和支撑（2013 年 5 月 26 日）；

工况 4：待第三道支撑达到设计强度的 80%后，分层、分块、对称、平衡开挖至基底标高，及时浇筑基底垫层、基础底板及周边素混凝土换撑（2013 年 9 月 26 日）；

工况 5：待底板及周边素混凝土换撑达到设计强度的 80%后，拆除第三道支撑（2013 年 10 月 5 日）；

工况 6：浇筑地下二层结构梁板，基坑周边设置换撑板带，并在结构缺失区域设置临时换撑构件（2013 年 11 月 4 日）；

工况 7：待地下二层结构梁板及内部换撑达到设计强度的 80%后，拆除第二道支撑（2013 年 11 月 10 日）；

工况 8：浇筑地下一层结构梁板，基坑周边设置换撑板带，并在结构缺失区域设置临时换撑构件（2013 年 12 月 10 日）；

工况 9：待地下一层结构梁板及内部换撑达到设计强度的 80%后，拆除第一道支撑（2013 年 12 月 18 日）；

工况 10：浇筑地下室顶板结构，待顶板达到设计强度的 80%，基坑周边密实回填后，拆除内部临时换撑（2014 年 1 月 7 日）。

2. 下坑旋转坡道

本工程开挖深度较大，面积也较大，土方开挖需设置栈桥。常规软土地区施工栈桥是结合第一道水平支撑设置，在土层相对较好的地区可在支撑杆件未覆盖区域设置下坑坡道。

虽本工程场地土层较为软弱，且支撑杆件相对较为密集，但充分利用支撑间有限的空间设置了下坑旋转坡道，类似于上海的南浦大桥浦西引桥，从第一道支撑旋转下到第二道支撑，在第二道支撑面上水平行走，然后旋转下到第三道支撑面，最后从第三道支撑引出下到基坑底。现场旋转下坑坡道实景如图6所示。

图6　现场旋转下坑坡道实景

3. 勘探孔突涌处理

西北角第四皮土方开挖时，开挖至4层粗砂层1m深度位置时（深度约15m），原地质勘探阶段的ZK7孔位置出现涌水情况，如图7所示。基坑深部的9层承压含水顺着原有的勘探孔通道直接涌出开挖面，涌水高度达20～30cm，水量较大。出现涌水后，现场即采用沙袋进行封堵，但由于水量较大，沙袋无法将其进行有效封堵，涌水情况还在继续。

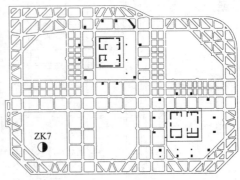

图7　勘探孔突涌实景和位置

处理过程中，首先启动ZK7孔周边的承压水降压井，将相邻区域的承压水水位降至基坑坑底位置；然后现场采用黏土对ZK7孔附件开挖区域进行回填并整平；再在钻探孔位置利用原有勘探孔进行注浆处理，注浆处理完成后不少于2d方可进行该区域的土方开挖。勘探孔处理平面示意和剖面示意如图8所示。

ZK7孔按上述原则进行注浆处理取得了较好的效果，对其他可能存在突涌风险的勘探孔亦做了相同的注浆处理，后续开挖过程中未再次发生突涌现象。

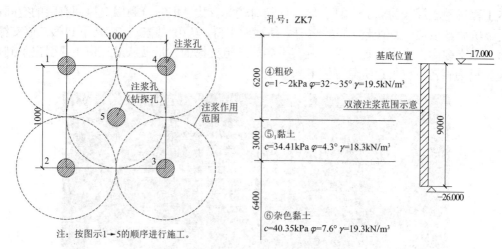

注：按图示1→5的顺序进行施工。

图8 勘探孔处理平面示意和剖面示意

4. 监测情况

图9为监测点位布置图。围护桩最终水平位移为2.24～7.35cm，局部测点水平位移见图10。压顶水平位移量8.7～17mm，压顶竖向位移抬升6.99～16.44mm；立柱南北位移0.8～14mm，东西向位移4.6～13.1m，立柱竖向位移抬升3.82～17.84mm，均小于设计报警值。第一道支撑轴力有6个点超过设计报警值，其余二道支撑轴力均小于报警值。周边建筑物主体最大沉降−1.71～−0.41mm，如图11～图14所示。

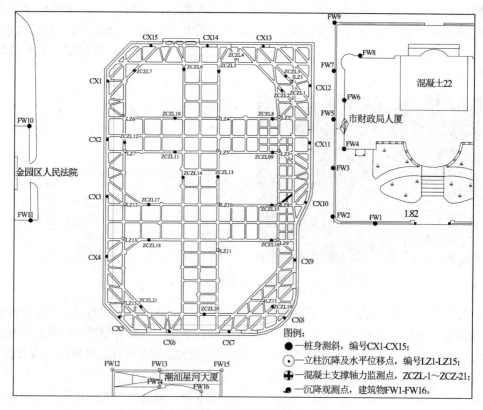

图例：
● —桩身测斜，编号CX1-CX15；
⊙ —立柱沉降及水平位移点，编号LZ1-LZ15；
✚ —混凝土支撑轴力监测点，ZCZL-1～ZCZ-21；
⬤ —沉降观测点，建筑物FW1-FW16。

图9 监测点位布置图

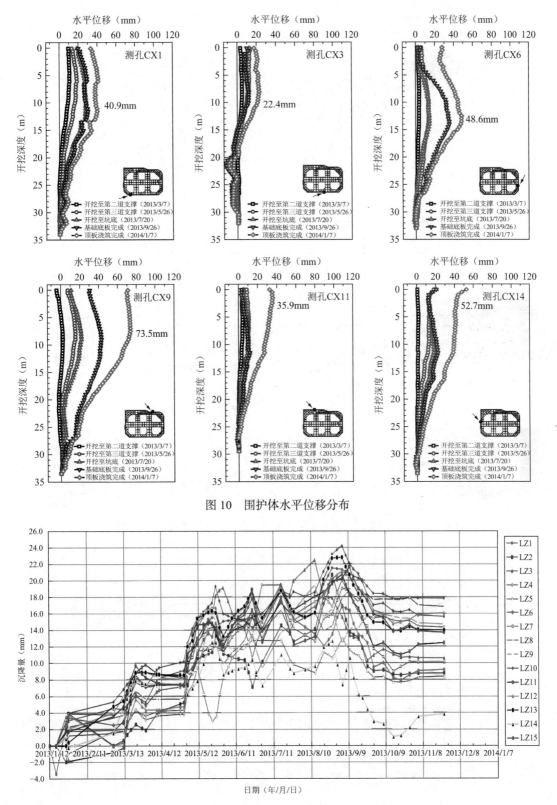

图 10　围护体水平位移分布

图 11　基坑立柱竖向位移随时间分布曲线

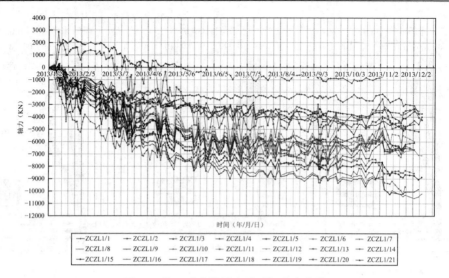

图12　第一道支撑轴力随时间分布曲线

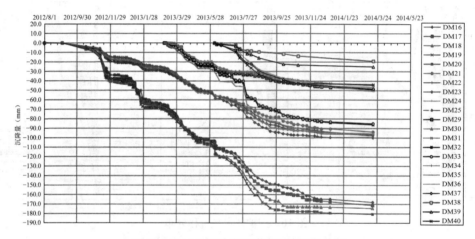

图13　基坑西侧地表沉降随时间变化曲线

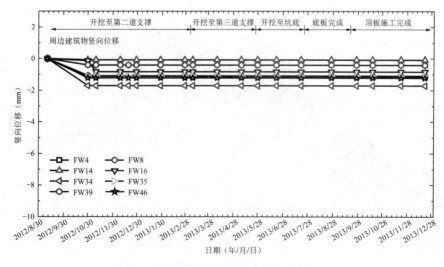

图14　周边建筑物竖向位移时间分布曲线

六、小结

汕头苏宁电器广场项目基坑开挖深度较大，基坑面积较大，基坑周边环境条件相对复杂。基坑四周的道路、市政管线和邻近的建（构）筑物是本基坑工程的保护对象。基坑开挖深度范围内主要以含水率高，抗剪强度低，压缩性高的淤泥、淤泥混贝壳层为主，该两层土力学性质较为软弱，均呈流塑状态且压缩性大，具有明显触变及流变特性。结合基坑周边环境及工程地质特点，本工程采用常规的顺作法施工方案，基坑周边围护体采用钻孔灌注桩结合三轴水泥土搅拌桩，竖向设置三道钢筋混凝土水平支撑系统，结合环境条件在被动区设置三轴水泥土搅拌桩墩式加固体，为方便土方开挖在对角撑体系中设置旋转下坑坡道。基坑开挖过程中对勘探孔突涌进行了迅速有效的处理，确保了基坑安全。基坑实施过程中进行了全过程的监测，监测结果表明，基坑开挖以及地下室回筑阶段，基坑及周边建（构）筑物的变形均在安全可控的范围。本基坑实施方案很好地保护了的周边环境，取得了较好的经济效益和工程效益，可作为同类基坑工程的参考。